"十三五"职业教育国家规划教材

高等职业院校教学改革创新教材·计算机系列教材

计算机组装、维护与维修

（第4版）

王小磊　主　编

王　磊　任定成　孟令夫　副主编

电子工业出版社

Publishing House of Electronics Industry

北京·BEIJING

内 容 简 介

本书内容涵盖了计算机的硬件和软件知识。硬件部分，重点对计算机各部件的组成、原理、性能参数、测试、选购、维护与维修进行了一系列的讲述，并且对各部件最常见的故障点进行了原理分析，细化到芯片级；软件部分，重点围绕计算机的基础应用，包括对硬盘的分区与格式化、操作系统的安装与优化、虚拟技术的应用、数据的安全与备份进行了全方位的讲述。此外，还介绍了无线网络的管理及万物智联技术的应用。

通过对本书的学习，读者既可以掌握计算机的硬件原理和维修知识，也能很好地对计算机操作系统、无线网络等进行管理和维护，能够让读者成为具备一定专业技术能力的计算机维护、维修专家。本书强调理论与实践相结合，每章都精心安排了实验项目，以培养读者的实际动手能力。

本书可作为普通高校和职业院校的电子信息类、计算机类专业的教材，也适合企事业单位的计算机维护人员和对计算机维护、维修感兴趣的读者阅读。

图书在版编目（CIP）数据

计算机组装、维护与维修 / 王小磊主编. —4版. —北京：电子工业出版社，2022.8
ISBN 978-7-121-43997-1

Ⅰ. ①计⋯　Ⅱ. ①王⋯　Ⅲ. ①电子计算机－组装②电子计算机－维修　Ⅳ. ①TP30

中国版本图书馆CIP数据核字（2022）第129649号

责任编辑：贺志洪
印　　刷：三河市良远印务有限公司
装　　订：三河市良远印务有限公司
出版发行：电子工业出版社
　　　　　北京市海淀区万寿路 173 信箱　邮编100036
开　　本：787×1 092　1/16　印张：22.5　字数：576 千字
版　　次：2011 年 3 月第 1 版
　　　　　2022 年 8 月第 4 版
印　　次：2022 年 8 月第 1 次印刷
定　　价：58.00 元

PREFACE 前言

　　随着计算机技术的日益普及，计算机硬件发展也日新月异，各行各业都离不开对计算机的使用。因此，各企事业单位迫切需要计算机的维护与维修人员，要求其具有计算机的选购、保养、维护与维修等方面的知识和技能。本书内容涵盖了计算机的硬件和软件知识。硬件部分，重点对计算机各部件的组成、原理、性能参数、测试、选购、维护与维修进行了一系列的讲述，并且对各部件最常见的故障点进行了原理分析，细化到了芯片级；软件部分，重点围绕计算机的基础应用，包括对硬盘的分区与格式化、操作系统的安装与优化、虚拟技术的应用、数据的安全与备份进行了全方位的讲述。此外，还介绍了无线网络的管理及万物智联技术的应用。通过对本书的学习，既可以掌握计算机的硬件原理和维修知识，也能对计算机操作系统、无线网络等进行管理和维护。本书强调理论与实践相结合，每章都精心安排了实验项目，以培养读者的实际动手能力。

　　本书由从事计算机维修和维护多年、具有丰富实践和教学经验的工程师、教师编写而成。书中的故障案例都是在计算机维护与维修中遇到的实际故障，对有意从事计算机维护的技术人员具有较强的针对性，只要按图索骥，就能较快适应工作、轻松排除故障。

　　本书可作为普通高校和职业院校的电子信息类、计算机类专业的教材，也适合企事业单位的计算机维护人员和对计算机维护、维修感兴趣的读者阅读。

　　在本书的改版过程中，编者充分征求了广大用户的意见，特别是深圳职业技术学院人工智能学院的文光斌老师一直以来对本书的指导，同时还得到了深圳职业技术学院人工智能学院和电子工业出版社的大力支持，对此表示衷心的感谢。

　　本书由深圳职业技术学院王小磊老师担任主编，深圳职业技术学院王磊、任定成、山东理工职业学院孟令夫教师担任副主编。

　　由于编者水平有限，疏漏和不足之处在所难免，敬请广大读者批评指正。

　　编者邮箱：wxl2004@szpt.edu.cn。

编　者

使 用 说 明

一、环境要求

1. 硬件要求

本课程是一门动手能力很强的专业技术课，一定要有一个专门的实训室或实验室。对实训室可根据资金情况进行配置，一般应包括如下设施：

各种类型的台式计算机、百兆以上交换机、无线路由器、网线、水晶头、网络测试仪等，最好每个机位配一套维修工具（包括万用表、钳子、螺丝刀套装等）。此外，还要配一个高清摄像头，让教师的示范能通过投影展示出来。

2. 软件要求

准备 Windows 7、Windows 10、Windows 11、Ubuntu、Mac OS 等常用操作系统软件；硬件综合测试工具 AIDA64，CPU 测试工具 CPU-Z、Super π，内存测试工具 MemTest86，显卡测试工具 GPU-Z、3DMark，磁盘工具软件 HD tune、MHDD，分区工具 DiskGenius，数据备份工具 GHOST，系统维护工具 Windows PE，杀毒软件和防火墙软件等。

二、授课教师的技术要求

教员应具有计算机维修的知识和经验。如果没有，上课前要精心准备，熟悉有关实训的操作规程，对典型故障要预先实验，熟悉故障现象、故障原因，做到胸有成竹，运用自如。

三、授课方法

每次授课为 2 学时，一般性原理讲解 25 分钟，操作示范 20 分钟，其余时间为学生实训操作。每次学生操作，都要布置一些与操作有关的具体问题，让学生解决并回答这些问题，达到巩固、提高、熟能生巧的效果。对于重大的实训，如拆/装机、操作系统安装与优化、小型网络管理等，可安排一次或两次课。

四、课时安排

本课程根据专业和学生就业需求情况适当安排学时，一般为 40～80 学时，对将来希望从事计算机维护的学生，可视情况适当增加学时。

CONTENTS 目录

第 1 章

计算机组成、维护与维修概述

计算机的种类繁多，包括微型计算机（个人计算机、台式计算机）、服务器及工控机等，甚至移动电话和智能电子设备也可归属于计算机的范围，因为它们都拥有 CPU、存储器和操作系统等计算机必备的要素，本章简要介绍计算机系统组成及其工作原理、引入计算机维护与维修的基本概念及方法、计算机维护与维修的常用工具及使用方法。

本书所讲的计算机除特殊说明外，一般情况下都是指台式计算机。

1.1　计算机的组成及工作原理

无论何种计算机都是由硬件系统和软件系统两大部分组成的。

计算机硬件是构成计算机系统各功能部件的集合，是由电子、机械和光电元件组成的各种计算机部件和设备的总称，是计算机完成各项工作任务的条件基础。

计算机软件是指与计算机系统操作有关的各种程序及任何与之相关的文档和数据的集合，包括操作系统、应用软件等。

1.1.1　计算机硬件系统的组成

计算机硬件系统指的是组成一台完整的计算机的所有硬件，它主要分为 5 个部分：控制器、运算器、存储器、输入设备和输出设备，其组成结构如图 1-1 所示。CPU 包括控制器和运算器，存储器包括内存和硬盘，输入/输出设备则包括键盘、显示器等设备。

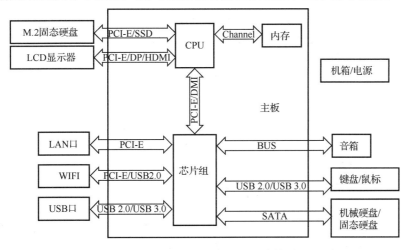

图 1-1　计算机硬件系统组成结构图

通俗直观地讲，计算机硬件基本部件主要由主机、显示器、键盘、鼠标等物理设备组成，实物如图 1-2 所示。

图 1-2 计算机硬件系统组成实物图

1. 主机

主机由机箱、电源、主板、存储工具、光驱、内存、CPU 及各种接口卡（如显卡、声卡）等组成，下面分别讲述各主要部件的功用。

（1）机箱。它是主机的外壳，主要用于固定主机内部各个部件并对其起到保护的作用。它的内部有安装固定驱动器的支架、机箱面板上的开关、指示灯，以及系统主板所用的紧固件等。

（2）电源。安装在机箱内的一种封闭式独立部件，它的作用是将交流电通过一个开关电源变压器换为+3.3V、+5V、−5V、+12V、−12V 等稳定的直流电，以供应主机箱内主板、硬盘驱动及各种适配器扩展卡等系统部件使用。电源本身具有能对电源内部进行冷却的风扇。

（3）主板。主板（Motherboard）是计算机系统中最大的一块电路板，又被称为系统板，是安装在机箱底部的一块多层印制电路板。计算机所有的硬件都是通过主板上的接口连接在一起的，它的稳定性直接影响整个计算机系统的运行。主板上的插槽、接口有很多，计算机的各个部件都是安装在这些插槽和接口里的。具体来说，主板提供的插槽有安装 CPU 的 CPU 插槽，安装显卡的 PCI-E 16X（32X）插槽，安装声卡、网卡等设备的 PCI 和 PCI-E 1X 插槽。主板的接口有 SATA、M.2、U.2 接口，可以连接 SATA 接口的硬盘或光驱，M.2、U2 接口的固态硬盘；PS/2 接口或 USB 接口，可以接键盘和鼠标；还有 VGA、DVI、Display Port、RJ45、HDMI、音频信号等输入、输出接口等。总之，主板是各种部件和信号的连接中枢，其质量的好坏，直接影响计算机的性能和稳定。

（4）CPU。CPU（Central Processing Unit，中央处理器），它是计算机中最重要的一个部分，是计算机的心脏，早期的 CPU 由运算器和控制器组成，现在的 CPU 还包含存储电路、显示电路、接口电路，甚至还有人工智能电路。CPU 性能直接决定了计算机的性能。根据 CPU 内运算器的数据宽度，通常会把它分为 8 位、16 位、32 位和 64 位几种类型。目前市场上的 CPU 基本上都是 64 位的。

（5）内存。内存是存储器的一种，存储器是计算机的重要组成部分，按其用途可以分为主存储器（Main Memory，主存）和辅助存储器（Auxiliary Memory，辅存）。主存又称为内存储器（内存），辅存又称为外存储器（外存）。外存主要有 SSD（Solid State Drives，固态硬盘）和磁性介质的硬盘或光盘，能长期保存信息，并且不依赖通电来保存数据。内存的功能是用来存放程序当前所要用的数据，其存取速度快，容量有限。通常 CPU 的操作都需要经过内存，从内存中提取程序和数据，当计算完后再将结果放回内存，所以内存是计算机不可缺少的一个部分。

（6）存储工具。计算机中的存储工具通常是指常用的计算机外部存储器，它具有存储信息量大，存取方便，信息可以长期保存等特点。一般来说，它就是人们经常使用的硬盘、U盘及光盘等。硬盘也是计算机中一个不可缺少的组成部分，主要有磁介质硬盘和固态硬盘。硬盘是最常用的数据存储介质，计算机的操作系统和应用程序等都是存储在硬盘里的，硬盘的容量通常以 GB 为单位，目前也流行 TB 单位（1TB=1000GB）。光盘驱动器就是光驱，它以光盘为存储介质，具有存储量大、价格便宜、容易携带、保存方便等特点，因此它的应用面极广。U 盘，全称 USB 闪存驱动器，英文名 "USB Flash Disk"。它是一种使用 USB 接口，无须物理驱动器的微型高容量移动存储产品，通过 USB 接口与计算机连接，实现即插即用，具有价格便宜、携带方便的特点。

（7）各类板卡。计算机中，还有许多因为特殊需求而设的板卡，比如显卡、声卡、网卡、SSD 硬盘 PCI-E 卡等。这些卡都是通过主板的扩展槽与计算机连接在一起发挥其作用的。

2．显示器

显示器是计算机各个部件中寿命最长的输出设备。一般来说，根据它的显示色彩可以分为单色显示器和彩色显示器；按照它的显示硬件的不同可以分为阴极射线管显示器（Cathode Ray Tube，CRT）和等离子显示器（Plasma Display Panel，PDP）及液晶显示器（Liquid Crystal Display，LCD），前两种显示器现已被淘汰。显示器是用于输出各种数据和图形信息的设备。显示器的扫描方式分为逐行扫描和隔行扫描两种，逐行扫描比隔行扫描有更加稳定的显示效果，因此，隔行扫描的显示器已经逐步被市场淘汰。刷新率就是指显示器工作时，每秒屏幕刷新的次数，刷新率越高，图像的稳定性就越好，工作时也就越不容易感到疲劳。

总的来说，在计算机中，CPU 负责指令的计算和执行；内存负责计算数据的读取和释放；存储器负责数据的储存；输入、输出设备则负责数据信息的收集与输出。

1.1.2 计算机软件系统的组成

计算机软件（Computer Software）是指计算机系统中的程序及文档。程序是对计算任务的处理对象和处理规则的描述；文档是为了便于了解程序所需的阐明性资料。软件是用户与硬件之间的接口界面，用户主要是通过软件与计算机进行交流的。软件一般由系统软件和应用软件组成。

1．系统软件

系统软件是负责管理计算机系统中各种独立的硬件，使其可以协调地工作。它为计算机的使用提供了最基本的功能，但是并不针对某一特定应用领域。系统软件包括操作系统和一系列（如编译器、存储器格式化、数据库管理、文件系统管理、用户身份验证、驱动管理、网络连接等）基本的工具，是支持计算机系统正常运行并实现用户操作的那部分软件。其功能特点有：

（1）与硬件有很强的交互性。

（2）能对资源共享进行调度管理。

（3）能解决并发操作处理中存在的协调问题。

（4）其中的数据结构复杂，外部接口多样化，便于用户反复使用。

系统软件在为应用软件提供上述基本功能的同时，也进行着对硬件的管理，使在一台计算机上同时或先后运行的不同应用软件有条不紊地合用硬件设备。目前市场上常用的系统有 DOS 操作系统、Windows 操作系统、Ubuntu 系统、Mac OS X 和中标麒麟系统等。

2．应用软件

应用软件是为了某种特定的用途而开发的软件，分为应用软件包和用户程序。它可以是一个特定的程序（如图像浏览器），也可以是一组功能联系紧密互相协作的程序集合（如微软的 Office），还可以是一个由众多独立程序组成的庞大软件系统（如数据库管理系统）。较常见的应用软件有文字处理软件（如 WPS、Office 等）、企业管理软件（如 ERP）、辅助设计软件（如 AutoCAD）、图像处理软件和影音播放软件等。

1.1.3　计算机的工作原理

美籍匈牙利数学家冯·诺依曼于 1945 年提出：存储程序、程序控制，作为计算机的工作原理，也称为冯·诺依曼原理。

计算机在运行时，预先要把控制计算机如何进行操作的指令序列（称为程序）和原始数据通过输入设备输送到计算机内存中。说具体点就是，先从内存中取出第一条指令，每一条指令中明确规定了计算机从哪个地址取数，进行什么操作，然后送到什么地址去等步骤。该条指令通过控制器的译码，按指令的要求，从存储器中取出数据进行指定的运算和逻辑操作等加工，然后再按地址把结果送到内存中去。接下来，再取出第二条指令，在控制器的指挥下完成规定操作。依此进行下去，直至遇到停止指令。程序与数据一样存取，按程序编排的顺序，一步一步地取出指令，自动地完成指令规定的操作。

1.2　计算机的维护

计算机是高精密的电子设备，除了正确使用外，日常的维护保养也十分重要。大量的故障都是由于缺乏日常维护或者维护方法不当而造成的。

计算机的维护就是对计算机系统的各组成部分的软、硬件进行日常保养，定期调试各参数，及时对计算机系统软件进行日常整理与升级，使其处于良好的工作状态。计算机维护包括硬件的清洁、性能参数的调整、驱动程序和操作系统的升级与补丁的更新、病毒的及时查杀和防病毒软件的及时更新等工作。

1.2.1　计算机的工作环境

要保证计算机系统能稳定可靠地工作，就必须使其处于一个良好的工作环境。计算机的工作环境即外部的工作条件，包括温度、湿度、清洁度、交流电压、外部电磁场干扰等。

（1）温度。计算机对环境温度要求不高，在通常的室温下均可工作，室内温度一般应保持在 10～30℃。当室温过高时，会使 CPU 散热受到影响，工作温度升高，导致死机。可以采用安装空调、风扇等方法降低室内温度，或者用加大 CPU 风扇的功率、增加机箱风扇的办法给 CPU 降温。当室温过低时，会造成硬盘等机械部件工作不正常，可以在室内加装取暖设备，以提高室内温度。

（2）湿度。计算机所在房间的相对湿度一般应保持在 45%～65%。如果相对湿度超过 80%，则机器表面容易结露，可能引起元器件漏电、短路、打火、触点生锈、导线外皮霉断等情况发生；若相对湿度低于 30%，则容易产生静电，可能损坏元器件、破坏磁盘上的信息等。有条件的可以在室内安装除湿机，也可以通过多开门窗，多通风来解决这个问题。

（3）清洁度。清洁度指计算机所在房间空气的清洁程度。如果空气中尘埃过多，将会附着在印制电路板、元器件的表面，可能会引起元器件短路、接触不良等情况发生，也容易吸收空气中酸性离子而腐蚀焊点。因此，室内要经常打扫卫生，及时清除积尘。有条件的地方室内可进行防尘处理，如购置吸尘器、穿拖鞋、密闭门窗、安装空调等。

（4）交流电压。在我国，计算机的电源均使用 220V、50Hz 的交流电源。一般要求交流电源电压的波动范围不超过额定值的±10%，如果电压波动过大，会出现计算机工作不稳定的情况。因此，当电压不能满足要求时，就应考虑安装交流稳压电源，以提供稳定的 220V 交流电压。

（5）外部电磁场干扰。计算机都有一定的抗外部电磁场干扰的能力。但是，过强的外部干扰电磁场会给计算机带来很大的危害，可能导致内存或硬盘存储的信息丢失、程序执行混乱、外部设备误操作等。

1.2.2 计算机的使用方法

个人使用习惯对计算机的影响很大，有时会因为使用不当，对计算机造成很大的损坏，因此掌握计算机的正确使用方法是十分必要的。

（1）按正确的顺序开、关计算机。计算机正确的开机顺序是先打开外部设备（如打印机、扫描仪等）电源，再打开显示器电源，最后打开主机电源。而关机的顺序则相反，先关闭主机电源，再关显示器电源，最后关闭外部设备电源。这样做能尽可能地减少对主机的损害，因为任何电子设备在开、关机时都会产生瞬时冲击电流，对通电的设备影响较大，而主机最为娇贵，因此后开主机、先关主机能有效消除其他设备在开、关机时产生的瞬时冲击电流对主机的伤害。

（2）不要频繁地开、关机，避免非法关机，尽量少搬动计算机。频繁地开、关机对计算机各配件的冲击很大，尤其是对硬盘的损伤最为严重。一般关机后距离下一次开机的时间，至少要间隔 10 秒。特别要注意在计算机工作时，应避免进行非法关机操作，如在计算机读/写数据时突然关机，很可能会损坏硬盘。更不能在计算机工作时进行搬动，即使在计算机没有工作时，也要尽量避免搬动，因为过大的振动会对硬盘等配件造成损坏，也有可能造成内存条、显卡等的松动。

（3）按正确的操作规程进行操作。对计算机进行配置等操作时，一定要搞清楚每一步操作对计算机的影响。许多故障都是由于操作和设置不当引起的，如在 BIOS 设置时禁用硬盘，开机时肯定是启动不了操作系统的；若在"设备管理"中删除了网络适配器或者其驱动程序，就会导致不能访问网络。因此，在操作计算机时，必须按操作规程和正确的方法进行，有不懂的地方，一定要弄清楚以后再操作。否则，胡乱操作会导致故障频出，甚至会出现数据丢失、硬件损坏的严重后果。

（4）重要的数据要备份，经常升级杀毒软件，及时更新系统补丁。对重要的数据要及时备份，因为计算机的数据都保存在硬盘中，一旦硬盘损坏，数据将难以恢复，即使能恢复，代价也不小。由于硬盘是机电部件，随时都有发生故障的可能，因此，对重要数据要定时、定期多种途径备份，如刻盘、备份到外部存储器等。这样即使硬盘损坏，也可以修复或更换硬盘，重装系统后，导入备份的数据，就可以使工作正常进行，将造成的损失减到最小。

由于新的计算机病毒不断涌现，因此，应及时更新防病毒软件的病毒库，这样才能有效防止计算机病毒对系统的破坏或者把破坏降到最小。系统补丁是对系统漏洞的修复，能够有效地防止病毒和人为攻击。

（5）USB 存储器要先进行"安全删除硬件"操作后才能拔出。如果直接拔出 USB 存储器，可能会导致 USB 存储器中数据丢失。

不要随意连接来源不明的外部存储设备。连接外部存储设备后，不要用鼠标去双击打开此设备，否则有可能直接运行了设备上的病毒或有害程序。

（6）长时间离开时，要关机、断电。计算机长时间工作时，电源变压器和 CPU 温度都会升高，如果因某些不可预知的原因（如市电升高）使变压器温度突然升高，会导致电源变压器、CPU 等重要元器件烧毁，甚至会引发火灾。因此，长时间不用计算机时，一定要关机、断电。

（7）正确安装使用软件。同时安装多个软件会造成软件安装冲突，导致软件不能安装，甚至会引起死机。正确的安装顺序是先装操作系统，再装硬件驱动程序，然后再装支撑软件（如数据库、工具软件等），最后装应用软件。此外，关机时必须先关闭所有的程序，再按正确的顺序退出后关机，否则有可能破坏应用程序。

1.2.3 计算机内部设备的清洁

计算机内部设备全部位于主机箱内，主机是一个封闭的空间，通过散热风扇、散热孔和外界交换空气。由于机箱内的温度一般会比外面高，导致空气中的灰尘容易吸附到主机的元器件上，长期使用，机箱内有可能出现灰尘过多、噪音太大等问题，严重的有可能影响到计算机的使用。因此定期对主机内部设备进行清洁很有必要。

1．机箱内的除尘

对于机箱内表面上的积尘，可在断电的情况下用拧干的湿布擦拭，擦拭完毕后用可吸水的干布再擦拭一遍，否则表面容易生锈；主机箱内的元器件，可以用皮老虎吹灰；有条件的还可以用空气压缩机的风枪或专门的主板吹灰机除尘，这样效果更好。

2．插槽、插头、插座的清洁

清洁插槽包括对各种总线（PCI、PCI-E、M.2）扩展插槽、内存条插槽和各种驱动器接口插头、插座等的清洁。插槽内的灰尘一般先用油画笔清扫，然后再用吹气球、皮老虎、电吹风等吹风工具吹尽灰尘。插槽内金属接触脚如有油污，可用脱脂棉球蘸上计算机专用清洁剂或无水乙醇去除。计算机专用清洁剂多为四氯化碳加活性剂构成，涂抹去污后清洁剂能自动挥发。购买清洁剂时要注意检查以下两点：

（1）挥发速度越快越好。

（2）用 pH 试纸检查其酸碱性，要求呈中性，如呈酸性则对板卡有腐蚀作用。

3．CPU 风扇的清洁

对于较新的计算机，CPU 风扇一般不必取下，直接用油漆刷或者油画笔扫除灰尘即可；而较旧的计算机 CPU 风扇上积尘较多，一般需取下清扫。取下 CPU 风扇后，即可为风扇和散热器除尘，注意散热片的缝中有很多灰尘，一定要仔细清扫。清洁 CPU 风扇时注意不要弄脏 CPU和散热片结合面间的导热硅胶，如果弄脏或弄掉了导热硅胶，要用新的导热硅胶在 CPU 的外壳上均匀涂抹一层。否则，会导致 CPU 散热不好，引起计算机运行速度慢，甚至死机。

4．清洁内存条和显示适配卡（简称显示卡，显卡）

对内存条和各种适配卡的清洁包括除尘和清洁电路板上的金手指。除尘用油画笔清扫即可。金手指是电路板和插槽之间的连接点，如图 1-3 所示。

金手指如果有灰尘、油污或者被氧化均会造成接触不良，一般肉眼可见。内存接触不良，主机开机后会没有显示，并发出短促的"嘟嘟"声或者在进入操作系统，使用一段时间后，系统突然出现蓝屏；显卡接触不良，会发出长长的"嘟"声。解决的方法是用橡皮或软棉布蘸无水酒精擦拭金手指表面的灰尘、油污或氧化层，也可以用一张干净的 A4 打印纸包住金手指进行擦拭，切不可用砂纸类的东西擦拭金手指，这样会损伤其极薄的镀层。

图 1-3　显示适配卡和内存条的金手指

1.2.4　硬盘的日常维护

硬盘是计算机中最重要的数据存储介质，其高速读取和大容量有效数据的存储性能是任何载体都无法比拟的。由于硬盘技术的先进性和精密性，所以一旦硬盘发生故障，就会很难修复，导致数据的丢失。因此，只有正确地维护和使用，才能保证硬盘发挥最佳性能，减少故障的发生概率。平时对硬盘的维护和使用，一定要做到如下几点。

（1）不要轻易进行硬盘的低级格式化操作，避免对盘片性能带来不必要的影响。低级格式化过多，会缩短硬盘的使用寿命。

（2）避免频繁的高级格式化操作，高级格式化操作过多同样会对盘片性能带来影响。在不重新分区的情况下，在 DOS 命令下，可采用加参数"Q"的快速格式化命令（快速格式化只删除文件和目录）进行操作。在 Windows 操作系统下，可以勾选"快速格式化（Q）"选项来进行操作。

（3）硬盘的盘片如出现坏道，即使只有一个簇都有可能具有扩散的破坏性。因此，硬盘在保修期内应尽快找商家更换或维修，如已过保修期，则应尽可能减少格式化硬盘，减少坏簇的扩散，也可以用专业的硬盘工具软件把坏簇屏蔽掉。

（4）硬盘的盘片安装及封装都是在无尘的超净化车间装配的，切记不要打开硬盘的盖板，否则，灰尘进入硬盘腔体可能使磁头或盘片损坏，导致数据丢失。即使硬盘仍可继续使用，其寿命也会大大缩短。

（5）硬盘的工作环境应远离磁场，特别是在使用硬盘过程中，严禁振动或带电插拔硬盘。

（6）对硬盘中的重要文件特别是应用于软件的数据文件要按一定的策略（如按文件的重要性决定备份的时间间隔）进行备份工作，以免因硬件故障、软件功能不完善、误操作等造成数据损失。

（7）建立 Rescue Disk（灾难拯救）盘。使用 DiskGenius 等工具软件将硬盘分区表、引导记录及 CMOS 信息等保存到 U 盘或光盘中，以防丢失。

（8）及时删除不再使用的文件、临时文件等，以释放硬盘空间。

（9）经常进行系统自带的"磁盘清理""磁盘碎片整理程序"操作，以回收丢失簇（扇区的整数倍）和减少文件碎片。所谓丢失簇是指当一个程序的执行被非正常中止时，可能会引起一些临时文件没有得到正常的保存或删除，结果造成文件分配单位的丢失。日积月累，丢失簇会占据很大的硬盘空间。文件碎片是指文件存放在不相邻的簇上，通过"磁盘碎片整理程序"可以尽可能地把文件存放在相邻的簇上，达到减少文件碎片，提高访问速度的目的。

（10）合理设置虚拟内存。所谓虚拟内存是在硬盘中分出一部分容量，当作内存来使用，以弥补内存容量的不足。虚拟内存越大，计算机处理文件的速度就越快，但如果设置过大则会影响硬盘存储文件的容量。

（11）操作系统如果安装到固态硬盘（SSD）上，可以提高计算机的运行效率。

（12）由于固态硬盘闪存具有擦写次数限制的问题，也就是说固态硬盘是有寿命的，固态硬盘内部闪存完成擦写一次叫作 1P/E，闪存的寿命就以 P/E 为单位，根据闪存类型不同，一般寿命为 1000～5000P/E。因此，对固态硬盘维护的核心就是要减少擦写的次数，延长寿命。为此，在平常使用中要做到如下几点。

①不要关闭页面交换文件（虚拟内存），这会让系统更频繁地读取硬盘，也会导致很多大型软件报内存不足的错误。

②不要关闭 SuperPrefetch，系统会根据用户的使用习惯将相关文件预读到内存中，而不是频繁地读取硬盘。

③如果已经安装了可靠的杀毒软件，可以禁用 Windows Defender，以提高 SSD 性能。

④注意不要把下载软件和网络视频软件的缓存目录放在 SSD 上。

⑤使用 AHCI 磁盘模式，并注意更新磁盘控制器驱动。

⑥Windows 系统可定期使用磁盘维护功能对 SSD 进行维护，也可以通过 SSD 厂商提供的 Toolbox 做维护工作。

⑦使用高质量 SATA 线，避免出现 CRC 校验错误。

⑧尽量少用磁盘性能测试软件对 SSD 进行测试，每次测试都会写入大量数据。

⑨重装系统时最好能做一次 Secure Erase，对 SSD 做全盘擦除，恢复 SSD 的初始性能。

⑩安装系统时，尽量使用系统安装程序的分区工具进行分区，并保留 Windows 默认的隐藏分区，实现 4K 扇区对齐。

1.2.5 显示器的保养

显示器的使用寿命可能是计算机所有部件中最长的，有的计算机主机已经换代升级甚至被淘汰，而显示器依然能有效地工作。但如果在使用过程中不注意妥善保养显示器，将大大缩短其可靠性和使用寿命。要想正确地保养显示器，必须做到如下几点。

1. 注意防潮

潮湿的环境是显示器的大敌。当室内湿度保持在 30%～80%时，显示器都能正常工作。当湿度大于 80%时，可能会导致机内元器件生锈、腐蚀、霉变，严重时会导致漏电，甚至使电路板短路；当室内湿度小于 30%时，会在某些部位产生静电干扰，内部元器件被静电破坏的可能性增大，会影响显示器的正常工作。因此显示器必须注意防潮，特别是在梅雨季节，不用显示器，也要定期接通计算机和显示器的电源，让计算机运行一段时间，以便加热元器件，驱散潮气。

2. 防止灰尘进入

灰尘进入显示器的内部，会长期积累在显示器的内部电路、元器件上，影响元器件散热，使其温度升高，产生漏电而烧坏元器件。另外，灰尘也可能吸收水分，腐蚀电路，造成一些莫名其妙的问题。所以灰尘虽小，但对显示器的危害是不可低估的。因此需要将显示器放置在清洁的环境中，最好再给显示器买一个专用的防尘罩，关机后及时用防尘罩罩上。平时清除显示器屏幕上的灰尘时，一定要关闭电源，还要拔下电源线和信号电缆线，然后用柔软的干布小心地从屏幕中央向外擦拭。千万不能用酒精之类的化学溶液擦拭，因为化学溶液会腐蚀显示屏幕；更不能用粗糙的布、硬纸之类的物品来擦拭显示屏，否则会划伤屏幕；也不要将液体直接喷到屏幕上，以免水汽侵入显示器内部。对于液晶显示器擦拭时不要用力过大，避免损伤屏幕。显示器外壳上的灰尘，可用毛刷、干布等清洁。

3. 避免强光照射

强光照射对显示器的危害往往容易被忽略，显示器的机身受强光照射的时间长了，容易老化变黄，而液晶屏在强光照射下也会老化，降低发光效率。发光效率降低以后，在使用时不得不把显示器的亮度、对比度调得很高，这样会进一步加速老化，最终的结果将导致显示器的寿命大大缩短，同时也会伤害使用者的眼睛。为了避免造成这样的后果，必须把显示器摆放在日光照射较弱或没有光照的地方，或者挂上窗帘来减弱光照强度。

4. 保持合适的温度

保持显示器周围空气畅通、散热良好是非常重要的。在过高的环境温度下，显示器的工作性能和使用寿命将会大打折扣。某些虚焊的焊点可能由于焊锡熔化脱落而造成开路，使显示器工作不稳定，同时元器件也会加速老化，轻则导致显示器"罢工"，重则可能击穿或烧毁其他元器件。温度过高还会引起变压器线圈发热起火。因此，一定要保证显示器周围有足够的通风空间，使其能散发热量。在炎热的夏季，如条件允许，最好把显示器放置在有空调的房间中，或用电风扇降温。

5. 其他需要注意的问题

（1）在移动显示器时，不要忘记将电源线和信号线拔掉。拔电源线和信号线时，应先关机，以免损坏接口电路的元器件。

（2）如果显示器与主机信号连线接触不良，将会导致显示颜色减少或者不能同步；插头的某个引脚弯曲，可能会导致显示器不能显示颜色或者偏向一种颜色，或者可能导致屏幕上下翻滚，重则不能显示内容。所以插拔信号电缆时应小心操作，注意接口的方向。若接上信号电缆后有偏色等现象发生，应该检查线缆接头并小心矫正已经弯曲的针脚，避免折断。

（3）显示器的线缆拉得过长，会造成信号衰减，使显示器的亮度变低。

（4）虽然显示器的工作电压适应范围较大，但也可能由于受到瞬时高压冲击而造成元器件损坏，所以尽可能使用带熔断器（保险丝）的插座。

（4）显示器的亮度和对比度不要调得过高，以防显示器老化，减短其寿命。

1.2.6 计算机系统优化及维护

许多用户对使用计算机印象最深的一个困扰的问题就是为什么计算机开机时间越来越长，系统运行越来越慢？面对这个问题，许多用户无从下手，不知道如何处理，那么这一章节就给出了解决办法。

计算机除了硬件要正确使用之外，软件系统的日常维护也是十分重要的。计算机系统优化及维护一般有四大部分，即系统清理、注册表维护和优化、系统备份和系统升级优化。

本小节中的操作系统以 Windows 10、11 例。

1. 系统清理

操作系统使用过长时间后，硬盘中存在着许多无用的垃圾文件，它们不仅占用了宝贵的硬盘空间，而且增加了硬盘寻道时间，从而降低了系统的性能。系统维护的第一步就是对系统中的数据文件进行清理，整个系统清理包括清除系统垃圾文件和清理硬盘临时文件两个方面。

（1）清除系统垃圾文件。有些用户认为把文件删除了以后就没事了，其实这些删掉的文件都被系统将它们保存到了回收站中，日积月累，它们占用了大量的硬盘空间。解决办法：右键单击回收站图标，选择"清空回收站"命令即可。或者在确认要删除文件时，选中要删除的文件，按住 Shift 键后再选择"删除（D）"，这样被删掉的文件就不会被放入回收站中。

（2）删除硬盘临时文件。临时文件包括浏览 Internet 的临时文件、Windows 下的临时文件及用户账户文件夹下的临时文件。

①删除浏览 Internet 的临时文件，以 Microsoft Edge 为例，有两种方法。

第一种方法：打开浏览器之后，单击窗口右上角的"…"更多选项，选择"设置"，然后依次单击"Cookie 和网站权限"→"管理和删除 Cookie 和站点数据"→"查看所有 Cookie 和站点数据"→【全部删除】来清除上网留下的缓存文件，如图 1-4 所示。

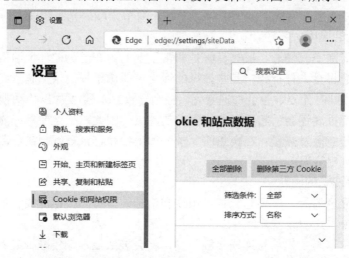

图 1-4　Microsoft Edge 删除 Cookie 和站点数据窗口

第二种方法：打开浏览器之后，按组合快捷键 Ctrl+H，打开历史记录界面，单击界面中右上角的"…"更多选项，选择"清除浏览数据"，打开 Microsoft Edge 清除浏览数据界面如图 1-5 所示，按需要选择"时间范围"和其他复选框中的选项，然后单击【立即清除】，可删除上网留下的缓存文件。

图 1-5　Microsoft Edge 清除浏览数据界面

②清除 Windows 下的临时文件。在系统桌面上打开"此电脑"的资源管理器窗口，可直接在地址栏中输入路径"C:\Windows\Temp\"，如图 1-6 所示，如果系统弹出提示窗口，请单击【继续】，然后选中所有文件，进行删除操作即可。

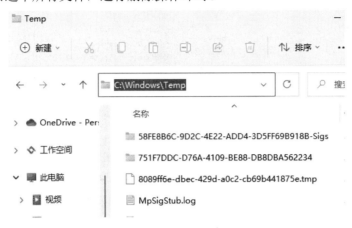

图 1-6　Windows 下的临时文件夹

注意：切勿在资源管理器窗口中直接搜索"Temp"关键字之后，在搜索结果窗口中选择所有文件直接删除，因为这些文件中有的是安装信息文件，有的是脚本文件，还有的是.dll 文件，如果不清楚文件用途，建议不要随便删除。

③清除用户账户文件夹下的临时文件。同样在系统桌面上打开"此电脑"的资源管理器窗口，按此顺序 C:→用户→用户账户名称→AppData→Local→Temp 选择打开文件夹，如图 1-7 所示。选择所有文件和文件夹进行删除操作。

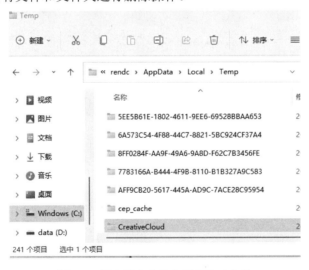

图 1-7　用户账户文件夹下的临时文件

2．注册表维护和优化

在不影响系统使用的情况下，对注册表进行维护和优化对于提高计算机性能方面有一定的帮助，在此介绍两点。

（1）删除用户进入操作系统之后无必要的启动项，以加快软件系统启动时间和响应。在"搜索"栏中输入 regedit，打开注册表编辑器，打开注册表路径："计算机\HKEY_CURRENT_USER\Software\Microsoft\Windows\CurrentVersion\Run"，如图 1-8 所示。

图 1-8　操作系统用户账户下的启动项

从图中可以发现，启动项中有百度云、浏览器、云存储、微信等相关启动项，用户可以根据自己的喜好和需要，删除非必要的启动项

（2）利用 CPU 的 L2 Cache 加快整体效能。通过上面的方法，打开注册表路径："计算机\HKEY_LOCAL_MACHINE\SYSTEM\CurrentControlSet\Control\SessionManager\Memory Management"，在[MemoryManagement]的右边窗口中，将[SecondLevelDataCache]的数值数据更改为与 CPU L2 Cache 相同的十进制数值，例如，利用 CPU-Z 工具软件测出计算机 CPU 处理器的性能参数，Intel Core i7 8850U 的 L2 Cache 为 4×256KBytes，如图 1-9 所示。

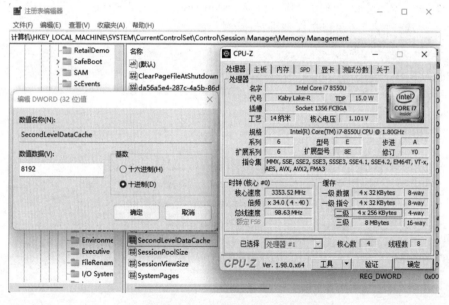

图 1-9　注册表中 CPU 的 L2 Cache 设置

3. 系统备份

把装有操作系统的分区（系统所在的盘），如 C 盘，用 GHOST 等工具软件，做成一个镜像文件，备份到其他分区或外部存储设备。如有某些不可预知的原因一旦造成系统崩溃或损坏，就能用备份的镜像文件很快地恢复系统。对硬盘参数、分区表、引导记录等系统文件也要做好备份，以便在发生系统故障时能恢复计算机的正常工作。这一点非常重要，在系统崩溃或需重装系统时，可以大大节约时间和节省精力。

4．系统升级优化

（1）病毒防治。计算机病毒是计算机系统的杀手，它能感染应用软件、破坏系统，甚至有的病毒还能毁坏硬件。因此，必须安装防病毒软件，并实时开启、及时升级病毒库、及时查杀可能存在的病毒，查杀时建议在安全模式下进行，因为此模式下启动的程序少，占用的系统资源少，查杀的速度更快，效果更好。

（2）及时升级操作系统补丁程序，提高系统的可靠性和兼容性，有很多补丁可提高硬件性能，还可以使系统更加稳定。及时进行磁盘碎片整理，这样才能使操作系统稳定、安全、可靠地工作。

（3）磁盘碎片整理。一般只针对系统磁盘，建议在系统使用周期过长，空余时间较多的情况下做，不需要太频繁，否则会影响硬盘的寿命。

1.3 计算机维修

计算机的维修，就是对计算机系统各硬件组成进行日常维护保养，当系统出现故障时，能迅速判断故障部位，准确、果断地排除故障，尽快恢复计算机系统的正常运行。

1.3.1 计算机的维修

1．维修的定义

计算机的维修是指对计算机系统的各组成部分的硬件、软件损伤或失效等原因造成的故障，进行分析、判断、孤立、排除，恢复系统正常运行的操作。

2．计算机硬件的一级维修与二级维修

一级维修是指在计算机出现故障后，通过软件诊断及测量观察确定故障原因或故障部件，对硬件故障通过更换板卡的方法予以排除，也称板卡级维修。二级维修是由具有一定维修经验的硬件技术人员，负责修复一级维修过程中替换下来的配件，通过更换芯片、元器件及修复故障部件的方法所进行的工作，又称为芯片级维修。本书主要讲述一级维修，而二级维修只对各部件最常见的故障点进行原理分析，孤立到了元器件。这样既使读者对常见故障达到了芯片级的维修水平，又不必花费很多的时间学习各部件的原理及电子线路。

3．维修的三个过程

（1）故障分析判断。依据故障现象，对故障的原因和大致部位做出初步估计。

（2）故障查找定位。指通过运用多种有效的技术手段和方法找到故障的具体位置和主要原因的操作过程。

（3）修理恢复，排除故障。

4．维修的一般步骤

计算机维修的一般步骤有系统到设备、设备到部件、部件到器件、器件到故障点。

（1）系统到设备。指当计算机系统出现故障时，首先要进行综合分析，然后检查判断是系统中哪个设备出现的问题。对于一个配置完整的大系统而言，出现故障后，首先需要判断是主机、显示器、网络的问题还是其他外部设备的问题，通过初步检查将排查故障的重点落实到某一设备上。该检查主要确定以设备为中心的故障大致范围。如网络不通的故障，要判断出到底是网络设备、网线的问题还是计算机本身的问题。

（2）设备到部件。指初步确定有故障的设备，对产生故障的具体部件进行检查判断，将故障孤立定位到故障设备的某个具体部件的过程。这一步检查，对复杂的设备来说，常常需

要花费很多时间。为使分析判断比较准确，要求维修人员对设备的内部结构、原理及主要部件的功能应有较深入的了解。假如故障设备初步判断为主机，则需要对与故障相关的主机箱内的有关部件做重点检查；若电源电压不正常，则要检查机箱电源输出是否正常；若计算机不能正常引导，则检查的内容更多、范围更宽，故障可能来自电源电压不正常，可能来自 CPU、内存、主板、显卡等硬件问题，也可能来自 CMOS 参数设置不当等方面。

（3）部件到器件。当查出故障部件后，作为板卡级维修，据此可进行更换部件的操作。但有时为了避免浪费，或一时难以找到备件等原因，不能对部件做整体更换时，需要进一步查找到部件中有故障的器件，以便修理更换。这些器件可能是电源中的整流管、开关管、滤波电容或稳压器件，也可能是主板上的 CPU 供电电路、时钟电路的器件等。这一步是指从故障部件（如板、卡、条等）中查找出故障器件的过程。进行该步检查时常常需要采用多种诊断和检测方法，使用一些必需的检测仪器，同时需要具备一定的电子方面的专业知识和技能。

（4）器件到故障点。指对重点怀疑的器件，从其引脚功能或形态的特征（如机械、机电类元器件）上找到故障位置的操作过程。但该步检查常因器件价廉易得或查找费时费事得不偿失而放弃，若能对故障做进一步的检查和分析，对提高维修技能必将很有帮助。

以上对故障检查孤立分析的步骤，在实际运用时完全取决于维修者对故障分析、判断的经验和工作习惯。从何处开始检查，采用何种手段和方法检查，完全因人而异，因故障而异，并无严格规定。

1.3.2 维修的注意事项

计算机维修时，一定要做到沉着、冷静，胆大心细。要注意安全，切莫慌乱，粗枝大叶，造成不必要的损失，甚至引发事故。具体来说要做到如下几点。

（1）注意维修场所的安全。维修时一定要把维修台的工具、仪器、待修计算机及部件等摆放整齐有序，放好放稳，以防脱落、伤人、伤设备。要注意不要触及电烙铁、热风枪等发热工具，以防灼伤。

（2）严禁带电插拔。动手维修时，首先要做的就是断电，注意一定要拔掉电源线，如果只关机，主机电源仍有 5V 电压输出。若没有断电就去插拔内存等部件，可能会造成短路起火、烧毁部件的严重后果。

（3）对于严重故障，应查清原因再通电。如果贸然通电，会使故障进一步扩大，烧毁更多的元器件。

（4）在故障排除后，一切都要复原。要养成良好的习惯和严谨的工作作风，每次故障排除后，一定要把各种仪器、工具都整理好，主机装好，清理好工作台才能离开。

（5）使用仪器仪表，应正确选择量程和接入极性。在使用仪器仪表测试硬件参数时，一定要遵守操作规程，正确选择量程和接入极性，否则可能会造成严重的后果。如误用万用表的电阻挡测量主板 CPU 电压时，相当于 CPU 的供电电压经过万用表中一个很小的内阻短路到地，不但会烧毁万用表中的电路，而且会烧毁主板上 CPU 的供电电路，甚至烧毁 CPU。

（6）开机箱前要注意是否过了保修期。品牌计算机的保修期为 1～3 年，在保修期内厂商一般免费保修和更换部件。在机箱盖与箱体的连接处都有厂商贴的防开启的不干胶封签，一旦损坏，厂商就不会保修了。

（7）开机箱前要先释放静电。由于静电很容易击穿集成电路，因此，进行维修前必须先放掉手上的静电。具体做法是用手触摸机箱的金属外表或房间里的水管，或者洗手，最安全的还是佩戴防静电手环。

（8）各部件要轻拿轻放。轻拿板卡时要尽量拿其边缘，不要用手触摸金手指和芯片，以防止金手指被氧化和静电击穿芯片。

（9）拆卸时要记住各接线的方向与部位。特别是主板与机箱面板的连接线较多，最好在拆机时用笔记录好各连接线的位置，否则安装时会造成连线接错，导致人为故障的产生。

（10）用螺钉固定部件时，一定要对准位置，各部件放置正确后再拧，不要用蛮力，否则，轻则会使螺钉剐丝，部件安装不稳，重则会损坏部件。

1.4 计算机维修的工具与设备

维护、维修计算机时，必须要有维护、维修的工具与设备，否则是"巧媳妇难为无米之炊"，即使维修水平很高，但打不开机箱、没有工具软件，也只能"望机兴叹"。因此，掌握维修工具、工具软件及设备的使用方法，对提高计算机的维护水平和维修技能来说是十分重要的。

1.4.1 常用的维修工具

计算机常用的维修工具如图 1-10、图 1-11 和图 1-12 所示。

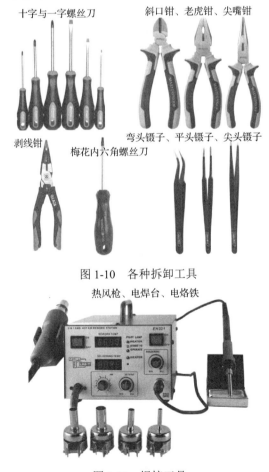

十字与一字螺丝刀　　斜口钳、老虎钳、尖嘴钳

剥线钳　　梅花内六角螺丝刀　　弯头镊子、平头镊子、尖头镊子

图 1-10　各种拆卸工具

热风枪、电焊台、电烙铁

图 1-11　焊接工具

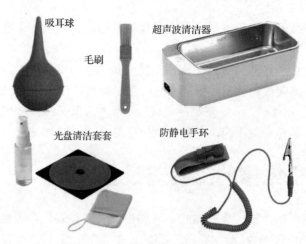

图 1-12 清洁工具及防静电手环

（1）旋具。旋具是指各种规格的十字螺丝刀、梅花内六角螺丝刀和一字螺丝刀，拆、装机时主要用来拧机箱、主板、电源、CPU 风扇及固定架等部件上的螺钉。螺丝刀最好选择磁性的，这样当螺钉掉到机箱里时能很快地吸出来，使用起来比较方便。

（2）钳子。常用的有：用于协助安装较小螺钉和接插件的尖嘴钳；用于剪线、剪扎带的斜口钳；用于固定固件的老虎钳，还有用于剥除导线塑料外壳的剥线钳。

（3）镊子。用于在维修工作中捡拾和夹持微小部件，在清洗和焊接时用作辅助工具。

（4）电烙铁和电焊台。用于电缆线接头、线路板、接插件等接触不良、虚焊等方面的焊接工作，还可用于拆卸和焊接电路板上的电子元器件。电烙铁可根据需要接上不同大小的烙铁头。电焊台能快速升温，并可根据需要控制烙铁头温度的高低。

（5）热风台。热风台又叫热风枪、吹风机，是现代电子设备维修的必备工具，能吹出温度可控的热风，主要用于拆卸引脚多的元器件和贴片元件，还可以通过给焊点加热，排除虚焊等故障。

（6）清洁、清洗工具。清洁、清洗工具通常包括软盘驱动器和光盘驱动器的清洗液，以及清扫灰尘的笔刷、吹气橡皮球（吸耳球）、无水酒精或专用清洗液、脱脂棉等。此外对于小元器件也可用超声波清洁器清除严重的油污、锈斑等。

（7）防静电工具。防静电工具用于消除人体产生的静电对计算机芯片造成的高压冲击，如防静电手环等。

（8）常用的工具软件。工具软件主要用于检测计算机的软/硬件性能及参数、磁盘分区与维护、系统安装及病毒防御等，主要包括各种版本的系统安装盘，如 DOS、Linux、Windows 等；各种引导修复工具盘，如老毛桃、深度技术、系统之家等；各种性能及参数测试软件，如测试 CPU 的 CPU-Z、测试内存的 TestMem5、测试主板及整体的 HiBit System 等；硬盘工具软件，如 DM、PQMagic、HD Tune 等；防病毒软件，如 360、McAfee 等。为了提高维修效率，最好把这些工具制作到一个带启动菜单的 U 盘上，这样维修时就会得心应手、事半功倍。

1.4.2 常用的维修设备

计算机常用的维修设备是指检测计算机硬件电气参数的工具和仪器，主要有万用表、逻辑测试笔（简称逻辑笔）、故障诊断卡等，如图 1-13 所示。如果条件许可，还可配置价格昂贵用于测量电路波形的示波器、拆焊 BGA 封装形式集成电路的 BGA 返修台、开启硬盘更换盘片的无尘开盘空气净化工作台及硬盘开盘机等。

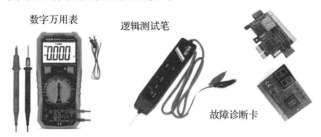

数字万用表　　逻辑测试笔

故障诊断卡

图 1-13　常用维修设备

（1）万用表。万用表是计算机维修工作中必备的测量工具，它可以测量电压、电流和电阻等参数，分为数字式和模拟（指针）式两大类，现在一般用数字万用表。万用表通过加电测量电路板各器件的焊脚电压，并与正常电压进行比较。维修者凭自己的知识和经验，可初步判断发生故障的器件，然后通过取下怀疑的坏器件，测量其各脚的电阻，就可以完全确定器件是否损坏。对于维修高手，只要有万用表在手就能排除所有电子设备的"疑难杂症"。

（2）逻辑测试笔。逻辑测试笔是采用不同颜色的指示灯来表示数字电平高低的仪器。它可快速测量出数字电路中有故障的芯片，比如测试 TTL（Transister-Transister Logic）和 CMOS 集成电路。逻辑测试笔上一般有 2～3 个信号指示灯，在没有特殊说明的情况下，红灯表示高电平，绿灯表示低电平，黄灯表示脉冲信号。测试时，将逻辑测试笔的电源夹子夹到被测电路的任一电源点，另一个夹子夹到被测电路的公共接地端。如果三灯同时闪烁，则表示有脉冲信号。

（3）故障诊断卡。故障诊断卡又叫 POST 卡（Power On Self Test），其工作原理是利用主板中 BIOS 内部自检程序的检测结果，通过故障诊断卡上的 LED 数码管以十六进制形式显示出来，结合说明书的代码含义速查表就能很快地知道计算机的故障所在。尤其在 PC 不能引导操作系统、黑屏、喇叭不叫时，使用故障诊断卡就更加便利快捷。不过现在的高档主板都自带故障诊断程序，并有专门的故障显示 LED 灯，厂商一般叫 Debug 灯。

1.4.3　万用表的使用方法

万用表又叫三用表，是一种多功能、多量程的测量仪表。一般万用表可测量直流电流、直流电压、交流电流、交流电压、电阻和音频电平等，有的还可以测电容量、电感量及半导体的一些参数。目前的万用表分为模拟式和数字式两大类，它们各有方便之处，很难说谁好谁坏，最好是两类万用表都配备。

1．模拟式万用表的使用

（1）熟悉表盘上各个符号的意义及各个旋钮和选择开关的主要作用。

（2）进行机械调零。

（3）根据被测量的种类及大小，选择转换开关的挡位及量程，找出对应的刻度线。

（4）选择表笔插孔的位置。

（5）测量电压。测量电压时要选择好量程，如果用小量程去测量大电压，则会有烧表的危险；如果用大量程去测量小电压，那么指针偏转太小，无法读数。量程的选择应尽量使指针偏转到满刻度的 2/3 左右。如果事先不清楚被测电压的大小时，应先选择最高量程挡，然后逐渐减小到合适的量程。

①交流电压的测量。将万用表的一个转换开关置于交、直流电压挡，另一个转换开关置

于交流电压的合适量程上，万用表的两支表笔和被测电路或负载并联即可。

②直流电压的测量。将万用表的一个转换开关置于交、直流电压挡，另一个转换开关置于直流电压的合适量程上，且"+"表笔（红表笔）接到高电位处，"-"表笔（黑表笔）接到低电位处，即让电流从"+"表笔流入，从"-"表笔流出。若表笔接反，表头指针会反方向偏转，容易撞弯指针。

（6）测电流。测量直流电流时，将万用表的一个转换开关置于直流电流挡，另一个转换开关置于 50μA～500mA 的合适量程上，电流的量程选择和读数方法与电压一样。测量时必须先断开电路，然后按照电流从"+"到"-"的方向，将万用表串联到被测电路中，即电流从红表笔流入，从黑表笔流出。如果误将万用表与负载并联，则因表头的内阻很小，会造成短路烧毁仪表。其读数方法如下：

$$实际值=指示值×量程/满偏$$

（7）测电阻。用万用表测量电阻时，应按下列方法操作。

①选择合适的倍率挡。万用表欧姆挡的刻度线是不均匀的，所以倍率挡的选择应使指针停留在刻度线较稀的部分为宜，且指针越接近刻度尺的中间，读数越准确。一般情况下，应使指针指在刻度尺的 1/3～2/3 处。

②欧姆调零。测量电阻之前，应将 2 支表笔短接，同时调节欧姆（电气）调零旋钮，使指针恰好指在欧姆刻度线右边的零位。如果指针不能调到零位，说明万用表内电池电压不足或仪表内部有问题。并且每换一次倍率挡，都要再次进行欧姆调零，以保证测量准确。

③读数：表头的读数乘以倍率，就是所测电阻的电阻值。

（8）注意事项。

①在测电流、电压时，不能带电换量程。

②选择量程时，要先选大的，后选小的，尽量使被测值接近于量程。

③测电阻时，不能带电测量。因为测量电阻时，万用表由内部电池供电，如果带电测量则相当于接入一个额外的电源，可能会损坏表头。

④使用完毕后，应使转换开关放在交流电压最大挡位或空挡上。

2．数字式万用表的使用

目前，数字式测量仪表已成为主流，有取代模拟式测量仪表的趋势。与模拟式测量仪表相比，数字式测量仪表灵敏度高、准确度高、显示清晰、过载能力强、便于携带、使用更简单。下面以 VC9802 型数字万用表为例，简单介绍其使用方法和注意事项。

（1）使用方法。

①使用前，应认真阅读有关的使用说明书，熟悉电源开关、量程开关、插孔、特殊插口的作用。

②将电源开关置于 ON 位置。

③交直流电压的测量：根据需要将量程开关拨至 DCV（直流）或 ACV（交流）的合适量程，红表笔插入 V/Ω 孔，黑表笔插入 COM 孔，并将表笔与被测线路并联，读取显示的数值即可。

④交直流电流的测量：将量程开关拨至 DCA（直流）或 ACA（交流）的合适量程，红表笔插入 mA 孔（<200mA 时）或 10A 孔（>200mA 时），黑表笔插入 COM 孔，并将万用表串联在被测电路中即可。测量直流量时，数字万用表能自动显示极性及数值。

⑤电阻的测量：将量程开关拨至 Ω 的合适量程，红表笔插入 V/Ω 孔，黑表笔插入 COM

孔。如果被测电阻值超出所选择量程的最大值，万用表将显示为"1"，这时应选择更高的量程。测量电阻时，红表笔为正极，黑表笔为负极，这与指针式万用表正好相反。因此，测量晶体管、电解电容器等有极性的元器件时，必须注意表笔的极性。

（2）使用注意事项。

①如果无法预先估计被测电压或电流的大小，则应先拨至最高量程挡测量一次，再视情况逐渐把量程减小到合适位置。测量完毕，应将量程开关拨到最高电压挡，并关闭电源。

②测量程时，仪表仅在最高位显示数字"1"，其他位均消失，这时应选择更高的量程。

③测电压时，应将数字万用表与被测电路并联。测电流时应与被测电路串联，测直流量时不必考虑正、负极性。

④当误用交流电压挡去测量直流电压，或者误用直流电压挡去测量交流电压时，显示屏将显示"000"，或低位上的数字出现跳动。

⑤禁止在测量高电压（220V以上）或大电流（0.5A以上）时换量程，以防止产生电弧，烧毁开关触点。

⑥当显示"BATT"或"LOW BAT"时（各类万用表提示的符号或字母会有所不同），表示电池电压低于工作电压。

3. 数字式万用表的使用技巧

（1）电容的测量。数字式万用表一般都有测电容的功能，但只能测量程以内的电容，对于大于量程的电容，只能使用测电阻的方法来判断电容的好坏。

①用电容挡直接检测。数字式万用表一般具有测量电容的功能，其量程分为2000p、20n、200n、2μ和20μ五挡。测量时可将已放电的电容两个引脚直接插入表板上的Cx插孔，选取适当的量程后就可读取显示数据。2000p挡，宜于测量小于2000pF的电容；20n挡，宜于测量2000pF～20nF之间的电容；200n挡，宜于测量20～200nF之间的电容；2μ挡，宜于测量200nF～2μF之间的电容；20μ挡，宜于测量2～20μF之间的电容。

如果事先对被测电容范围没有概念，应将量程开关转到最高挡位，然后根据显示值转到相应的挡位上。当用大电容挡测严重漏电或击穿电容时，将显示数值不稳定。

②用电阻挡测量。对于超过量程的大电容，能用电阻挡测量其好坏。具体方法是先将电容两极短路（用一支表笔同时接触两极，使电容放电），然后将万用表的两支表笔分别接触电容的两个极，观察显示的电阻读数。若一开始时显示的电阻读数很小（相当于短路），然后电容开始充电，显示的电阻读数逐渐增大，最后显示的电阻读数变为"1"（相当于开路），则说明该电容是好的。若按上述步骤操作，显示的电阻读数始终不变，则说明该电容已损坏（开路或短路）。特别注意的是，测量时要根据电容的大小选择合适的电阻量程，如47μF用200k挡，而4.7μF则要用2M挡等。

（2）二极管的测量。数字万用表有专门的二极管测试挡，当把量程开关放置该挡时，红表笔接万用表内部正电源，黑表笔接万用表内部负电源。当红表笔接被测二极管正极，黑表笔接被测二极管负极，则被测二极管正向导通，万用表显示二极管的正向导通电压，通常好的硅二极管正向导通电压应为500～800mV，好的锗二极管正向导通电压应为200～300mV。假若显示"000"，则说明二极管击穿短路，假若显示"1"，则说明二极管正向不通开路。将两表笔交换接法，显示"1"，说明该二极管反向截止，说明二极管正常，若显示"000"或其他值，则说明二极管已反向击穿。同样也可以用电阻挡根据二极管的正向电阻较小，反向电阻很大的原理，测量二极管的好坏。

（3）三极管的测量。三极管内部相当于两个二极管，如图1-14所示，因此可用二极管测试挡来判断三极管的好坏及引脚的识别。测量时，先将一支表笔接在某一认定的引脚上，另外一支表笔先后接到其余的两个引脚上，如果这样测得两次均导通或均不导通，然后对换表笔再测，两次均不导通或均导通，则可以确定该三极管是好的，而且可以确定该认定的引脚就是三极管的基极。若是用红表笔接在基极，用黑表笔分别接在另外两极均导通，则说明该三极管是 NPN 型的，反之，则为 PNP 型的。最后比较两个 PN 结正向导通电压的大小，读数较大的是 be 结，读数较小的是 bc 结，由此集电极和发射极都被识别出来了。

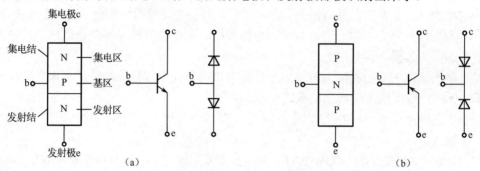

图 1-14　三极管结构示意图

数字式万用表还可用于测量三极管的放大系数，其方法是，首先用上面的方法确定待测三极管是 NPN 型还是 PNP 型的，然后将其引脚正确地插入对应类型的测试插座中，功能量程开关转到 β 挡，即可以直接从显示屏上读取 β 值，若显示"000"，则说明三极管已坏。当然三极管同样也能用电阻挡来判断三极管的好坏及引脚的识别。

（4）场效应晶体管的测量。场效应晶体管（Field Effect Transistor，FET）简称场效应管。它属于电压控制型半导体器件，具有输入电阻高、噪声小、功耗低、动态范围大、易于集成、没有二次击穿现象、安全工作区域宽等优点，在计算机中主要用于主板和显卡的供电电路，发挥功率开关管的作用，其内部结构如图 1-15 所示。

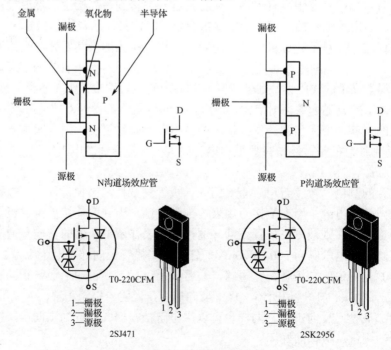

图 1-15　场效应管结构示意图

场效应管内部，D、S 极之间相当于一个二极管，G 与 D、S 极之间相当于电阻无穷大，一般测试场效应管应测试 D、S 之间是否开路或击穿，G 与 D、S 极之间是否击穿。其中间极为 D 极，它与散热金属面相通，测试方法为：用红表笔接 D 极，另一支表笔分别连接另外两极，如果有阻值或电压（二极管挡测量）则表示此极为 S 极，且为 N 沟道场效应管，如果都不通，再用黑表笔接 D 极，另一支表笔分别连接另外两极，如果有阻值或电压（二极管挡测量）则表示此极为 S 极，且为 P 沟道场效应管。

1.4.4 逻辑测试笔的使用

逻辑测试笔有很多种型号，其外形和显示灯的个数各有不同。最简单的逻辑测试笔只有两只发光二极管指示灯。绿色灯亮时表示测试点的电位小于 0.8V，测量信号为低电平；红色灯亮时表示测试点的电位高于 3V，测量信号为高电平。如果红、绿灯显示交替闪烁则测量的信号是脉冲，频率越高，闪烁的频率越高，当频率很低时，脉冲频率和闪烁频率相等。有的逻辑测试笔有专门的脉冲测试开关与指示灯，用来测试脉冲信号更方便。

由于计算机系统的时钟频率很高，被测信号的持续时间在毫秒级到纳秒级，用万用表无法测出瞬时数值，甚至用示波器也不易观测，因此，逻辑笔不仅价格低廉，而且用其观测瞬间的脉冲跳变和数字信号都有其独特之处，甚至在某些方面能取代示波器的作用。下面介绍一款逻辑测试笔的具体使用方法。

这款逻辑测试笔可以测试 TTL 和 CMOS 集成电路各引脚的高低电平及其脉冲信号，从而可以分析和判断故障部位。其使用方法如下。

（1）将红色鳄鱼夹夹在被测电路的正极，黑色鳄鱼夹夹在被测电路的负极，两端电压应小于 18VDC。

（2）在测 TTL 和 DTL（二极管和三极晶体管集成电路）时，选择开关放在 TTL 位置（测 CMOS 电路时放 CMOS 位置），然后将逻辑测试笔的探针与测试点接触，发光二极管显示的状态如下。

①全部发光二极管不亮——高阻抗。

②红色发光二极管亮——高电平（1）。

③绿色发光二极管亮——低电平（0）。

④黄色发光二极管亮——脉冲。

【注意】TTL：输出高电平大于 2.4V，输出低电平小于 0.4V；CMOS：1 逻辑电平电压接近于电源电压，0 逻辑电平接近于 0V。

（3）测试脉冲并存储脉冲或电压瞬变，先把选择开关放在 Pulse 位置，用探针测试要测点，则发光二极管会显示该点的原有状态。然后把选择开关放在 MEM 位置，如测到有脉冲出现或电压瞬变，则橙色灯长亮。

若用信号发生器给 TTL 电路芯片的输入端加入信号，用逻辑测试笔测试输出端，如果有信号，则表示芯片是好的；如果没有信号，则表示芯片或外接元器件有故障。

实验 1

1. 实验项目

（1）认识主机箱内的各部件。

（2）了解计算机主板的架构设计。

（2）用万用表判断二极管、三极管的好坏并测试主机电源的各输出电压。

2．实验目的

（1）对主机箱内的各部件有一个初步的认识，并能准确说出各部件的名称。

（2）掌握使用万用表测交、直流电压的方法，认清主机电源的输出电压有哪些，实测数据是多少。

（3）掌握使用数字式万用表的电阻挡、二极管挡、三极管挡，测试二极管和三极管的方法，并能判断其好坏。

3．实验准备及要求

（1）以两人为一组进行实验，每组配备一个工作台、一台主机、一个万用表和拆机的工具。

（2）每组准备好的二极管、三极管及坏的二极管、三极管各一只。

（3）实验时一个同学独立操作，另一个同学要注意观察和记录实验数据。

（4）实验前教师要做示范操作，讲解动作要领与注意事项，学生要在教师的指导下独立完成。

4．实验步骤

（1）拆开主机箱，观察和认识机箱内电源、主板、硬盘、光驱、CPU、内存的形状及安装位置。

（2）拔下电源与主板的连接插座，用万用表的直流电压挡测量电源的输出电压并与电源标签上的标准值进行比较。

（3）用万用表的电阻挡分别测量好/坏（二极管、三极管）并进行比较。

（4）用万用表的二极管挡分别测量好/坏（二极管、三极管）并进行比较。

（5）用万用表的三极管挡测量好的三极管的放大系数。

5．实验报告

要求学生写出主机内各部件的名称，实测的电源各输出电压的数值，各晶体二极管、三极管的正/反向电阻值和正/反向电压值。

说明：根据实验内容，每个实验可编制实训（验）项目单，让学生按照实训（验）项目单规定的内容完成实验并填写实验数据。下面提供一个实训（验）项目单的范例，仅供参考。

深 圳 职 业 技 术 学 院
Shenzhen Polytechnic Training Item
实 训（验）项 目 单

编制部门：人工智能学院　　编制人：任定成　　审核人：王小磊　　编制日期：2021-12-27　　修改日期：2021-12-27

项目编号 Item No.	NO.1	项目名称 Item	主机中各部件的认识、电源及二极管、三极管测试		训练对象 Class		学时 Time	2
课程名称 Course	计算机组装、维护与维修			教材 Textbook		计算机组装、维护与维修（第4版）		
目的 Objective	1．对主机箱内的各部件有一个初步的认识，能准确说出各部件的名称。 2．掌握万用表测交、直流电压的方法，认清主机电源的输出电压有哪些，实测数据是多少。 3．掌握用万用表的电阻挡、二极管挡、三极管挡，测试二极管和三极管的方法，并能判断其好坏							
内容（方法、步骤、要求或考核标准及所需工具、设备等） 1．实训设备与工具 十字螺丝刀、万用表、主机、好/坏（二极管、三极管）各一只、工作台等。 2．实训步骤、方法与要求 步骤与方法： （1）拆开主机箱，观察和认识机箱内电源、主板、硬盘、光驱、CPU、内存的形状及安装位置。								

（2）拔下电源与主板的连接插座，用万用表的直流电压挡测量电源的输出电压并与电源标签上的标准值进行比较。

（3）用万用表的电阻挡分别测量好/坏（二极管、三极管）并进行比较。

（4）用万用表的二极管挡分别测量好/坏（二极管、三极管）并进行比较。

（5）用万用表的三极管挡测量好三极管的放大系数。

要求：

（1）实验时一个同学独立操作，另一个同学要注意观察和记录实验数据。

（2）实验前教师要做示范操作，讲解动作要领与注意事项，学生要在教师的指导下独立完成。

3．评分方法

（1）填空题每空 1 分。

（2）问答题每题 10 分。

（3）会使用万用表测电压 10 分。

（4）会使用万用表测晶体二极管、三极管 15 分。

（5）打开机箱观察 5 分

评语 Comment					成绩 Score	
	教师签字		日期		学时 Time	2
姓名 Name		学号 Student No.		班级 Class	组别 Group	
项目编号 Item No.	No.1	项目名称 Item	主机中各部件的认识、电源及二极管、三极管测试			
课程名称 Course	计算机组装、维护与维修			教材 Textbook	计算机组装、维护与维修（第 4 版）	

实训（实验）报告（注：由指导教师结合项目单设计）

（1）计算机主机箱的编号_____

（2）该主机所采用电源的生产厂商是_____，标签上的输出电压有_____、_____、_____、_____、_____，实测数值为_____、_____、_____、_____、_____。

（3）好的二极管正向电阻为_____、反向电阻为_____；坏的二极管正向电阻为_____、反向电阻为_____；好的三极管 be 间正向电阻为_____、be 间反向电阻为_____、bc 间正向电阻为_____、bc 间反向电阻为_____；坏的三极管 be 间正向电阻为_____、be 间反向电阻为_____、bc 间正向电阻为_____、bc 间反向电阻为_____。

（4）好的二极管正向电压为_____、反向电压为_____；坏的二极管正向电压为_____、反向电压为_____；好的三极管 be 间正向电压为_____、be 间反向电压为_____、bc 间正向电压为_____、bc 间反向电压为_____、ce 间电压为_____；坏的三极管 be 间正向电压为_____、be 间反向电压为_____、bc 间正向电压为_____、bc 间反向电压为_____、ce 间电压为_____。

（5）好的三极管放大系为_____，坏的三极管放大系数为_____。

（6）如何判断二极管的好坏？

（7）如何判断三极管的好坏？

（8）如何确定三极管的 b、c、e 极？

习题 1

1．填空题

（1）计算机都是由_____和_____两大部分组成的。

（2）计算机硬件主要分为 5 个部分：_____、_____，_____、_____和_____。

（3）计算机软件是指计算机系统中的_____，一般是由_____和_____组成的。

（4）冯.诺依曼原理指的是：_____、_____，称为计算机的_____。

（5）计算机的工作环境即外部的工作条件，包括____、____、____、____、外部电磁场干扰等。

（6）计算机正确的开机顺序是：先打开_____电源，再打开_____电源，最后才打开_____电源。

（7）内存接触不良，解决的方法是用_____或_____蘸无水酒精来擦拭金手指表面的灰尘、油污或氧化层，切不可用_____类的东西来擦拭金手指，这样会损伤其极薄的镀层。

（8）计算机维修的一般步骤有系统到_____、由设备到_____、由部件到_____、由器件到_____。

（9）万用表是计算机维修工作中必备的测量工具，它可以测量_____、_____和电阻等参数，分为_____和模拟（指针）式两大类。

（10）逻辑测试笔上一般有 2~3 个信号指示灯，没有特殊说明的情况下，红灯表示____电平，绿灯表示____电平，黄灯表示_____。

2. 选择题

（1）计算机的软件主要由（　　）组成。

A. 系统软件和应用软件　　　　　　B. 控制器、运算器、硬盘、光驱

C. Windows 和 WPS 等　　　　　　D. 主机、显示器等物理设备

（2）安装在机箱内的直流电源，是一个可以提供 5 种直流电压的开关稳压电源，其数值分别为（　　）。

A. +3.3V、+5V、−5V、+12V、−12V　　B. −3.3V、+5V、−5V、+12V、−12V

C. +3.3V、+5V、−5V、+10V、−10V　　D. −3.3V、+5V、−5V、+10V、−10V

（3）影响计算机工作环境的主要因素有（　　）。

A. 温度　　　　　B. 湿度　　　　　C. 清净度　　　　　D. 电源稳定性

（4）在我国计算机的供电电源均使用 220V、50Hz 的交流电源。一般要求交流电源电压的波动范围不超过额定值的（　　）。

A. ±5%　　　　　B. ±10%　　　　　C. ±15%　　　　　D. ±20%

（5）计算机的正确使用方法有（　　）。

A. 长时间离开时，要关机、断电　　B. 按正确的顺序开、关计算机

C. 按正确的操作规程进行操作　　　D. USB 存储器要先安全删除才能拔出

（6）在平时对硬盘的维护和使用时，一定要做到（　　）。

A. 硬盘的工作环境应远离磁场　　　B. 不要轻易进行硬盘的低级格式化操作

C. 必要时可打开硬盘的盖板　　　　D. 及时备份重要数据

（7）对主机进行清洁包括（　　）。

A. 机箱内的除尘　　　　　　　　　B. 插槽、插头、插座的清洁

C. CPU 风扇的清洁　　　　　　　　D. 清洁内存条和显示适配卡

（8）计算机软件系统维护和优化有（　　）。

A. 病毒防治　　　B. 系统备份　　　C. 系统清理　　　D. 安装应用软件

（9）计算机维修时需要注意的问题有（　　）。

A. 注意维修场所的安全　　　　　　B. 严禁带电插拔

C. 各部件要轻拿轻放　　　　　　　D. 使用仪器仪表，应正确选择量程和接入极性

（10）计算机常用的维修设备有（　　）。

A. 万用表　　　　　　　　　　　　B. 逻辑测试笔

C. 故障诊断卡　　　　　　　　　　D. 系统安装盘

3．判断题

（1）计算机的种类繁多，包括微型计算机又称个人计算机、台式计算机、服务器及工控机等，无论何种计算机都是由硬件和软件两大部分组成的。（　　　）

（2）系统软件是支持计算机系统正常运行并实现用户操作的软件。（　　　）

（3）显示器的日常保养看，可以根据使用者的喜好，随意调节亮度。（　　　）

（4）逻辑测试笔可以检测出计算机硬件的所有故障。（　　　）

（5）用万用表的电阻挡测量电压时，万用表会被烧毁。（　　　）

4．简答题

（1）简述计算机的工作原理。

（2）计算机的工作环境要注意哪些方面？正确的计算机使用方法是什么？

（3）简述计算机系统优化和维护包含哪些内容。

（4）简要回答计算机维修时的注意事项。

（5）逻辑测试笔的功能是什么？

计算机的拆装主要是指主机的拆装，因为显示器和外设是一个封闭的整体，一般只要连接电源和信号线即可。本章主要讲述主机的拆装方法及需要注意的问题，以提高读者拆装计算机的技能，以及熟悉主机内各部件的连接方法。

2.1 主机的拆卸

2.1.1 主机拆卸应注意的问题

1．场地和工具的准备

拆卸主机前应整理好拆卸的工作场所、清理好工作台、关闭电源，根据主机箱的封装螺钉准备好工具。工具一般有十字螺丝刀（中号、小号各一把）、一字螺丝刀（中号、小号各一把）、尖嘴钳、镊子、软性不易脱毛的刷子（如油漆刷、油画笔）、导热硅胶、无水乙醇（酒精）、脱脂棉球、橡皮擦等。

2．做好静电释放工作

由于计算机中的电子产品对静电高压相当敏感，当人体接触到与自身带电量不同的载电体（如计算机中的板卡）时，就会产生静电释放，尤其是在干燥的环境中。所以在拆装计算机之前，须断开所有电源（一般 10 秒之后），然后双手通过触摸地线、自来水管等金属的方法来释放身上的静电，有条件的可佩戴防静电手环。

3．注意事项

一定要先拔掉电源，再拆卸。拆装部件时要轻拿轻放，注意应搞清各种卡扣的作用后再拆卸，切忌蛮干。一定要注意人身安全，防止触电、防止被东西砸伤和把手弄伤。主板拆下后，一定要先在桌上放一块防静电垫（可以用装主板的防静电袋代替），然后将主板放在垫子上，再拆主板上的内存与 CPU，以防主板上的印制电路损坏。拆 CPU 的散热器时，对于针脚式 CPU，由于导热硅胶使 CPU 和散热器紧紧地黏在一起，因此拔散热器时一定要小心垂直往上拔。如果 CPU 与散热器黏在一起可用一字螺丝刀小心地将 CPU 撬下；若 CPU 针脚已弯，可用镊子小心地拨正。

2.1.2 主机拆卸的步骤

1．拆卸主机所有的外部连线

首先要切断所有与计算机及其外设相连接的电源，然后拔下机箱后侧的所有外部连线。但是拔除这些连线的时候要注意采用正确的方法。

电源线、USB 或 PS/2 键盘数据线、USB 或 PS/2 鼠标数据线、其他 USB 数据线、音箱等连线可以捏住连接头按垂直的方向往外拔，如图 2-1 所示。

串口数据线、VGA 显示器数据线、并口打印机数据线连接到主机一头，这些数据线在插头两端可能会有固定螺钉，需要用手或螺丝刀松开插头两边的螺钉。有些 DP 数据线插拔时，应注意按下弹片卡扣，才能插拔，如图 2-2 所示。HDMI 数据线可以直接拔除。

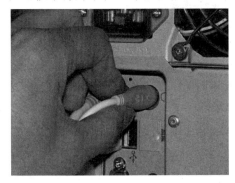

图 2-1　PS/2 鼠标线拔除方法

图 2-2　VGA 显示器数据线、DP 数据线的拔除方法

网卡上连接的双绞线，有防呆设计，应先按住防呆片，然后将连线直接往外拉，如图 2-3 所示。

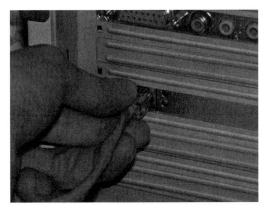

图 2-3　接头处有防呆设计连接线的拔除方法

2．打开机箱外盖

无论是品牌机还是兼容机，卧式机箱还是立式机箱，固定机箱外盖的螺钉大多在机箱后侧或左右两侧的边缘上。用适合的螺丝刀拧开这些螺钉，取下立式机箱的左右两片外盖（有些立式机箱还可以拆卸上盖）或卧式机箱的一片"∩"形外盖。如果机箱外盖与机箱连接比较紧密，要取下机箱外盖就不大容易了，这时候需要用平口螺丝刀从接缝边缘小心地撬开。

有些品牌机不允许用户自己打开机箱，如擅自打开机箱可能就会无法享受保修的服务，这点要特别注意。有些品牌机不用工具即可打开机箱外盖，具体的拆卸方法请参照商品安装说明书；有些机箱不用螺钉而用卡扣，一定要搞清楚卡扣的原理，拔起卡扣，方可拆开，切不可使用蛮力。

3．拆卸驱动器

驱动器（如硬盘、光驱）上都连接有数据线、电源线及其他连线。先用手握紧驱动器一头的数据线，食指压住金属卡片后，平稳地沿水平方向向外拔出。千万不要拉着数据线向下拔，以免损坏数据线。硬盘、光驱的电源插头是大四针梯形插头，用手捏紧电源插头，并沿着水平方向向外拔出即可，如图 2-4 所示。如果驱动器上还有其他连线（如光驱的音频线），也要一并拔出。对于 SATA 驱动器的电源线，其拆卸方法与数据线的拆卸方法一样。

图 2-4　驱动器电源线的拆卸、数据线上的卡片

一般来说，硬盘、光驱都是直接固定在机箱面板内的驱动器支架上的，有些驱动器还会加上附加支架。拆卸的过程很简单，先拧开驱动器支架两侧固定驱动器的螺钉（有些螺钉固定在机箱前面板），即可抽出驱动器。也有些机箱中的驱动器是不用螺钉固定的，而是将驱动器固定在弹簧片中，然后插入机箱的某个部位，这种情况下只要按下弹簧片就可以抽出驱动器了。取下各个驱动器时要小心轻放，尤其是硬盘，而且最好不要用手接触硬盘电路板的部位，搁放时，电路板要注意绝缘。

4．拆卸板卡

拔下板卡上连接的各种插头，主要的插头有 IDE 和 SATA 数据线、USB 数据线、CPU 风扇电源插头、音频线插头、主板与机箱面板插头、ATX 电源插头（或 AT 电源插头）等，如图 2-5 所示。

所有插头都拔除后，接着用螺丝刀拧开主板总线插槽上接插的适配卡（如显卡、声卡等）面板顶端的螺钉，然后用双手捏紧适配卡的边缘，平直地向上拔出，最后再用螺丝刀拧开主板与机箱固定的螺钉，就可以取出主板了。拆卸主板和其他接插卡时，应尽量拿住板卡的边缘，不要用手直接接触板卡的电路板部位。

如果主板上的显卡插槽带有防呆设计（一般是 PCI-E16X），要想取下显卡的话，先要按下显卡插槽末端的防呆片，如图 2-6 所示，然后才能拔出显卡。切不可鲁莽地拔出显卡，否则会损坏显卡与插槽。

图 2-5　拆除板卡上连接的各种插头　　　　　　　图 2-6　显卡的拆卸

此外，拔主板与机箱面板的连接线时，一定要做好标记，以防安装时接错线。

5．拆卸内存条

用双手大拇指同时向外按压内存插槽两端的塑胶夹脚，直至内存条从内存插槽中弹出，如图 2-7 所示，然后从内存插槽中取出内存条。

图 2-7　内存条的拆卸

6. 拆卸 CPU 散热器与 CPU

一般来说，CPU 风扇和 CPU 散热器是固定在一起的，而散热器和 CPU 外壳紧密接触才能保证散热效果，使散热器与 CPU 外壳紧密接触的方式主要有卡扣式与螺钉固定式，有的既有卡扣又有螺钉。因此在拆 CPU 散热器时一定要搞清其固定方式和原理，才能顺利拆出。切莫蛮干，以防损坏散热器固定架和 CPU。如图 2-8 所示为既有卡扣又有螺钉的塔式 CPU 散热器拆卸。

图 2-8　塔式 CPU 散热器的拆卸

拆卸 CPU 散热器完成后再取出 CPU。在 Socket CPU 插座中都有一根拉杆，只需将这根拉杆稍微向外扳动，然后拉起拉杆并呈 90°，就可以取出 CPU；LGA 系列 CPU 插座中还有一个金属盖，要把拉杆拉到角度大于 90°，再掀起金属盖板，才能取出 CPU，如图 2-9 所示。

图 2-9　CPU 的拆卸

拆卸好主机当中的配件后，最好将它们清洁一下。特别是如果风扇附近围积大量的灰尘就会影响到风扇的转动，最终影响散热。一般用较小的毛刷轻拭 CPU 散热风扇（或散热片）、电源风扇及其他散热风扇，用吹气球将灰尘吹干净。各类板卡先用毛刷刷掉表面的灰尘，再用吹气球将灰尘吹干净。适配卡和内存条的金手指可用橡皮擦或 A4 打印纸进行擦拭。

2.2 主机的安装

在动手组装计算机前，应先了解计算机的基本知识，包括硬件结构、日常使用维护知识、常见故障处理、操作系统和常用软件安装等。

2.2.1 主机安装应注意的问题

在进行主机安装时要注意如下问题。

1．准备好工具和部件

工具主要有一字/十字螺丝刀、大/小镊子、尖嘴钳、平口钳及导热硅胶等。部件主要有机箱、电源、主板、CPU、内存条、显卡、声卡（有的显卡及声卡已集成在主板上）、硬盘、光驱、网卡等。

2．注意释放静电

在安装主机前，不要急于接触计算机配件，应先用手接触房间的金属管道或机箱的金属表面或佩戴防静电手环，放掉身上所带静电后方可接触主机部件，因为部件上的 CMOS 元器件很容易被静电击穿。

3．安装时操作要合理，不要损坏部件

在安装过程中，对所有的板卡及其他部件都要轻拿轻放，尽量拿部件的两边，不要触到金手指和线路板。用螺丝刀紧固螺钉时，螺钉和螺孔一定要对正，用力应做到适可而止，不要用力过猛或用蛮力，防止损坏板上的元器件。

4．插接各连接线时应对准卡扣的位置

在插接各连接线时一定要看清插头和插座的卡扣位置，然后对准插入。特别是电源线，如果插错将会导致烧毁器件的严重后果。如专为 CPU 供电的四芯插头，稍不注意就容易接错，一旦接错将导致+12V 电压接地，轻则烧毁主板 CPU 的供电电路，重则 CPU 与供电电路一起被烧毁。

2.2.2 主机安装的步骤

组装计算机时，可参照下述步骤进行。

（1）仔细阅读主板及其他板卡的说明书，熟悉主板的特性及各种跳线的设置。

（2）安装 CPU、风扇及散热器，在主板 CPU 插座上安装所需的 CPU，并且装好散热风扇。

（3）安装内存条，将内存条插入主板内存插槽中。

（4）安装 M.2 固态硬盘。M.2 接口一般与主板平行，注意对正插入，如果有散热盖板一定要装好。

（5）设置主板相关的跳线。

（6）安装主板，将主板固定在机箱里。

（7）安装扩展板，将独立显卡、网卡、声卡等插入扩展槽中。

（8）把电源安装在机箱里。

（9）安装驱动器，主要安装硬盘、光驱。

（10）连接机箱与主板之间的连线，即各种指示灯、电源开关线、PC 喇叭的连接线。

（11）连接外设，将键盘、鼠标、显示器等连接到主机上。

（12）再重新检查各项连接线，准备进行加电测试。

（13）开机，若屏幕显示正常，进入 BIOS 设置程序界面，对 CMOS 参数进行必要的设置。

（14）安装操作系统及系统升级补丁。

（15）系统运行正常后，安装主板、显卡及其他设备的驱动程序。

（16）如果是新装主机，最好连续开机 72 小时，进行烤机。如果新的部件有问题，一般在进行 72 小时烤机时会被发现。

BIOS 设置、系统及驱动程序的安装本章不涉及。这部分内容将在第 10 章中详细介绍。计算机组装的流程如图 2-10 所示。

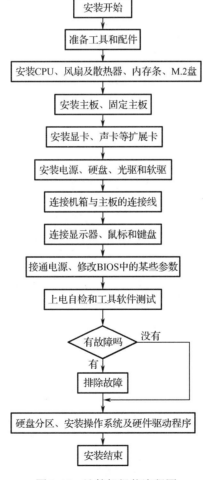

图 2-10　计算机组装流程图

2.2.3　主机安装的过程和方法

1. 熟悉主板

先打开主板的包装盒，将主板从防静电塑料袋中取出，放在绝缘的泡沫塑料板或类似的绝缘板上。对照主板仔细阅读说明书，熟悉主板上各主要部件的安装位置，各种跳线的设置方法。不同的主板，可能有一些特殊的设置要求，不能凭经验办事，一定要参照说明书，养成良好的习惯。花一点时间阅读主板说明书，做到心中有数，很有必要。

2. 安装 CPU 及散热风扇

（1）CPU 的安装。目前市场上的 CPU 主要有 Intel 和 AMD 两种类型，Intel 公司的 CPU 均为 LGA 型接口，用于台式计算机中的主要有 LGA1151、LGA1200 和 LGA1700 等；而 AMD 公司的 CPU 仍采用 Socket 接口，主要有 Socket AM4、Socket TR4、Socket SP3 等。因 Intel 公司的 CPU 市场占有率达 85%以上，故下面以 LGA 型接口为例说明 CPU 的安装过程。

如图 2-11 所示，为 LGA 接口 CPU 的正/反面。从图中可以看到，Intel 公司 LGA 接口的 CPU 全部采用了触点式设计，与 Socket 接口的针管式设计相比，其最大的优势是不用再担心针脚折断和弯曲的问题，但对处理器的插座要求则更高。

图 2-11　LGA 接口 CPU 的正/反面

在安装 CPU 之前，要先打开插座，用适当的力向下轻压固定 CPU 的压杆，同时用力往外推压杆，使其脱离固定卡扣，如图 2-12 所示。

图 2-12　打开 CPU 压杆卡扣

压杆脱离卡扣后，可以顺利地拉起压杆，如图 2-13 所示。

图 2-13　拉起压杆

接下来，将固定 CPU 的盖子向压杆反方向提起，如图 2-14 所示。

图 2-14　提起固定 CPU 的盖子

提起固定 CPU 的盖子后，LGA 插座就会展现出全貌，如图 2-15 所示。

图 2-15　LGA 插座全貌

需要特别注意，通过仔细观察可以发现，在 CPU 的一角上有一个三角形的标志，同样在主板的 CPU 插座上，也有一个三角形的标志。在安装时，CPU 上印有三角形标志的那个角要与主板上印有三角形标志的那个角对齐，再对齐两边的凹凸处，然后慢慢地将 CPU 轻压到位，如图 2-16 所示。

将 CPU 安放到位以后，盖好扣盖，并反方向微用力扣下处理器的压杆，直到压杆与卡扣完全扣好，如图 2-17 所示。

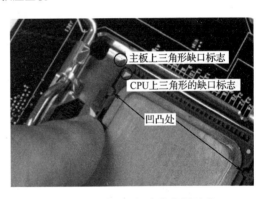

图 2-16　CPU 与插座的位置对准

图 2-17　CPU 压杆的下扣

至此 CPU 便被稳稳地安装到主板上，安装过程结束，如图 2-18 所示。

图 2-18　安装到位的 CPU

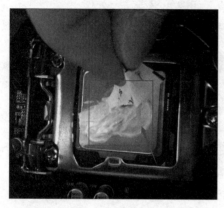

图 2-19　CPU 表面均匀地涂上一层导热硅脂

（2）风扇和散热器（购买时风扇及散热器整体作为一个部件）的安装。由于 CPU 运行时散发热量相当惊人，因此，选择一款散热性能出色的散热器特别关键。如果散热器安装不当，对散热的效果也会大打折扣。安装散热器前，先要在 CPU 表面均匀地涂上一层导热硅脂（很多散热器在购买时已经在与 CPU 接触的部分涂上了导热硅脂，就没有必要再涂了），如图 2-19 所示。

CPU 的风扇和散热器一般买来的时候就已经是一个整体，它与主板的固定方式有螺钉式和卡扣式。对于螺钉式散热器，只需将四颗螺钉对正拧紧，使螺钉受力均衡即可。对于卡扣式散热器，安装时，将散热器的四角对准主板相应的位置，然后用力压下四角扣具即可。将散热器上的四个扣钉压入主板之后，为求保险及安全考虑，可以轻晃几下散热器确认是否已经安装牢固，对于既有螺钉又有卡扣的塔式散热器先要装好底环，然后再扣好卡扣、上紧螺钉，如图 2-20 所示。

A. 把扣具中的卡扣装进对应的位置，将膨胀钉插入其中，固定扣具

B. 看好风扇方向将散热器压上去，将两个卡扣紧固在底座对应位置，上好螺钉

图 2-20　风扇和散热器的安装

最后，将风扇和散热器的电源线接在主板的相应位置，如标有 CPU FAN 的电源接口，如图 2-21 所示。

3．安装内存条

在内存成为影响系统整体的最大瓶颈时，双通道的内存设计则解决了这一问题。对 Intel

64 位处理器支持的主板，目前均提供双通道功能，因此建议在选购内存时尽量选择两根同规格的内存条来搭建双通道。主板上的内存插槽一般都采用两种不同的颜色来区分双通道与单通道，如图 2-22 所示。

图 2-21　风扇和散热器的电源连接

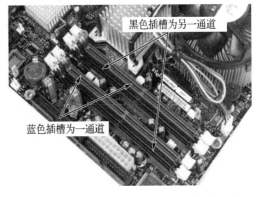

黑色插槽为另一通道

蓝色插槽为一通道

图 2-22　用不同的颜色区分双通道与单通道

将两条规格相同的内存条插入到相同颜色的插槽中，即打开了双通道功能。

安装内存条时，先用手将内存插槽两端的扣具打开，然后将内存条平行放入内存插槽中（内存插槽也使用了防呆式设计，反方向无法插入，在安装时可以对应一下内存条与插槽上的缺口），用两手拇指按住内存条两端轻微向下压，听到"啪"的一声响后，即说明内存条安装到位，如图 2-23 所示。

图 2-23　内存条的安装

在 BIOS 设置中，打开双通道功能，可以提高系统性能。另外，目前 DDR4 内存已经成为当前的主流，需要特别注意的是 DDR3 与 DDR4 的内存接口是不兼容的，不能通用。

4．安装 M.2 接口固态硬盘

Intel 主板芯片 100 系列以后的主板都支持 M.2 接口，可以直接安装 M.2 接口的固态硬盘。M.2 接口的固态硬盘常见有三个规格：2280、2260 和 2242，意思是硬盘的宽度都是 22mm，而长度分别为 80mm、60mm 和 42mm，目前主板一般都支持这三种规格。由于主板都有相应的固定螺钉底座，在硬盘金手指那一端有防呆设计，所以不会插错。走 SATA 通道的有两个防呆口，速度较低，走 PCI-E×4 通道的只有一个防呆口。有的主板 M.2 接口只支持一种硬盘规格，有的两种都支持，应注意阅读主板说明书。安装时将金手指插入 M.2 插座，这时固态硬盘会翘起，用手压下，然后用螺钉固定即可，如图 2-24 所示。

图 2-24　M.2 固态硬盘的安装

5．设置主板相关的跳线

目前使用的主板，几乎都能自动识别 CPU 的类型，并自动配置电压、外频和倍频等参数，所以不需要再进行相关的跳线设置。有的主板要求进行 CPU 主频、外频、CPU 电压、内存电压等跳线设置，设置跳线时可根据主板说明书进行。

有些主板可以通过设定跳线的不同状态来设置是否允许用键盘开机；对于集成了显卡、声卡等的主板，可能还有相应的允许与禁用的跳线选择（通过 CMOS 设置来实现）；也有的主板设有 BIOS 更新跳线，一般情况下，可将其设为只读方式。

6．安装主板

打开机箱，会看见很多附件（如螺钉、挡片等）及用来安装电源、光驱、硬盘和 SSD 盘的驱动器托架。

机箱的整个机架由金属构成，包括可安装光驱、软驱、硬盘的固定架，以及电源固定架（用来固定电源）、底板（用来安装主板）、槽口（用来安装各种扩展卡）、PC 扬声器（可用来发出简单的报警声音）、接线（用来连接各信号指示灯及开关电源）和塑料垫脚等。机箱分为传统机箱和元五金结构机箱，元五金结构机箱主要是为游戏发烧友设计的，只有 3.5 寸和 2.5 寸硬盘安装位，去掉了光驱和软驱安装位，将空间留给了散热风扇和水冷排，如图 2-25 所示。

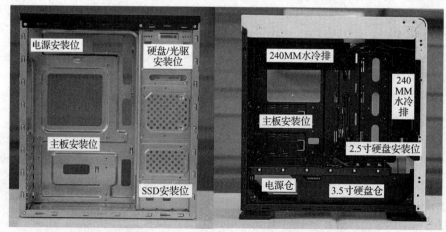

图 2-25　传统机箱和元五金机箱的实物图

熟悉了机箱的内部结构和附件后，下面开始安装主板。

（1）安装固定主板的铜柱和塑料柱。目前，大部分主板的板型为 ATX 或 MATX 结构（注意，小机箱只能装 MATX 板，大机箱两种板都能装），因此机箱的设计一般都符合这种标准。在安装主板之前，先装机箱提供的主板垫脚螺母（铜柱或塑料柱）安放到机箱主板托架的对应位置（有些机箱购买时就已经安装），其结构和安装如图 2-26 所示。

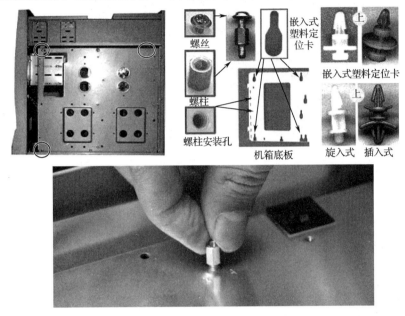

图 2-26　主板垫脚螺母的安装

固定主板时需要用到铜柱、塑料柱和螺钉，但全部用铜柱或全用塑料柱均不太好。因全用铜柱时，主板固定太紧，维护或安装新的扩展卡时容易损坏主板；若全部采用塑料柱时，主板又容易松动，造成接触不良。所以最好用 2～3 个铜柱，再用螺钉固定，其余的全用塑料柱，这样主板比较稳固，同时又具有柔韧性。

（2）将主板装入机箱。按正确的方向双手平行托住主板，将主板放入插有塑料柱和铜柱的机箱底座上，注意要对正输入、输出接口片的位置，如图 2-27 所示。

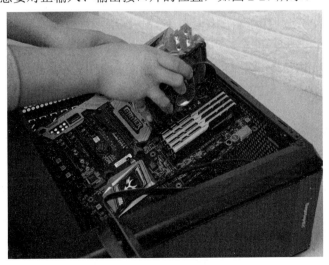

图 2-27　将主板装入机箱

（3）固定主板。在有铜柱的地方用螺钉固定，在装螺钉时，注意每颗螺钉不要一次性拧紧，等全部螺钉安装到位后，再将每颗螺钉拧紧，这样做的好处是随时可以对主板的位置进行调整。通过机箱背部的主板挡板来确定主板是否安装到位，如图 2-28 所示。

图 2-28　固定主板

7. 安装电源

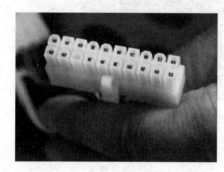

图 2-29　ATX 电源的主板供电插座

ATX 电源的主板供电插座如图 2-29 所示，这种设计可避免插错，如插接方向不正确时是无法插进去的。

另外，ATX 电源主板供电插座的一侧有一个挂钩，ATX 电源插头有一个带弹性扳手的挂套，将电源插头插到主板插座上后，挂套正好套在挂钩上，从而使连接紧固。当需要拔下电源插头时，应先按住弹性扳手，使挂套解套，然后不用太费力就可拔出插头。一定不能硬拔，否则有可能会伤及主板。

传统机箱中放置电源的位置通常位于机箱尾部的上端，元五金结构机箱有专用的电源仓。电源末端的 4 个角上各有一个螺钉孔，通常呈梯形排列，所以安装时要注意安装方向，如果装反了就不能固定螺钉。可先将电源放置在电源托架上，并将 4 个螺钉孔对齐，然后再拧上螺钉即可（为便于调整位置，螺钉不要拧得太紧），如图 2-30 所示。

A. 传统机箱电源的安装

B. 元五金机箱电源的安装

图 2-30　电源的安装

把电源装上机箱时，要注意电源一般都是反过来安装的，即上下颠倒，最后，要把有标签的那面朝外。

8. 安装驱动器

安装驱动器主要包括硬盘和光驱的安装，它们的安装方法几乎相同。

（1）规划好硬盘和光驱的安装位置。根据机箱的结构及驱动器电源和数据线的长度，选择一个合适的位置来安装硬盘和光驱等设备。

（2）SATA 驱动器的安装。SATA 驱动器主要有硬盘、固态硬盘和光驱，首先要将固态硬盘安装到速度最快的 SATA 上，然后安装硬盘，最后才安装光驱。

（3）安装硬盘。对于普通的机箱，只需要将硬盘放入机箱的硬盘托架上，拧紧螺钉使其固定即可。有些机箱，使用了可拆卸的 3.5 寸机箱托架，这样安装起硬盘来就更加简单了。现在的机箱一般有固态硬盘的卡位，放进安装即可。如果没有，可视情况安装到 3.5 寸或 5 寸机箱托架上。具体安装方法如下。

①在机箱内找到硬盘驱动器槽，再将硬盘插入驱动器槽内，并使硬盘侧面的螺钉孔与驱动器舱上的螺钉孔对齐。

②用螺钉将硬盘固定在驱动器舱中。在安装的时候，要尽量把螺钉上紧，以便固定得更稳，因为硬盘经常处于高速运转的状态，这样可以减少噪音及防止震动，如图 2-31 所示。

通常机箱内都会预留装两个以上硬盘的空间，假如只需要装一个硬盘，其周围应该留有足够空间，有利于散热。

（4）安装光盘驱动器。光盘驱动器（简称光驱）包括 CD-ROM、DVD-ROM 和刻录机，其外观与安装方法都基本一样。

图 2-31　硬盘的安装

①先把机箱面板的挡板去掉，然后将光驱反向从机箱前面板装进机箱的 5.25 英寸槽位，并确认光驱的前面板与机箱对齐平整。应该尽量把光驱安装在最上面的位置，如图 2-32 所示。

②在光驱的两侧各用两颗螺钉初步固定，先不要拧紧，这样可以对光驱的位置进行细致的调整，然后再把螺钉拧紧。

③将光驱安装到机箱支架上，并用螺钉固定好。

④如果是抽拉式光驱托架，在安装前，先要将类似于抽屉设计的托架安装到光驱上，然后像推拉抽屉一样，将光驱推入机箱托架中即可，如图 2-33 所示。

图 2-32　安装光驱

图 2-33　抽拉式光驱托架的安装

9．安装扩展板卡

将显卡、网卡、声卡、内置 Modem 等插入扩展槽中。这些插卡的安装方法都一样，下面以 PCI-E 显卡为例具体说明安装过程。

（1）先将机箱后面的 PCI-E 插槽挡板取下。

（2）将显卡插入主板 PCI-E 插槽中，如图 2-34 所示。

图 2-34　显卡的安装

【注意】要把显卡以垂直于主板的方向插入 PCI-E 插槽中，用力适中并将之插到底部，保证显卡和插槽的接触良好，若有卡扣一定要保证卡扣已经卡到位。

（3）显卡插入插槽中后，用螺钉固定显卡。固定显卡时，要注意显卡挡板下端不要顶在主板上，否则无法插到位。拧紧挡板螺钉时要松紧适度，注意不要影响显卡插脚与 PCI-E 槽的接触，以避免引起主板变形。

（4）如果显卡有专用的供电接口，要插好显卡供电接口的电源线。有些显卡，由于功率大，设计有专用的 12V 供电接口，要接上专用的供电电源线才能正常工作，如图 2-35 所示。

安装声卡、网卡、内置 Modem 等，同安装显卡的方法一样，只不过现在的插卡多为 PCI 总线，将之插入 PCI 插槽并拧紧螺钉即可。

图 2-35　显卡的专用电源线

10．连接主板上的各种连接线

主板的连接线主要有主板与前面板的连接线、主板与驱动器的数据传输线和主板电源线。

（1）连接主板与前面板的连接线。主板与前面板的连接线主要有控制指示信号线、USB 接口连接线和音频信号线。

①控制指示信号线的连接。控制指示信号线的连接方式，在主板的说明书上有详细的说明，大多数主板在线路板上也都有标记，如图 2-36 所示。

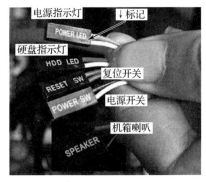

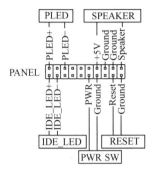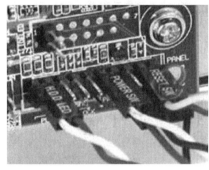

图 2-36　控制指示信号线的连接

　　连接电源指示灯。从机箱面板上的电源指示灯引出两根导线，导线前端为分离的两接头或封装成两孔的母插头。其中标有"↓"标记的线接 PLED+，与此对应，在主板上找到标有 PLED+标记的插针并予以连接即可。电源指示灯连接线有线序限制，接反后，指示灯不亮。

　　连接复位开关。RESET 连接线是一个两芯的接头，连接机箱的 RESET 按钮，它接到主板的 RESET 插针上，此接头无方向性，只需插上即可。

　　连接机箱喇叭线。SPEAKER 为机箱的前置报警扬声器接口，从主机箱内侧的扬声器引出两根导线，导线前端为分离的两接头或封装成 4 孔的母插头，可以看到是四针的结构，其中红线为+5V 供电线，与主板上的+5V 接口相对应，其他的三针也就很容易插入了。

　　连接硬盘指示灯。从主机箱面板上 HDD LED 引出的两根线被封装成两孔的母插头，其中一条标有"↓"标记的线为 HDD LED+线，与此对应，在主板上找到标有 HDD LED+（IDE 硬盘有的为 IDE-、LED+）、HDD LED-标记的两针插针并对号插入。此连接线有线序限制，接反后，硬盘指示灯不亮。如果计算机运行正常，而硬盘指示灯从未亮过，则肯定是插反了，重接即可。

　　连接 PWR SW。ATX 结构的机箱上有一个电源开关接线，是一个两芯的接头，它和 RESET 一样，按下时就短路，松开时就开路，该连接线无线序限制。按一下计算机的电源就会接通了，再按一下就关闭。从面板引入机箱中的连接线中找到标有 PWR SW（有的标为 POWER SW）字样的接头，在主板信号插针中，找到标有 PWR SW 字样的插针，然后对应插好即可。

　　②USB 接口连接线的连接。前面板 USB 接口的连接线及插座如图 2-37 所示。USB 是一种常用的 PC 接口，只有 4 根线，一般从左到右的排列为红线、白线、绿线、黑线，其中红线 VCC（有的标为 Power、5V、5VSB 等字样）为+5V 电压，用来为 USB 设备供电；白线 USB-（有的标为 DATA-、USBD-、PD-、USBDT-等字样）和绿线与 USB+（有的标为 DATA+、USBD+、PD+、USBDT+等字样）分别是 USB 的数据-与数据+接口，+表示发送数据线，-表示接收数据线；黑线 GND 为接地线，NC 为空脚，可不用，每一横排四个脚为一个 USB

图 2-37 USB 接口连接线的连接

接线。由于主板上有很多 USB 接口，数据连接线用数字标识是哪个接口，USB2+表示 2 号 USB 接口的 USB+线。在连接 USB 接口时一定要参见主板的说明书，仔细地对照，如果连接不当，很容易造成主板的烧毁。

③音频信号线的连接。HD Audio 音频信号为双排，10 线接口，一般前面板 9 根音频线都放在一个 10 芯防呆插头里，按主板说明，把这个接头插到主板的音频信号插座上即可，如图 2-38 所示。

如果要启动前面板 HD Audio 音频信号的功能，还需在 HD Audio 驱动程序的控制界面中选择前面板。

HP_HD：耳机插座感应信号线
Jack_Sense：插座感应信号线
PRESENSE：前面板接入感应线
MIC2_JD：话筒插座感应信号线
MIC2_L：话筒左声道接口
MIC2_R：话筒右声道接口
HP_R：耳机右声道接口
HP_L：耳机左声道接口
AGND：模拟信号地线

图 2-38　音频信号线的连接

（2）连接主板与驱动器的数据传输线和电源线。连接硬盘、光盘等驱动器电源线和数据线都有 SATA（串口）和 IDE（并口）两种类型，因其接口都有防呆设计，只要插头对准插座的防呆点插入即可，如图 2-39 所示。

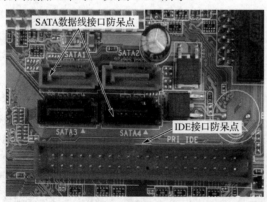
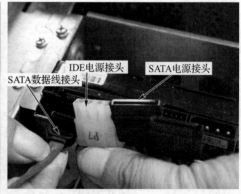

图 2-39　连接主板与驱动器的数据传输线和电源线

（3）连接主板电源线。主板上有 20 针或 24 针主电源插座，还有 4 针、6 针或 8 针 CPU 电源插座等，它们都采用防呆设计，只要对准防呆卡扣插入就行了。注意一定要看准卡扣位置，如果插错了，将会烧主板或电源，如图 2-40 所示。

20针主电源插口

防呆卡扣

4针电源插口

24针主电源插口

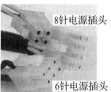
8针电源插头

6针电源插头

图 2-40　主板电源插座与插头

11．整理主机内部的连线

整理机箱内部连线的具体操作步骤如下。

（1）面板信号线的整理。面板信号线都比较细，而且数量较多，平时都乱作一团。不过，整理它们也很方便，只要将这些线理顺，然后折几个弯，再找一根狼牙线或细的捆绑绳，将它们捆起来即可。

（2）先将电源线理顺，把不用的电源线放在一起，这样可以避免不用的电源线散落在机箱内，妨碍以后的操作。

（3）固定音频线。因为音频线是传送音频信号的，所以最好不要将它与电源线捆在一起，避免产生干扰。

（4）在购机时，硬盘数据线、光驱数据线是由主板附送的，一般都比较长，注意捆好。

经过一番整理后，机箱内部整洁了很多，这样做不仅有利于散热，而且方便日后各项添加或拆卸硬件的工作。同时，整理机箱的连线还可以提高系统的稳定性。

装机箱盖时，要仔细检查各部分的连接情况，确保无误后，再把主机的机箱盖盖上。

12．连接外设

主机安装完成后，还要把键盘、鼠标、显示器、音箱等外设同主机连接起来，具体操作步骤如下。

（1）将键盘插头接到主机的 PS/2 或 USB 插孔中。

（2）将鼠标插头接到主机的 PS/2 或 USB 插孔中，鼠标的 PS/2 插孔紧靠在键盘插孔旁边。如果是 USB 接口的键盘或鼠标，则更容易连接，只需把该连接口对着机箱中相对应的 USB 接口插进去即可，如果插反则无法插进去，键盘、鼠标对速度要求不高，可插入低速 USB 口。

（3）连接显示器的数据线，因其有方向性，连接时要和插孔的方向保持一致。

（4）连接显示器的电源线。根据显示器的不同，有的电源连接到主板电源上，有的则直接连接到电源插座上。

（5）连接主机的电源线。

另外，还有音箱的连接，该连接有两种情况。应将有源音箱接在主机箱背部标有 Line Out 的插口上；无源音箱则接在标有 SPEAKER 的插口上。

13．通电试机

通电前应重新检查各配件的连接，特别是以下各项是否均已连接正确。

（1）确认市电供电正常。

（2）确认主板已经固定，上面无其他金属杂物。

（3）确认 CPU 及散热风扇安装正确，相关跳线设置正确。

（4）确认内存条安装正确，并且确认内存是好的。

（5）确认显卡与主板连接良好，显示器与显卡连接正确。

（6）确认主板内的各种信号连线正确。

所有的计算机部件都安装好后，可以通电启动计算机。启动计算机后，可以听到 CPU 风扇和主机电源风扇转动的声音，还有硬盘启动时发出的声音，显示器出现开机画面，并且进行自检。若没有出现开机画面，则说明在组装过程中可能有部件接触不良。此时应切断电源，认真检查以上各步骤，将可能接触不良的部件重新插拔后，再通电调试。

实验 2

1. 实验项目

主机的拆卸与安装。

2. 实验目的

（1）认识主机箱内各部件。

（2）认识主机内各部件的连接插座和插头，并掌握其连接线的接法。

（3）熟悉主机的安装流程和步骤，掌握主机箱内各部件的安装方法。

3. 实验准备及要求

（1）以 2 人为一组进行实验，每组配备一个工作台、一台主机、拆装机的各种旋具、钳子及清洁工具。

（2）教师先示范拆卸步骤，并讲明注意事项和动作要领，然后学生按照教师的示范独立完成拆卸。所有部件拆卸完后，放到工作台上摆好。教师检查无误后，再示范主机的安装过程，学生按照示范完成安装后，经教师检查后才能通电。

（3）实验时一个同学独立操作，另一个同学要注意观察和配合。当操作完成后，互换位置再做一次。

4. 实验步骤

（1）主机的拆卸。

①拔掉主机电源，拆除主机和外设的连接线。

②拆开主机箱，观察各部件及连接线。

③拆除主机电源、数据及控制线。

④拆卸电源及硬盘、光驱等驱动器。

⑤拆卸显卡等扩展卡。

⑥拆卸主板。

⑦拆卸内存。

⑧拆卸 CPU 风扇散热器及 CPU。

⑨把所有拆下的部件在工作台上摆好备查。

（2）主机的安装。

①安装 CPU 及 CPU 风扇散热器。

②安装内存条。

③安装主板。

④安装电源及硬盘、光驱等驱动器。

⑤安装显卡等扩展卡。

⑥连接主机内电源、数据及控制线。

⑦检查安装、接线是否正确，并请老师复查。

⑧盖好机箱盖板，接好主机电源线及与显示器等外设的连接线。

⑨通电测试。

5．实验报告

（1）写出主机箱内拆卸部件的名称和接口类型。

（2）主板的连接口有哪些？安装时应注意什么？

（3）在拆卸和安装主机的过程中遇到了什么问题？是如何解决的？

习题 2

1．填空题

（1）在拆装计算机之前，须断开所有_____，然后双手通过触摸地线、墙壁、自来水管等金属的方法来释放身上的_____。

（2）在拆 CPU 散热器时，一定要搞清其_____和原理，方可拆开，切莫用蛮力。

（3）拆卸内存条时，应用_____向外按压_____的塑胶夹脚，直至内存条从内存插槽中弹出，然后从内存插槽中取出内存条。

（4）拔主板与机箱面板的连接线时，一定要做好_____，以防安装时接错线。

（5）用螺丝刀紧固螺钉时，螺丝和螺孔一定要_____，用力应做到适可而止，不要用力过猛或用蛮力，防止_____板上的元器件。

（6）专为 CPU 供电的四芯插头，不注意就容易_____，一旦接错将导致+12V 电压接地，轻则_____主板 CPU 的供电电路，重则 CPU 与供电电路一起烧毁。

（7）在装螺钉时，注意每颗螺钉不要_____性的就拧紧，等全部螺钉安装到位后，再将每颗螺钉拧紧，这样做的好处是随时可以对主板的_____进行调整。

（8）主板上的内存插槽一般都采用两种不同的_____来区分双通道与单通道。将两条规格相同的内存条插入到相同颜色的插槽中，即打开了_____功能。

（9）主板的连接线主要有主板与机箱_____的连接线、主板与驱动器的_____传输线和电源线。

（10）整理机箱的连线可以提高系统的_____性，不仅有利于_____，而且方便日后各项添加或_____硬件的工作。

2．选择题

（1）拆卸主机前应整理好拆卸的工作场所，清理好工作台，关闭电源，准备好工具外，还需要（　　）。

A．洗干净手　　　　B．释放静电　　　　C．椅子　　　　D．刷子

（2）M.2 高速硬盘防呆口有（　　）个。

A．1　　　　B．2　　　　C．3　　　　D．4

（3）LGA 系列 CPU 插座中还有一个（　　）盖。

A．塑料　　　　B．纸质　　　　C．散热　　　　D．金属

（4）USB 是一种常用的 PC 接口，只有（　　）根线。

A．2　　　　B．3　　　　C．4　　　　D．5

（5）HD Audio 音频信号为双排，（　　）线接口。

A．10　　　　B．20　　　　C．14　　　　D．8

（6）使散热器和与 CPU 外壳紧密接触的方式主要有（　　）固定式。

A．卡扣　　　　B．螺钉　　　　C．粘贴　　　　D．拴绳

（7）主板上有（　　）针的主电源插座。

A．25　　　　B．18　　　　C．20　　　　D．24

（8）主板上硬盘有（　　）接口类型。

A．SATA　　　　　　　B．M.2　　　　　　　　C．USB　　　　　　　　D．1394

（9）Intel 公司的 CPU 采用的是 LGA 型接口，目前市场上主要有（　　）等接口。

A．LGA1151　　　　　B．LGA1200　　　　　　C．LGA1700　　　　　　D．LGA2000

（10）在进行主机安装时要注意（　　）问题。

A．准备好工具和部件　　　　　　　　　　　B．注意释放静电

C．安装时操作要合理，不要损坏部件　　　　D．插接各连接线时应对准卡扣的位置

3．判断题

（1）如果主板上的显卡插槽带有防呆设计，可以直接取下显卡。（　　）

（2）装 M.2 接口的固态硬盘，插好按下去就行了。（　　）

（3）装 CPU 散热器时，即使没有装平也不影响散热效果。（　　）

（4）DDR3 与 DDR4 内存接口虽不兼容，但能通用。（　　）

（5）主机安装完成后，可以立即通电试机。（　　）

4．简答题

（1）主机中 CPU 的拆卸要注意什么问题？

（2）简述主机的拆卸的步骤。

（3）简述主机安装要注意的问题。

（4）简述主机的安装过程？

（5）如何整理主机内部连线？这样做有什么好处？

本章讲述主板的定义与分类、主板的组成、主板的总线与接口、主板的测试、主板的选购及主板的故障分析与排除等内容，并对主板最容易出现故障的供电电路与时钟电路进行介绍。通过本章的学习，使读者既能掌握主板的性能参数、测试与选购，又能排除主板出现的绝大多数故障。

3.1 主板的定义与分类

3.1.1 主板的定义

主板（Mainboard）又称系统板或母板，是装在主机箱中一块最大的多层印制电路板，上面分布着构成计算机主机系统电路的各种元器件和接插件，是计算机的连接枢纽。计算机的整体运行速度和稳定性在相当程度上取决于主板的性能。主板一般为矩形或方形电路板，上面安装了组成计算机的主要电路系统，一般有 BIOS 芯片、I/O 控制芯片、键盘和面板控制开关接口、指示灯接插件、扩充插槽、主板及插卡的直流电源供电接插件等元件。主板上芯片、元器件密布，接口繁多，是计算机中发生故障概率最大的部件。主板一般占一台计算机 1/3 左右的成本，具有维修的价值。

主板采用了开放式结构。主板上大都有 6～15 个扩展插槽，供计算机外围设备的控制卡（适配器）插接。通过更换这些插卡，可以对计算机的相应子系统进行局部升级，使厂商和用户在配置机型方面有更大的灵活性。总之，主板在整个计算机系统中扮演着举足轻重的角色。主板的类型和档次决定着整个计算机系统的类型和档次。主板的性能影响着整个计算机系统的性能。

3.1.2 主板的分类

主板按物理结构可分为 XT（eXtended Type，286AT 主板以前，1981—1984 年）、AT（Advanced Technology，286AT 主板～586AT 主板，1984—1995 年）、ATX（Advanced Technology eXternal，Pentium～第 8 代 Core，1995 年至今）。这里只介绍目前在用的 ATX 主板。

1．ATX 结构标准

（1）定义。ATX 结构规范是 Intel 公司于 1995 年 7 月提出的一种主板标准，是对主板上 CPU、内存、长短卡的位置进行优化设计而成的。目前已经发布了 3 个版本，分别是 ATX1.0、ATX2.0 和 ATX3.0。目前 ATX2.0 的使用最为广泛。

（2）特点。使用 ATX 电源和 ATX 机箱，把 PS/2 口（输入装置接口）、USB 口（通用串行接口）、AVC 口（音频接口）、RJ45 口（LAN 网络接口）、HDMI 口（高清晰度多媒体接口）、全部集成在主板上，如图 3-1 所示。由于 I/O 接口信号直接从主板引出，取消了连接线缆，使得主板上可以集成更多的功能，同时也减少了电磁干扰，节约了主板空间，进一步提高了系统的稳定性和可维护性。微星 Z590-A 主板接口如图 3-2 所示。

图 3-1　微星 Z590-A 主板接口　　　　　　　图 3-2　微星 Z590-A 主板

（3）优点。

①当板卡过长时，不会触及其他元件。ATX 标准明确规定了主板上各个部件的高度限制，避免了部件在空间上的重叠现象。

②外设线和硬盘线变短，更靠近硬盘。由于 ATX 标准将各种接口都集成到了主板上，这样硬盘、光驱与其主板上的接口距离很近，可以使用短的数据连接线，简化了机箱内部的连线，降低了电磁干扰的影响，有利于提高接口的传输速度。

③散热系统更加合理。ATX 标准规定了电源是通过将空气向外排出来散热的（风向为由里向外），这样可以减少过去将空气向内抽入所发生的积尘问题。

（4）适用范围。适用于从 Pentium 至今的所有类型 CPU。

2．ATX 的规格

①ATX（标准型）主板：尺寸为 305mm×244mm。特点是插槽多，扩展性强。

②Mini ITX（迷你型）主板：尺寸为 170mm×170mm。它是 ATX 结构的简化版，扩展插槽较少，用于嵌入式系统、瘦客户机、微型计算机等设备。

③Micro ATX 主板（紧凑型）主板：尺寸为 244mm×244mm。它是 ATX 结构的简化版，扩展插槽较少，可以用于紧凑机。

④E-ATX（加大型）主板：尺寸为 305mm×330mm。它可以支持两个以上 CPU，多用于高性能工作站或服务器。

【注意】小板可以装进大机箱，而大板肯定装不进小机箱。

常见的中塔机箱都可以装下 ATX 主板，应在机箱产品的参数页确认一下，选择合适尺寸的主板。Micro ATX 板型的主板是其中价格最便宜的，而 E-ATX 板型的价格最高。E-ATX 板型的功能、性能最强，Mini ITX 主板的功能最少。几种板型的主要参数对比，如表 3-1 所示。如图 3-3 所示，为 ATX、Micro ATX 主板和 Mini-ITX 主板三种板型尺寸的比较。

表 3-1　Z590 芯片组不同规格主板对比

规格	E-ATX	ATX	Mirco ATX	Mini ITX
主体				
品牌	微星 MSI	微星 MSI	微星 MSI	微星 MSI

型号	MEG Z590 GODLIKE	MPG Z590 GAMING EDGE WiFi	Z590M BOMBER	MEG Z590I UNIFY
产品毛重	5.0kg	2.1kg	1.105kg	1.365kg
扩展 PCI				
PCI-E x 16	2 个	3 个	1 个	1 个
PCI-E x 1	0 个	2 个	2 个	0 个
存储设备				
SATA	6 个	6 个	--	4 个
内存				
最大容量	128GB	128GB	128GB	64GB
内存插槽	4×DDR4 内存插槽	4×DDR4 内存插槽	4×DDR4 内存插槽	其他
DDR 代数	DDR4	DDR4	DDR4	DDR4
物理规格				
电源接口	24+16	24+16	24+8	24+8
板型大小	305mm×277mm	305mm×244mm	244mm×244mm	170mm×170mm
板载声卡				
声道	7.1 声道	7.1 声道	7.1 声道	7.1 声道
板载网卡				
最大网速	10000M	其他	其他	其他
后置接口				
光纤接口	1×光纤接口	1×光纤接口	--	--
RJ 45 接口	2 个	1 个	1 个	1 个
PS/2	--	无	--	--
HDMI 接口	--	1 个	1 个	1 个
芯片组				
集成显卡	非集成显卡	非集成显卡	非集成显卡	非集成显卡
支持 CPU				
接口	INTEL LGA1200	INTEL LGA1200	INTEL LGA1200	INTEL LGA1200

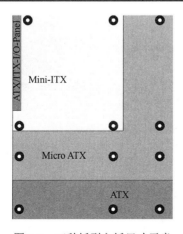

图 3-3　三种板型主板尺寸示意

3.2 主板的组成

主板由印制电路板（PCB）、主板芯片、BIOS 电路、CPU 供电电路、时钟电路、CPU 插座、内存插槽、M.2、U.2 插槽、PCI-E 插槽、SATA 插座及各种输入、输出接口组成。内存和 PCI-E 与 CPU 直接交换数据，而 M.2 和 U.2 接口兼容 SATA 通道和 PCI-E 通道，高速走 PCI-E 通道，低速走 SATA 通道。主板芯片组现在不分南北桥芯片，只有一颗芯片，集成的功能越来越多，主要是 USB、SATA、M.2 等输入、输出接口的控制功能，将来可能会把网络、音频等电路都集成进去。网络电路主板一般都支持千兆的有线网络，有的主板还支持 802.11 a/b/g/n/ac/ax Wi-Fi 标准、支持 2.4/5GHz 无线双频的无线网络。音频电路一般都集成 8 声道音效的高保真芯片。时钟电路负责向电路各系统提供基准时钟脉冲，以便主板各系统同步协调工作。电源电路主要向主板各电路提供直接电源，同时还要隔离外界电源波动的影响。CPU 供电电路主要是把电源电路送来的较高直流电压转换成满足 CPU 要求的较低直流电压，并能根据 CPU 的工作情况进行调节，现在都采用多相数字供电。BIOS 电路主要由存储 UEFI BIOS 程序的 Flash 芯片和 CMOS 设置电路组成，它决定计算机的初始界面和启动哪个硬盘中的操作系统。如图 3-4 所示为主板的功能，如图 3-5、图 3-6 所示分别为主板的功能与实物对比图、华硕 B660M-P D4 主板的组成。

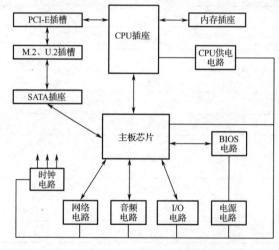

图 3-4　主板的功能

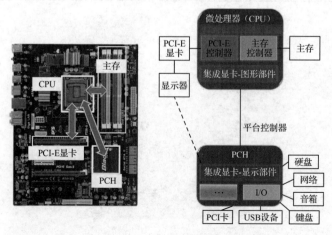

图 3-5　主板功能与实物对比图

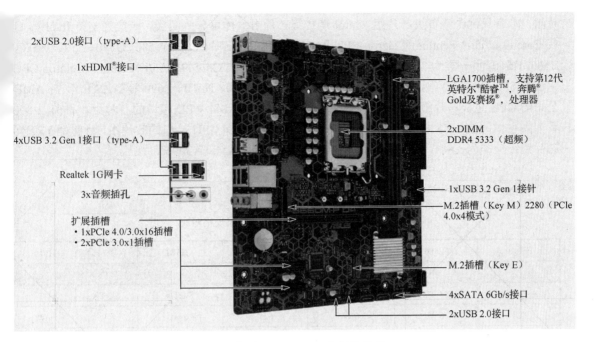

图 3-6　华硕 B660M-P D4 主板的组成

3.2.1　主板的芯片组

1．定义

主板芯片组（Chipset）是主板的核心组成部分，是 CPU 与周边设备沟通的桥梁。芯片组几乎决定了这块主板的功能，进而影响到整个计算机系统性能的发挥，它是主板的灵魂。芯片组性能的优劣，决定了主板性能的好坏与级别的高低。芯片组与 CPU 相配合，控制计算机所有的集成电路。传统的芯片组分为南桥与北桥两个芯片，北桥（靠近 CPU）连接主机的 CPU、内存、显卡等。南桥连接总线、接口等。随着 AMD 公司的 Fusion 整合型处理器的出现，计算机核心由传统的中央处理器/北桥/南桥三颗芯片，转变为中央处理器/南桥二颗芯片，北桥芯片的功能都内建至中央处理器。如图 3-5、图 3-6 所示，目前的主板已经没有北桥芯片了。

2．功用

主板芯片组几乎决定着主板的全部功能，其中 CPU 的类型，主板的系统总线频率，内存的类型、容量和性能，显卡插槽规格，扩展槽的种类与数量，扩展接口的类型和数量（如USB2.0/3.0/3.1、HDMI、串口、并口、DP、DVI、VGA 输出接口）等，都是由芯片组决定的。还有些芯片组由于纳入了 3D 加速显示（集成显示芯片）、声音解码等功能，还决定着计算机系统的显示性能和音频播放性能等。芯片组的分类，按用途可分为服务器/工作站、台式计算机、笔记本电脑等类型，按芯片数量可分为单芯片芯片组（主要用于台式计算机和笔记本电脑），标准的南、北桥芯片组和多芯片芯片组（主要用于高档服务器/工作站），按整合程度的高低，还可分为整合型芯片组和非整合型芯片组等。

3．流行芯片组的简介

目前台式计算机的 CPU 主要由 Intel 和 AMD 两家公司生产，因此支持 CPU 的主板芯片组也分为 Intel 和 AMD 两大系列。虽然，近年来基于 X86 指令的国产 CPU 有上海兆芯的 KX 系列，但还落后国外几代，市场上很少见，这里不进行讨论。2021 年，Intel CPU 正处于新旧交替时，流行的主板芯片组种类繁多，Intel 的芯片组分为两大类：消费级芯片组和服务器芯片组，本章只讨论消费级芯片组。Intel 消费级芯片组大体可分为两类，一类为支持 Intel 第 11 代 Core i9/i7/i5/i3/Pentium/Celeron CPU 的 500 系列主板芯片组，如 W580、Q570、Z590、H570、B560、H510；另一类为 2021 年年底新推出的支持第 12 代 Core i9/i7/i5/i3/Pentium/Celeron CPU 主板的 600 系列芯片组，包括 Q670、R680、W680、B660、H610、Z690 等芯片组。支持 AMD 公司的 CPU 主板芯片组目前主要有三类，一类为支持 AM4 CPU 接口的芯片组，目前以 500 系列为主体，包括 X570、B550、A520；一类为支持 sTRX4 CPU 接口的芯片组，目前是 TRX40 芯片组；一类为支持 TR4 CPU 接口的芯片组，目前有 AMD X399 芯片组。

（1）Intel 系列芯片组。

①Intel 500 系列主板芯片组规格对比如表 3-2 所示。

表 3-2　Intel500 系列主板芯片组规格对比

芯片组	W580	Q570	Z590	H570	B560	H510
主要功能						
总线速度	8 GT/s	8 GT/s	8 GT/s	8 GT/s	8 GT/s	8 GT/s
TDP	6 W	6 W	6 W	6 W	6 W	6 W
每个通道的 DIMM 数量	2	2	2	2	2	1
支持内存超频	是			是	是	
PCI-E 通道数的最大值	24	24	24	20	12	6
USB 端口数	14	14	14	14	12	10
SATA 6.0 Gb/s 端口数的最大值	8	6	6	6	6	4
RAID 配置	0,1,5,10(SATA)	0,1,5,10(SATA)	0,1,5,10(SATA)	0,1,5,10(SATA)		
集成网卡	是	是	是	是	是	是
集成的无线	Intel Wi-Fi 6 AX201	Intel Wi-Fi 6 AX201	Intel Wi-Fi 6 AX201	Intel Wi-Fi 6 AX201	Intel Wi-Fi 6 AX201	Intel Wi-Fi 6 AX201
封装大小	25mm×24mm	25mm×24mm	25mm×24mm	25mm×24mm	25mm×24mm	25mm×24mm
先进技术						
支持傲腾内存	是	是	是	是	是	否
博锐平台资格	是	是	否	否	否	否
高清晰度音频技术	是	是	是	是	是	是
快速存储技术	是	是	是	是	是	是
智音技术	是	是	是	是	是	否
Platform Trust Technology(PTT）	是	是	是	是	是	是
Stable Image Platform Program (SIPP)		是				
Trusted Execution Technology	是	是	否	否	否	否
Boot Guard	是	是	是	是	是	是

从表 3-2 可以看出，W580 适用于工作站主板，其他芯片组可以用于普通台式机。W580 在内存的支持、RAID 配置、SATA 的传输速度、PCI-E 设备的通道数量上都有优势。H510 芯片组每个通道的 DIMM 数量为 1 个，仅支持 4Gb/s 的 SATA 传输速度，此外缺少 RAID 配置功能。Q570 是 Intel500 系列芯片组中，唯一支持 SIPP 技术的芯片组。

②Intel 芯片组的先进技术。

- 傲腾内存。Intel 傲腾内存是非易失内存的一个新类，它位于系统内存和存储之间，以加快系统性能和响应性。它与 Intel 快速存储技术驱动程序一同使用时，能无缝管理存储的多个层次，并同时向操作系统呈现一个虚拟驱动器，以确保最常用的数据位于存储中速度最快的层次。该技术要求特定的硬件和软件配置。
- 博锐平台资格。它是一组硬件和技术，用于构建具有卓越性能、内置安全性、现代可管理性和平台稳定性的企业计算端点。
- 高清晰度音频技术。它是一种 Intel 的音频播放技术，用以播放高质量、多声道的音频内容。
- 快速存储技术。Intel 快速存储技术为台式计算机和移动平台提供保护性和可扩展性。无论是使用一个还是多个硬盘，用户都能享受到更强的性能表现和更低的能耗。如果使用多个硬盘，在某个硬盘发生故障时用户可获得额外的保护，从而避免数据丢失。
- 智音技术。它是一个集成的数字信号处理器（DSP），用以实现音频分载和音频/声音功能。
- Platform Trust Technology（PTT）。它是 Windows 8 及以后的 Windows 操作系统，用于身份凭证存储和密钥管理的一个平台功能。

【注意】如果要安装或升级操作系统为 Windows 11，需要开启 PTT。

- Stable Image Platform Program（SIPP）。它称为 Intel 稳定映像平台计划，用以衔接和稳定企业主要的英特尔平台组件，以便能够更具预见性地逐年实现一代技术到下一代技术的移植。
- Trusted Execution Technology。它是一组针对 Intel 处理器和芯片组的通用硬件扩展，可增强数字办公平台的安全性。
- Boot Guard。它是具备引导保护功能的 Intel 设备保护技术，可帮助保护系统的预操作系统环境不受病毒和恶意软件的攻击。

③Z690 芯片组。Z690 芯片组是 Intel 于 2021 年年底最新发布的一款 600 系列的芯片组，采用最新的 LGA1700 CPU 接口及 DDR5 内存接口。它拥有丰富的扩展连接性，是 Intel 首个支持 PCI-E 4.0 的芯片组，最多可提供 12 条 PCI-E4.0 通道，同时还有 16 条 PCI-E 3.0 通道。芯片组和处理器之间的连接，也升级为 x8 DMI 4.0，速度与 PCI-E4.0 相同。同时，Z690 芯片组还提供最多 8 个 SATA 6Gbps、4 个 USB 3.2 Gen2x2 20Gbps、10 个 USB 3.2 Gen2x1 10Gbps、10 个 USB 3.2 Gen1x1 5Gbps、14 个 USB 2.0，对于 USB 接口的支持非常丰富。在网络方面，集成千兆网卡，同时集成支持 Gig+ Wi-Fi 6E 无线网络。如图 3-7 所示，为 Z690 芯片组功能结构图。

（2）AMD 系列芯片组。AMD 在锐龙 CPU 推出以后，迅速收复了失地，在台式计算机市场上挽回了颓势。本节将分别对支持 AM4 CPU 接口的 AMD500 系列芯片组、支持 TR4 CPU 接口的 X399 芯片组及 sTRX4 CPU 接口的 TRX40 芯片组进行介绍。

①AMD500 系列芯片组。AMD500 系列的芯片组主要包括 X570、B550 和 A520，需要搭配 AM4 平台的 CPU。三款芯片组的性能对比如表 3-3 所示。

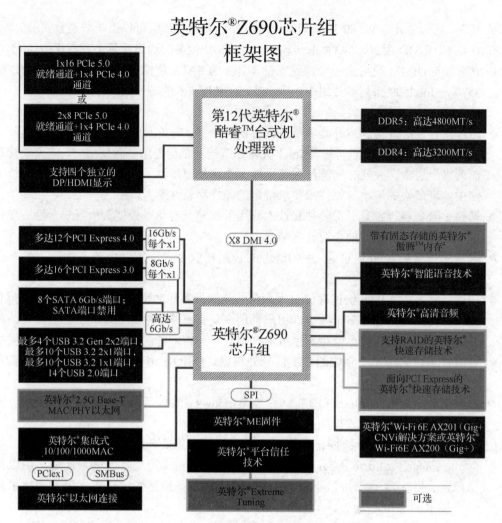

图 3-7　Z690 芯片组功能结构图

表 3-3　AMD500 系列芯片组功能对比

型号	USB 接口		最大 SATA 接口数	直连处理器 PCI-E		PCI-E 规格	PCI-E 通道（总数/可用）	支持超频
	USB 总数	USB 3.2 Gen2 10 Gbps 超高速		显卡	NVMe			
X570	16	129	14	1x16/ 2x8	1x4	PCI-E 4.0	44/36	是
B550	14	69	8	1x16/ 2x8	1x4	PCI-E 4.0（仅显卡和 NVMe）	38/30	是
A520	13	59	6	1x16	1x4	PCI-E 3.0	34/26	否

　　X570 是三款芯片组中，性能最强的。它是全球首款支持 PCI-E4.0 的芯片组，支持锐龙 2000 系列（不搭载 Radeon 显卡）处理器、锐龙 3000 系列处理器及锐龙 5000 系列处理器，支持超频。X570 平台结构如图 3-8 所示，通过 CPU 可以提供 24 条 PCI-E4.0 的通道：16 条分给显卡，4 条分给 NVMe，4 条用以连接 X570 芯片组。X570 芯片组可固定提供 8 条 PCI-E4.0 通道，4 个 SATA 6Gbps 接口，8 个 USB3.1 Gen 与 4 个 USB2.0 接口。

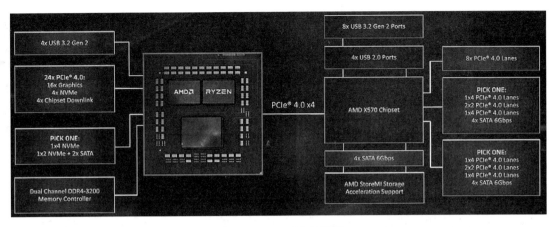

图 3-8　X570 平台结构图

B550 支持锐龙 3000 和 5000 系列处理器，但是不支持搭载 Radeon 显卡的 3000 系列处理器，支持超频，支持 PCI-E4.0，PCI-E 的可用通道数为 30，USB 接口总数、SATA 接口总数都少于 X570。

A520 支持锐龙 3000 和 5000 系列处理器，但是不支持搭载 Radeon 显卡的 3000 系列处理器，也不支持超频，PCI-E 也仅支持 3.0 的标准。SATA 接口数、USB 接口数为三者之间最少的，是入门级的 500 系列芯片组。

②支持 TR4 CPU 接口的 X399 芯片组。AMD 的 X399 芯片组支持第一代和第二代 AMD 锐龙处理器（CPU 接口为 TR4）。芯片组支持庞大的多 GPU 和 NVMe 阵列，具有四通道 DDR4，支持 ECC 并且支持超频，支持 AMD StoreMI 存储加速技术，可满足追求更高性能计算的用户需求。如图 3-9 所示，AMD SocketTR4 平台最多可以有四通道 8 条 DDR4 的内存连接到 CPU，CPU 可以连接 3 路 M.2 接口的 SSD，8 个 USB 3.1 第 1 代接口，可接 4 个 PCI-E×16 插槽，但交火时只支持 2 块 PCI-E×16 显卡、2 块 PCI-E×8 显卡。此外，CPU 还直连 HAD 音频电路和 SPI ROM BIOS 电路。X399 连接 1 个 PCI-E×4、1 个 PCI-E×1 插槽，2 个 PCI-E×1

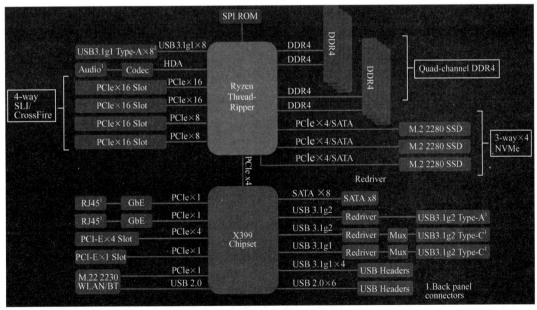

图 3-9　AMDX399 芯片组功能结构图

通道分配给两个千兆 RJ45 网络口，1 个 PCI-E×1 通道分配给 M.2 2230 口，1 个 USB 2.0 给 WLAN 电路，还支持 8 个 SATA，2 个 USB 3.1 第 2 代口，一个为 TYPE-A 型，另一个为 TYPE-C 型。此外，还连接 1 个 USB 3.1 第 1 代 TYPE-C 口，4 个 USB 3.1 第 1 代口，6 个 USB 2.0 口。总之 X399 接口丰富，扩展余地大，但受到与 CPU 之间的 PCI-E×4 也就是 32Gb/s 通道的带宽限制。

③支持 sTRX4 CPU 接口的 TRX40 芯片组。TRX40 芯片组仅支持 AMD 第三代锐龙 Threadripper 处理器，支持 4 通道 DDR4 内存，可选 ECC 支持。它可提供 24 条 PCI-E4.0 通道，其中 8 条用于和 CPU 连线，16 条供其他设备使用。支持多 GPU，可以使用多显卡的 CrossFire 和 SLI 技术。提供 4 个 USB2.0 接口和 8 个 USB3.2 Gen 接口，同时提供 4 个 SATA 6Gbps 接口，如图 3-10 所示。

图 3-10　TRX40 芯片组功能结构图

【注意】这一代的 CPU 有 64 条 PCI-E4.0 通道，其中 8 条与芯片组相连接，因此提供 56 条通道外接设备，加上 TRX40 芯片组提供的 16 条（24 条中的 8 条与 CPU 的连接），共有 72 条可用的 PCI-E 4.0 通道。

3.2.2　主板 BIOS 和 UEFI 电路

主板 BIOS 电路主要由 FLASH ROM 芯片和 CMOS RAM 芯片及电池供电电路组成。

主板 BIOS 芯片里面写有 BIOS 程序，它是硬件又含软件，这种含有软件的硬件芯片称为固件，它是系统中硬件与软件之间交换信息的链接器。CMOS RAM 芯片有通过 BIOS 程序设置的各种参数，为了保持此参数，计算机断电时是由电池供电电路供电的，计算机工作时是由主机电源供电的，并向电池充电。UEFI 电路实际上就是 BIOS 电路，只是写入固件的程序不同，启动系统的方式不同，BIOS 采用的是 BIOS 程序加 MBR 的方式启动系统，而 UEFI 采用的是 UEFI 程序加 GPT 的方式启动系统。UEFI 更强大，支持容量大于 2TB 的硬盘，并且可以兼容 BIOS。

3.2.3　主板的时钟电路

大多数时钟电路由一个晶体振荡器、一个时钟芯片（分频器）、分频电阻、电容等构成，部分主板由一个晶振、多个时钟芯片构成。它是系统频率发生器，产生主板的外频和各类接口的基准频率。其工作原理为晶体振荡器工作之后会输出一个基本频率，由时钟芯片分割成不同频率（周期）的信号，再对这些信号进行升频或降频处理，最后通过时钟芯片旁边的分频电阻、电容（外围元件）输出。超外频是通过调整时钟芯片的输出频率达到的。它在主板上的电路如图 3-11 所示。

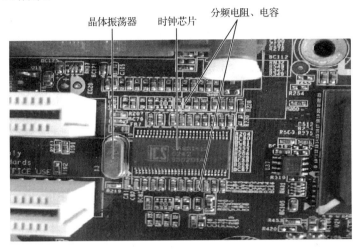

图 3-11   时钟电路

3.2.4   主板的供电电路

最早主板直接由电源供电，后来由于 CPU 对直流电源的稳定性、功率要求较高，CPU 核心电压又比较低，而且有着越来越低的趋势，电源输出的电压必须经过 CPU 供电电路的进一步稳压、滤波，电流增大才能向 CPU 供电。现在高档的主板，甚至内存、主板芯片组都设计有专门的供电电路，其原理与 CPU 的供电电路一样，因此本节只讨论 CPU 的供电电路。由于 CPU 是主板上功率最大的器件，因此，主板大多数故障都是 CPU 供电电路损坏所致的。

1. CPU 供电电路的组成

CPU 供电电路是唯一采用电感（线圈）的主板电路，一般在电感附近就能找到供电电路。它由电感（线圈）、场效应功率管、场效应管驱动和电解电容（用于滤波）组成。通常供电电路环绕在 CPU 四周，整个 CPU 供电电路还有一个 PWM（Pulse Width Modulation，脉冲宽度调制）控制器，如图 3-12 所示。电感分为铁芯和铁氧体两种，铁芯电感通常是开放的，可以看到里面有一个厚实的铜制线圈；而铁氧体电感是闭合的，通常上面有一个字母 R 打头的标志。

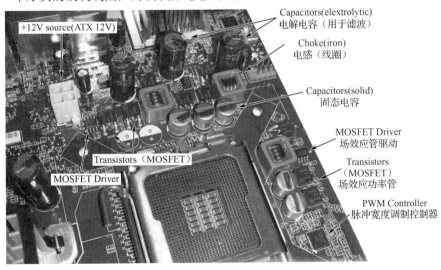

图 3-12   CPU 供电电路组成图

2. CPU 供电电路的相位

CPU 供电电路的工作中有几个电路平行提供相同的输出电压——CPU 电压，然而，它们在不同的时间工作，因此命名为相位。每个相位有一个较小的集成电路称为场效应管驱动，驱动两个 MOSFET，便宜的主板会以附加的 MOSFET 替代 Driver，所以这种设计的主板，每个相位有 3 个 MOSFET。如果 CPU 供电电路具有两个相位，每个相位将工作 50%的时间以产生 CPU 电压；如果这种相同的电路具有 3 个相位，每个相位将工作 33.3%的时间；如果具有 4 个相位，每个相位将会占 25%的工作时间；如果具有 6 个相位，每个相位将工作 16.6%的时间，以此类推。供电模块电路有更多相位的优点，一个是 MOSFET 负载更低，延长了使用寿命，同时降低了这些部件的工作温度；另一个是多相位通常输出的电压更稳定、纹波较少。CPU 供电电路相位数的一般判断标准为：一相电路是一个线圈、两个场效应管和一个电容；二相供电回路则是两个电感加上 4 个场效应管；三相供电回路则是 3 个电感加上 6 个场效应管；以此类推，N 相供电回路也就是 N 个电感加上 $2N$ 个场效应管。但是有时也有例外，精确的方法是通过查 PWM 芯片参数中能驱动的相位数。如图 3-13 所示为 CPU 三相供电电路。

图 3-13　CPU 三相供电电路

3. CPU 供电电路的工作原理

如图 3-14 所示的是主板上 CPU 单相供电电路的示意图，+12V 是来自 ATX 电源的输入，通过一个由电感线圈 L1 和电容 C1 组成的滤波电路，然后进入两个晶体管（开/关管）Q1/Q2 组成的电路，此电路受到 PMW Control（控制开关管导通的顺序和频率，从而可在输出端达到电压要求）的控制，输出所需的电压和电流，从图中箭头处的波形图可以看出输出随着时间变化的情况。再经过 L2 和 C2 组成的滤波电路后，基本上可以得到平滑稳定的电压曲线（V_{core}，酷睿第 8 代处理器 $V_{core}= 0.654V$）。

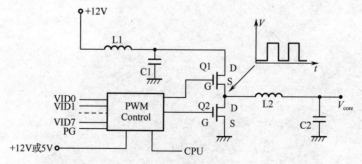

图 3-14　CPU 单相供电电路示意图

CPU 供电电路的基本原理：当计算机开机后，电源管理芯片在获得 ATX 电源输出的+5V

或+12V 供电后，为 CPU 中的电压自动识别电路（VID）供电，接着 CPU 电压自动识别引脚发出电压识别信号 VID（VID0～VID7，8 位）给电源管理芯片，电源管理芯片再根据 CPU 的 VID 电压，发出驱动控制信号，控制两个场效应管导通的顺序和频率，使其输出的电压与电流达到 CPU 核心供电需求，为 CPU 提供工作需要的核心电压。

单相供电一般能提供最大 25A 的电流，而常用的处理器早已超过了这个数字，单相供电无法提供足够可靠的动力，所以现在主板的供电电路设计都采用了二相或多相的设计。如图 3-15 所示的就是一个二相供电电路示意图，其实质就是两个单相电路的并联，它可以提供双倍的电流。

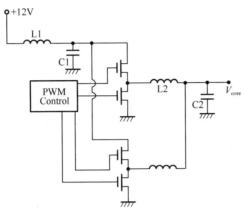

图 3-15　CPU 二相供电电路示意图

为了降低开关电源的工作温度，最简单的方法就是把通过每个元器件的电流量降低，把电流尽可能地平均分流到每一相供电回路上，所以又产生了三相、四相电源及多相电源设计。如图 3-16 所示的是一个典型的三相供电电路示意图，其原理与两相供电是一致的，就是由 3 个单相电路并联而成。三相电路可以非常精确地平衡各相供电电路输出的电流，以维持各功率组件的热平衡，在控制器件发热方面三相供电具有优势。

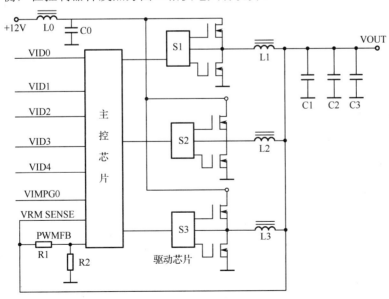

图 3-16　CPU 三相供电电路示意图

电源回路采用多相供电可以提供更平稳的电流，从控制芯片 PWM 发出来的是脉冲方波信号，经过振荡回路整形为类似直流的电流。方波信号的高电位时间越短，相越多，整形出来的准直流电纹波越小。如图 3-17 所示为 CPU 单相、二相、三相供电电路滤波前后的电压波形示意图。现在的主板的供电都在十相以上。主板的供电要与 CPU 的需求严格匹配。

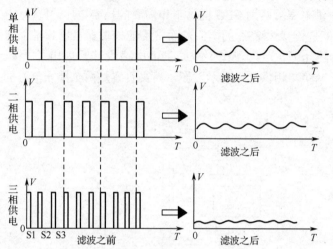

图 3-17　CPU 单相、二相、三相供电电路滤波前后的电压波形示意图

4．主板供电的扩展技术

近年来，随着各主板厂家根据需要，不断地发展供电技术，出现了直出供电、倍相供电及并联供电，分别如图 3-18～图 3-20 所示。下面进行简单介绍。

①直出供电。每一个电感对应一组上下桥 MOS，然后每组都是单独由 PWM 直接控制的。

②倍相供电。PWM 控制通过倍相芯片与上下桥 MOS 连接，虽然每组 MOS 也连接一个电感，但是倍相芯片将 PWM 控制器传来的信号分成两路，控制两路轮流工作。

③并联供电。并联供电中没有倍相芯片，每两个电感共用一组 MOS，相比倍相供电的轮流供电，并联供电中的所有 MOS 和电感都在不停地工作。

图 3-18　直出供电原理　　　　图 3-19　倍相供电原理　　　　图 3-20　并联供电原理

三种供电方式，直出供电成本较高；倍相供电发热更低，适合于要求长时间高负荷稳定的使用环境，比如工作站；并联供电的动态响应好，适合于超频或者游戏。但是，供电质量更关键的还是依赖于厂家的技术。

5．主板 CPU 的供电分配方式

当前 Intel 主板的 CPU 供电分配方式有 4 个部分组成：VCC（CPU 核心供电）、VCCGT（GPU 核显供电/非必须）、VCCIO（I/O 供电）、VCCSA（外围供电）。AMD 主板的 CPU 供电

分配方式也分为 4 个部分：VDD（核心供电）、GT（核显供电（针对 APU））、VDDNB（IO 供电）、SOC（外围供电）。CPU 的耗电量以 CPU 核心及核心显卡为主，因此，在选购主板时应主要考虑这两个方面的供电。如，Intel 芯片组的主板要重点关注 VCC 及 VCCGT 的供电能力，AMD 芯片组的主板要关注 VDD 及 GT 的供电能力。

3.2.5 主板 CPU 插座的种类

主板 CPU 插座从 Socket 4、Socket 5 到 Socket 7 都是 Intel 和 AMD 公司通用的（CPU 从 486～Pentium、K6，1997 年以前）。但从 Pentium 2 开始 Intel 和 AMD 公司的 CPU 插座不能共用，分为 Intel 和 AMD 两大系列。

1. Intel CPU 插座种类

（1）Slot 1（1998—1999 年）是一个 242 线的插槽，Intel 的 Pentium 2 专用。Slot 是插槽的意思。

（2）Socket 370（1997—2002 年）支持 Pentium3、Celeron。Socket 是插座的意思，后面的数字则代表着所支持的 CPU 的针脚数量，也就是说能安装在 Socket 370 插座上的 CPU，有 370 根针脚。

（3）Socket 423（2000—2001 年）支持 Intel I850 芯片组，支持早期的 Pentium 4 处理器和 Intel I850 芯片组。

（4）Socket 478（2001—2005 年）支持 Intel 的 Pentium 4 系列和 P4 赛扬系列。

（5）LGA 775（2004—2010 年）全称 Land Grid Array（栅格阵列封装），又称 Socket T。它用金属触点式封装取代了以往的针状插脚，这样 CPU 装卸时就不会弄坏引脚，也不会和散热器黏在一起，减少了人为损坏，它有 775 个触点。它支持 Pentium 4、Pentium 4 EE、Celeron D 及双核心的 Pentium D 和 Pentium EE、Intel 酷睿双核（Core 2 Duo）、酷睿四核系列（Core 2 Quad）、酷睿 2E 系列和酷睿 2Q 系列等 CPU。

（6）LGA 1366（2009 年启用）又称 Socket B，比 LGA 775A 多出 600 个针脚，这些针脚用于 QPI 总线、三条 64 位 DDR3 内存通道的连接。它只支持 Intel 第 1 代 Core i7 9XX CPU。

（7）LGA 1156（2010 年启用）又称 Socket H，是 Intel 继 LGA 1366 后的 CPU 插座，支持第 1 代 Core i7、Core i5 和 Core i3 CPU，读取速度比 LGA 775 高。

（8）LGA 1155（2011 年启用）又称 Socket H2，支持第 2、第 3 代 Core i3、Core i5 及 Core i7 处理器，取代 LGA 1156，两者并不相容。

（9）LGA 1150（2013 年启用）又称 Socket H3，是 Intel 桌面型 CPU 插座，供基于 Haswell 微架构的处理器使用，取代 LGA 1155（Socket H2），支持第 4 代 Core i3、Core i5 及 Core i7 处理器。

（10）LGA 1168（2015 年启用）支持第 5 代 Core i3、Core i5 及 Core i7 处理器。

（11）LGA 1151（2016 年启用）支持第 6、7、8 代 Core i3、Core i5 及 Core i7 处理器。

（12）LGA 2066（2016 年启用）支持第 6、7 代 Core i9 处理器及 Core i7、i5 X 系列处理器。

（13）LGA1200（2019 年启用）支持第 10、11 代 Core i3、Core i5、Core i7、Corei9 处理器。

（14）LGA1700（2021 年启用）支持第 12 代 Core 系列处理器。

2. AMD CPU 插座种类

（1）Socket 754（2003 年推出）支持 Athlon 64 的低端型号和 Sempron（闪龙）的高端型号。

（2）Socket 939（2004 年推出）支持 Athlon 64 及 Athlon 64 FX 和 Athlon 64 X2，但不支持 DDR2 内存。

（3）Socket AM2（2006 年推出）支持 DDR2 内存、AMD 64 位桌面 CPU 的接口标准，具有 940 根 CPU 针脚，支持双通道 DDR2 内存、低端的 Sempron、中端的 Athlon 64、高端的 Athlon 64 X2 及顶级的 Athlon 64 FX 等全系列 AMD 桌面 CPU。

（4）Socket AM2+（2007 年推出）具有 940 根 CPU 针脚，在 AM2 的基础上支持 HyperTransport 3，数据带宽达到 4.0～4.4GT/s，支持 AM2 处理器并兼容 AM3 处理器。

（5）Socket AM3（2009 年推出）具有 938 根 CPU 针脚，在 AM2+的基础上支持 DDR3 内存，支持 AM3 处理器。

（6）Socket AM3+（2011 年推出）又称 Socket AM3b，取代上一代 Socket AM3 并支持 32nm 处理器 AMD FX（代号 Zambezi）。AM3+ 支持 HyperTransport 3.1，CPU 有 938 支针脚。AM3+/AM3 CPU 内置的内存控制器能支援 DDR3，不同的是 AM3 最高只支持至 DDR3-1600，AM3+ 则推进至 DDR3-2133。

（7）Socket FM1（2011 年推出）针脚有 905 个，支持 HyperTransport 3.2 第 1 代 APU 系列的 CPU。

（8）Socket FM2（2012 年推出）是 FM1 的升级，针脚有 904 个，适用于代号为 Trinity 及 Richland 的第 2 代 APU 处理器。

（9）Socket AM4（2016 年推出）针脚数量为 1331 个，支持 AMD 锐龙处理器、第 7 代 A 系列处理器和速龙处理器。

（10）Socket TR4（2017 年推出），TR 是 Threadripper（AMD 顶级处理器）的缩写，4 为 4 代，Socket 为插槽，有 4094 个触点，支持 AMD 锐龙 Threadripper 第 1 代，第 2 代处理器。Intel 和 AMD 公司典型的 CPU 插座如图 3-21 所示。

（11）Socket sTRX4（2019 年推出），为第 3 代 Threadripper 处理器使用插槽。

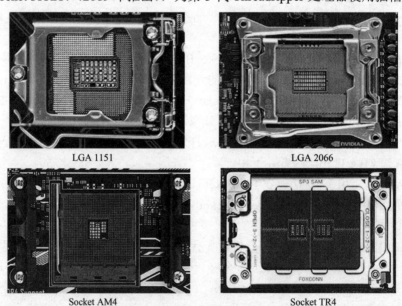

图 3-21　Intel 和 AMD 公司典型的 CPU 插座

3.2.6　主板的内存插槽

内存插槽是指主板上所采用内存插槽的类型和数量。主板所支持的内存种类和容量都是由内存插槽来决定的。主板的内存最早直接焊在板上（286AT 主板以前），后来有 336 线（286～

386 时代）插槽，72 线（486～586 时代）插槽，168 线（Pentium～Pentium 3 时代）插槽，184 线（Pentium 4 时代）DDR 插槽，240 线 DDR2、DDR3 插槽，直到现在的 284 线 DDR4 插槽。所谓的线又叫针，就是内存金手指的个数，也就是内存与插槽接触的触点数。目前主要应用于主板上的内存插槽如下。

1．DDR2 SDRAM DIMM 插槽

每面金手指有 120 线，两面有 240 线，与 DDR DIMM 的金手指一样，也只有一个卡口，但是卡口的位置与 DDR DIMM 稍微有一些不同，因此 DDR 内存是插不进 DDR2 DIMM 的，同理 DDR2 内存也是插不进 DDR DIMM 的。它主要用于 LGA 775 和 Socket AM2/AM2+/AM3 主板。其外形如图 3-22 所示。

图 3-22　240 针 DDR2 SDRAM DIMM 内存插槽

2．DDR3 SDRAM DIMM 插槽

采用 240 线 DIMM 接口标准，但其电气性能和卡口位置与 DDR2 插槽都不一样，不能互换。有的主板为了兼容，设计有 DDR2 与 DDR3 两种内存插槽，一般有两种颜色，黄色是 DDR3 的，红色是 DDR2 的，可根据卡口位置确定，但只能插一种内存，否则不工作。DDR3 插槽主要用于 LGA 1156、Socket 1155、Socket 1150、Socket 1366 和 Socket AM3、Socket AM3+、Socket FM1、Socket FM2 主板。其外形如图 3-23 所示。

图 3-23　240 针 DDR3 SDRAM DIMM 内存插槽

3．DDR4 SDRAM DIMM 插槽

DDR4 接口位置发生了改变，金手指中间的"缺口"位置相比 DDR3 更为靠近中央。在金手指触点数量方面，普通 DDR4 内存有 284 线，每一个触点的间距从 1mm 缩减到 0.85mm。其外形如图 3-24 所示。

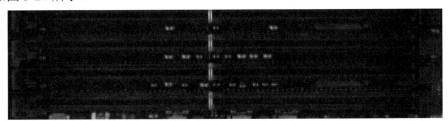

图 3-24　284 针 DDR4 SDRAM DIMM 内存插槽

4．DDR5 SDRAM DIMM 插槽

DDR5 采用 288 线，间距为 0.85mm，在防呆口的设计上也进行了优化。

【注意】当主板上有 4 个 DDR2、DDR3 或 DDR4 插槽时，一般有两种颜色，每种颜色两

个插槽，如果有两根内存则必须插入同一种颜色插槽，以便形成双通道。高档主板还有 6 个 DDR3、DDR4 插槽，通常也分成两种颜色，如果有 3 根内存条也必须插入同一种颜色插槽，以便形成三通道。

3.3 主板的总线与接口

主板的总线是主板芯片、CPU 与各接口的传输线，接口是主板与其他部件的连接口。它们性能的高低与数量的多少，决定着主板的档次和价格。

3.3.1 总线简介

1. 定义

所谓总线，笼统来讲，就是一组进行互联和传输信息（指令、数据和地址）的信号线。计算机的总线都有特定的含义，如局部总线、系统总线等。

2. 主要的性能参数

（1）总线时钟频率：即总线的工作频率，以 MHz 表示，它是影响总线传输速率的重要因素之一。

（2）总线宽度：即数据总线的位数，用位（bit）表示，如总线宽度为 8 位、16 位、32 位和 64 位。

（3）总线传输速率：在总线上每秒传输的最大字节数（MB/s），即每秒处理多少兆字节。可以通过总线宽度和总线时钟频率来计算总线传输速率，其公式为

$$传输速率=总线时钟频率×总线宽度/8$$

如 PCI 总线宽度为 32 位，当总线频率为 66MHz 时，总线数据传输速率是 66×32/8（MB/s）＝ 264（MB/s）。

3.3.2 常见的主板总线

（1）PCI（Peripheral Component Interconnect）外围部件互联总线。CPU 到 PCI 插槽的数据传输线，数据传输速率为 266MB/s。

（2）DMI 是指 Direct Media Interface（直接媒体接口）总线。DMI 最早是 Intel 公司开发的用于连接主板南、北桥的总线，现在是连接 CPU 和芯片组之间的总线。DMI 采用点对点的连接方式，时钟频率为 100MHz，由于它是基于 PCI-E 总线的，因此具有 PCI-E 总线的优势。DMI 实现了上行与下行各为 1GB/s 的数据传输率，总带宽达到 2GB/s，这个高速接口集成了高级优先服务，允许并发通信和真正的同步传输能力。

DMI 总线带宽的计算：理论最大带宽（GB/s）＝（传输速率×编码率×通道数）/8（bit/byte 转换），DMI 理论最大带宽＝（2.5GT/s×8/10×4）/8=1GB/s，DMI 2.0 理论最大带宽＝（5GT/s× 8/10×4）/8=2GB/s，DMI 3.0 理论最大带宽＝（8GT/s×128/130×4）/8=3.94GB/s。

（3）USB（Universal Serial Bus，通用串行总线）。USB 1.0 的传输速度为 12Mb/s、USB 2.0 的传输速度为 480Mb/s、USB 3.0 的传输速度为 5Gb/s，USB 3.1 Gen1 就是 USB 3.0 的加强版，速率与 USB 3.0 一样，USB 3.1 Gen2 的最大传输带宽为 10.0Gb/s。一般 USB 2.0 为白色接口，USB 3.0（USB 3.1 Gen1）为蓝色接口，USB 3.1 Gen2 为红色接口。USB 3.1 有 3 种接口，分别为 Type-A（Standard-A）、Type-B（Micro-B）及 Type-C，如图 3-25 所示，且支持热拔插，

现在 Type-C 接口在计算机和手机上都已开始流行。USB 已成为主机最主要的外接设备接口。

| Type-A | Type-B | Type-C |

图 3-25　USB 的三种接口

（4）IEEE 1394 总线。IEEE 1394 是一种串行接口标准，这种接口标准允许把计算机、计算机外部设备、各种家电非常简单地连接在一起。IEEE 1394 在一个端口上最多可以连接 63 个设备，设备间采用树形或菊花链结构。设备间电缆的最大长度是 4.5m，采用树形结构时可达 16 层，从主机到最末端外设总长可达 72m，它的传输速率为 400Mb/s，2.0 版的传输速率为 800Mb/s。

（5）SPI 总线。SPI（Serial Peripheral Interface，串行外设接口）是一种高速的、全双工、同步的通信总线，并且在芯片的引脚上只占用 4 根线，节约了芯片的引脚。正是出于这种简单易用的特性，如今越来越多的芯片集成了这种通信协议，主板主要是芯片组与 BIOS 芯片之间用此协议。

（6）M.2 总线。M.2 接口是 Intel 推出的一种替代 MSATA 的新接口规范，最初叫 NGFF，全名是 Next Generation Form Factor。它比 mSATA 硬盘还要小巧，基本长宽只有 22×42（单位 mm），单面厚度为 2.75mm，双面闪存布局也不过 3.85mm 厚。M.2 有丰富的可扩展性，最长可以做到 110mm，可以提高 SSD 容量。M.2 接口有两种类型，即 Socket 2 和 Socket 3，可以同时支持 SATA 及 PCI-E 通道，走 SATA 通道现在最快也只有 6Gb/s，而 PCI-E 通道更容易提高速度。Socket 2 是早期 M.2 使用的接口，PCI-E 是 PCI-E 2.0×2 通道，理论带宽为 10Gb/s，不过在 9 系及 100 系芯片组之后，M.2 接口全面转向 Socket 3，PCI-E 3.0×4 通道理论带宽达到 32Gb/s。M.2 接口有 3 个尺寸为 2242、2260 和 2280 的 SSD，也就是宽为 22mm，长分别为 42mm、60mm、80mm，注意主板接口位置是否和 SSD 硬盘尺寸相配，一般能装 2280 的都有 2242 和 2260 尺寸的螺钉孔，所以向下兼容。如图 3-26 所示，B Key 插槽和 M Key 插槽分别为 Socket 2 和 Socket 3 接口规范。采用 B&M 金手指的 SSD 两种接口都能接。

（7）U.2 接口。U.2 接口又称 SFF-8639，是由固态硬盘形态工作组织（SSD Form Factor Work Group）推出的接口规范。U.2 不但支持 SATA-Express 规范，还能兼容 SAS、SATA 等规范。因此，可以把它当作是四通道版本的 SATA-Express 接口，它的通道可兼容 SATA3、PCI-E 2.0×2 和 PCI-E 3.0×4，理论最大带宽已经达到了 32Gb/s，与 M.2 接口毫无差别，如图 3-27 所示。

（8）PCI-Express（PCI-E）总线。PCI-E 总线是一种完全不同于过去 PCI 总线的全新总线规范，与 PCI 总线共享并行架构相比，PCI-E 总线是一种点对点串行连接的设备连接方式，点对点意味着每个 PCI-E 设备都拥有自己独立的数据连接，各个设备之间并发的数据传输互不影响，而对于过去 PCI 共享总线方式只能有一个设备进行通信，一旦 PCI 总线上挂接的设备增多，每个设备的实际传输速率就会下降，性能得不到保证。PCI-E 以点对点的方式处理通信，每个设备在要求传输数据的时候各自建立自己的传输通道，对于其他设备这个通道是封闭的，这样的操作保证了通道的专有性，避免了其他设备的干扰。PCI-E 根据总线位宽的不同接口也有所不同，包括了×1、×4、×8 及 ×16 模式接口，而×2 模式接口用于内部接口而非插槽模式的接口。PCI-E ×1 能够提供 250MB/s 的传输速度，显卡用的 PCI-E×16 则达到了 4GB/s，由于 PCI-E 总线可以在上/下行同时传输数据，因此通常说 PCI-E×16 的带宽为 8GB/s。如图 3-28 所示为 PCI-E 的各种插槽。

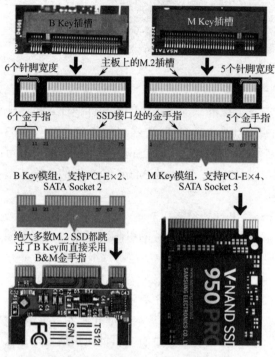

图 3-26　Socket 2 和 Socket 3 的接口规范

图 3-27　主板上的 U.2 接口

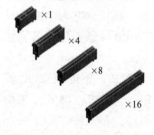

图 3-28　PCI-E 的各种插槽

PCI-E 2.0 是在 PCI-E 1.0 的基础上进行了性能的改进，主要性能改进如下：

①带宽增加。将单通道 PCI-E×1 的带宽提高到了 500MB/s，也就是双向 1GB/s。

②通道翻倍。显卡接口标准升级到 PCI-E×32，带宽可达 32GB/s。

③插槽翻倍。芯片组/主板默认应该拥有两条 PCI-E ×32 插槽，也就是主板上可安装 4 条 PCI-E ×16 插槽，实现多显卡的交火。

④速度提升。每条串行线路的数据传输率从 2.5Gb/s 翻番至 5Gb/s。

⑤更好支持。对于高端显卡，即使功耗达到 225W 或者 300W 也能很好地应付。

PCI-E 3.0 是在 PCI-E 2.0 的基础上各项性能再提升一倍。PCI-E 3.0 的信号频率从 2.0 的 5GT/s 提高到 8GT/s，编码方案也从原来的 8b/10b 变为更高效的 128b/130b，其他规格基本不变，每周期依然传输 2 位数据，支持多通道并行传输。除了带宽翻倍带来的数据吞吐量大幅提高之外，PCI-E 3.0 的信号传输速度更快，相应地，数据传输的延迟也会更低。此外，针对软件模型、功耗管理等方面也有具体优化。

PCI-E 4.0 信号频率为 16Gb / s，在 PCI -E 3.0 的基础上提升一倍，同时保持软件支持和二手机械接口的向后兼容性。

（9）SATA 总线（目前流行）。SATA 即串行 ATA，它是一种完全不同于并行 ATA（PATA）的新型硬盘接口技术，SATA 1.0 第一代的数据传输速率高达 150MB/s，SATA 2.0 可达 300MB/s，SATA 3.0 则达 6Gb/s，实际可达 600MB/s。SATA 支持热插拔，连接简单，不需要复杂的跳线和线缆接头，每个接口能连接一个硬盘。SATA 仅用 7 个针脚就能完成所有的工作，分别用于连接电源、连接地线、发送数据和接收数据。如图 3-29 所示为 ATA 和 SATA 连线接口的比较。

图 3-29　ATA 和 SATA 连线接口的比较

（10）SATA Express 接口。SATA Express 把 SATA 软件架构和 PCI-E 高速界面结合在一起，并且还能兼容现有的 SATA 设备，带宽最高可达 8Gb/s 和 16Gb/s。

（11）HDMI（High Definition Multimedia）接口，中文的意思是高清晰度多媒体接口，可以提供高达 5Gb/s 的数据传输带宽，并能传送无压缩的音频信号及高分辨率视频信号。HDMI1.3/1.4 数据传输带宽为 10.2Gb/s，支持高清视频；2.0 的数据传输带宽为 18Gb/s，支持 4K 视频；2.1 的数据传输带宽为 48Gb/s，支持 8K 视频。

（12）DisplayPort 接口。DisplayPort 接口也是一种高清数字显示接口标准，既可以连接计算机和显示器，也可以连接计算机和家庭影院。DisplayPort 1.1 最大支持 10.8Gb/s 的传输带宽。DisplayPort 可支持 WQXGA+（2560×1600）、QXGA（2048×1536）等分辨率及 30/36 位（每原色 10/12 位）的色深，1920×1200 分辨率的色彩支持到了 120/24 位，超高的带宽和分辨率足以适应显示设备的发展。DisplayPort 1.2/1.2a 最大支持 16.2Gb/s 的传输带宽，DisplayPort 1.3 总带宽提升到了 32.4Gb/s（4.05GB/s），4 条通道各自分配 8.1Gb/s，排除各种冗余、损耗之后，可以提供的实际数据传输速率也能高达 25.92Gb/s（3.24GB/s），只需一条数据线就能传送无损高清视频+音频，轻松支持 5120×2880 5K 级别的显示设备。借助 DP Multi-Stream 多流技术、VESA 协调视频时序技术，单连接多显示器的分辨率也支持得更高了，每一台都能达到 3840×2160 4K 级别。DisplayPort 1.4 支持 8K 分辨率的信号传输，兼容 USB Type-C 接口，在适配器及显示器之间提供 4 条 HBR3 高速通道，单通道带宽达到了 8.1Gb/s，这些通道可独立运行，也可以成对使用，四通道理论带宽达到了 32.4Gb/s，足以支持 10 位色彩的 4K 120Hz 输出，也可以支持 8K 60Hz 输出。

（13）mSATA 接口。由于 SATA 6Gb/s 接口不利于 SSD 小型化，所以针对便携设备开发了 mSATA（mini SATA）接口，可以把它看作标准 SATA 接口的 mini 版，物理接口跟 mini PCI-E 接口一样，所以二者容易混淆，但 mSATA 走的是 SATA 通道而非 PCI-E 通道，所以需要 SATA 主控，依然是 SATA 通道，速度也还是 6Gb/s。

目前主板内部几种硬盘接口的比较如表 3-4 所示。

表 3-4　目前主板内部几种硬盘接口的比较

参数　　名称	SATA3.0	mSATA	SATA Express	M.2	U.2	PCI-E 插槽
速度	6Gb/s	6Gb/s	10/16Gb/s	10/32Gb/s	32Gb/s	20/32Gb/s
规格/长度	2.5/3.5 寸	51mm	2.5/3.5 寸	30～110mm	2.5 寸	167mm

名称 参数	SATA3.0	mSATA	SATA Express	M.2	U.2	PCI-E 插槽
通道	SATA	SATA	PCI-E ×2	PCI-E ×2、×4 SATA	PCI-E ×2、×4 SATA	PCI-E ×2、×4
工作电压	5V	3.3V	5V	3.3V	3.3/12V	12V
体积	大	小	大	小	大	大

M.2 接口的固态硬盘主要优点在于体积小巧、性能出色，比较广泛地用于台式计算机、笔记本电脑、超级本等便携设备中。

3.3.3　主板的常见外部接口

主板的外部接口，主要有接键盘、鼠标的 PS/2 接口，接外设的 USB、1394 接口，接显示器的 VGA、DVI 等接口，接音响的模拟音频输出口、输出数字音频的光纤及同轴线接口，有的主板还有高清晰度多媒体接口 HDMI，接移动硬盘的 e-SATA 接口等。目前显示接口一般只有 HDMI 和 DisplayPort 接口，VGA 与 DVI 已基本淘汰。现在的高档主板加了 USB Type-C 接口，主要是为了方便与手机互联，还加了接收 Wi-Fi 天线接口，有的还有恢复键，音频接口有的也改成了高保真的 6.5mm 接口了。常见主板背板接口如图 3-30 所示。

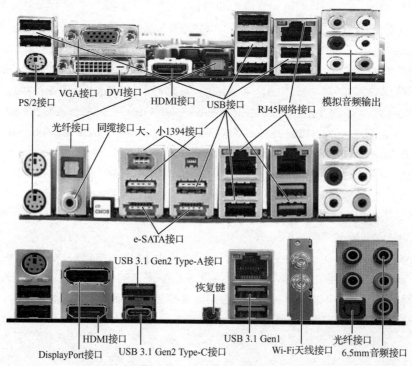

图 3-30　常见主板背板接口

3.4　主板的测试

主板测试包括对主板型号、整机性能及维修级的测试，一般用户只会遇到主板型号和整机性能的测试，维修级的测试需要结合很多软件和主板测试卡来综合定位主板的故障。

主板的测试软件主要有 AIDA64、鲁大师、PCMark 等。

3.4.1 主板测试软件 AIDA64

AIDA64 原来是 EVEREST，其开发商 Lavalys 公司被 FinalWire 收购后，改为现名。它是一个测试软、硬件系统信息的工具，可以详细地显示出计算机每个方面的信息。它支持上千种（3400+）主板、上百种（360+）显卡，支持对并口、串口、USB 这些 PNP 设备的检测，支持对各式各样处理器的侦测。AIDA64 最新版有最新的硬件信息数据库，拥有准确和强大的系统诊断与解决方案，支持最新的图形处理器和主板芯片组。它能测出主板型号、总线位宽、速率、芯片组型号、BIOS 版本等信息。它还能对内存、CPU 进行性能测试，且操作简单，一目了然，具体操作不再赘述。

3.4.2 主板测试软件鲁大师

鲁大师拥有专业而易用的硬件检测系统，不仅准确，而且还提供中文厂商信息，让计算机配置一目了然，可有效避免奸商蒙蔽。它适用于各种品牌台式计算机、笔记本电脑、DIY 兼容机，可以实时对关键性部件进行监控预警，有效地预防硬件故障。

鲁大师有快速升级补丁、安全修复漏洞、系统一键优化、一键清理、驱动更新等功能，还具有硬件温度监测功能。它能检测出主板的型号、芯片组型号、BIOS 版本等信息，但没有 AIDA64 软件测试结果详细具体。它能对计算机的整体性能、CPU、游戏、显示器性能等进行测试，并给出性能提升建议。因此它既能测试型号，又能测试性能，并且操作简易。

3.5 主板的选购

主板更新换代、推陈出新的速度较快，且品种繁多，主板又是计算机主机核心部件之一，因此主板的选购尤为重要。下面介绍主板选购的原则和需要注意的问题。

3.5.1 主板选购的原则

1．按应用与需求选主板

根据应用与需求决定选购主板的档次。如果购机的目的是运行大型软件、制作游戏和动画、进行建筑设计等，就须选购支持显卡、内存多的高档主板；如果只做文字处理、事务应用等工作，选购一般主板即可。此外，CPU 的档次，是否需要拓展接口，例如，M.2、HDMI、U.2、USB Type-C 接口和无线网络功能等因素，也是主板选购的重要考虑因素。

2．按品牌选主板

名牌主板的质量一般可以得到保障，即使出现问题，也可通过投诉得到解决。但选名牌主板时一定要通过正规渠道购买。

3．按服务质量选主板

尽量选服务及时、态度好的主板厂商，同时还要看售后质量保修期。一般来说，保修期越长，说明厂商对其产品越有信心，质量也越有保证。

3.5.2　主板选购时需要注意的问题

1. 主板的做工与用料

选用焊接光滑、做工精细的主板。特别要注意内存和显卡插槽一定要选质量好的，否则会造成因接触不良而不能开机。同等价位应尽量选 CPU 供电相位数多且用固态电容滤波的主板。要选芯片的生产日期相差不多的主板，如果芯片的生产日期相差过大，很可能这块主板是用边/旧料做的，质量会得不到保证。也可以用掂分量、查看厚度的方法判断，一般重的、厚的主板用料足，质量好。

2. 选购主板要考虑机箱的空间

选购主板时一定要考虑机箱的空间，各种接口与插槽要便于安装。如果是小机箱选择大板，则肯定是装不上的；如果将来要装扩充卡，一定要选大机箱和大板；如果只是单一的应用，不需要扩展，出于成本与美观的考虑，可以选小机箱和小板。

3. 要选兼容性和扩展性好的主板

有的主板兼容性不好，特别是显示卡，如果不兼容，当显示卡坏时，换上规格不同的显卡就会无法运行。因此，一定要选兼容性好的主板。一般兼容性好的主板，在出厂时都会通过多种显卡的测试，并在说明书中注明。

3.5.3　原厂主板和山寨主板的识别方法

一般来说，真/假主板可以从用料、做工和包装等方面来识别。真正原厂主板一般元器件质量好，做工也好；而假主板，一般焊接有毛刺，选用的元器件质量差，如用铝电解电容滤波、电感线圈没封闭等，同时包装盒印刷也不精美。但有些山寨主板和原厂主板的用料、做工和包装几乎是一样的，很难识别出来，这时可以使用下面的办法。

（1）计算机主机开机时的 BIOS 界面中的 Logo 可以体现真伪，原厂主板可以在开机 Logo 中看到厂家标志。

（2）主板上有一个条码号，可以与厂商联系确认真伪。

（3）主板的保修期可以体现主板的质量，劣质板的保修期较短，难以达到 3 年及以上。

如果经过以上判断仍不放心，可以把主板拿到所在省的厂商总代理处对主板进行真假鉴定。

3.6　主板故障的分析与判断

随着主板电路集成度的不断提高及主板技术的发展，主板的故障呈现越来越集中的现象。主板绝大多数故障集中表现在内存、显卡接触不良和 CPU 供电电路损坏等方面。接下来介绍主板故障的分类、主板故障产生的原因、主板常见故障的分析与排除。

3.6.1　主板故障的分类

1. 根据对计算机系统的影响可分为非致命性故障和致命性故障

非致命性故障发生在系统上电自检期间，一般给出错误信息；致命性故障也发生在系统上电自检期间，一般会导致系统死机，屏幕无显示。

2．根据影响范围不同可分为局部性故障和全局性故障

局部性故障指系统某一个或几个功能运行不正常，如主板上 USB 接口故障导致联机打印不正常，并不影响其他系统功能；全局性故障往往影响整个系统的正常运行，使其丧失全部功能，如时钟发生器损坏将使整个系统瘫痪。

3．根据故障现象是否固定可分为稳定性故障和不稳定性故障

稳定性故障是由于元器件功能失效、电路断路、短路引起的，其故障现象稳定重复出现；而不稳定性故障往往是由于接触不良、元器件性能变差，使芯片逻辑功能处于时而正常、时而不正常的临界状态引起的。如由于 I/O 插槽变形，造成显卡与该插槽接触不良，使显示呈变化不定的错误状态。

4．根据影响程度不同可分为独立性故障和相关性故障

独立性故障指完全是由于单一功能的芯片损坏引起的故障；相关性故障指一个故障与另外一些故障相关联，故障现象为多方面功能不正常，而其故障实质为控制诸功能的共同部分出现故障所引起的软、硬件系统工作均不正常。

5．根据故障产生源可分为电源故障、总线故障、元器件故障等

电源故障包括主板上+12V、+5V 及+3.3V 电源、CPU 供电电路、显卡与内存供电电路和 Power Good 信号故障；总线故障包括总线本身故障和总线控制权产生的故障；元器件故障则包括电阻、电容、集成电路芯片及其他元器件的故障。

3.6.2　主板故障产生的原因

（1）人为故障。带电插拔 I/O 卡，以及在装板卡及插头时用力不当造成对接口、芯片等的损害，CMOS 参数设置不正确等。

（2）环境不良。静电常造成主板上的芯片（特别是 CMOS 芯片）被击穿；另外，主板遇到电源损坏或电网电压瞬间产生的尖峰脉冲时，往往会损坏系统板供电插头附近的芯片；如果主板上布满了灰尘，也会造成信号短路等。

（3）元器件质量问题。由于芯片和其他元器件质量不良导致的损坏，特别是显卡和内存插槽质量不好，常常会造成接触不良。

3.6.3　主板常见故障的分析与排除

1．主板出现故障后的一般处理方法

（1）观察主板。当主板出现故障时，首先要断电，然后仔细观察主板有无烧糊、烧断、起泡、插口锈蚀的地方，如果有应先清除修理好这些地方，再做下一步的检测。

（2）测量主板电源是否对地短路。用万用表测量主板电源接口的 5V、12V、3.3V 等的对地电阻，检测其是否短路，如果对地短路，则分析引起短路的原因并排除。

（3）检测开机电路是否正常。如果电源没有对地短路，接上电源，并插上主板测试卡，在无 CPU 的情况下，接通电源加电，检查 ATX 电源是否工作（看主板测试卡的电源灯是否亮，ATX 电源风扇是否转等）；如果 ATX 电源不工作，在 ATX 电源本身正常的情况下，说明主板的开机电路有故障，应维修主板的开机电路。

（4）检查 CPU 供电电路是否正常。开机电路正常，则测试 CPU 供电电路的输出电压是否正常，正常值一般为 0.6~2V，根据 CPU 的型号而定；如果不正常，检查 CPU 的供电电路。

（5）检查时钟电路是否正常。若 CPU 供电正常，则测试时钟电路输出是否正常，其正常值为 1.1~1.9V；如果不正常，检查时钟电路的故障原因。

（6）检测复位电路是否正常。如果时钟输出正常，观察主板测试卡上的 RESET 灯是否正常。正常时为开机瞬间 RESET 灯闪一下，然后熄灭，表示主板复位正常。若 RESET 灯常亮或不亮均为无复位，如果复位信号不正常，则检测主板复位电路的故障。

（7）检测 BIOS 芯片是否正常。如果复位信号正常，接着测量 BIOS 芯片的 CS 片选信号引脚的电压是否为低电平，以及 BIOS 的 CE 信号引脚的电压是否为低电平（此信号表示 BIOS 把数据放在系统总线上），如果不是低电平，检测 BIOS 芯片的好坏。

若经过以上检测后主板还不工作，接着目测是否有断线、CPU 插座接触不良等故障。如果没有，可重刷 BIOS 程序，如果还不正常，接着检查 I/O 芯片、主板控制主芯片，直至找到原因，排除故障。

2．主板供电电路故障的分析与排除

随着 CPU 与主板技术的发展，从 2010 年开始，主板芯片的一些功能，如内存控制、显卡控制甚至显卡都有向 CPU 集成的趋势，如果这种趋势发展下去，也许在将来的某一天，整个主板将不再有芯片，只有一些分离元件和插槽、接口。因此，随着 CPU 的功率越来越大，主板上 CPU 供电电路的相数将会越来越多，元器件的数量也将越来越多，发生故障的概率也就越大。主板供电电路的故障在主板故障中所占的比例将会进一步加大。而主板供电电路的原理与故障排除方法都很简单，本书重点介绍，希望读者能掌握。

（1）故障现象。主板开机后，CPU 风扇转一下又停，或 CPU 不工作。

（2）故障原因。CPU 供电电路坏了。

（3）分析排除方法。按图 3-16 所示的电路，首先检测 12V 插座的对地阻值，正常为 300～700Ω。如果 12V 插座对地阻值正常，则检查 12V 供电电路中的上管（Q1）是否正常，如果不正常先检查 12V 到 Q1 的 D 极线路，特别是电容 C1 是否被击穿，如果没问题，则有可能是 Q1 或者 C2 被击穿。由于主板一般都是三相以上的供电电路，对于上管只能一个个断开测量，对于滤波电容 C2 一般可根据外表是否起泡、漏油等来判断。如果找到了被击穿的上管，却没有同类管可换，可直接把坏管取下，一般就能正常供电了，因为十几相电路，少一相影响不大。

12V 插座对地阻值正常，接着测量 CPU 供电电压，即 C2 的对地电压，正常值为 0.6～1.8V（据 CPU 型号而定）。如果 CPU 供电电压不正常，接着测量 CPU 供电场效应管，即下管（Q2）的对地阻值，正常值为 100～300Ω，如果不正常，将下管全部拆下，然后测量，找到损坏的场效应管将其更换即可。如果场效应管正常，则可能是下管的 D 极连接的低通滤波系统有问题，检测低通滤波系统中损坏的电感和电容等元器件并更换。

如果 CPU 供电场效应管对地阻值正常，接着测量 CPU 供电电路电源管理芯片输出端（Q1、Q2 的 G 极）是否为高电平，一般为 3.3V。如果有电压，说明电源管理芯片向场效应管的 G 极输出了控制信号，故障应该是由于场效应管本身损坏造成的（一般由场效应管的性能下降引起），更换损坏的场效应管即可。

如果场效应管的 G 极无电压，接着检测电源管理芯片的输出端是否有电压。如果有电压则是电源管理芯片的输出端到上管的 G 极之间的线路故障或场效应管品质下降，不能使用，应检测 G 极到电源管理芯片输出端的线路故障（主要检查驱动电路），如果正常，则更换场效应管即可。

如果电源管理芯片的输出端无电压，接着检查电源管理芯片的供电引脚电压是否正常（5V 或 12V），如果不正常，检测电源管理芯片到电源插座线路中的元器件故障。

如果电源管理芯片的供电正常，接着检查 PG 引脚的电压是否正常（5V），如果不正常，

检查电源插座的第 8 脚到电源管理芯片的 PG 引脚之间线路中的元器件,并更换损坏的元器件。

如果 PG 引脚的电压正常,再接着检查 CPU 插座到电源管理芯片的 VID0~VID7 引脚间的线路是否正常。如果不正常,检测并更换线路中损坏的元器件;如果正常,则可以判断是电源管理芯片损坏,更换芯片即可。

3．主板的一些接口不能用

产生原因:主板驱动程序没有装好,导致某个接口、控制芯片或元件损坏。

解决方法:重装主板驱动,更换坏的接口,更换坏的芯片或元件。

4．主板内存、显卡及各扩展槽接触不良

这是 P4 以后国产品牌机及部分国外品牌机的通病。

(1)判断方法。根据喇叭叫声,若内存插槽接触不良,会发出短促的"嘀嘀"声;若显示卡插槽接触不良,则会发出长长的"嘀"声。

(2)处理方法。清洁接触不良的部分,用橡皮擦或绸布蘸无水酒精擦拭金手指,也可以用小木棒绕绸布蘸无水酒精擦拭插槽。

5．CMOS 设置不当造成的故障

对 CMOS 放电,重启即可。有的病毒会修改 CMOS 设置,导致不能开机,因此,遇到不能开机故障,可以先对 CMOS 放电。

6．BIOS 版本低或损坏造成的故障

升级或重写 BIOS。有些新的驱动和接口,要升级 BIOS 才能支持。

实验 3

1．实验项目

(1)熟悉主板的结构、跳线、主要电路及优劣的识别。

(2)用 AIDA64 和鲁大师对主板进行测试。

2．实验目的

(1)认识主板上的芯片组和 BIOS 等主要芯片、内存、显卡及扩展槽。

(2)认识 CPU 供电电路及其组成的场管、电感及电容的位置与引脚的作用。

(3)熟悉主板跳线、面板连线、USB 线及所有插座的接法。

(4)熟悉 AIDA64 和鲁大师的安装使用,掌握其测试主板参数与性能的方法。

3．实验准备及要求

(1)以 2 人为一组进行实验,每组配备一个工作台、一台主机、拆装机的工具。主机要求能启动系统、能上网。

(2)实验时一个同学独立操作,另一个同学要注意观察,交替进行。

(3)观察时,先拆下主板,看清各芯片型号、插座插槽位置及主要电路元器件后,再装到主机上。然后,开机、下载软件,对主板进行测试。

(4)实验前实训教师要做示范操作,讲解操作要领与注意事项,学生要在教师的指导下独立完成。

4．实验步骤

(1)打开主机箱,拔掉所有与主板的连线(注意拔线时一定要做好标记,以免安装时接错线),取出主板。

(2)观察主板上芯片组、BIOS 等主要芯片的型号,以及内存、显卡及扩展槽的规格与数量并做好记录。

(3)观察主板上 CPU 供电电路及其组成的场管、电感、电容的位置、型号及数量,并做好记录。

(4)观察主板的做工、用料情况。

(5)把主板安装回主机箱,接好各种连线,仔细检查准确无误后,通电开机进入操作系统。

（6）接好网线，上网下载 AIDA64 和鲁大师并安装。

（7）分别运行 AIDA64 和鲁大师测试主板参数，并与观察的数据进行比较，记录好相关参数。

（8）分别运行 AIDA64 和鲁大师测试主板的性能。

（9）比较 AIDA64 和鲁大师测试主板参数与性能的优/缺点。

5．实验报告

（1）写出主板、芯片组、BIOS 芯片的型号及生产厂商。写出主板所有插槽及接口的名称及规格。

（2）写出 CPU 供电电路的相数、PWM 芯片、场管、电容的型号及数量。

（3）比较 AIDA64 和鲁大师测试主板参数和性能的优/缺点。

（4）分析主板的做工、用料及结构的特点，比较主板在同类主板中的质量等级、性能是否优良。

习题 3

1．填空题

（1）主板是装在主机箱中的一块_____的多层印制电路板，上面分布着构成计算机主机系统电路的各种元器件和接插件，是计算机的连接_____。

（2）ATX 主板的规格有_____、_____、_____和_____。

（3）芯片组是与 CPU 相配合的系统控制集成电路，芯片组性能的优劣，决定了主板性能的_____与_____的高低。

（4）主板 BIOS 电路主要由_____芯片和_____芯片及电池供电电路组成。

（5）M.2 接口有_____和_____两种类型。

（6）CPU 供电电路是唯一采用_____的主板电路，_____附近一般就能找到供电电路。

（7）目前，常用的主板供电方式有_____、_____和_____。

（8）主板所支持的内存_____和_____都是由内存插槽来决定的。

（9）主板测试包括主板_____的测试和维修级的测试及_____性能的测试。

（10）根据对计算机系统的影响可分为_____性故障和_____性故障。

2．选择题

（1）ATX 主板使用（　　）电源和 ATX 机箱。

A．直流　　　　　　B．交流　　　　　　C．AT　　　　　　D．ATX

（2）ATX（标准型）主板的尺寸是（　　）。

A．305mm×244mm　　　　　　　　　B．170mm×170mm

C．244mm×244mm　　　　　　　　　D．305mm×330mm

（3）DDR4 SDRAM 插槽有（　　）线。

A．168　　　　B．72　　　　　　C．240　　　　　　D．288

（4）SATA 3.0 可达（　　）MB/s 传输速率。

A．150　　　　B．300　　　　　　C．400　　　　　　D．600

（5）CPU 供电电路的输出电压正常值一般为（　　）间。

A．3～5V　　　　B．5～12V　　　　C．0.6～2V　　　　D．7～9V

（6）M.2 接口的特点有（　　）。

A．速度快，高达 32Gb/s　　　　　　B．两种类型：Socket 2 和 Socket 3

C．大量采用新型总线及接口　　　　　D．同时支持 SATA 及 PCI-E 通道

（7）主板由印制电路板（PCB）、（　　）、扩充插槽及各种输入/输出接口等组成。

A．控制芯片组　　　B．BIOS 芯片　　　　C．供电电路、时钟电路　　D．CPU 插座、内存插槽

（8）LGA 1151 接口支持的 CPU 类型有（　　　）。

A．Core i9 七代　　　B．Core i7 六代　　　C．Core i5 八代　　　D．Core i3 七代

（9）主板总线的主要性能参数包括（　　　）。

A．时钟频率　　　B．总线宽度　　　C．传输速率　　　D．数量

（10）主板出现故障后的一般处理方法有（　　　）。

A．测量主板电源是否对地短路　　　　　　B．检查 CPU 供电电路是否正常

C．观察主板　　　　　　　　　　　　　　D．检测 BIOS 芯片是否正常

3．判断题

（1）选购主板时一定要考虑机箱的空间，各种接口与插槽要便于安装。（　　　）

（2）B550 支持锐龙 3000 和 5000 系列所有的处理器。（　　　）

（3）所谓总线，笼统来讲，就是一组导线。（　　　）

（4）DDR4 SDRAM 插槽和 DDR3 SDRAM 插槽，都采用 240 Pin DIMM 接口标准，所以 DRR3 与 DDR4 内存可以互换。（　　　）

（5）DisplayPort 接口只需一条数据线就能传送无损高清视频+音频，轻松支持 5120×2880 5K 级别的显示设备。（　　　）

4．简答题

（1）M.2 和 U.2 接口各有何特点？

（2）Z690 芯片组有哪些特点？

（3）CPU 供电电路为什么相位数越多，输出的电流越大，越稳定？

（4）怎样识别原厂主板和山寨主板？

（5）如何分析和排除主板的常见故障？

第 4 章

CPU

本章讲述 CPU 的基本构成和工作原理,并对 CPU 的分类及命名规则、CPU 的技术指标和 CPU 的封装形式进行详细的介绍。回顾计算机 CPU 的发展史,并介绍目前主流的 CPU,使读者能全方位地了解 CPU,从而更好地进行 CPU 的鉴别和维护工作。

4.1 CPU 的基本构成和工作原理

中央处理器(Central Processing Unit,CPU)是计算机的主要设备之一,CPU 的外观如图 4-1 所示。其功能主要是解释计算机指令及处理计算机软件中的数据。所谓的计算机的可编程性主要是指对 CPU 的编程。CPU、内部存储器和输入/输出设备是计算机的三大核心部件。

Intel CORE i7-8700K 　　　　　AMD RYZEN 7 1800X

图 4-1　Intel 和 AMD 中央处理器外观

4.1.1 CPU 的基本构成

CPU 包括运算逻辑部件、寄存器部件和控制部件。下面介绍 CPU 的各个组件。

1. 运算逻辑部件

该部件可以执行定点或浮点的算术运算操作、移位操作及逻辑操作,也可执行地址的运算和转换。

2. 寄存器部件

寄存器部件包括通用寄存器、专用寄存器和控制寄存器。

通用寄存器又可分为定点数和浮点数两类,用来保存指令中的寄存器操作数和操作结果。它是中央处理器的重要组成部分,大多数指令都要访问到通用寄存器。其宽度决定计算机内部的数据通路宽度,其端口数目往往可影响内部操作的并行性。

专用寄存器是为了执行一些特殊操作所需用的寄存器。

控制寄存器通常用来指示机器执行的状态,或者保持某些指令。它有处理状态寄存器、地址转换目录的基地址寄存器、特权状态寄存器、条件码寄存器、处理异常事故寄存器及检错寄存器等。

3. 控制部件

控制部件主要负责对指令译码,并且发出为完成每条指令所要执行各个操作的控制信号,其结构有两种：一种是以微存储为核心的微程序控制方式；另一种是以逻辑硬布线结构为主的控制方式。

在微存储中保存的是微码，每个微码对应于一个最基本的微操作，又称微指令；各条指令由不同序列的微码组成，这种微码序列构成微程序。中央处理器在对指令译码以后，即发出一定时序的控制信号，按给定序列的顺序以微周期为节拍执行由这些微码确定的若干个微操作，即可完成某条指令的执行。简单指令是由 3～5 个微操作组成的，复杂指令则要由几十个微操作甚至几百个微操作组成。

逻辑硬布线控制器则完全是由随机逻辑组成的。指令译码后，控制器通过不同逻辑门的组合，发出不同序列的控制时序信号，直接去执行一条指令中的各个操作。

现在台式计算机的 CPU 已把显示卡接口电路、内存接口电路，甚至有些硬盘等接口电路都集成到了 CPU 内部，使 CPU 的功能越来越多，性能也越来越强大了。

4.1.2 CPU 的工作原理

CPU 的工作原理就像是一个工厂对产品的加工过程：进入工厂的原料（程序指令），经过物资分配部门（控制单元）的调度分配，被送往生产线（逻辑运算单元），生产出成品（处理后的数据）后，再存储在仓库（存储单元）中，最后等着拿到市场上去卖（交由应用程序使用）。在这个过程中从控制单元开始，CPU 就开始了正式的工作，中间的过程是通过逻辑运算单元来进行运算处理的，交到存储单元代表工作的结束。

数据从输入设备流经内存，等待 CPU 的处理，这些将要处理的信息是按字节存储的，也就是以 8 位二进制数为 1 个单元存储，这些信息可以是数据或指令。数据可以是二进制表示的字符、数字或颜色等，而指令告诉 CPU 对数据执行哪些操作，比如完成加法、减法或移位运算。首先，指令指针（Instruction Pointer）会通知 CPU，将要执行的指令放置在内存中的存储位置。因为内存中的每个存储单元都有编号（地址），可以根据这些地址把数据取出，通过地址总线送到控制单元中，指令译码器从指令寄存器 IR 中得到指令，翻译成 CPU 可以执行的形式，然后决定完成该指令需要哪些必要的操作。它将告诉运算单元什么时候计算，告诉指令读取器什么时候获取数值，告诉指令译码器什么时候翻译指令等。假如数据被送往运算单元，数据将会执行指令中规定的算术运算和其他各种运算。当数据处理完毕后，将回到寄存器中，通过不同的指令将数据继续运行或者通过数据总线送到数据缓存器中，其工作原理如图 4-2 所示。

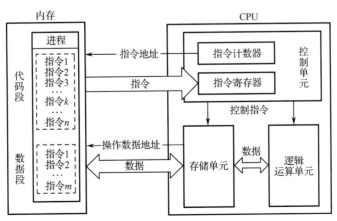

图 4-2　CPU 工作原理图

CPU 就是这样去执行读出数据、处理数据和往内存中写数据的。在通常情况下，一条指令可以包含按明确顺序执行的许多操作，CPU 的工作就是执行这些指令，完成一条指令后，CPU 的控制单元又将告诉指令读取器从内存中读取下一条指令来执行。

4.2 CPU 的分类及命名规则

4.2.1 CPU 的分类

CPU 的分类方法有许多种，按照其处理信息的字长可以分为：4 位微处理器、8 位微处理器、16 位微处理器、32 位微处理器及 64 位微处理器等。

CPU 也可根据生产厂商的不同而进行分类，其中主要用于计算机的 CPU 由 Intel 公司和 AMD 公司生产，国内的龙芯公司和兆芯公司也生产 CPU，此外在嵌入式领域也有多个公司进行 CPU 的研发，如华为公司、三星公司等。

各个公司的每一代产品都会根据自身的技术特点进行产品的系列命名，因此也可以根据 CPU 的系列名称进行分类，如 Intel 主要有酷睿系列、奔腾系列、赛扬系列等；AMD 主要有羿龙系列、速龙系列、闪龙系列和锐龙系列等。

此外还可根据 CPU 制作工艺的不同进行分类，如 90nm、65nm、45nm、32nm、22nm、18nm、14nm 及 7nm 等；也可根据插槽类型的不同进行分类，如 LGA1700、LGA1200、LGA 2066、LGA 1151、LGA 2011、LGA 1366、LGA 1156、LGA 1155、LGA 1150、sTRX4、TR4、AM4、AM3+、AM3、AM2+、AM2 等接口。

4.2.2 CPU 的命名规则

Intel 公司从酷睿开始CPU 的命名就有了规律，并且在其网站上能查到每一代的命名规则；而 AMD 从锐龙开始全面对标 Intel，CPU 的命名规则也向其看齐。

1. Intel 公司 CPU 的命名规则

如图 4-3 所示为酷睿 8 代和奔腾 CPU 的命名规则。Intel 公司 CPU 的品牌有酷睿、奔腾、赛扬、至强等，酷睿的子品牌有 i9、i7、i5、i3 等，代标识是指第几代酷睿，8 表示 8 代、7 表示 7 代，产品编码为同类产品的代码，一般数字越大，性能越强。产品后缀表示产品的一

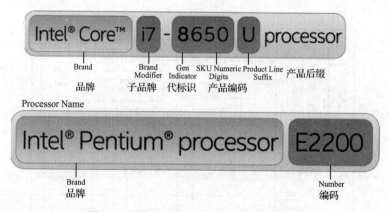

图 4-3 酷睿 8 代和奔腾 CPU 的命名规则

些特殊性能，酷睿 8 代产品后缀字母的含义是：K 表示不锁频，G 表示内含独立的显卡（比核显强），U 表示超低功耗，F 表示无内置核心显卡，H 代表高性能处理器，M 代表移动版标准电压处理器。

奔腾和赛扬 CPU 的命名规则一样，只有品牌和编码，编码有一位字母加 4 位数字和只有 4 位数字两种形式，字母表示所适应的平台，数字表示产品代号，数字越大表示性能越强。

2. AMD 公司锐龙 CPU 的命名规则

AMD 公司锐龙 CPU 的命名规则如图 4-4 所示。AMD 的 CPU 品牌有锐龙、锐龙 PRO、锐龙 Threadripper 等。在其系列中，7 表示狂热的消费级即发烧友级，5 表示高性能级，3 表示主流级。代数为 1 表示锐龙 1 代。分级为 7、8 表示狂热的消费级即发烧友级，4、5、6 表示性能级；TBA 表示主流级。型号为同类型 CPU 的产品编号，以供不同的速度选择，一般型号数字越大，速度越快，性能越好。后缀为 X 代表高性能且有 XFR（额外频率范围），G 代表带显示单元的桌面版，T 代表低功耗桌面版，S 代表带显示单元的低功耗桌面版，H 代表高性能移动版，U 代表标准移动版，M 代表低功耗移动版。

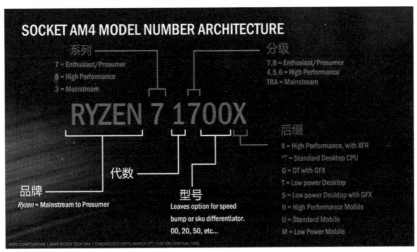

图 4-4　AMD 公司锐龙 CPU 的命名规则

4.3　CPU 的技术指标

1. 主频

主频也叫时钟频率，单位是 MHz，用来表示 CPU 的运算速度。CPU 的主频=外频×倍频系数。CPU 的主频与 CPU 实际的运算能力是没有直接关系的，主频表示在 CPU 内数字脉冲信号振荡的速度。CPU 的主频和 CPU 实际的运算速度还是有关的，但只能说主频仅仅是 CPU 性能表现的一个方面，而不代表 CPU 的整体性能。

2. 外频

CPU 的外频，通常为系统总线的工作频率（系统时钟频率），是 CPU 与周边设备传输数据的频率，具体指 CPU 到芯片组之间的总线速度，也就是 CPU 与主板之间同步运行的速度。

3. 倍频系数

倍频系数是指 CPU 主频与外频之间的相对比例关系。在相同的外频下，倍频越高 CPU 的频率也越高。但实际上，在相同外频的前提下，高倍频的 CPU 本身意义并不大。这是因为

CPU 与系统之间的数据传输速度是有限的，一味追求高主频而得到高倍频的 CPU 就会出现明显的"瓶颈"效应（CPU 从系统中得到数据的极限速度不能满足 CPU 运算的速度）。

4．超频

超频就是把 CPU 的工作时钟调整为略高于 CPU 的规定值，企图使之超高速工作。

CPU 的工作频率=倍频×外频。提升 CPU 的主频可以通过改变 CPU 的倍频或者外频来实现。

（1）超频的方式。

①跳线设置超频：早期的主板多数采用了跳线或 DIP 开关设定的方式来进行超频。

②BIOS 设置超频：通过 BIOS 设置来改变 CPU 的倍频或外频。

③用软件实现超频：通过控制时钟发生器的频率来达到超频的目的。最常见的超频软件包括 SoftFSB 和各主板厂商自己开发的软件。

④按键方式：有的高档主板为了方便超频设置了一个按键，按下该键就能实现超频。

（2）超频秘诀。

①CPU 超频和 CPU 本身的"体质"有关，即与型号、生产批次等有关。

②倍频低的 CPU 容易超频。

③制作工艺越先进越容易超频。

④温度对超频有着决定性影响。散热性能决定 CPU 的稳定性。

⑤主板（主板的外频、做工、支持等）是超频的利器。

（3）锁频。锁频就是 CPU 生产商不允许用户对 CPU 的外频和倍频进行调节，其分为锁外频及锁倍频两种方式。对于只锁倍频的 CPU，可以通过提高其外频来实现超频；对于只锁外频的 CPU，可以通过提高倍频来实现超频。而对于倍频和外频全都锁定的 CPU，通常就不能进行超频了。现在几乎所有主流主板都能自动识别 CPU 及设置电压。

5．前端总线（FSB）/直接媒体接口（DMI）

前端总线（FSB）指 CPU 与北桥芯片之间的数据传输总线，前端总线频率（总线频率）直接影响 CPU 与内存数据的交换速度。数据带宽=（总线频率×数据位宽）/8，数据传输最大带宽取决于所有同时传输数据的宽度和传输频率。外频与前端总线频率的区别是，前端总线的速度指的是数据传输的速度，而外频是 CPU 与主板之间同步运行的速度。由于主板现在没有北桥芯片，因此，前端总线已被淘汰。现在 CPU 与主板芯片组之间采用 DMI（详见第 3章）总线，而 CPU 内部整合了内存控制器，内存通过 DIMM 槽内存地址线，直接访问 CPU 内存控制器。它不通过系统总线传给芯片组，而是直接和内存交换数据，这样，CPU 与内存之间的数据交换速度就取决于内存控制器和内存条本身的速度。一般 CPU 会注明支持多大速率的内存。如酷睿 i5 8 代系列最大支持 DDR4 2666MHz 的内存。

6．字长

CPU 的字长通常是指内部数据的宽度，单位是二进制的位。它是 CPU 数据处理能力的重要指标，反映了 CPU 能够处理的数据宽度、精度和速度等，因此常常以字长位数来称呼 CPU。如能处理字长为 8 位数据的 CPU 通常就叫 8 位的 CPU；同理，64 位的 CPU 就能在单位时间内处理字长为 64 位的二进制数据。字节和字长的区别为：由于常用的英文字符用 8 位二进制数就可以表示，所以通常就将 8 位称为 1 字节；字长的长度是不固定的，对于不同的 CPU，字长的长度也不一样。8 位的 CPU 一次只能处理 1 字节，而 32 位的 CPU 一次就能处理 4 个字节，同理，字长为 64 位的 CPU 一次可以处理 8 字节，目前计算机的 CPU 都是 64 位的。

7．缓存

缓存也是 CPU 的重要指标之一，而且缓存的结构和大小对 CPU 速度的影响非常大。CPU

缓存的运行频率极高，一般和处理器同频运作，工作效率远远大于系统内存和硬盘。实际工作时，CPU 往往需要重复读取同样的数据块，而缓存容量的增大，可以大幅度提升 CPU 内部读取数据的命中率，而不用再到内存或者硬盘上寻找，以此提高系统性能。缓存可以分为一级缓存、二级缓存和三级缓存。

L1 Cache（一级缓存）是 CPU 的第一层高速缓存，分为数据缓存和指令缓存。内置的 L1 高速缓存的容量和结构对 CPU 的性能影响较大，不过高速缓冲存储器均由静态 RAM 组成，结构较复杂，所以在 CPU 芯面积不能太大的情况下，L1 高速缓存的容量不可能做得太大。一般 CPU 的 L1 高速缓存的容量在 128～768KB。

L2 Cache（二级缓存）是 CPU 的第二层高速缓存，早期分内部和外部两种芯片。内部的芯片二级缓存运行速度与主频相同，而外部的二级缓存则只有主频的一半。现在的二级缓存都已集成到 CPU 的内部。L2 高速缓存容量也会影响 CPU 的性能，原则是越大越好，以前家庭用 CPU 的最大容量是 512KB，现在酷睿 i 系列已经可以达到 8MB；而服务器和工作站上用 CPU 的 L2 高速缓存更高，可以达到 10MB 以上。

L3 Cache（三级缓存）分为两种，早期是外置的，现在都是内置的。它的实际作用是可以进一步降低内存延迟，同时提升大数据量计算时处理器的性能，这一点对玩游戏很有帮助。而在服务器领域增加 L3 缓存在性能方面也有显著的提升，如具有较大 L3 缓存的配置利用物理内存会更有效，所以它比较慢的磁盘 I/O 子系统可以处理更多的数据请求；具有较大 L3 缓存的处理器提供更有效的文件系统缓存行为及较短消息和处理器队列长度。现在 L3 缓存也越来越大，12 代酷睿 i5 大于 18MB，12 代酷睿 i7 为 25MB。AMD 的 5 代锐龙 7 系列为 16MB 以上。

8. 指令集

CPU 依靠指令来计算和控制系统，每款 CPU 在设计时就规定了一系列与其硬件电路相配合的指令系统。指令的强弱也是 CPU 的重要指标，指令集是提高微处理器效率的最有效工具之一。从现阶段的主流体系结构讲，指令集可分为复杂指令集和精简指令集两部分，而从具体运用看，如 Intel 的 MMX、SSE、SSE2 和 AMD 的 3DNow!等都是 CPU 的扩展指令集，分别增强了 CPU 的多媒体、图形图像和 Internet 等的处理能力。通常把 CPU 的扩展指令集称为 CPU 的指令集。

（1）CISC 指令集。CISC（Complex Instruction Set Computer）指令集，即复杂指令集。在 CISC 微处理器中，程序的各条指令和每条指令中的各个操作都是按顺序串行执行的。顺序执行的优点是控制简单，但计算机各部分的利用率不高，执行速度慢。Intel 的 X86 系列（IA-32 架构）CPU 及其兼容 CPU，如 AMD、VIA 的 CPU 都采用该指令集。即使是新兴的 X86-64 也都属于 CISC 的范畴。

（2）RISC 指令集。RISC（Reduced Instruction Set Computer）指令集，即精简指令集。它是在 CISC 指令系统基础上发展起来的。有人对 CISC 进行测试表明，各种指令的使用频度相当悬殊，最常使用的是一些比较简单的指令，它们仅占指令总数的 20%，但在程序中出现的频度却占 80%；复杂的指令系统必然增加微处理器的复杂性，使处理器的研制时间长，成本高，并且需要复杂的操作，必然会降低计算机的速度。基于上述原因，20 世纪 80 年代 RISC 型 CPU 诞生了，相对于 CISC 型 CPU，RISC 型 CPU 不仅精简了指令系统，还采用了超标量和超流水线结构，大大增强了并行处理能力。RISC 指令集是高性能 CPU 的发展方向。与传统的 CISC 相比而言，RISC 的指令格式统一、种类较少，寻址方式也比复杂指令集少，当然处理速度就提高很多了。目前在中、高档服务器中普遍采用这一指令系统的 CPU，特别是高档服务器全都采用 RISC 指令系统的 CPU，如 IBM 的 PowerPC、DEC 的 Alpha 等。

（3）MMX 指令集。MMX（Multi Media eXtension）指令集，即多媒体扩展指令集，它是 Intel 公司于 1996 年推出的一项多媒体指令增强技术。MMX 指令集包括 57 条多媒体指令，通过这些指令可以一次处理多个数据，在处理结果超过实际处理能力的时候也能进行正常处理，这样在软件的配合下，就可以得到更高的性能。它的优点是操作系统不必做出任何修改便可以轻松地执行 MMX 程序。但是，问题也比较明显，那就是 MMX 指令集与 x87 浮点运算指令不能同时执行，必须做密集式的交错切换才可以正常执行，这种情况就势必造成整个系统运行质量的下降。

（4）SSE 指令集。SSE（Streaming SIMD Extensions）指令集，即单指令多数据流扩展指令集，它是 Intel 在 Pentium 3 处理器中率先推出的。SSE 指令集包括了 70 条指令，其中包含提高 3D 图形运算效率的 50 条 SIMD（单指令多数据技术）浮点运算指令、12 条 MMX 整数运算增强指令、8 条优化内存中连续数据块传输指令。理论上这些指令对目前流行的图像处理、浮点运算、3D 运算、视频处理、音频处理等诸多多媒体应用起到了全面强化的作用。SSE 指令与 3DNow!指令彼此互不兼容，但 SSE 包含了 3DNow!技术的绝大部分功能，只是实现的方法不同。SSE 兼容 MMX 指令，它可以通过 SIMD 和单时钟周期并行处理多个浮点数据来有效地提高浮点运算速度。

（5）SSE2 指令集。SSE2 指令集是 Intel 公司在 SSE 指令集的基础上发展起来的。相比于 SSE 指令集，SSE2 使用了 144 个新增指令，扩展了 MMX 技术和 SSE 技术，这些指令提高了广大应用程序的运行性能。随着 MMX 技术引进的 SIMD 整数指令从 64 位扩展到了 128 位，使 SIMD 整数类型操作的有效执行率成倍提高。双倍精度浮点 SIMD 指令允许以 SIMD 格式同时执行两个浮点操作，提供双倍精度操作支持，有助于加速内容创建、财务、工程和科学应用。除 SSE2 指令之外，最初的 SSE 指令也得到增强，通过支持多种数据类型（双字和四字）的算术运算，支持灵活并且动态范围更广的计算功能。SSE2 指令可让软件开发人员极其灵活地实施算法，并在运行如 MPEG-2、MP3、3D 图形等的软件时增强性能。Intel 是从 Willamette 核心的 Pentium 4 开始支持 SSE2 指令集的，而 AMD 则是从 K8 架构的 SledgeHammer 核心的 Opteron 开始才支持 SSE2 指令集的。

（6）SSE3 指令集。SSE3 指令集是 Intel 公司在 SSE2 指令集的基础上发展起来的。相比于 SSE2 指令集，SSE3 指令集增加了 13 个额外的 SIMD 指令。SSE3 中 13 个新指令的主要目的是改进线程同步和特定应用程序领域，如媒体和游戏。这些新增指令强化了处理器在浮点转换至整数、复杂算法、视频编码、SIMD 浮点寄存器操作及线程同步等 5 个方面的表现，最终达到提升多媒体和游戏性能的目的。Intel 是从 Prescott 核心的 Pentium 4 开始支持 SSE3 指令集的，而 AMD 则是从 2005 年下半年 Troy 核心的 Opteron 开始才支持 SSE3 的。但是需要注意的是，AMD 所支持的 SSE3 与 Intel 的 SSE3 并不完全相同，主要是删除了针对 Intel 超线程技术优化的部分指令。

（7）3DNow! 指令集。3DNow! 指令集是 AMD 公司开发的 SIMD 指令集，可以提高浮点和多媒体运算的速度，并被 AMD 广泛应用于 K6-2、K6-3 及 Athlon（K7）处理器上。3DNow! 指令集技术其实就是 21 条机器码的扩展指令集。与 Intel 公司的 MMX 技术侧重于整数运算有所不同，3DNow! 指令集主要针对三维建模、坐标变换和效果渲染等三维应用场合，在软件的配合下，可以大幅度提高 3D 的处理性能。后来在 Athlon 上开发了 Enhanced 3DNow!。这些 AMD 标准的 SIMD 指令和 Intel 的 SSE 具有相同效能。因为受到 Intel 在商业上及 Pentium 3 的影响，软件在支持 SSE 上比起 3DNow! 更为普遍。Enhanced 3DNow! 指令集继续增加至

52 个指令，包含了一些 SSE 码，因而在针对 SSE 做最佳化的软件时能获得更好的效果。

（8）SSE4 指令集。Intel 将 SSE4 分为了 4.1 和 4.2 两个版本，SSE4.1 中增加了 47 条新指令，主要针对向量绘图运算、3D 游戏加速、视频编码加速及协同处理的加速；SSE4.2 在 SSE4.1 的基础上加入了 7 条新指令，用于字符串与文本及 ATA 加速。

（9）EM64T 技术。EM64T（Extended Memory 64 Technology），即扩展 64 位内存技术。通过 64 位扩展指令来实现兼容 32 位和 64 位的运算，使 CPU 支持 64 位的操作系统和应用程序。

（10）AVX 指令集。AVX 指令集是 Sandy Bridge 和 Larrabee 架构下的新指令集。AVX 是在之前的 128 位扩展到 256 位的 SIMD，而 Sandy Bridge 的 SIMD 演算单元扩展到 256 位的同时数据传输也获得了提升，所以从理论上看 CPU 内核浮点运算性能提升至原来的 2 倍。

（11）AVX2 指令集。AVX2 指令集支持的整点 SIMD 数据宽度从 128 位扩展到 256 位。Sandy Bridge 虽然已经将支持的 SIMD 数据宽度增加到了 256 位，但仅仅增加了对 256 位的浮点 SIMD 支持，整点 SIMD 数据的宽度还停留在 128 位上。AVX2 还提供了一系列增强的功能，包括数据元素的广播、逆变操作。

（12）AES-NI 指令。AES-NI（高级加密标准新指令）是一组可以快速而安全地进行数据加密和解密的指令。AES-NI 对各种不同应用程序的加密很有价值，如执行批量加密/解密、身份验证、随机号生成及认证加密。目前最新的酷睿 i7-8700K 处理器支持的指令集有 SSE4.1、SSE4.2、AVX2、AES 新指令。

9. 制造工艺

CPU 的制造工艺通常以 CPU 核心制造的关键技术参数蚀刻尺寸来衡量，蚀刻尺寸是制造设备在一个硅晶圆上所能蚀刻的最小尺寸，现在主要的制作工艺为 28nm、22nm、18nm、14nm、12nm、10nm 和 7nm。

10. 工作电压

从 586 的 CPU 开始，CPU 的工作电压分为内核电压和 I/O 电压两种，通常 CPU 的核心电压小于或等于 I/O 电压。其中内核电压的大小是根据 CPU 的生产工艺而定的，一般制作工艺越小，内核工作电压越低；I/O 电压一般都在 1.6～5V，低电压能解决 CPU 耗电过大和发热过高的问题。

11. 核心

核心（Die，内核）是 CPU 最重要的组成部分。CPU 中心那块隆起的芯片就是核心，是由单晶硅按一定的生产工艺制造出来的，CPU 所有的计算、接收/存储命令、处理数据都由核心执行。各种 CPU 核心都具有固定的逻辑结构，如一级缓存、二级缓存、执行单元、指令级单元和总线接口等逻辑单元都具有科学的布局。Intel 酷睿 i5-8600K 处理器内有 6 个核心，最多的 Intel 酷睿 i9-7980XE 至尊版处理器有 18 个核心。AMD 锐龙 7 处理器有 8 个核心，AMD 锐龙 Threadripper 1950X 处理器有 16 个核心。

12. 核心类型

CPU 制造商对各种 CPU 核心给出相应的代号，就是所谓的 CPU 核心类型。不同的 CPU（不同系列或同一系列）都会有不同的核心类型，甚至同一种核心都会有不同版本的类型，核心版本的变更是为了修正上一版本存在的错误，并提升一定的性能，而这些变化普通消费者是很少去注意的。每一种核心类型都有其相应的制造工艺（如 18nm、14nm、7nm 等）、核心面积（决定 CPU 成本的关键因素，成本与核心面积基本上成正比）、核心电压、电流大小、晶体管数量、各级缓存的大小、主频范围、流水线架构和支持的指令集（这两点是决定 CPU 实际性能和工作效率的关键因素）、功耗和发热量的大小、封装方式（如 S.E.P、PGA、FC-PGA、

FC-PGA2 等）、接口类型（如 Socket 1151、Socket 2066、Socket AM4、Socket TR4 等）。因此，核心类型在某种程度上决定了 CPU 的工作性能。

13. CPU 核心微架构

CPU 架构指的是内部结构，也就是 CPU 内部各种元件的排列方式和元件的种类。一般一种架构包括几种核心类型或代号，如所有酷睿 7 代的 CPU 都是 Kaby Lake 微架构的，所有酷睿 8 代的 CPU 都是 Coffee Lake 微架构的，所有锐龙的 CPU 都是 Zen 核心架构的。

14. 核心数

核心数是指每个 CPU 中所包含的内核个数。

15. 同步多线程

同步多线程（Simultaneous MultiThreading，SMT）可通过复制处理器上的结构状态，让同一个处理器上的多个线程同步执行并共享处理器的执行资源，可最大限度地实现宽发射、乱序的超标量处理、提高处理器运算部件的利用率、缓和由于数据相关或 Cache 未命中带来的访问内存延时。当没有多个线程可用时，SMT 处理器几乎和传统的宽发射超标量处理器一样。SMT 最具吸引力的是只需小规模改变处理器核心的设计，几乎不用增加额外的成本就可以显著地提升效能。多线程技术则可以为高速的运算核心准备更多的待处理数据，减少运算核心的闲置时间。这对于桌面低端系统来说无疑十分具有吸引力。Intel 从 3.06GHz Pentium 4 开始，所有处理器都支持 SMT 技术。

16. 虚拟化技术

虚拟化技术与多任务及超线程技术是完全不同的。多任务是指在一个操作系统中多个程序同时并行运行，而在虚拟化技术中，则可以同时运行多个操作系统，而且每一个操作系统中都有多个程序运行，每一个操作系统都运行在一个虚拟的 CPU 或者是虚拟主机上；而超线程技术只是单 CPU 模拟双 CPU 来平衡程序运行性能，这两个模拟出来的 CPU 是不能分离的，只能协同工作。

纯软件虚拟化解决方案存在很多限制。用户操作系统很多情况下是通过 VMM（Virtual Machine Monitor，虚拟机监视器）来与硬件进行通信的，由 VMM 决定其对系统上所有虚拟机的访问（注意，大多数处理器和内存访问独立于 VMM，只在发生特定事件时才会涉及 VMM，如页面错误）。在纯软件虚拟化解决方案中，VMM 在软件套件中的位置是传统意义上操作系统所处的位置，而操作系统的位置是传统意义上应用程序所处的位置。这一额外的通信层需要进行二进制转换，通过提供的物理资源（如处理器、内存、存储、显卡和网卡等）接口，模拟硬件环境，这种转换必然会增加系统的复杂性。此外，客户操作系统的支持受到虚拟机环境的能力限制，会阻碍特定技术的部署，如 64 位客户操作系统。在纯软件解决方案中，软件堆栈增加的复杂性意味着环境变得难于管理，因而会加大确保系统可靠性和安全性的困难。

CPU 的虚拟化技术是一种硬件方案，支持虚拟化技术的 CPU 使用特别优化过的指令集来控制虚拟过程，通过这些指令集，VMM 会很容易提高性能，相比软件的虚拟实现方式有很大的提高。虚拟化技术可提供基于芯片的功能，借助兼容 VMM 软件能够改进纯软件解决方案。由于虚拟化硬件可提供全新的架构，支持操作系统直接在上面运行，从而无须进行二进制转换，减少了相关的性能开销，极大简化了 VMM 设计，进而使 VMM 能够按通用标准进行编写，性能变得更加强大。另外，目前在纯软件 VMM 中，缺少对 64 位客户操作系统的支持，随着 64 位处理器的不断普及，这一严重缺点也日益突出；而 CPU 的虚拟化技术除支持广泛的传统操作系统之外，还支持 64 位客户操作系统。

虚拟化技术是一套解决方案，需要 CPU、主板芯片组、BIOS 和软件的支持，如 VMM 软件或者某些操作系统本身。即使只是 CPU 支持虚拟化技术，在配合使用 VMM 软件的情况下，也会比完全不支持虚拟化技术的系统有更好的性能。Intel 自 2005 年年末开始在其处理器产品线中推广应用 Intel VT（Intel Virtualization Technology，Intel 虚拟化技术）。而 AMD 在随后的几个月也发布了支持 AMD VT（AMD Virtualization Technology，AMD 虚拟化技术）的一系列处理器产品。

17．动态加速技术

动态加速技术 IDA（Intel Dynamic Acceleration），可以让处理器碰到串行代码时提升执行效率，同时降低功耗。当处理器遇到串行代码时，IDA 技术就会启动，此时处理器的其他核心将进入 C3 或更深度的休眠状态，而其中的一个核心在执行程序时将获得额外的 TDP 空间，从而获得更好的执行力。由于其他的核心处于深度休眠状态，处理器整体的功耗还会比之前更低。

【注意】Intel 和 AMD 均有自己的动态加速技术。

18．Intel 睿频加速技术

Intel 睿频加速技术可利用热量和电源余量，根据需要动态地提高处理器频率，让 CPU 在需要时提速，不需要时降低能效。

19．Intel 高斯和神经加速器

Intel 高斯和神经加速器（GNA）是一种超低功耗加速器，以超低功耗运行基于音频的神经网络，同时减轻 CPU 的工作负荷。

20．AMD SenseMI 技术

AMD 推出集感知、自适应和学习技术于一体的 SenseMI 技术，让 AMD 锐龙处理器可根据应用自定义其性能，具有一定智能化的性能，主要包括以下功能。

（1）精确功耗控制：先进的智能传感器网络可监测 CPU 的温度、资源使用情况和功耗，通过智能功耗优化电路，再加上先进的低功耗 14nm FinFET 工艺，可让 AMD 锐龙处理器低温、安静地运行。

（2）精准频率提升：实时调优的处理器性能，可以轻松地满足游戏或应用程序的性能需求。通过 25MHz 递增/递减幅度调整时钟频率以优化性能，调整时钟频率时无须暂停操作。

（3）神经网络预测：每个 AMD 锐龙处理器都内置真正的人工智能。它通过人工神经网络来理解应用程序，并实时预测工作流的后续步骤。这些"预测能力"可以将应用程序和游戏引导至非常高效的处理路径，从而提升性能。

（4）自适应动态扩频（XFR）：为采用高级系统和处理器散热解决方案的发烧友进一步自动提升了性能，它允许 CPU 速度超出精准频率提升的限制，时钟频率可随不同散热解决方案（风冷、水冷和液氮）而升降，完全自动，无须用户手动操作，只在特定的 AMD 锐龙处理器上可用。

（5）智能数据预取：先进的学习算法可理解应用程序的内部工作原理并预测所需数据。智能数据预取技术可根据预测将所需数据提前读取至 AMD 锐龙处理器，进而实现疾速响应式计算。

4.4　CPU 的封装形式

CPU 的封装方式取决于 CPU 安装形式和器件集成设计。根据 CPU 的安装形式，可以分

为 Socket 和 Slot 两种。Socket（孔，插座），其架构主板普遍采用 ZIF 插座，即零阻力插座（Zero Insert Force）；Slot（缝，狭槽，狭通道），它的物理特性与 Socket 完全不同。它是一个多引脚子卡的插槽，形式上更接近于第 3 章介绍过的 PCI 插槽、PCI-E 插槽。具体的插槽如图 4-5 和图 4-6 所示。

图 4-5　Slot 插槽

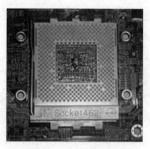

图 4-6　Socket 插槽

CPU 的器件集成封装是采用特定的材料将 CPU 芯片或 CPU 模块固化在其中，以防损坏的保护措施，CPU 必须在封装后才能交付用户使用。芯片的封装技术已经历了好几代的变迁，从 DIP、QFP、PGA、BGA 到 LGA 封装，技术指标一代比一代先进，芯片面积与封装面积之比越来越接近于 1、适用频率越来越高、耐温性能越来越好、引脚数增多、引脚间距减小、重量减小、可靠性提高、使用更加方便等。

（1）DIP 封装（Dual In-line Package）也叫双列直插式封装技术，指采用双列直插形式封装的集成电路芯片，绝大多数中小规模集成电路均采用这种封装形式，其引脚数一般不超过100。DIP 封装的 CPU 芯片有两排引脚，需要插入到具有 DIP 结构的芯片插座上。当然，也可以直接插在有相同焊孔数和几何排列的电路板上进行焊接。DIP 封装的芯片在从芯片插座上插拔时应特别小心，以免损坏引脚。DIP 封装结构形式有多层陶瓷双列直插式 DIP、单层陶瓷双列直插式 DIP、引线框架式 DIP（玻璃陶瓷封接式、塑料包封结构式、陶瓷低熔玻璃封装式）等。

（2）QFP 封装（Quad Flat Package）也叫方形扁平式封装技术，该技术实现的 CPU 芯片引脚之间距离很小，引脚很细，一般大规模或超大规模集成电路采用这种封装形式，其引脚数一般都在 100 以上。

（3）PFP 封装（Plastic Flat Package）也叫塑料扁平组件式封装。用这种技术封装的芯片同样也必须采用 SMD（Surface Mounted Devices，表面贴装器件）技术将芯片与主板焊接起来。采用 SMD 安装的芯片不必在主板上打孔，一般在主板表面上有设计好的相应引脚的焊盘，将芯片各脚对准相应的焊盘，即可实现与主板的焊接。

（4）PGA 封装（Pin Grid Array Package）也叫插针网格阵列封装技术。用这种技术封装的芯片内外有多个方阵形的插针，每个方阵形插针沿芯片的四周间隔一定距离排列，根据引脚数目的多少，可以围成 2～5 圈。安装时，将芯片插入专门的 PGA 插座。为了使得 CPU 能够更方便地安装和拆卸，从 486 芯片开始，出现了一种 ZIF CPU 插座，专门满足用 PGA 封装的 CPU 在安装和拆卸上的要求。

（5）BGA 封装（Ball Grid Array Package）也叫球栅阵列封装技术。该技术一出现便成为CPU、主板南北桥芯片等高密度、高性能、多引脚封装的最佳选择。但 BGA 封装占用基板的面积比较大。虽然该技术的 I/O 引脚数增多，但引脚之间的距离远大于 QFP，从而提高了组装成品率。而且该技术采用了可控塌陷芯片法焊接，从而可以改善它的电热性能。另外该技术的组装可用共面焊接，从而能大大提高封装的可靠性；并且由该技术实现的封装 CPU 信号传输延迟小，适应频率可以提高很多。

（6）LGA（Land Grid Array）封装也叫栅格阵列封装。这种技术以触点代替针脚，与 Intel 处理器之前的封装技术 Socket 478 相对应，如产品线 LGA 775 具有 775 个触点。

（7）对于主流 Intel 和 AMD 的 CPU 封装特点在此进行简单介绍。

①Intel LGA 1151 封装的 CPU。Intel 酷睿 6、7、8、9 代处理器，奔腾处理器系列，赛扬处理器系列的封装形式都是 LGA 1151，即处理器的背后触点都有 1151 个，都是采用 14nm 工艺制造的，支持 DDR4 内存。但它们的微架构不同，分别为 Sky Lake、Kaby Lake 和 Coffee Lake，支持内存 DDR4 的最高频率也不同，分别为 1866、2400 和 2666MHz，支持的芯片组也不同，分别为 Intel 100、200 和 300 系列。要注意的是酷睿 7 代兼容 6 代，但酷睿 8 代不向下兼容，也就是说酷睿 6 代 CPU 可在 Intel 200 系列芯片组的主板上工作，而酷睿 7 代不能在 Intel 300 系列芯片组的主板上运行。

②Intel LGA 1200 封装的 CPU。Intel LGA1200 接口又名为 Socket H5，为酷睿第 10 代、11 代所使用的接口，在 LGA 1151 的基础上进行改进，增加 49 个引脚，新的触点为处理器提供更好的电气性能及新的 I/O 扩展性支持，从而改善了功率输出，但是 LGA 1200 不支持 PCI-E 4.0。

③Intel LGA 1700 封装的 CPU。Intel LGA1700 接口又名 Socket V0，整体封装从正方形改为长方形，尺寸从 LGA1200 的 37.5mm×37.5mm 变成 37.5mm×45.0mm，使用在 Intel 酷睿 12 代处理器上，是 Intel 首款 10nm 工艺的 CPU。该系列 CPU 支持 DDR5 内存，支持 PCI-E 5.0 总线，随之搭配的主板芯片组要升级为 600 系列。

④AMD Socket AM4 平台。AMD Socket AM4 平台的 CPU 采用 uOPGA 封装的形式，是针脚在处理器底部、触点在主板上的传统设计，CPU 的具体针脚数量为 1331 个，采用 14nm 工艺制造，支持 DDR4 内存，起步频率为 2400MHz，可以超频到最高 2933MHz，支持的芯片组为 AMD 300 系列芯片组，支持 AMD 锐龙和锐龙 PRO 处理器、第 7 代 AMD A 和 A PRO 系列处理器与速龙 X4 处理器。

⑤AMD Socket TR4 平台。TR 是 Threadripper（AMD 顶级处理器）的缩写，4 是 4 代的意思，Socket 是插槽，TR4 就是插槽类型，处理器上有 4094 个触点，这也是 AMD 消费级处理器第一次放弃针脚、改用触点封装。它采用 14nm 工艺制造，支持 DDR4-2666 内存，支持的芯片组为 AMD X399，支持 AMD 锐龙 Threadripper 处理器，一般用于高档台式计算机。

⑥AMD Socket sTRX4 平台。AMD Socket sTRX4 是 Threadripper 第 3 代使用的接口，最高可支持 64 核处理器，具有 4094 个触点，但不支持 Threadripper 1 代和 2 代的 CPU。第 3 代 Threadripper 需要搭配 TRX40 系列主板芯片组，目前可提供 88 条 PCI-E4.0 通道，12 个 USB3.2 高速接口，可支持 4 通道 DDR4 ECC 内存。

4.5 CPU 的类型

计算机的核心部件是中央处理器 CPU，计算机的发展是随着 CPU 的发展而发展的。而在 CPU 的发展过程中，Intel 与 AMD 两个公司的竞争史成了 CPU 发展的主旋律。

4.5.1 过去的 CPU

CPU 的溯源可以一直到 1971 年，当时还处在发展阶段的 Intel 公司推出了世界上第一台微处理器 4004。4004 含有 2300 个晶体管，功能相当有限，而且速度还很慢，当时的蓝色巨人 IBM 及大部分商业用户对其都不屑一顾，但是它毕竟是划时代的产品，从此以后，Intel 便与微处理器结下了不解之缘。

1978 年，Intel 公司再次引领潮流，首次生产出 16 位微处理器，并命名为 i8086，同时还生产出与之相配合的数学协处理器 i8087，这两种芯片使用相互兼容的指令集，但在 i8087 指令集中增加了一些专门用于对数、指数和三角函数等的数学计算指令。由于这些指令集应用于 i8086 和 i8087，所以人们将这些指令集统称为 X86 指令集。

1979 年，Intel 公司推出了 8088 芯片，它仍旧属于 16 位微处理器，内含 29000 个晶体管，时钟频率为 4.77MHz，地址总线为 20 位，可使用 1MB 内存。8088 内部数据总线都是 16 位的，外部数据总线是 8 位的，而它的兄弟 8086 是 16 位的。

1981 年 8088 芯片首次用于 IBM PC 中，开创了全新的微机时代。也正是从 8088 开始，PC（个人计算机）的概念开始在全世界范围内发展起来。

1982 年，Intel 推出了划时代的最新产品 80286 芯片，该芯片比 8086 和 8088 都有了飞跃的发展，虽然它仍旧采用 16 位结构，但是在 CPU 的内部含有 13.4 万个晶体管，时钟频率由最初的 6MHz 逐步提高到 20MHz。其内部和外部数据总线皆是 16 位的，地址总线是 24 位的，可寻址 16MB 内存。从 80286 开始，CPU 的工作方式也演变出两种来：实模式和保护模式。

1985 年 Intel 推出了 80386 芯片，它是 80x86 系列中的第一种 32 位微处理器，而且制造工艺也有了很大的进步。与 80286 相比，80386 内含 27.5 万个晶体管，时钟频率为 12.5MHz，之后提高到 20MHz、25MHz、33MHz。80386 的内部和外部数据总线都是 32 位的，地址总线也是 32 位的，可寻址高达 4GB 内存。

1989 年，大家耳熟能详的 80486 芯片由 Intel 推出，这种芯片的伟大之处就在于突破了 100 万个晶体管的界限，集成了 120 万个晶体管。80486 的时钟频率从 25MHz 逐步提高到 33MHz、50MHz。80486 是将 80386 和数学协处理器 80387 及一个 8KB 的高速缓存集成在一个芯片内，并且在 80x86 系列中首次采用了 RISC（精简指令集）技术，可以在一个时钟周期内执行一条指令。它还采用了突发总线方式，大大提高了与内存的数据交换速度。1993 年 Intel 公司发布了第 5 代处理器 Pentium（奔腾）。Pentium 实际上应该称为 80586，但 Intel 公司出于宣传竞争方面的考虑，为了与其他公司生产的处理器相区别，改变了 "X86" 的传统命名方法，并为 Pentium 注册了商标，以防其他公司假冒。其他公司推出的第 5 代 CPU 有 AMD 公司的 K5、CYRIX 公司的 6x86。1997 年 Intel 公司推出了具有多媒体指令的 Pentium MMX。

1998 年 Intel 公司推出了 Pentium 2 CPU，同时为了降低 CPU 的价格，提高竞争力，Intel 公司通过减少 CPU 的缓存，推出了廉价的 Celeron（赛扬）处理器，以后 Intel 公司每推出一款新处理器，都相应地推出廉价的 Celeron 处理器。其他公司也推出了同档次的 CPU，如 AMD 的 K6。

1999 年 7 月 Intel 发布了 Pentium 3，早期采用的是 Kartami 核心，之后有了 Coppermine 核心 256KB 二级缓存的版本和使用 512KB 二级缓存的 Tualatin 核心版本，前两种主要用于个人计算机，后一种可用于多 CPU 主板的服务器。AMD 也生产出具备超标量、超管线、多流水线 RISC 核心的 Athlon（K7）处理器。

2000 年 7 月 Intel 发布了 Pentium 4 处理器，开始使用 0.18nm 工艺的 Willamette 核心，后来推出使用 0.13nm 工艺 Northwood 核心的 Pentium 4 处理器。AMD 公司也发布了第二个 Athlon 核心的 Tunderbird 处理器。

2004 年 2 月 Intel 发布了 Prescott 核心 Pentium 4 处理器，使用 0.09μm 制造工艺，采用 Socket 478 接口和 LGA 775 接口，其中，Socket 478 接口的处理器前端总线频率为 533MHz

（不支持超线程技术），主频分别为 2.4GHz 和 2.8GHz；LGA 775 接口的处理器前端总线频率为 800MHz（支持超线程技术），主频分别为 2.8GHz、3.0GHz、3.2GHz 和 3.4GHz，缓存 L1 为 16KB，而缓存 L2 达 1MB。

2006 年 2 月 Intel 发布了 Cedar Mill 核心的 Pentium 4，制造工艺改为 65nm，解决了功耗问题。其他指标几乎没有变化。

2005 年 5 月 Intel 发布了 Pentium D 处理器，首批采用 Smithfield 核心，其实质是 2 颗 Prescott 的整合。第 2 代产品采用了 Presler 核心，实为 2 颗 Cedar Mill。除了个别低端产品外，此系列均支持 EM64T、EIST、XDbit 等技术。

2006 年 7 月 27 日 Intel 发布了 Core 2 Duo 处理器，它在单个芯片上封装了 2.91 亿个晶体管，采用了 45nm 工艺，功耗降低了 40%。

2008 年 Intel 开始推出第 1 代 Core i 系列处理器，性能由低到高分别为 Core i3、i5 和 i7 系列，采用 45nm 和 32nm 工艺，核心有 2 核、4 核和 6 核，其典型型号如下。

Core i7 9XX：4 核心 8 线程，LGA 1366 接口，搭配 X58 芯片组（特点是 PCI-E 通道多），支持三通道 DDR3 内存，支持睿频加速技术。

Core i7 8XX：4 核心 8 线程，LGA 1156 接口，搭配 P55 或 H55 芯片组，支持双通道 DDR3 内存，支持睿频加速技术。

Core i5 7XX：4 核心 4 线程，LGA 1156 接口，搭配 P55 或 H55 芯片组，支持双通道 DDR3 内存，支持睿频加速技术。

Core i5 6XX：2 核心 4 线程，LGA 1156 接口，搭配 H55 芯片组（如果为 P55 就不能使用集显），支持双通道 DDR3 内存，内置集成显卡，支持睿频加速技术。

Core i3 5XX：2 核心 4 线程，LGA 1156 接口，搭配 H55 芯片组（如果为 P55 就不能使用集显），支持双通道 DDR3 内存，内置集成显卡，不支持睿频加速技术。

2011 年 1 月 6 日 Intel 第 2 代 Core i 系列处理器（成员包括第 2 代 Core i3/i5/i7）正式发布，第 2 代 i 系列处理器完美地集成了显示核心。第 2 代的睿频技术更加精湛，对功耗处理得更好，性价比高于第 1 代，命名规则为 i3/i5/i7 2XXX。同年 AMD FX 系列 CPU 发布。

2012 年 Intel 推出了第 3 代 Core i 系列处理器（Ivy Bridge，IVB），采用全新的 22nm 工艺、3-D 晶体管，更低功耗、更强效能，集成新一代核芯显卡，CPU 支持 DX11、性能大幅度提升，支持第 2 代高速视频同步技术及 PCI-E 3.0，命名规则为 i3/i5/i7 3XXX。

2013 年 Intel 推出了第 4 代 Core i 系列处理器，采用 Haswell 架构和 22nm 工艺制造，新增了 AVX2 指令集，浮点性能翻倍，对视频编码/解码有比较大的加速作用，集成 GT2 级别核芯显卡 HD Graphics 4600，性能相比上一代 HD Graphics 4000 提升约 30%，命名规则为 i3/i5/i7 4XXX。

2015 年 1 月 Intel 推出了第 5 代 Core i 系列处理器，采用 Broadwell 架构和 14nm 工艺制造，显著提升了系统和显卡的性能，提供更自然、更逼真的用户体验，以及更持久的电池续航能力。

2015 年 8 月 Intel 推出了第 6 代 Core i 系列处理器，采用 Skylake 架构和 14nm 工艺制造，同时支持 DDR3L 和 DDR4-SDRAM 两种内存规格；集成显示核心为 Intel Larrabee 架构；接口变更为 LGA 1151，必须搭配 Intel 的 100 系列芯片组才能使用。核显为 HD 520，性能比上一代有所提升。

2017 年 1 月 Intel 推出了第 7 代 Core i 系列处理器，采用 Kaby Lake 架构和 14nm FinFET 工艺制造，加入对 USB 3.1、HDCP 2.2 的原生支持，以及完整固定功能的 HEVC main10 和

VP9 10-bit 硬件解码。核显为 HD 620，7 代核显性能较 6 代核显性能提升了 30%～40%。接口为 LGA 1151，必须搭配 Intel 的 200 系列芯片组。

2017 年 2 月 AMD 发布了第 1 代 Ryzen 的三款型号为 1700、1700x 和 1800x 的处理器。这是 AMD 划时代的产品，基于"Zen"核心微处理器架构和智能 AMD SenseMI 技术，性能终于赶上了 Intel，采用 14nm FinFET 制程工艺、AM4 封装，有 1331 针脚，采用 8 核 16 线程设计，L2/L3 总缓存 20MB。支持的芯片组为 AMD300 系列。

2017 年 9 月 Intel 推出了第 8 代 Core i 系列台式计算机处理器，采用 Coffee Lake 架构，工艺制程为 14nm++，核显名字从 HD Graphics 630 变成了 UHD Graphics 630，支持 HDMI 2.0/HDCP 2.2 标准。

2018 年 4 月 AMD 发布 Ryzen 第 2 代 CPU，采用 Zen+架构，插槽为 Soket AM4，制作工艺为 12nm，支持的芯片组为 AMD 400 系主板。

2018 年 10 月 Intel 推出了第 9 代 Core i 系列处理器，依旧采用 14nm++工艺制程，架构是 8 代酷睿的 Coffee Lake 升级版 Coffee Lake Refresh，CPU 内部首次采用钎焊散热。

2019 年 7 月，AMD 发布了 Ryzen 第 3 代 CPU，首次采用 7nm 工艺制程，采用了新的 Zen 2 架构主要改进包括分支预测改进、整数吞吐提升、浮点模块翻番、内存延迟降低、三级缓存容量翻番、频率大幅提高等。

2019 年 8 月，Intel 正式发布第 10 代 Core i 系列处理器，采用最新的 Ice Lake 架构和 10nm 工艺制程，是首款具备 AI 功能的 Intel CPU，其核显升级为 Gen 11，并加入了对 Thunderbolt 3 接口和 Wi-Fi 6 的支持。

4.5.2 目前主流的 CPU

通过回顾 CPU 的发展史，可以知道 CPU 的发展方向，即更高的频率、更小的制造工艺、更多的核心和线程、更大的高速缓存，除了这 4 点之外，CPU 也从 32 位数据带宽发展到 64 位，支持的内存也提高到了 DDR5-4800。

目前台式机所使用的 CPU 生产厂商为 Intel 和 AMD 两家，下面分别介绍。

1．Intel 公司的主流 CPU

现在 Intel 以酷睿第 11 代、第 12 代作为主打产品，性能从低到高为酷睿 i3、i5、i7、i9 系列。低端有奔腾处理器，最低端有赛扬处理器。下面从低端到高端依次介绍。

（1）赛扬处理器。赛扬处理器（简称赛扬）作为一款经济型处理器，是 Intel 的低端入门级产品。赛扬基本上可以看作是同一代奔腾的简化版。核心方面几乎都与同时代的奔腾处理器相同，只是在一些限制处理器总体性能的关键参数上如二级缓存、三级缓存相对于奔腾系列做了简化，从而降低成本，达到价格较低的目的。目前主流的赛扬 CPU 仅剩下以 G 开头的型号。如表 4-1 所示，为 G5900、G6900、G6900T 的主要参数比较。

表 4-1　G5900、G6900、G6900T 的主要参数比较

处理器型号	G5900	G6900	G6900T
发行日期	Q2'20	Q1'22	Q1'22
制造工艺	14nm	7nm	7nm
支持的插槽	LGA1200	LGA1700	LGA1700
内核数	2	2	2
线程数	2	2	2

处理器基本频率	3.40GHz	3.40GHz	2.80GHz
缓存	2MB	4MB	4MB
总线速度	8GT/s		
功耗	58W	46W	35W
最大内存大小	128GB	128GB	128GB
内存类型	DDR4-2666	DDR5-4800 或 DDR4-3200	DDR5-4800 或 DDR4-3200
最大内存通道数	2	2	2
最大内存带宽	41.6GB/s	76.8GB/s	76.8GB/s
处理器显卡	Intel UHD Graphics 610	Intel UHD Graphics 710	Intel UHD Graphics 710
最大 PCI-E 通道数	16	20	20

最新的赛扬处理器是 2022 年 1 季度发布的 G6900，它采用 Alder Lake 架构和 7nm 工艺制造，内核数为 2，线程数为 2，基本频率为 3.4GHz，缓存为 4MB，功耗为 46W。支持的最大内存为 128GB，可以支持 DDR5-4800 或者 DDR4-3200 内存，最大内存通道数为 2，核显为 UHD Graphics 710，核显的基本频率为 300MHz，最大动态频率为 1.30GHz，最多有 16 个执行单元，显示输出接口形式支持 eDP/DP/HDMI/，显示支持数量为 4 个。与 G5900 相比，在工艺、功耗、最大 PCI-E 的支持数量，核心显卡的性能上，都有所提高。

（2）奔腾处理器。奔腾处理器性能高于赛扬处理器，低于酷睿系列处理器，价格也介于两者之间。

奔腾处理器目前市场上主要有奔腾处理器 D 系列、G 系列、J 系列及 N 系列。其中 J 系列、N 系列面向移动市场和嵌入式市场，D 系列面向服务器市场，G 系列面向台式机市场，目前 G 系列为主要产品系列，D 系列已经多年没有发布。如表 4-2 所示，为金牌 G6400、G7400 及 G7400T 的主要参数比较。

表 4-2　金牌 G6400、G7400、金牌 G7400T 的主要参数比较

产　品　集	奔腾金牌处理器系列		
处理器编号	G6400	G7400	G7400T
发行日期	Q2'20	Q1'22	Q1'22
制造工艺	14 nm	7nm	7nm
支持的插槽	LGA1200	LGA1700	LGA1700
内核数	2	2	2
线程数	4	4	4
处理器基本频率	4.00 GHz	3.70 GHz	3.10 GHz
缓存	4 MB	6 MB	6 MB
功耗	58 W	46 W	35 W
最大内存大小	128 GB	128 GB	128 GB
内存类型	DDR4-2666	DDR5-4800 或 DDR4-3200	DDR5-4800 或 DDR4-3200
最大内存通道数	2	2	2

产　品　集	奔腾金牌处理器系列		
最大内存带宽	41.6 GB/s	76.8 GB/s	76.8 GB/s
处理器显卡	Intel UHD Graphics 610	Intel UHD Graphics 710	Intel UHD Graphics 710
PCI-E 最大通道数	16	20	20

奔腾金牌 G7400 是 Intel 2022 年 1 季度发布的最新奔腾 G 系列处理器，和赛扬 G6900 一样，采用 Alder Lake 架构、7nm 的工艺及 LGA1700 接口。它具有 2 个内核，线程数为 4，主频为 3.7GHz，同时具备 6MB 的缓存，显示核心同样为 UHD Graphics 710。通过与赛扬 G6900 相比较，可以看出在线程数、缓存上奔腾 G7400 性能更优，因此在价格上也更贵。

（3）酷睿处理器。酷睿处理器是 Intel 公司的主打产品，主要有用于普通消费者低、中、高价位的 i3 系列、i5 系列、i7 系列及 i9 系列。

①酷睿 i3 处理器。酷睿 i3 处理器是酷睿 i5 处理器的精简版，是面向主流用户性能和价格较低的酷睿 CPU。目前市面上最新的 i3 处理器为 2022 年 1 季度发布的第 12 代酷睿 i3 处理器。第 12 代酷睿 i3 处理器采用 Alder Lake 架构、4 核心、8 线程，内存支持 DDR4-3200MHz 或 DDR5-4800MH，采用 Intel 7nm 的光刻技术，并配备 UHD Graphics730 核显，需要注意的是，以 F 结尾的型号不具备核显。如表 4-3 所示为第 12 代酷睿 i3 处理器代表型号 i3-12100F、i3-12100、i3-12300 及 i3-12100T 等 4 款处理器的比较。可以看到 i3-12300 的性能最强，最大睿频频率可达 4.4GHz。同型号中，以 F 结尾的不带核显，以 T 结尾的功耗最低，频率也最低。

表 4-3　第 12 代酷睿 i3 处理器产品比较

处理器编号	i3-12100F	i3-12100	i3-12300	i3-12100T
发行日期	Q1'22	Q1'22	Q1'22	Q1'22
制造工艺	7nm	7nm	7nm	7nm
内核数	4	4	4	4
线程数	8	8	8	8
最大睿频频率	4.30GHz	4.30GHz	4.40GHz	4.10GHz
P-core 基准频率	3.30GHz	3.30GHz	3.50GHz	2.20GHz
缓存	12MB	12MB	12MB	12MB
2 级缓存	5MB	5MB	5MB	5MB
处理器基础功耗	58W	60W	60W	35W
最大睿频功耗	89W	89W	89W	69W
最大内存大小	128GB	128GB	128GB	128GB
内存类型	DDR5-4800 或 DDR4-3200	DDR5-4800 或 DDR4-3200	DDR5-4800 或 DDR4-3200	DDR5-4800 或 DDR4-3200
核显		Intel UHD Graphics 730	Intel UHD Graphics 730	Intel UHD Graphics 730

【注意】随着 Intel 第 12 代核心的发布，Intel 发布的 Alder Lake 架构 CPU 告别了描述处理器功率的传统术语——热设计功率（Thermal Design Power，TDP），转为处理器基础功率（Processor Base Power，PBP），以及最大睿频功率（Maximum Turbo Power，MTP）来描述处

理器的功耗设计。

在内核设计上，也将传统的内核分为 P-core（Performance-core）和 E-core（Efficient-core）。P-core 即性能核，它的主要目标是针对单线程的性能提升。E-core 即能效核，它将拥有矢量和人工智能指令加速处理能力，能够在前端进行快指令的处理，提供更准确的分支预测。E-core 的设计理念在于更高的多线程任务执行效率，提升吞吐量与后处理能力。P-core 与 E-core 在硬件线程调度器（Intel Thread Director）的控制下，精准地区分当前所有数据所需的执行单元，根据实际情况分配到 P-core 和 E-core。

②酷睿 i5 处理器。酷睿 i5 处理器是酷睿 i7 处理器派生的中、低级版本，是面向性能级用户的。目前最新的是 2022 年 1 季度发布的第 12 代智能酷睿 i5 处理器。第 12 代酷睿 i5 处理器使用 Intel 7nm 的光刻技术，采用 Alder Lake 架构，它具有 6 核心、12 线程、内存支持 DDR4-3200MHz 或 DDR5-4800MH。如表 4-4 所示为第 12 代酷睿 i5 处理器代表型号酷睿 i5-12400、i5-12600K、i5-12600KF、i5-12600 及 i5-12600T 的比较。

表 4-4　酷睿 i5-12400、i5-12600K、i5-12600KF、i5-12600 以及 i5-12600T 的比较

处理器编号	i5-12400	i5-12600K	i5-12600KF	i5-12600	i5-12600T
发行日期	Q1'22	Q4'21	Q4'21	Q1'22	Q1'22
制造工艺	7nm	7nm	7nm	7nm	7nm
内核数	6	10	10	6	6
P-core	6	6	6	6	6
E-core	0	4	4	0	0
线程数	12	16	16	12	12
最大睿频频率	4.40GHz	4.90GHz	4.90GHz	4.80GHz	4.60GHz
P-core 基准频率	2.50GHz	3.70GHz	3.70GHz	3.30GHz	2.10GHz
缓存	18MB	20MB	20MB	18MB	18MB
2 级缓存	7.5MB	9.5MB	9.5MB	7.5MB	7.5MB
处理器基础功耗	65W	125W	125W	65W	35W
最大睿频功耗	117W	150W	150W	117W	74W
E-core 最大睿频频率		3.60GHz	3.60GHz		
E-core 基准频率		2.80GHz	2.80GHz		
核显	Intel UHD Graphics 730	Intel UHD Graphics 770		Intel UHD Graphics 770	Intel UHD Graphics 770

可以看出，在标号中有字母 K 的，具备 E-core，i5-12600K 及 i5-12600KF 相较于 i5-12600 多了 4 个 E-core，缓存也更大，但是功耗也更高。与 i3 系列一样，以字母 F 结尾的 i5-12600KF 没有核显，以 T 字母结尾的 i5-12600T 功耗最低。

③酷睿 i7 处理器。酷睿 i7 处理器是 Intel 的旗舰产品，是面向高端用户的 CPU。2022 年 1 季度，Intel 发布了采用 7nm 工艺、Alder Lake 架构的第 12 代 i7 处理器，具有 12 核心、20 线程，支持睿频加速 Max 技术 3.0。如表 4-5 所示，为 i7-12700、i7-12700F、i7-12700K、i7-12700KF、i7-12700T 处理器的比较。

表 4-5　i7-12700、i7-12700F、i7-12700K、i7-12700KF、i7-12700T 处理器的比较

处理器编号	i7-12700	i7-12700F	i7-12700K	i7-12700KF	i7-12700T
发行日期	Q1'22	Q1'22	Q4'21	Q4'21	Q1'22
制造工艺	7nm	7nm	7nm	7nm	7nm
内核数	12	12	12	12	12
P-core	8	8	8	8	8
E-core	4	4	4	4	4
线程数	20	20	20	20	20
最大睿频频率	4.90GHz	4.90GHz	5.00GHz	5.00GHz	4.70GHz
P-core 最大睿频频率	4.80GHz	4.80GHz	4.90GHz	4.90GHz	4.60GHz
E-core 最大睿频频率	3.60GHz	3.60GHz	3.80GHz	3.80GHz	3.40GHz
P-core 基准频率	2.10GHz	2.10GHz	3.60GHz	3.60GHz	1.40GHz
E-core 基准频率	1.60GHz	1.60GHz	2.70GHz	2.70GHz	1.00GHz
缓存	25MB	25MB	25MB	25MB	25MB
2 级缓存	12MB	12MB	12MB	12MB	12MB
处理器基础功耗	65W	65W	125W	125W	35W
最大睿频功耗	180W	180W	190W	190W	99W
核显	Intel UHD Graphics 770		Intel UHD Graphics 770		Intel UHD Graphics 770

与 12 代的 i5 处理器相比较，i7 处理器在内核的数量、E-core 的数量、线程的数量及缓存的大小，都更具有优势，还支持睿频加速 Max 技术 3.0，该技术通过识别处理器的最快内核并让其处理最关键的工作负载，从而使轻量级线程性能得到优化。

④酷睿 i9 处理器。酷睿 i9 处理器是 Intel 的酷睿系列最强产品，是面向高端用户的 CPU。2022 年 1 季度，Intel 发布了采用 7nm 工艺、Alder Lake 架构的第 12 代 i9 处理器，具有 16 核心、24 线程，支持睿频加速 Max 技术 3.0。如表 4-6 所示，为 i9-12900、i9-12900F、i9-12900K、i9-12900KF、i9-12900T 处理器的比较。从表中可以看出 i9 处理器的性能要更强于同一代 i7 处理器，但是在核显上与 i5、i7 类似。

表 4-6　i9-12900、i9-12900F、i9-12900K、i9-12900KF、i9-12900T 处理器的比较

处理器编号	i9-12900	i9-12900F	i9-12900K	i9-12900KF	i9-12900T
发行日期	Q1'22	Q1'22	Q4'21	Q4'21	Q1'22
制造工艺	7nm	7nm	7nm	7nm	7nm
内核数	16	16	16	16	16
P-core	8	8	8	8	8
E-core	8	8	8	8	8
线程数	24	24	24	24	24
最大睿频频率	5.10GHz	5.10GHz	5.20GHz	5.20GHz	4.90GHz
P-core 最大睿频频率	5.00GHz	5.00GHz	5.10GHz	5.10GHz	4.80GHz
E-core 最大睿频频率	3.80GHz	3.80GHz	3.90GHz	3.90GHz	3.60GHz

P-core 基准频率	2.40GHz	2.40GHz	3.20GHz	3.20GHz	1.40GHz
E-core 基准频率	1.80GHz	1.80GHz	2.40GHz	2.40GHz	1.00GHz
缓存	30MB	30MB	30MB	30MB	30MB
2 级缓存	14MB	14MB	14MB	14MB	14MB
处理器基础功耗	65W	65W	125W	125W	35W
最大睿频功耗	202W	202W	241W	241W	106W
核显	Intel UHD Graphics 770		Intel UHD Graphics 770		Intel UHD Graphics 770

在同一代的产品中，i3、i5、i7 与 i9 处理器的性能从低向高排列，i9 处理器代表了这一代产品中，Intel 的最先进技术，和最高的 CPU 制作工艺，但是价格也是最贵的。

2．AMD 公司的主流 CPU

当前，AMD 处理器所使用的平台主要有 AM4、TRX4 及 sTRX4，AM4 平台的产品线最为丰富，主要包括 AMD 锐龙处理器和 AMD 锐龙 PRO 处理器，带有 PRO 的产品是针对企业级用户推出的与 AMD 锐龙处理器性能相当的处理器。每一代的 AMD 锐龙处理器包含锐龙 R3、锐龙 R5、锐龙 R7 及锐龙 R9 等级别。下面以 2021 年发布的第 5 代锐龙，如表 4-7 所示，对 AM4 平台主流的 CPU 进行介绍。

表 4-7　第 5 代主流锐龙 CPU 对比

型　　号	AMD Ryzen3 5300G	AMD Ryzen3 5300GE	AMD Ryzen5 5600GE	AMD Ryzen7 5700GE	AMD Ryzen7 5800	AMD Ryzen9 5900
发布日期	4/13/ 2021	4/13/ 2021	4/13/ 2021	4/13/ 2021	1/12/ 2021	1/12/ 2021
核心数	4	4	6	8	8	12
线程数	8	8	12	16	16	24
GPU 核心数	6	6	7	8		
基准时钟频率	4.0GHz	3.6GHz	3.4GHz	3.2GHz	3.4GHz	3.0GHz
最高加速时钟频率	最高可达 4.2GHz	最高可达 4.2GHz	最高可达 4.4GHz	最高可达 4.6GHz	最高可达 4.6GHz	最高可达 4.7GHz
二级缓存	2MB	2MB	3MB	4MB	4MB	6MB
三级缓存	8MB	8MB	16MB	16MB	32MB	64MB
PCI-E 版本	PCI-E3.0	PCI-E3.0	PCI-E3.0	PCI-E3.0	PCI-E4.0	PCI-E4.0
TDP	65W	35W	35W	35W	65W	65W
内存规格	DDR4	DDR4	DDR4	DDR4	DDR4	DDR4
显卡频率	1700 MHz	1700 MHz	1900 MHz	2000 MHz		
显卡型号	Radeon Graphics	Radeon Graphics	Radeon Graphics	Radeon Graphics	需要独立显卡	需要独立显卡

（1）AM4 平台的主流 CPU。

第 5 代的 AM4 平台的锐龙系列，其 CPU 的 4 位数字编号以 5 开头，采用 7nm 光刻技术，Zen3 的 CPU 架构。在 CPU 编号的最末尾以 G 结尾，表示该款处理器具有显卡核心，无须购买独立显卡就可以进行图像处理。

①锐龙 R3。锐龙 R3 是入门级的锐龙系列，只适合于一般的简单图文处理与日常办公。从表中可以看到，AMD Ryzen3 5300 系列的处理器具有 4 核心、8 线程，基准时钟频率在 3.6GHz 以上，最高加速时钟频率可达 4.2GHz，二级缓存为 2MB，三级缓存为 8MB，支持 PCI-E3.0。

②锐龙 R5。锐龙 R5 是中端的锐龙系列，适用于中度办公，并具备主流的游戏性能。第 5 代锐龙 R5 的基本配置是，核心数为 6，线程数为 12，最高加速时钟频率可达 4.4GHz，二级缓存为 3MB，三级缓存为 16MB，支持 PCI-E3.0 和 DDR4 内存。

③锐龙 R7。锐龙 R7 是高端的锐龙系列，适用于重度办公，并可以满足绝大多数游戏的性能要求。第 5 代锐龙 R7 的基本配置是，核心数为 8，线程数为 16，最高加速时钟频率可达 4.6GHz，二级缓存为 4MB，三级缓存为 16MB（Ryzen7 5800 为 32MB），支持 PCI-E3.0 部分升级产品可以支持 PCI-E4.0。

④锐龙 R9。锐龙 R9 代表着最高级别的锐龙处理器性能，可以满足当前所有游戏的性能要求。第 5 代锐龙 R9 的基本配置是，核心数为 12，线程数为 24，最高加速时钟频率可达 4.7GHz，二级缓存为 6MB，三级缓存为 64MB 且支持 PCI-E4.0。

（2）sTRX4 的锐龙 Threadripper 处理器。目前，锐龙 Threadripper 处理器以 sTRX4 平台为主，已是第 3 代锐龙 Threadripper 系列。其 4 位的 CPU 编号以 3 开头，采用 Zen2 的 CPU 架构，7nm 制造工艺，主要面向工作站和服务器市场。如表 4-8 所示，为 AMD Ryzen Threadripper 3990X、AMD Ryzen Threadripper 3970X 与 AMD Ryzen Threadripper 3960X 的参数对比。可以看到这几款 CPU 的性能都非常强，CPU 核心数在 24 以上，线程数在 48 以上，最高加速时钟频率不低于 4.3GHz，但不具备显卡功能需要配备独立显卡。截至 2022 年 1 季度，AMD Ryzen Threadripper 3960X 的售价仍高达 1 万元以上。

表 4-8　主流 sTRX4 平台锐龙 Threadripper 处理器对比

型　号	AMD Ryzen Threadripper 3990X	AMD Ryzen Threadripper 3970X	AMD Ryzen Threadripper 3960X
发布日期	2/7/2020	11/25/2019	11/25/2019
CPU 核心数	64	32	24
线程数	128	64	48
基准时钟频率	2.9GHz	3.7GHz	3.8GHz
最高加速时钟频率	最高可达 4.3GHz	最高可达 4.5GHz	最高可达 4.5GHz
一级缓存总容量	4096KB	2048KB	1536KB
二级缓存总容量	32MB	16MB	12MB
三级缓存总容量	256MB	128MB	128MB
默 TDP	280W	280W	280W
显卡型号	需要独立显卡	需要独立显卡	需要独立显卡

3. Intel 与 AMD 主流处理器的比较

在台式计算机的市场中，以 Intel 的酷睿系列与 AMD 的锐龙系列为主体，Intel 酷睿 i9、酷睿 i7、酷睿 i5、酷睿 i3 处理器分别对应 AMD 锐龙 R9、锐龙 R7、锐龙 R5 和锐龙 R3 处理器，如图 4-7 所示。如表 4-9 所示，是 2022 年 1 季度主流的 Intel 与 AMD 发布系列 CPU 对比。

图 4-7　锐龙处理器与酷睿处理器外形比较图

表 4-9　2022 年 1 季度主流 Intel 与 AMD CPU 处理器对比

型号	内核数	线程数	最大频率	二级缓存	三级缓存	基本功耗
酷睿 i3-12100	4	8	4.3GHz	5MB	12MB	60W
酷睿 i3-12300	4	6	4.4GHz	5MB	12MB	60W
锐龙 R3 5300GE	4	8	4.2GHz	2MB	8MB	35W
酷睿 i5-12400	6	12	4.4GHz	7.5MB	18MB	65W
酷睿 i5-12600	6	12	4.8GHz	7.5MB	18MB	65W
锐龙 R5 5600GE	6	12	4.4GHz	3MB	16MB	35W
酷睿 i7-12700	12	20	5.0GHz	12MB	25MB	65W
锐龙 R7 5700GE	8	16	4.6GHz	4MB	16MB	35W
酷睿 i9-12900	16	24	5.1GHz	14MB	30MB	65W
锐龙 R9 5900	12	24	4.7GHz	6MB	64MB	65W

可以看到，在同档次的 CPU 中，Intel 在缓存与最大频率方面，都要优于 AMD 的同档次 CPU，但是在基础功耗上，要高于 AMD，表中的锐龙系列是以 GE 结尾的（AMD 的节能版本）。需要注意的是，第 12 代的酷睿系列是 2022 年 1 季度前后发布的而第 5 代的锐龙则是 2021 年 2 季度发布的。

4．目前市场上流行 CPU 的档次及型号

CPU 有各种类型，根据其性能和价格情况可分成超高端、高端、中高端、中端和低端五档，各档 CPU 型号的天梯图如图 4-8 所示（左边价格标尺单位为美元）。一般低端 CPU 价格低于 700 元，中端为 700～1500 元，中高端为 1500～2000 元，高端为 2000～4000 元，超高端为 3300 元以上。

5．主流处理器的新技术

（1）超线程技术（Hyper-Threading）。最早由 Intel 公司提出，AMD 在锐龙处理器也开始应用叫 SMT（Simulate MultiThreading，同步多线程技术），SMT 是超线程技术的学术名称。通常提高处理器性能的方法是提高主频，加大缓存容量，但是这两个方法因为受工艺的影响而受到限制，于是处理器厂商希望通过其他方法来提升性能，如设计良好的扩展指令集、更精确的分支预测算法。超线程技术也是一种提高处理器工作效率的方法。简单地说，超线程功能把一个物理处理器由内部分成了两个"虚拟"的处理器，让操作系统

Intel		AMD
酷睿i9-12900K	超高性能	
酷睿i7-12700K	高性能	Ryzen 9 5900X
酷睿i9-11900K		Ryzen 9 3950X
酷睿i7-12700F		Ryzen 7 5800X
酷睿i7-11700K	中高性能	Ryzen 7 5800
酷睿i7-11700		Ryzen 5 5600X
酷睿i5-12500		Ryzen 5 5600G
		Ryzen 7 3700X
酷睿i3-12100	中性能	
		Ryzen 5 3600X
		Ryzen 3 5300G

图 4-8　2022 年 1 季度 CPU 天梯图

认为自己运行在多处理器状态下，这是一种类似于多处理器并行工作的技术，本质上是在一个处理器里面多加一个架构指挥中心（AS），AS 就是一些通用寄存器和指针等，两个 AS 共用一套执行单元、缓存等其他结构，使得在只增加大约 5%左右的核心大小的情况下，通过两个 AS 并行工作提高效率。

　　超线程技术利用特殊的硬件指令，把两个逻辑内核模拟成两个物理芯片，让单个处理器能使用线程级并行计算，进而兼容多线程操作系统和软件，减少了 CPU 的闲置时间，提高 CPU 的运行效率。下面以基于 Nehalem 架构的 Core i7 为例，在引入超线程技术后，使四核的 Core i7 可同时处理 8 个线程操作，大幅增强其多线程性能。四核的 Core i7 超线程技术的工作原理如图 4-9 所示。

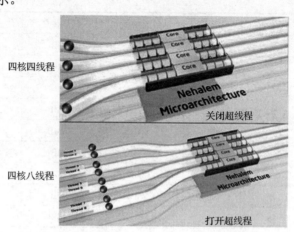

图 4-9　四核的 Core i7 超线程技术的工作原理

　　酷睿 i3/i7 处理器均支持超线程，需要说明的是超线程不是双核变四核，当两个线程都同时需要某一个资源时，其中一个要暂时停止并让出资源，直到这些资源闲置后才能继续被使用，因此，应用超线程技术的双核处理器不等于四核处理器。虽然支持该技术的双核处理器在相同主频和微架构下性能不及"真四核"处理器，但相比于主频和运算效率较低的双核处理器其性能优势十分明显。

　　（2）Intel 的睿频加速技术（Turbo Boost Mode）和 AMD 的 PBD 技术。Intel 的睿频加速技术是 Intel 酷睿 i7/i5 处理器的独有特性，这项技术可以理解为自动超频。当启动一个运行程序后，处理器会自动加速到合适的频率，而原来的运行速度会提升 10%～20%以保证程序流畅运行。当应对复杂应用时，处理器可自动提高运行主频以提速，轻松进行对性能要求更高的多任务处理；当进行工作任务切换时，如果只有内存和硬盘在进行主要的工作，处理器会立刻处于节电状态。这样既保证了能源的有效利用，又使程序速度大幅提升。通过智能化地加快处理器速度，从而根据应用需求最大限度地提升性能，为高负载任务提升运行主频高达 20%，以获得最佳性能即最大限度地有效提升性能。符合高工作负载的应用需求，通过给人工智能、物理模拟和渲染需求分配多条线程处理，可以给用户带来更流畅、更逼真的游戏体验。同时，Intel 智能高速缓存技术可提供性能更高效的高速缓存子系统，从而进一步优化了多线程应用上的性能。

　　举个简单的例子，如图 4-10 所示，酷睿 i7 980X 有 6 个核心，如果某个游戏或软件只用到一个核心，Turbo Boost 技术就会自动关闭其他 5 个核心，把运行游戏或软件的那个核心的频率提高，最高可使工作频率提高 266MHz，也就是自动超频，在不浪费能源的情况下获得更好的性能。

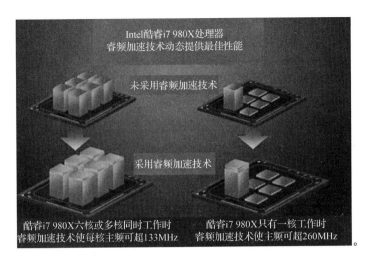

图 4-10　酷睿 i7 980X 睿频加速技术示意图

当运行大型软件需要酷睿 i7 980X 6 个核心全速运行时，通过睿频加速技术可使每个核心的主频都提高 133MHz。

AMD 的 CPU 的精准加速 PBO（Precision Boost Overdrive）技术。该技术目前已发展到第 2 代，与第 3 代的锐龙系列一起推出。当 CPU 开启 PBO 功能后，主板会根据平台的规格和 CPU 的工况自动放宽 PPT（封装功率跟踪）、TDC（散热设计电流）、EDC（电气设计电流），PBO 开关会直接影响这三个关键因素的上限。

4.6　CPU 的鉴别与维护

CPU 的鉴别主要是分清 CPU 是否为原装，是否为以旧替新、以次充好。CPU 的维护主要应注意 CPU 的散热和保持稳定的工作频率。

4.6.1　CPU 的鉴别与测试

1. CPU 的鉴别

CPU 从包装形式上可分为两大类，即散装 CPU 与盒装 CPU。从技术角度而言，散装 CPU 和盒装 CPU 并没有本质的区别，至少在质量上不存在优劣的问题；从 CPU 厂商而言，其产品按照供应方式可以分为两类，一类供应给品牌机厂商，另一类供应给零售市场。面向零售市场的产品大部分为盒装产品，而散装产品则部分来源于品牌机厂商外泄及代理商的销售策略。从理论上说，盒装和散装产品在性能、稳定性及可超频潜力方面都不存在任何差距，但是质保存在一定差异。一般而言，盒装 CPU 的保修期要长一些（通常为三年），而且附带有一个质量较好的散热风扇，因此往往受到广大消费者的喜爱。散装 CPU 的包装较为简易，作假相对容易，分辨起来也更加困难；而盒装 CPU 包装较为正式，识别的方法也有很多，所以最好购买盒装 CPU。以下为一些常用的盒装 CPU 的识别方法。

（1）刮磨法。真品的 Intel 水印采用了特殊工艺，无论如何刮擦，即便把封装的纸抠破也不会把字擦掉；而假货只要用指甲轻刮，即可刮掉一层粉末，字也就随之而掉。

（2）相面法。塑料封装纸上的 Intel 字迹应清晰可辨，而且最重要的是所有的水印字都应是工工整整的，而非横着、斜着、倒着（无论正反两方面都如此，而假货有可能正面的字很工整，而反面的字就斜了）。另外，包装盒正面左侧的蓝色是采用四重色技术在国外印制的，色彩端正，与假货相比就相当容易分辨。

（3）搓揉法。用拇指并以适当的力量搓揉塑料封装纸，真品不易出褶，而假货纸软，一搓就出褶。

（4）看封线。真品的塑料封装纸上的封装线不可能封在盒右侧条形码处，如果封在此的一般可判定为假货。

（5）询价格。通过网站查询所报的 Intel CPU 价格均为正品货的市场价，如果比此价低很多的一般可断为假货。

2. CPU 的性能测试

测试 CPU 性能及真假的软件有许多，主要分为两类，一类测试 CPU 的参数，如 CPU-Z 测试软件；另一类测试 CPU 的性能，如 Super。这些测试软件从互联网上都可下载。

图 4-11 用 CPU-Z 测试酷睿 i5-8600K 参数图

CPU-Z 测试软件从网上下载，然后解压安装，十分简单。该软件只能测试 CPU 的参数，运行后显示出报告频率、被测试的处理器当前操作速度和预期频率、被测试的处理器设计的最高操作速度。若报告频率大于预期频率则表示 CPU 被超频。它还能测试型号、一级、二级缓存容量及 CPU 采取的一些特殊技术等，如图 4-11 所示。

Super π 是一款计算圆周率的软件，但它更适合用来测试 CPU 的稳定性。使用方法是选择要计算的位数（一般采用 10^4 万位），单击"开始"按钮就可以了。视系统性能不同，运算时间也不相同，所用时间越短越好。

4.6.2 CPU 的维护

由于 CPU 在主机上处于比较隐蔽的地方，被 CPU 风扇遮盖，所以一般是不会随意插拔 CPU 的，因此对于 CPU 的维护，主要是解决散热的问题。这里建议不要超频，或者不要超频太高。即使在超频时，也须一次超一个挡位地进行，而不要一次性大幅度提高 CPU 的频率。因超频具有一定的危险性，如果一次超得太高，会出现烧坏 CPU 的问题。

如果 CPU 超频太高也容易产生 CPU 电压在加压时不能控制的现象，如果电压的范围超过 10%，就会对 CPU 造成很大的损坏。因为这增加了 CPU 的内核电压，就直接增加了内核的电流，这种电流的增加会产生电子迁移现象，从而缩短了 CPU 的寿命，甚至导致 CPU 烧毁。

要解决 CPU 的散热问题就需要采用良好的散热措施。可以为 CPU 改装一个强劲的风扇，最好能够安装机箱风扇，让机箱风扇与电源的抽风扇形成对流，使主机能够得到更良好的通风环境。

另外，由于 CPU 风扇及风扇下面的散热片是负责通风散热的工作，要不断旋转使平静的空气形成风。因此对于空气中的灰尘也接触得较多，这样就容易在风扇及散热片上囤积灰尘从而影响风扇的转速并使得散热不佳。所以在使用一段时间后，要及时清除 CPU 风扇与散热片上的灰尘。

除以上所述之外，对于 CPU 的维护还需要将 BIOS 的参数设置正确，不要在操作系统上同时运行太多的应用程序，这样会导致系统繁忙。如果 BIOS 参数设置不正确，或者同时运行太多应用程序，会导致 CPU 工作不正常或工作量过大，从而使 CPU 在运转过程中产生很多热量，会加快 CPU 的磨损，也容易引起死机现象。

4.7　CPU 的常见故障及排除

以下几种故障是 CPU 在运行过程中的常见故障，主要是使用不当和日常维护不够所引起的，只要加强日常维护，这些故障就可以避免。

1．因设置错误或设备不匹配产生的故障

CPU 设置不当或设备之间不匹配产生的错误主要有以下几种情况。

（1）CPU 的电压设置不对。如果工作电压过高会使 CPU 工作时过度发热而死机，如果工作电压太低 CPU 也不能正常工作。

（2）CPU 的频率设置不对。如果 CPU 的频率设置过高会出现死机的现象；如果 CPU 设置的频率过低，会使系统的运行速度太慢。这时，应当按照说明书仔细检查，将 CPU 的电压、外频和内频调整为正确的设置状态。

（3）与其他设备不匹配。这种情况是指 CPU 与主机板芯片组、内存条的型号或速度、与外部设备接口的速度不匹配等。

2．CPU 发热造成的故障

主机板扩展卡的速度还要与 CPU 的速度相协调，否则也会发生死机现象，排除故障的方法是使扩展卡的速度以适应 CPU 的速度，即更换速度较快的扩展卡。如果 CPU 工作时超过了其本身所能承受的温度，就会引起工作不稳定，时常出现死机的现象，严重时将 CPU 及其周围的元件烧坏。CPU 发热的原因有如下三点。

（1）超频。很多计算机爱好者都喜欢超频，就是通过设置比 CPU 正常工作频率更高的频率来提高 CPU 的运行速度。如果散热不好，超频会造成 CPU 的损坏，这也是当前 CPU 的主要故障之一。

（2）散热装置不良。CPU 的工作电压越高、运行速率越高，所产生的热量也越大，因此必须使用品质良好的散热装置来降低 CPU 芯片的表面温度，只有这样才能保持计算机的正常运行。在选择 CPU 芯片时，最好选择盒装的 CPU，因为盒装的 CPU 一般都会有配套使用的散热片及风扇，如果购买散装的 CPU，一定要选购合适的散热装置。

（3）主机内部空间不合理。一般情况下，散热片和散热扇的体积越大散热效果越好，但选择时还应当注意主机内的空间和位置，在加装散热装置后，还应留有充分的散热空间及排热风道。

实验 4

1．实验项目

仔细观察 CPU 的产品标识，熟记其含义，用测试软件 CPU-Z 和 Super π 对 CPU 各参数与性能进行检测。

2．实验目的

（1）掌握 CPU 产品标识的含义。

（2）掌握 CPU 真假的识别方法。

（3）掌握 CPU-Z 测试软件的下载、安装和测试 CPU 参数的方法。

（4）掌握用 Super π 测试软件对 CPU 性能进行测试的方法。

3．实验准备及要求

准备一些不同型号、不同年代的 CPU，让学生认识其标识及不同的命名方法，还可以到市场上买一些打磨过的 CPU，让学生识别和测试。

4．实验步骤

（1）挑选不同型号的 CPU，进行型号的辨别。

（2）对打磨过的 CPU 进行观察，并掌握正品 CPU 的标识特征。

（3）要求学生从 Internet 上找到 CPU-Z 软件，下载、安装并测试 CPU 的各种参数。

（4）适当地对 CPU 进行超频，并用 Super π 测试软件进行性能测试。

5．实验报告

（1）写出当前主流 CPU 的品牌及该品牌下 4 种 CPU 的型号规格。

（2）写出对 CPU 真假识别情况的心得。

（3）根据软件的测试，写出该 CPU 的各种参数，并指明参数的性能意义。

习题 4

1．填空题

（1）CPU 的主频=＿＿＿＿×＿＿＿＿。

（2）CPU 采用的主要的指令扩展集有＿＿＿＿、＿＿＿＿和＿＿＿＿等。

（3）按照 CPU 的字长可以将 CPU 分为＿＿＿＿、＿＿＿＿、＿＿＿＿、＿＿＿＿和＿＿＿＿。

（4）主流的 CPU 接口有 Intel 的＿＿＿＿、＿＿＿＿和 AMD 的＿＿＿＿、＿＿＿＿等几种。

（5）CPU 主要是由＿＿＿＿、＿＿＿＿和＿＿＿＿所组成的。

（6）市场上主流的 CPU 产品是由＿＿＿＿和＿＿＿＿公司所生产的。

（7）CPU 的主要性能指标有＿＿＿＿、＿＿＿＿、＿＿＿＿、＿＿＿＿和＿＿＿＿等。

（8）＿＿＿＿大小是 CPU 的重要指标之一，其结构和大小对 CPU 速度的影响非常大，根据其读取速度可以分为＿＿＿＿、＿＿＿＿和＿＿＿＿。

（9）CPU 的内核工作电压越低，说明 CPU 的制造工艺越＿＿＿＿，CPU 的电功率就＿＿＿＿。

（10）Alder Lake 架构 CPU，采用新的功耗描述，包括＿＿＿＿＿＿和＿＿＿＿＿＿。

2．选择题

（1）以下哪种 Cache 的性能最好（　　）。

A．1 级 256K　　　　B．2 级 256K　　　　C．1 级 768K　　　　D．2 级 128K

（2）当前的 CPU 市场上，知名的生产厂商是 Intel 公司和（　　）。

A．HP 公司　　　　B．IBM 公司　　　　C．AMD 公司　　　　D．DELL 公司

（3）CPU 的主频由外频与倍频决定，在外频一定的情况下，可以通过提高（　　）来提高 CPU 的运行速度，这也称为超频。

A．外频　　　　B．倍频　　　　C．主频　　　　D．缓存

（4）在以下存储设备中，存取速度最快的是（　　）。

A．硬盘　　　　B．虚拟内存　　　　C．内存　　　　D．缓存

（5）在以下 CPU 中，没有核显的 CPU 是（　　）。

A．AMD Ryzen3 5300GE　　　　　　　　B．AMD Ryzen5 5600GE

C．AMD Ryzen7 5700GE　　　　　　　　D．AMD Ryzen7 5800

（6）Intel 每一代处理器中，基于台式计算机性能最强的系列是（　　）品牌。

A．奔腾　　　　B．速龙　　　　C．酷睿　　　　D．赛扬

（7）Core i7-12700 是 Intel 生产的一种（   ）处理器。

A．6 核　　　　　　B．8 核　　　　　　C．12 核　　　　　　D．64 核

（8）Core i9-12900 的 CPU 生产工艺采用的是（   ）。

A．22nm　　　　　B．14nm　　　　　C．10nm　　　　　D．7nm

（9）（   ）指令集侧重于浮点运算，因而主要针对三维建模、坐标变换、效果渲染等三维应用场合。

A．MMX　　　　　B．3DNow!　　　　C．SEE3　　　　　D．SSE

（10）Ryzen7 5800 的中文品牌名称是（   ）。

A．毒龙　　　　　B．闪龙　　　　　C．速龙　　　　　D．锐龙

3．判断题

（1）Intel 公司从 486 开始的 CPU 被称为奔腾。（   ）

（2）主频、外频和倍频的关系是：主频=外频+倍频。（   ）

（3）在 AMD 的 CPU 中，SMT 就相当于 Intel 的超线程。（   ）

（4）CPU 的核心越多，其性能就越强。（   ）

（5）字长又叫数据总线宽度，位数越少，处理数据的速度就越快。（   ）

4．简答题

（1）目前 Intel 公司和 AMD 公司所生产的 CPU 品牌有哪些？

（2）一个安装了 Intel CPU 的主板可否用来安装 AMD 的 CPU？为什么？

（3）Intel 第 12 代酷睿 i7CPU 的内核设计包括哪两种内核，它们的功能是什么？

（4）如何做好 CPU 的日常维护工作？

（5）计算机的 CPU 风扇在转动时忽快忽慢，使用一会儿就会死机，应该怎么处理？

第 5 章
内存储器

存储器（简称内存）是计算机的重要组成部分，它分为外存储器和内存储器。外存储器通常是指磁性介质（软盘、机械硬盘、磁带）、光盘、SSD 或其他存储数据的介质，能长期并且不依赖于供电来保存信息。内存储器通常是指用于计算机系统中存放数据和指令的半导体存储单元。内存储器是计算机的一个必要组成部分，它的容量和性能是衡量一台计算机整体性能的重要因素。

5.1 内存的分类与性能指标

5.1.1 内存的分类

内存储器包括随机存取存储器 RAM、只读存储器 ROM、高速缓冲存储器 Cache 等。因为 RAM 是计算机最主要的存储器，整个计算机系统的内存容量主要由它决定，所以人们习惯将它称为内存。

从工作原理上讲，内存储器分为 ROM 存储器和 RAM 存储器两大类。由于 ROM 存储器在断电后，其内容不会丢失，因此 ROM 存储器主要用于存储计算机的 BIOS 程序和数据；而 RAM 存储器掉电后，其存储的内容会丢失，因此 RAM 存储器主要用于临时存放 CPU 处理的程序和数据。

从外观上讲，内存储器分为内存芯片和内存条。在 286 以前的计算机，内存为双列直插封装的芯片，直接安装在主板上；386 以后的计算机，ROM 和 Cache 仍以内存芯片方式安装在主板上，为了节省主板的空间和增强配置的灵活性，内存采用内存条的结构形式，即将存储器芯片、电容、电阻等元件焊装在一小条印制电路板上，称为一个内存模组，简称内存条。

5.1.2 内存的主要性能指标

1. 内存的单位

内存是一种存储设备，是存储或记忆数据的部件，它存储的内容是 1 或 0，"位"是二进制的基本单位，也是存储器存储数据的最小单位。内存中存储一位二进制数据的单元称为一个存储单元，大量的存储单元组成的存储阵列构成一个存储芯片体。为了识别每一个存储单元，将它们进行编号称为地址，地址与存储单元一一对应。存储地址与存储单元内容是两个不同的概念。

（1）位/比特（bit）。内存的基本单位是位（常用 b 表示），它对应着存储器的存储单元。

（2）字节（Byte）。8 位二进制数称为一个字节（常用 B 表示）。内存容量常用字节来表示，一个字节等于 8 个比特。

（3）内存容量是指内存芯片或内存条能存储多少二进制数，通常采用字节为单位。但在数量级上与通常的计算方法不同，1KB=1024B，1MB=1024KB，1GB=1024MB，1TB=1024GB。

2．内存的性能指标

（1）内存频率。内存频率用来表示内存的速度，它代表着该内存所能达到的最高工作频率。内存频率是以 MHz（兆赫）为单位来计量的。内存频率越高在一定程度上代表着内存所能达到的速度越快。内存频率决定着该内存最高能在什么样的频率下正常工作。目前市场上主流的是 5200MHz 的 DDR5 内存。

（2）存取速度。存取速度一般用存取一次数据的时间（单位一般用 ns）作为性能指标，时间越短，速度就越快。

（3）内存条容量。内存条容量大小有多种规格，早期的 30 线内存条有 256KB、1MB、4MB、8MB 等多种容量，72 线的 EDO 内存条则多为 4MB、8MB、16MB、32MB 等容量，168 线的 SDRAM 内存大多为 16MB、32MB、64MB、128MB、256MB 等，而目前常用的 DDR4 和 DDR5 内存条的容量已经以 GB 为单位了，这也是与技术发展和市场需求相适应的。

（4）内存的位宽和带宽。内存的位宽，是在一个时钟周期内所能传送数据的位数，位数越大则瞬间所能传输的数据量越大，这是内存的重要参数之一，以位为单位，自 SDRAM 起发展至现在的 DDR5，内存位宽都是 64 位。内存带宽，是指内存数据传输的速率，即每秒传输的字节数，计算公式如下

$$单条内存的数据带宽 = 内存频率 \times 内存位宽 \div 8$$

例如，DDR4 3200 的数据带宽为 $3200 \times 64 \div 8 = 25600MB/s = 25GB/s$。

（5）内存的校验位。为检验内存在存取过程中是否准确无误，有的内存条带有校验位。大多数计算机用的内存条都不带校验位，而在某些品牌机和服务器上采用带校验位的内存条。常见的校验方法有奇偶校验（Parity）与 ECC 校验（Error Checking and Correcting）。

奇偶校验内存是在每一字节（8 位）外又额外增加了一位作为错误检测。如一个字节中存储了某一数值（1、0、0、1、1、1、1、0），把每一位相加起来（1+0+0+1+1+1+1+0=5）其结果是奇数，校验位就定义为 1，反之则为 0。当 CPU 返回读取储存的数据时，它会再次相加前 8 位中存储的数据，以检测计算结果是否与校验位相一致。当 CPU 发现二者不同时就会发生死机。虽然有些主板可以使用带奇偶校验位或不带奇偶校验位两种内存条，但不能混用。每 8 位数据需要增加 1 位作为奇偶校验位，配合主板的奇偶校验电路对存取的数据进行正确校验，这需要在内存条上额外加装一块芯片。而在实际使用中，有无奇偶校验位对计算机系统性能并没有多大的影响，所以目前大多数内存条上已不再加装校验芯片。

ECC 校验是在原来的数据位上外加几位来实现的。如 8 位数据，只需 1 位用于 Parity 检验，而需要增加 5 位用于 ECC 校验，这额外的 5 位是用来重建错误的数据。当数据的位数增加一倍，Parity 也增加一倍，而 ECC 只需增加一位；当数据为 64 位时所用的 ECC 和 Parity 位数相同（都为 8）。相对于 Parity 校验，ECC 校验实际上是可以纠正绝大多数错误的。因为只有经过内存的纠错后，计算机的操作指令才可以继续执行，所以在使用 ECC 内存时系统的性能会有明显降低。对于担任重要工作任务的服务器来说，稳定性是最重要的，内存的 ECC 校验是必不可少的。但是对一般计算机来说，购买带 ECC 校验的内存没有太大的意义，而且高昂的价格也让人望而却步。不过因为面向的使用对象不同，ECC 校验的内存做工和用料都要好一些。

【注意】带和不带 ECC 校验的内存不能混合使用。

（6）内存的电压。FPM 内存和 EDO 内存均使用 5V 电压，SDRAM 内存使用 3.3V 电压，DDR 内存使用 2.5V 电压，DDR2 内存使用 1.8V 电压，DDR3 内存使用 1.5V 电压，DDR4 内

存使用的是 1.2V 电压，DDR5 内存电压降至 1.1V。

（7）SPD。SPD（Serial Presence Detect）是一颗 8 针的 EEPROM，容量为 256 字节，主要用于保存该内存条的相关资料，如容量、芯片厂商、内存模组厂商、工作速度、是否具备 ECC 检验等，SPD 的内容一般由内存模组制造商写入。支持 SPD 的主板在启动时会自动检测 SPD 中的资料，并以此设定内存的工作参数。

（8）CL（CAS Latency），列地址访问的延迟时间。CL 是指 CAS 的等待时间，即 CAS 信号需要经过多少个时钟周期之后，才能读/写数据。这是在一定频率下衡量支持不同规范内存的重要标志之一。目前所使用的 DDR4 内存的 CL 值为 11 至 19，也就是说对内存读/写数据的等待时间为 11～19 个时钟周期，一般内存频率越高 CL 值越大。

（9）tRCD（RAS to CAS Delay），内存行地址传输到列地址的延迟时间，即打开一行内存并访问其中的列所需的最小时钟周期数。

（10）tRP（RAS Precharge Time），内存行地址选通脉冲预充电时间。发出预充电命令与打开下一行之间所需的最小时钟周期数。

（11）tRAS（RAS Active Time），行地址激活的时间。行活动命令与发出预充电命令之间所需的最小时钟周期数。

（12）内存时序，描述内存读取速度的重要时间参数，一般存储在内存条的 SPD 中，也有的贴在内存参数标签上，由 4 组数字"A-B-C-D"组成，分别对应的参数是"CL、-tRCD、-tRP、-tRAS"。如图 5-1 所示，为光威 DDR4 3000 内存条的产品标签，可以看到内存时序为"16-18-18-38"。

图 5-1　光威 DDR4 3000 内存条产品标签

5.1.3　ROM 存储器

只读存储器 ROM 是计算机厂商用特殊的装置把程序和数据写在芯片中，只能读取，不能随意改变内容的一种存储器，如 BIOS（基本输入/输出系统）。ROM 中的内容不会因为断电而丢失。早期 ROM 中的数据必须在集成电路工厂里直接制作，制作完成后 ROM 集成电路内的数据是不可改变的。为了改变 ROM 中程序无法修改的缺点，对 ROM 存储器进行了不断的改进，先后出现了多种 ROM 存储器集成电路。ROM 又分为 PROM（Programmable ROM）、EPROM（Erasable Programmable ROM）、EEPROM（Electrically Erasable Programmable ROM）。

1. PROM

PROM 即可编程 ROM。它允许用户根据自己的需要，利用特殊设备将程序或数据写到芯片内，也可以由集成电路工厂将内容固化到 PROM 中，进行批量生产，这样成本非常低。PROM 主要用于早期的计算机产品中。

2. EPROM

EPROM 即可擦除可编程 ROM。用户可以根据自己的需要，使用专门的编程器和相应的软件改写 EPROM 中的内容，可以多次改写。EPROM 芯片上有一个透明的窗口，用紫外线照射 EPROM 的窗口一段时间，其中的信息就可以擦除。将程序或数据写入 EPROM 时，使用与编程器相配合的软件读取编写好的程序或数据，然后通过连接在计算机接口上的编程器，将程序或数据写入插在编程器上的 EPROM 芯片中，更新程序比较方便。不同型号、不同厂商的 EPROM 芯片写入的电压也不一样，写好后用不透明的标签贴到窗口上。如果要擦除芯片中的信息，就将标签揭掉即可，它在 586 之前的计算机中也有使用，但成本比 PROM 高。EPROM 大多用于监控程序和汇编程序的调试，当大批量生产时就改用 PROM。

3. EEPROM

EEPROM 即带电可擦除可编程 ROM。由 EEPROM 构成的各种封装形式的主板 BIOS 芯片，如图 5-2 所示。

图 5-2　由 EEPROM 构成的各种封装形式的主板 BIOS 芯片

EEPROM 也叫闪速存储器（Flash ROM），简称闪存。它既有 ROM 的特点，断电后存储的内容不会丢失，又有 RAM 的特点，可以通过程序进行擦除和重写。对于早期的计算机，如果 BIOS 要升级，必须买新的 PROM 芯片，或通过 EPROM 编程器写到 EPROM 芯片中，再换上去，这样做很不方便。采用 Flash ROM 来存储 BIOS，在需要升级时，可利用软件来自动升级和修改程序，使主板能更好地支持新的硬件和软件，充分发挥其最佳效能。但用 EEPROM 作为存储 BIOS 的芯片有着致命的弱点，就是它很容易被 CIH 之类的病毒改写破坏，使计算机瘫痪。为此主板上采取了硬件跳线禁止写闪存 BIOS、在 CMOS 中设置禁止写闪存 BIOS 和采用双 BIOS 闪存芯片等保护性措施。在 586 以后的主板中基本上都采用闪速存储器来存储 BIOS 程序。

闪速存储器在不加电的情况下能长期保存存储的信息，同时又有相对高的存取速度，通电后很容易通过程序进行擦除和重写，功耗也很小。随着技术的发展，闪存的体积越来越小，容量越来越大，价格越来越低。现在用 Flash Memory 制作的闪存盘，由于比软盘体积小、容量大、速度快，携带又方便，作为一种移动存储产品，已经被广泛应用。

5.1.4　RAM 存储器

在计算机系统中，系统运行时将所需的指令和数据从外部存储器读取到内存中，CPU 再从内存中读取指令或数据进行运算，并将运算结果存入内存中。因此作为内存的 RAM，它的存储单元中的数据可读出、写入和改写，但是一旦断电或关闭电源，存储在其内的数据就会丢失。根据制造原理的不同，现在的 RAM 多为 MOS 型半导体电路，它分为静态和动态两种。

1. 静态 RAM

静态 RAM 即 SRAM（Static RAM），它的一个存储单元的基本结构就是一个双稳态电路，它的读/写操作由写电路控制，只要有电，写电路不工作，它的内容就不会变，不需要刷新，因此叫静态 RAM。对它进行读/写操作用的时间很短，比 DRAM 快 2 倍以上。CPU 和主板上的高速缓存即 Cache 就是 SRAM。但由于一个存储单元用的元件较多，降低了集成度，增加了成本。

2. 动态 RAM

动态 RAM 即 DRAM（Dynamic RAM）就是通常所说的内存，它存储的数据需要不断地进行刷新，因为一个 DRAM 单元由一个晶体管和一个小电容组成，晶体管通过小电容的电压来保持断开、接通的状态，但充电后小电容的电压很快就丢失，因此需要不断地对它刷新来保持相应的电压。由于电容的充、放电需要时间，所以 DRAM 的读/写时间要比 SRAM 慢。但它的结构简单，生产时集成度高，成本很低，因此用于主内存。另外，内存还应用于显卡、声卡、硬盘、光驱等上面，用于数据传输中的缓冲，加快了读取或写入的速度。RAM 中的存储单元只有两种状态即 0 和 1，因此只能存储二进制数据，一个存储单元只存储一位二进制数据，许多存储单元以阵列方式排列，先送去行地址和列地址，再送去读取或写入信号，就可以通过数据总线读出或写入相应数据。由于内存数据总线工作的频率比 CPU 工作的时钟频率慢，因此内存中的数据先送到高速缓存，CPU 再从高速缓存中读取或写入数据。随着集成电路生产技术的发展，CPU 运行速度的越来越快，内存的存/取速度也越来越快，从而提高了计算机的整体性能。

3. 内存条

在 PC 中，内存的使用都是以内存条的形式出现的。按内存条的接口形式可分为单列直插内存条和双列直插内存条，而双列直插内存条中又有一种专用笔记本电脑的内存条叫小尺寸双列直插内存条。按内存条的用途可分为台式计算机内存条、笔记本电脑内存条和服务器内存条，其外形如图 5-3 所示。台式计算机内存和笔记本电脑内存的外表与接口不一样，因此，不能换用。服务器内存外形及接口与台式计算机一样，但多了错误检测芯片，一般台式计算机内存不能在服务器上使用，而服务器内存可以在台式计算机上使用。

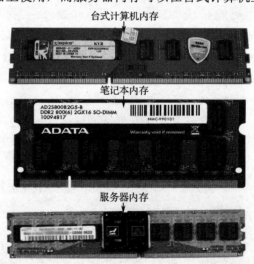

图 5-3　台式计算机、笔记本电脑和服务器内存的外形

（1）SIMM（Single Inline Memory Module，单列直插内存模块）内存条通过金手指与主板连接，内存条正、反两面都带有金手指。金手指可以在两面提供不同的信号，也可以提供相同的信号。SIMM 就是一种两侧金手指都提供相同信号的内存结构，它多用于早期的 FPM 和 EDD DRAM，最初一次只能传输 8 位数据，后来逐渐发展出 16 位、32 位的 SIMM 模组，其中 8 位和 16 位的使用 30Pin 接口，32 位的则使用 72Pin 接口。在内存发展进入 SDRAM 时

代后，SIMM 逐渐被 DIMM 技术取代。

（2）DIMM（Dual Inline Memory，双列直插内存模块）与 SIMM 相当类似，不同的只是 DIMM 的金手指两端不像 SIMM 那样是互通的，它们各自独立传输信号，因此可以满足更多数据信号的传送需要。同样采用 DIMM，SDRAM 的接口与 DDR 内存的接口也略有不同，SDRAM DIMM 为 168Pin DIMM 结构，金手指每面为 84Pin，并有两个卡口，用来避免插入插槽时，错误将内存反向插入而导致烧毁；DDR DIMM 则采用 184Pin DIMM 结构，金手指每面有 92Pin，却只有一个卡口。卡口数量的不同，是二者最为明显的区别。

（3）SO-DIMM（Small Outline DIMM Module，小尺寸双列直插内存条）是为了满足笔记本电脑对内存尺寸的要求所开发出来的。它的尺寸比标准的 DIMM 要小很多，而且引脚数也不相同。同样 SO-DIMM 也根据 SDRAM 和 DDR 内存规格不同而不同，SDRAM 的 SO-DIMM 只有 144Pin 引脚，而 DDR 的 SO-DIMM 拥有 200Pin 引脚。

5.2 内存的发展

自 1982 年 PC 进入民用市场一直到现在，内存条的发展日新月异。搭配 80286 处理器的 30Pin SIMM 内存是内存领域的开山鼻祖。随后，在 386 和 486 时代，72Pin SIMM 内存出现，支持 32 位快速页模式内存，内存带宽得以大幅度提升。1998 年开始 Pentium 时代的 168Pin EDO DRAM 内存，PII 时代开始的 168Pin SDRAM 内存，P4 时代的 184Pin DDR 内存，240Pin 的 DDR2、DDR3，到现在主流 288Pin 的 DDR4、DDR5 内存，它们的外形如图 5-4 所示。

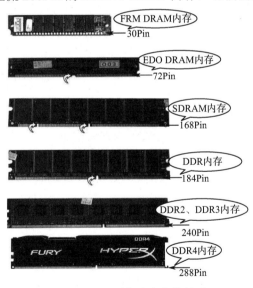

图 5-4 不同时代内存条的外形

1. FPM DRAM（Fast Page Mode DRAM）快速页面模式动态存储器

FPM DRAM 有 30Pin SIMM 和 72Pin SIMM 两种，前者常见于 286、386 计算机上，后者则常见于 486 与早期型的奔腾计算机上。其特点是，CPU 存取数据所需的地址在同一行内，在送出行地址后，就可以连续送出列地址，而不必再输出行地址。一般来讲，程序或数据在内存中排列的地址是连续的，那么输出行地址后连续输出列地址，就可以得到所需数据。这和以前 DRAM 的存取方式（必须送出行地址、列地址才可读/写数据）相比要先进一些。

2. EDO DRAM（Extended Data Output DRAM）扩展数据输出动态存储器

EDO 是 72Pin SIMM 的一种，用于早期的 Pentium 计算机上。EDO 取消了主板与内存两个存储周期之间的时间间隔，它每隔两个时钟脉冲周期传输一次数据，缩短了存取时间，存取速度比 FPM 内存提高了 30%。它不必等数据读/写操作完成，只要有效时间一到就输出下一个地址，从而提高了工作效率。

3. SDRAM

第一代 SDRAM 内存为 PC66 规范，但很快由于 Intel 和 AMD 的频率之争将 CPU 外频提升到了 100MHz，所以 PC66 内存很快就被 PC100 内存取代。接着 133MHz 外频的 P3 及 K7 时代的来临，PC133 规范也以相同的方式进一步提升 SDRAM 的整体性能，带宽提高到 1GB/s 以上。由于 SDRAM 的位宽为 64 位，正好对应 CPU 的 64 位数据总线宽度，因此它只需要一条内存便可工作，便捷性进一步提高。在性能方面，由于其输入/输出信号保持与系统外频同步，因此速度明显超越 EDO 内存。

4. DDR

DDR 的核心建立在 SDRAM 的基础上，但在速度和容量上有了提高。首先，它使用了更多、更先进的同步电路。其次，DDR 使用了 Delay-Locked Loop（DLL，延时锁定回路）来提供一个数据滤波信号。当数据有效时，存储器控制器可使用这个数据滤波信号来精确定位数据，每 16 位输出一次，并且同步来自不同的双存储器模块的数据。DDR 本质上不需要提高时钟频率就能加倍提高 SDRAM 的速度，它允许在时钟脉冲的上升沿和下降沿读出数据，因而其速度是标准 SDRAM 的两倍。至于地址与控制信号则与传统 SDRAM 相同，仍在时钟上升沿进行传输。为了保持较高的数据传输率，电气信号必须要求能较快改变，因此，DDR 工作电压为 2.5V。尽管 DDR 的内存条依然保留原有的尺寸，但是插脚的数目已经从 168Pin 增加到 184Pin 了，DDR 在单个时钟周期内的上升/下降沿内都传送数据，所以具有比 SDRAM 多一倍的传输速率和内存带宽。综上所述，DDR 内存条采用 64 位的内存接口，2.5V 的工作电压，184 线接口的线路板。

第 1 代 DDR200 规范并没有得到普及，第 2 代 PC266 DDR SRAM（133MHz 时钟×2 倍数据传输＝266MHz 带宽）是由 PC133 SDRAM 内存所衍生出的，其后来的 DDR333 内存也属于一种过渡，而 DDR400 内存成为 DDR 系统平台的主流选配，双通道 DDR400 内存已经成为 800FSB 处理器搭配的基本标准，随后的 DDR533 规范则成为超频用户的选择对象。

双通道 DDR 技术是一种内存的控制技术，是在现有的 DDR 内存技术上，通过扩展内存子系统位宽使得内存子系统的带宽在频率不变的情况提高了一倍，即通过两个 64 位内存控制器来获得 128 位内存总线所达到的带宽。不过虽然双 64 位内存体系所提供的带宽等同于一个 128 位内存体系所提供的带宽，但是二者所达到效果却是不同的。双通道体系包含了两个独立的、具备互补性的智能内存控制器，两个内存控制器都能够在彼此零等待的情况下同时运作。当控制器 B 准备进行下一次存/取内存的时候，控制器 A 就在读/写主内存，反之亦然，这样的内存控制模式可以让有效等待时间缩减 50%。同时由于双通道 DDR 的两个内存控制器在功能上是完全一样的，并且两个控制器的时序参数都是可以单独编程设定的，这样的灵活性可以让用户使用三条不同构造、容量、速度的 DIMM 内存条，此时双通道 DDR 通过调整最低的密度来实现 128 位带宽，允许不同密度/等待时间特性的 DIMM 内存条可以可靠地共同运作。

5. DDR2

随着 CPU 性能不断提高，人们对内存性能的要求也逐步升级，DDR2 替代 DDR 也就成了理所当然的事情。DDR2 是在 DDR 的基础之上改进而来的，外观、尺寸与 DDR 内存几乎一样，但为了保持较高的数据传输率，适合电气信号的要求，DDR2 对针脚进行重新定义，采用了双向数据控制针脚，针脚数也由 DDR 的 184Pin 增加为 240Pin，与 DDR 相比，它具有以下优点。

（1）更低的工作电压。由于 DDR2 内存使用更为先进的制造工艺（起始的 DDR2 内存采用 0.09μm 的制作工艺，其内存容量可以达到 1GB 到 2GB，后来的 DDR2 内存在制造上进一步提升为更加先进的 0.065μm 制作工艺，这样 DDR2 内存的容量可以达到 4GB）和对芯片核心的内部改进，DDR2 内存将把工作电压降到 1.8V，这就预示着它的功耗和发热量都会在一定程度上得以降低，在 533MHz 频率下的功耗只有 304mW（而 DDR 在工作电压为 2.5V，在 266MHz 下功耗为 418mW）。

（2）更小的封装。DDR 内存主要采用 TSOP-Ⅱ 封装，而在 DDR2 时代，TSOP-Ⅱ 封装彻底退出内存封装市场，改用更先进的 CSP（FBGA）无铅封装技术。它是比 TSOP-Ⅱ 更为贴近芯片尺寸的封装方法，由于在晶圆上就做好了封装布线，因此在可靠性方面达到了更高的水平。

（3）更低的延迟时间。在 DDR2 中，整个内存子系统都重新进行了设计，大大降低了延迟时间，延迟时间介于 1.8～2.2ns（由厂商根据工作频率不同而设定），远低于 DDR 的 2.9ns。由于延迟时间的降低，从而使 DDR2 可以达到更高的频率，最高可以达到 1GHz 以上。而 DDR 由于已经接近了物理极限，其延迟时间无法进一步降低，这也是为什么 DDR 的最大运行频率不能再有效提高的原因之一。

（4）采用了 4 位 Prefect 架构。DDR2 在 DDR 的基础上新增了 4 位数据预取的特性，这也是 DDR2 的关键技术之一。现在的 DRAM 内部都采用了 4bank 的结构，内存芯片内部单元称为 Cell，它由一组 Memory Cell Array 构成，也就是内存单元队列。内存芯片的频率分成 DRAM 核心频率、时钟频率、数据传输率三种。

在 SDRAM 中，它的数据传输率和时钟周期同步，SDRAM 的 DRAM 核心频率和时钟频率及数据传输率都一样。

在 DDR SDRAM 中，核心频率和时钟频率是一样的，而数据传输率是时钟频率的两倍，DDR 在每个时钟周期的上升沿和下降沿传输数据，一个时钟周期传输 2 次数据，因此 DDR 的数据传输率是时钟频率的两倍。

在 DDR2 SDRAM 中，核心频率和时钟频率已经不一样了，由于 DDR2 采用了 4 位 Prefetch 技术。Prefetch（数据预取技术）可以认为是端口数据传输率和内存 Cell 之间数据读/写之间的倍率，DDR2 采用了 4 位 Prefetch 架构，也就是它的数据传输率是核心工作频率的 4 倍。实际上，数据先输入到 I/O 缓冲寄存器，再从 I/O 寄存器输出。DDR2 400 SDRAM 的核心频率、时钟频率、数据传输率分别是 100MHz、200MHz、400Mb/s。

（5）ODT（内终结器设计）功能进入 DDR 时代。DDR 内存对工作环境提出更高的要求，如果先前发出的信号不能被电路终端完全吸收而在电路上形成反射现象，就会对后面信号产生影响从而造成运算出错。因此，支持 DDR 主板都是通过采用终结电阻来解决这个问题的。由于每根数据线至少需要一个终结电阻，这意味着每块 DDR 主板需要大量的终结电阻，无形中也增加了主板的生产成本，而且由于不同的内存模组对终结电阻的要求不可能完全一样，这也造成了所谓的内存兼容性问题。而在 DDR2 中加入了 ODT 功能，即将终结电阻设于内存芯片内，当在 DRAM 模组工作时把终结电阻关掉，而对于不工作的 DRAM 模组则进行终结操作，起到减少信号反射的作用，这样可以产生更干净的信号，从而达到更高的内存时钟频率。将终结电阻设计在内存芯片上还可简化主板的设计，降低成本，由于终结电阻和内存芯片的特性相符，从而也减少了内存与主板兼容问题的出现。

6．DDR3

如图 5-5 所示，SDRAM→DDR→DDR2→DDR3 最大的改进就是预取位数在不断地增加，而内核频率却没有什么变化，所以随着制程的改进，电压和功耗可以逐步降低。DDR3 提供了相对于 DDR2 更高的运行效能与更低的电压，是 DDR2（4 倍速率同步动态随机存取内存）的后继者（增加至 8 倍）。DDR3 在 DDR2 基础上采用了新型设计。

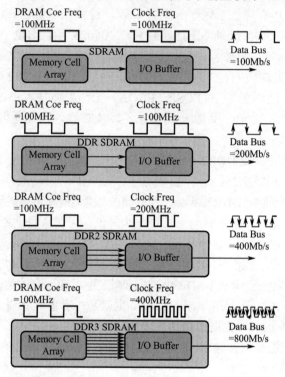

图 5-5 SDRAM、DDR、DDR2 和 DDR3 的数据传输方式

（1）采用 8 位预取设计。DDR2 采用 4 位预取设计，这样 DRAM 内核的频率只有接口频率的 1/8，DDR3 800 的核心工作频率只有 100MHz。

（2）采用点对点的拓扑架构，以减轻地址、命令与控制总线的负担。

（3）采用 100nm 以下的生产工艺，将工作电压从 1.8V 降至 1.5V，增加异步重置（RESET）与 ZQ 校准功能。

在功能上，DDR3 也有了较大的改进，为同时代的 CPU 提供更好的数据支持，与 DDR2 主要的不同之处如下。

（1）突发长度（Burst Length，BL）。由于 DDR3 采用 8 位预取设计，所以突发传输周期也固定为 8 个周期，而对于 DDR2 和早期的 DDR 架构系统，BL=4 也是常用的，DDR3 为此增加了一个 4 位 Burst Chop（突发突变）模式，即由一个 BL=4 的读取操作加上一个 BL=4 的写入操作来合成一个 BL=8 的数据突发传输，由此可通过 A12 地址线来控制这一突发模式。而且需要指出的是，任何突发中断操作都将在 DDR3 内存中予以禁止，且不予支持，取而代之的是更灵活的突发传输控制（如 4 位顺序突发）。

（2）寻址时序（Timing）。和 DDR2 从 DDR 转变而来后延迟周期数增加一样，DDR3 的 CL 周期也将比 DDR2 有所提高。DDR2 的 CL 范围一般在 2～5 之间，而 DDR3 则在 5～11

之间，且附加延迟（AL）的设计也有所变化。DDR2 时 AL 的范围是 0～4，而 DDR3 时 AL 有三种选项，分别是 0、CL-1 和 CL-2。另外，DDR3 还新增了一个时序参数——写入延迟（CWD），这一参数将根据具体的工作频率而定。

（3）重置功能。重置是 DDR3 新增的一项重要功能，并为此专门准备了一个引脚。这一引脚将使 DDR3 的初始化处理变得简单。当 RESET 命令有效时，DDR3 内存将停止所有操作，并切换至最少量活动状态，以节约电力。在 RESET 期间，DDR3 内存将关闭内在的大部分功能，所有数据接收与发送器都将关闭，所有内部的程序装置将复位，DLL（延迟锁相环路）与时钟电路将停止工作，而且不理睬数据总线上的任何动静。这样一来，将使 DDR3 达到最节省电力的目的。

（4）ZQ 校准功能。在内存芯片新增一个 ZQ 引脚，在这个引脚上接有一个 240Ω 的低公差参考电阻。这个引脚通过一个命令集和片上校准引擎（On-Die Calibration Engine，ODCE）来自动校验数据输出驱动器导通电阻与 ODT 的终结电阻值。当系统发出这一指令后，将用相应的时钟周期（在加电与初始化之后用 512 个时钟周期，在退出自刷新操作后用 256 个时钟周期，在其他情况下用 64 个时钟周期）对导通电阻和 ODT 电阻进行重新校准。

（5）参考电压。在 DDR3 系统中，对于内存系统工作非常重要的参考电压信号 VREF 将分为两个信号，即为命令与地址信号服务的 VREFCA 和为数据总线服务的 VREFDQ，这将有效地提高系统数据总线的信噪等级。

（6）点对点连接。这是为了提高系统性能而进行的重要改动，也是 DDR3 与 DDR2 的一个关键区别。在 DDR3 系统中，一个内存控制器只与一个内存通道打交道，而且这个内存通道只能有一个插槽，因此，内存控制器与 DDR3 内存模组之间是点对点（P2P）的关系（单物理 Bank 的模组），或者是点对双点（Point-to-two-Point，P22P）的关系（双物理 Bank 的模组），从而大大地减轻了地址、命令、控制与数据总线的负载。而在内存模组方面，与 DDR2 的类别相类似，也有标准 DIMM（台式计算机）、SO-DIMM/Micro-DIMM（笔记本电脑）、FB-DIMM2（服务器）之分，其中第 2 代 FB-DIMM 采用规格更高的 AMB2（高级内存缓冲器）。

与 DDR2 相比，面向 64 位构架的 DDR3 显然在频率和速度上拥有更多的优势。此外，由于 DDR3 所采用的根据温度自刷新、局部自刷新等功能，在功耗方面 DDR3 也要出色得多。

7．DDR4

DDR4 是 JEDEC 2012 年发布的标准，是一种高带宽的计算机存储器规格。DDR4 与 DDR3 内存相比，性能有了大幅度提升，它们之间的差异主要体现在以下 4 个方面。

（1）外观。内存的金手指都是直线型的，而 DDR4 内存的金手指发生了明显的改变，那就是变得弯曲了。由于平直的内存金手指插入内存插槽后，受到的摩擦力较大，存在难以拔出和难以插入的情况，为了解决这个问题，DDR4 首先将内存下部设计为中间稍突出、边缘收矮的形状。在中央的高点和两端的低点以平滑曲线过渡。这样的设计既可以保证 DDR4 内存的金手指和内存插槽触点有足够的接触面，信号传输在确保信号稳定的同时，让中间凸起的部分和内存插槽产生足够的摩擦力稳定内存。其次，DDR4 内存的金手指本身设计有较明显变化。金手指中间的"缺口"也就是防呆口的位置相比 DDR3 更为靠近中央。在金手指触点数量方面，普通 DDR4 内存有 288 个，而 DDR3 则有 240 个，每一个触点的间距从 1mm 缩减到 0.85mm。再次，标准尺寸的 DDR4 内存在 PCB 的长度和高度上，也做出了一定调整。由于 DDR4 芯片封装方式的改变及高密度、大容量的需要，因此 DDR4 的 PCB 层数相比 DDR3 更多。

（2）带宽和频率。DDR4 内存显著提高了频率和带宽，DDR4 内存的每个针脚都可以提供 2Gb/s（256MB/s）的带宽，DDR4-3200 的就是 51.2GB/s，DDR4 内存频率提升明显，最高可达 4266MHz。DDR 在发展过程中，一直都以增加数据预取值为主要的性能提升手段。但到了 DDR4 时代，数据预取的增加变得更为困难，所以推出了 Bank Group 的设计。每个 Bank Group 可以独立读写数据，这样一来内部的数据吞吐量大幅度提升，可以同时读取大量的数据，内存的等效频率在这种设置下也得到了巨大的提升。DDR4 架构采用了 8b 预取的 Bank Group 分组，包括使用两个或者 4 个可选择的 Bank Group 分组，这使 DDR4 内存的每个 Bank Group 分组都有独立的激活、读取、写入和刷新操作，从而改进内存的整体效率和带宽。如此一来如果内存内部设计了两个独立的 Bank Group，相当于每次操作 16 位的数据，变相地将内存预取值提高到了 16b，如果是 4 个独立的 Bank Group，则将变相的预取值提高到了 32b。

如果说 Bank Group 是 DDR4 内存带宽提升的关键技术的话，那么点对点总线则是 DDR4 整个存储系统的关键性设计，对于 DDR3 内存来说，目前数据读取访问的机制是双向传输。而在 DDR4 内存中，访问机制已经改为了点对点技术，这是 DDR4 整个存储系统的关键性设计。在 DDR3 内存上，内存和内存控制器之间的连接是通过多点分支总线来实现的，这种总线允许在一个接口上挂接许多同样规格的芯片。目前主板上往往为双通道设计 4 根内存插槽，但每个通道在物理结构上只允许扩展容量。这种设计的特点就是当数据传输量一旦超过通道的承载能力，无论怎么增加内存容量，性能都不会提升多少。就好比在一条主管道可以有多个注水管，但受制于主管道的大小，即便可以增加注水管来提升容量，但总的送水率并没有提升。因此在这种情况下，当 2GB 增加到 4GB 时会感觉性能提升明显，但是再继续盲目增加容量就没有什么意义了，所以多点分支总线的特点是扩展内存很容易，但却浪费了内存的位宽。因此，DDR4 抛弃了这样的设计，转而采用点对点总线，即内存控制器每个通道只能支持唯一的一根内存。相比多点分支总线，点对点相当于一条主管道只对应一个注水管，这样设计的好处可以大大简化内存模块的设计、容易达到更高的频率。不过，点对点设计的问题也同样明显，一个重要因素是点对点总线每通道只能支持一根内存，如果 DDR4 内存单条容量不足的话，将很难有效提升系统的内存总量。当然，这难不倒开发者，3DS 封装技术就是扩增 DDR4 容量的关键技术。

（3）容量。DDR4 内存使用了 3DS（3-Dimensional Stack，三维堆叠）技术，用来增大单颗芯片的容量，单条内存容量被提升至 128GB。即使是消费级桌面版也有 16GB，4 条就可以组建 64GB 容量。3DS 技术最初是由美光公司提出的，它类似于传统的堆叠封装技术，如手机芯片中的处理器和存储器很多都采用堆叠焊接在主板上以减少体积。堆叠焊接和堆叠封装的差别在于，一个在芯片封装完成后、在 PCB 上堆叠；另一个是在芯片封装之前，在芯片内部堆叠。一般来说，在散热和工艺允许的情况下，堆叠封装能够大大降低芯片面积，对产品的小型化是非常有帮助的。在 DDR4 上，堆叠封装主要用 TSV 硅穿孔的形式来实现。所谓硅穿孔，就是用激光或蚀刻方式在硅片上钻出小孔，然后填入金属连通孔洞，这样经过硅穿孔的不同硅片之间的信号可以互相传输。在使用了 3DS 堆叠封装技术后，单条内存的容量最大可以达到 DDR3 产品的 8 倍之多。举例来说，当时常见的大容量内存单条容量为 8GB（单颗芯片 512MB，共 16 颗），而 DDR4 则完全可以达到 64GB，甚至 128GB。

（4）更低功耗、更低电压。DDR4 内存采用了 TCSE（Temperature Compensated Self-Refresh，温度补偿自刷新，主要用于降低存储芯片在自刷新时消耗的功率）、TCAR（temperature Compensated Auto Refresh，温度补偿自动刷新，和 TCSE 类似）、DBI（Data Bus Inversion，数据总线倒置，用于降低 VDDQ 电流，减少切换操作）等新技术。

8. DDR5

DDR5 规范最初计划于 2018 年发布，DDR5 内存将保持与 DDR4 相同的 288 个引脚数，但因为其采用了双通道设计，对应引脚布局也发生了一些改变，故 DDR4 内存和 DDR5 产品是无法兼容的。相比 DDR4，DDR5 的内存密度和性能有了较大提高，但是功耗进一步降低。具体的不同体现在以下几个方面。如表 5-1 所示，为 JEDEC 所发布的 DDR3、DDR4、DDR5 之间的参数对比。

表 5-1　DDR3、DDR4、DDR5 之间的参数对比

Type	DDR5	DDR4	DDR3
Max Die Density	64Gbit	16Gbit	4Gbit
Max UDIMM Size	128GB	32GB	8GB
Max Data Rate	6.4Gbps	3.2Gbps	1.6Gbps
Channels	2	1	1
Width (Non-ECC)	64-bits (2×32)	64-bits	64-bits
Banks (Per Group)	4	4	8
Bank Groups	8/4	4/2	1
Burst Length	BL16	BL8	BL8
Voltage (Vdd)	1.1V	1.2V	1.5V
Vddq	1.1V	1.2V	1.5V

（1）内存密度方面，DDR5 内存标准将允许单个内存芯片的密度达到 64Gbit，是 DDR4 内存标准的 16Gbit 密度的 4 倍，相比 DDR4 的最大 UDIMM 容量，也高达 4 倍。

（2）在工作速度方面，有更快的速度。与前几代的 DDR 内存单个 DIMM 单通道相比，它增加了一个通道，由 2 个通道组成一个 64bit 的位宽。同时，每个通道的 Burst Length 从 8 字节（BL8）翻倍到 16 字节（BL16），这意味着每个通道每次操作将交付 64 字节。与 DDR4 DIMM 相比，以两倍于额定内存速度（相同核心速度）运行的 DDR5 DIMM 将在 DDR4 DIMM 传输一个 DDR4 DIMM 的时间内提供两个 64 字节操作，从而使有效带宽增加了一倍。从表中可以看到，DDR5 最大数据传输率可高达 6.4Gbps。

（3）在电压控制方面，DDR5 的 Vddq 相比 DDR4 更低，只有 1.1V，这得以让 DDR5 以更低的功率运行。

5.3　内存的优化与测试

5.3.1　内存的优化

1. 监视内存

系统的内存不管有多大，总是会用完的。虽然有虚拟内存，但由于硬盘的读/写速度无法与内存的速度相比，所以在使用内存时，就要时刻监视内存的使用情况。Windows 操作系统中提供了一个系统监视器，可以监视内存的使用情况。当用户发现只有 60%的内存资源可用时，就要注意调整内存了，不然就会严重影响计算机的运行速度和系统性能。

2．及时释放内存空间

如果用户发现系统的内存不多了，就要注意释放内存。所谓释放内存，就是将驻留在内存中的数据从内存中释放出来。释放内存最简单、有效的方法，就是重新启动计算机，或者关闭暂时不用的程序。

3．优化系统的虚拟内存设置

虚拟内存（Virtual Memory）是计算机系统内存管理的一种技术。它可以使应用程序认为拥有连续的可用内存（一个连续完整的地址空间），而实际上，它通常被分隔成多个物理内存碎片，还有部分暂时存储在外部磁盘存储器上，在需要时进行数据交换。如果计算机缺少运行程序或操作所需的随机存取内存（RAM），则 Windows 使用虚拟内存进行补偿。一般情况下，可以由系统或系统优化软件分配，或者设置为物理内存的 1.5～2 倍。

4．优化内存中的数据

在 Windows 中，驻留内存中的数据越多，占用的内存资源越大，所以桌面和任务栏的快捷图标不要设置得太多。如果内存资源较为紧张，可以考虑尽量少用各种后台驻留的程序。平时在操作计算机时，不要打开太多的文件或窗口。长时间地使用计算机后，如果没有重新启动，内存中的数据排列就有可能因为比较混乱，而导致系统性能的下降。这时就要考虑重新启动计算机。

5．提高系统其他部件的性能

计算机其他部件的性能对内存的使用也有较大的影响，如总线类型、CPU、硬盘和显存等。如果显存太小，而显示的数据量很大，再多的内存也不可能提高其运行速度和系统效率；如果硬盘的速度太慢，则会严重影响整个系统的工作。

5.3.2 内存的测试

人们通常会觉得内存出错损坏的概率不大，并且认为如果内存损坏，是不可能通过主板的开机自检程序的。事实上这个自检程序的功能很少，而且只是检测容量和速度而已，许多内存出错的问题并不能检测出来。如果在运行程序时，不时有某个程序莫名其妙地失去响应或突然退出应用程序；打开文件时，偶尔提示文件损坏，但稍后又能打开，这种情况下就应该考虑测试内存了。对于内存的测试，可以借助于以下几个软件。

1．Memtest86+

Memtest86+是一款免费的内存测试软件，测试准确度比较高，内存的隐性问题也能被检查出来，可以到 http://www.memtest86.com/下载最新版本。Memtest86+不需要操作系统，可以从软驱、光盘及 U 盘启动，用户可以根据选择的启动方式下载不同版本的软件，将其安装到对应的启动载体上。由于 Memtest86+的运行不需要加载计算机的操作系统，这也意味着可以测试更多的内存，虽然不能检测计算机 100%的内存容量，但是可以比一般检测软件更加全面。

在制作好软盘、U 盘或光盘后，就可以用这张盘来启动计算机，Memtest86+会自动开始测试内存，其测试界面如图 5-6 所示。在 Memtest86+ V5.01 以后的版本中，加入了两种测试模式"Fail-Safe Mode"与多线程的"Multi-Threading"两种，可以分别通过按【F1】与【F2】键进入。其中"Multi-Threading"模式，最高可以支持 32 个核心。软件在选择超时后，会默认进入"Fail-Safe Mode"。

在"Memtest86 5.31b"程序版本号下，可以看到当前系统 CPU 的型号和频率，CPU 的一级缓存和二级缓存的大小、速度，物理内存的容量和速度，以及主板芯片组的类型。通过这些信息就可以对系统主要配置有个大致的了解。

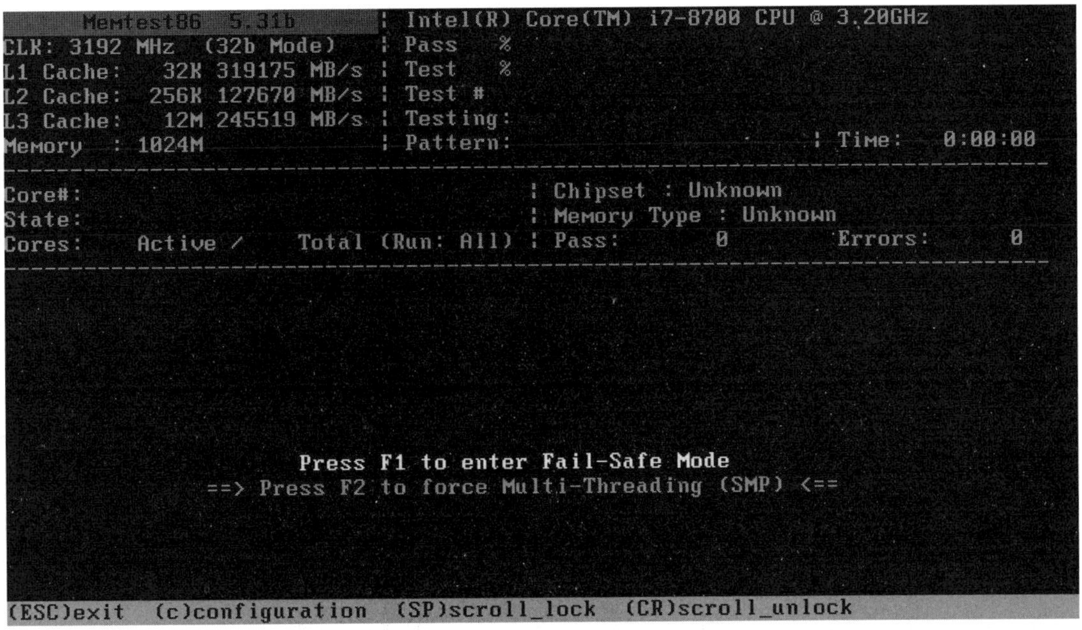

图 5-6　Memtest86+的启动界面

　　如图 5-7 所示，在系统信息的右侧显示的是测试的进度，"Pass"显示的是主测试进程的完成进度；"Test"显示的是当前测试项目的完成进度；"Test #"显示的是目前的测试项目，"Testing"显示已测试的内存容量，"Time"是已测试的时间。Memtest86+的测试是无限制循环的，除非要结束测试程序，否则它将一直测试下去。

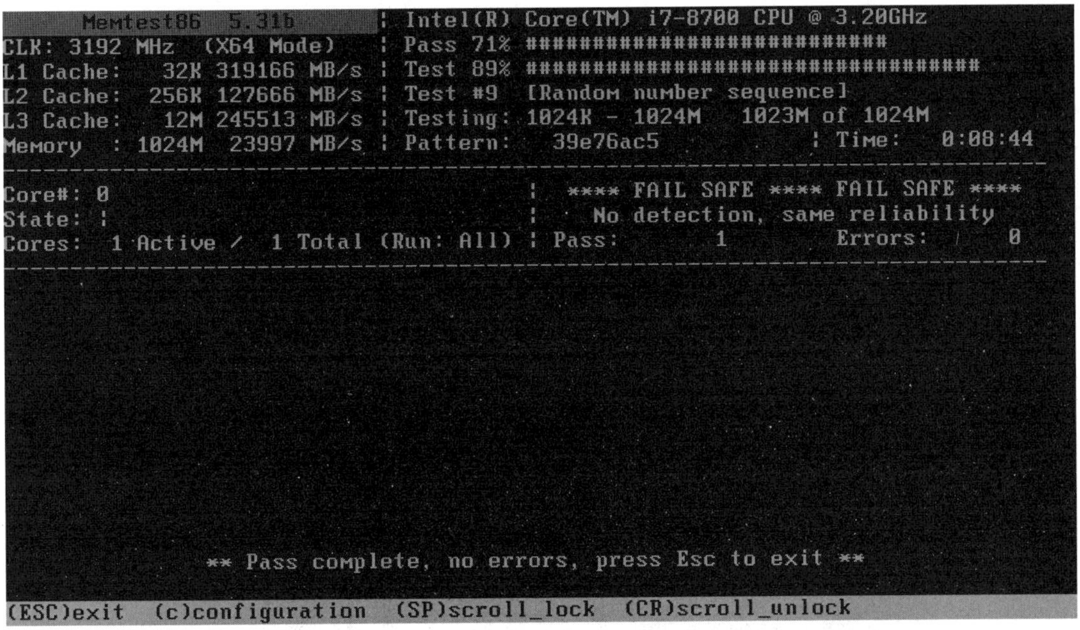

图 5-7　Memtest86+测试界面

　　要进行完全测试，可以按【C】键打开 Memtest86+的设置菜单，菜单的界面如图 5-8 所示，接着按【1】数字键选择"Test Selection"选项（注意从主键盘输入数字），可以在此设置测试内存地址的范围，出现错误的报告方式，参与测试机 CPU 核心的工作方式。

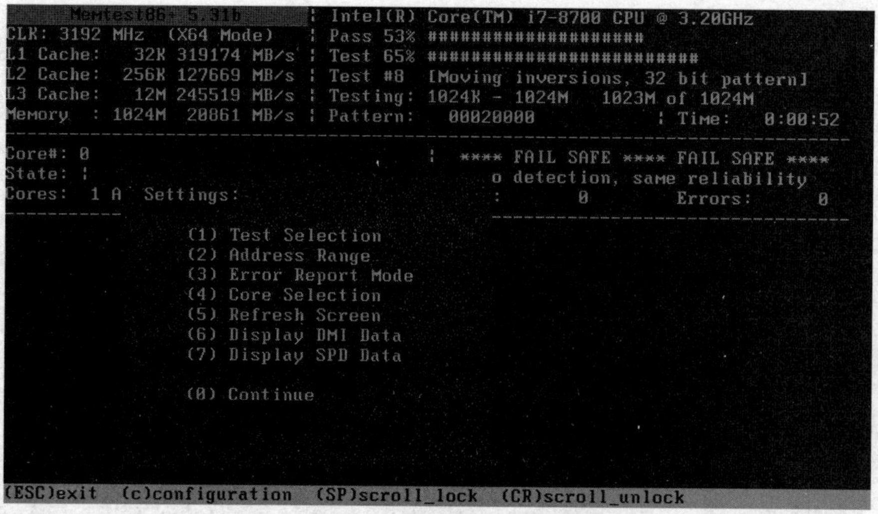

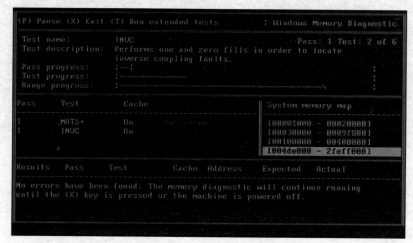

图 5-8　Memtest86+的选择菜单界面

开始测试后，主要的内存突发问题（比如"死亡"位）将在几秒内检测出来，如果是由特定位模式触发的故障，则需要较长时间才能检测出来，对此需要有耐心。Memtest86+一旦检测到缺陷位，就会在屏幕底部显示一条出错消息，但是测试还将继续下去。如果完成几遍测试后，没有任何错误信息，那么就可以确定内存是稳定可靠的；如果检测出现问题，则试着降低 BIOS 中内存参数的选项值，如将内存 CAS 延迟时间设置为足够大，再进行测试，这样可能会避免错误的出现，让内存运行时保持稳定。最后值得注意的是如果系统有多根内存条，那么就需要单独测试，这样才能分清到底是哪根内存条出错。

2. Windows Memory Diagnostic

该软件是微软发布的一款用来检查计算机内存的软件，其界面如图 5-9 所示。这款软件能用启发式分析方法来诊断内存错误，也是基于光盘的方式启动，如果没光驱可以用 U 盘启动。工具启动时默认为"Standard"（标准）模式，此模式包括 6 项不同的连续内存测试，每项测试都使用一种独特的算法来扫描不同类型的错误。在程序运行时，屏幕会显示每个单独测试的结果，并列出它的进度及正在扫描的内存地址范围。这 6 项测试完成后，此工具将使用同样的测试运行下一轮测试，并将一直持续下去，直至按【X】键退出软件为止。但通常情况下，一轮测试即足以确定内存是否存在故障。

图 5-9　Windows Memory Diagnostic

5.4 内存的选购

从功能上，可以将内存看作是内存控制器与 CPU 之间的桥梁，内存就相当于"仓库"。显然，内存的容量决定"仓库"的大小，而内存的速度决定"桥梁"的宽窄，两者缺一不可，这也就是通常说的内存容量与内存速度。当 CPU 需要内存中的数据时，它会发出一个由内存控制器所执行的要求，内存控制器将要求发送至内存，并在接收数据时向 CPU 报告整个周期（从 CPU 到内存控制器，内存再回到 CPU 所需的时间）。毫无疑问，缩短整个周期是提高内存速度的关键，而这一周期就是由内存的频率、存取时间、位宽来决定的。更快速的内存技术对整体性能表现有重大的贡献，但是提高内存速度只是解决方案的一部分，如果内存的数据供给高于 CPU 的处理能力，这样也不能充分地发挥该内存的能力，因此在选择内存的时候，要根据 CPU 对数据速率的要求，然后选择相应的内存，从而使得内存能良好地将数据传给 CPU。目前一般发布 CPU 的参数都有对内存支持的最大频率，如 Intel 酷睿 i7 第 8 代 CPU 的内存规格为 DDR4-2666，就是说最大只支持 2666MHz 频率的 DDR4 内存，因此，选购内存时一定要考虑 CPU 支持内存的参数，只要选择的与 CPU 要求的尽量保持一致即可。

5.4.1 内存组件的选择

在确定好所需要内存的容量及型号以后，选购做工质量好的内存就显得尤为重要。

1. 内存颗粒

内存颗粒是内存条重要的组成部分，内存颗粒将直接关系到内存容量的大小和内存条的好坏。因此，一个好的内存必须有良好的内存颗粒作保证。同时不同厂商生产的内存颗粒参数、性能都存在一定的差异，一般常见的内存颗粒厂商有镁光、英飞凌、三星、现代、南亚、茂矽等。

2. 金手指

金手指（Connecting Finger）是内存条与内存插槽之间的连接部件，所有的信号都是通过金手指进行传送的。金手指由众多金黄色的导电触片组成，因其表面镀金而且导电触片排列如手指状，所以称为金手指。质量好的金手指从外观看会富有光泽，由于镀层的关系是一个"漂亮的接口"，而忽视这方面工艺的厂商生产的金手指则显得暗淡无光。

3. PCB

PCB（电路板）是所有电子元器件的重要组成部分，就像人体的骨架一样。PCB 的生产过程非常复杂，对设计者的技术要求非常之高，良好的 PCB 设计可以节省一定的成本。在 PCB 金手指上方和芯片上方都会有很小的陶瓷电容，这些细小的环节往往被人们所忽视。一般来说，电阻和电容越多对于信号传输的稳定性越好，尤其是位于芯片旁边的电容和第一根金手指引脚上的滤波电容。

4. SPD 隐藏信息

SPD 能够直观反映出内存的性能及体制。它里面存放着内存可以稳定工作的指标信息及产品的生产厂商等信息。不过，由于每个厂商都能对 SPD 进行随意修改，因此很多杂牌内存厂商都会将 SPD 参数进行修改，更有甚者根本就没有 SPD 这个元件，或者有些兼容内存生产商直接仿造名牌产品的 SPD，不过一旦上机使用就会原形毕露。因此，对于品牌内存来说，SPD 参数是非常重要的；但是对于杂牌内存来说，SPD 的信息并不值得完全相信。

5.4.2　内存芯片的标识

在国内市场常见的内存由韩国、中国台湾等厂商生产。内存条的生产厂商和品牌相当多，无品牌的内存条市场份额相当大，因此内存市场出现鱼龙混杂的现象，用户在购买内存条时应当小心。常见品牌的内存条有金士顿、胜创、三星、现代、宇瞻、金邦等，采用盒装和在内存条上贴有品牌标志来出售。正品品牌内存条有良好的品质，厂商也能提供良好的售后服务。

内存条容量和性能主要由内存芯片决定，通过了解内存芯片的标识，可以推算出内存容量。在我国常见的内存芯片厂商有三星 SAMSUNG、现代 Hynix（以前为 Hyundai）、镁光 Micron、胜创 Kingmax 等，在内存芯片上都有相应的厂商品牌标识及芯片的型号，通过内存芯片上的型号可以知道其容量构成和规格。各内存厂商生产的内存芯片命名规则不同，具体命名规则可查阅各厂商的网站或相关资料。

5.4.3　内存选购要点

1．按需购买，量力而行

在购买内存时，首先要考虑到所配计算机的作用，根据作用的不同而考虑内存的容量及型号。如果只是需要日常的应用，则根据当前的主流配置，选择容量一般、频率中等的内存就可以了；如果需要图像处理或者高档的娱乐功能，则应根据自身的经济状况，尽量选取性能优越的内存。

2．认准内存类型

要根据所购买的主板来选取相应的内存，不同时代的主板芯片组对内存的支持也是不一样的，因此必须仔细查看主板的参数，然后选择对应的内存。目前 DDR5 内存已经成为市场的主流产品。

3．注意 Remark

有些"作坊"把低档内存芯片上的标识打磨掉，再重新写一个新标识，从而把低档产品当高档产品卖给用户，这种情况就叫 Remark。由于要打磨或腐蚀芯片的表面，一般都会在芯片的外观上表现出来。正品的芯片表面都很有质感，要么有光泽或荧光感要么就是亚光的。如果觉得芯片的表面色泽不纯甚至比较粗糙、发毛，那么这颗芯片的表面一定是磨损过的。

4．仔细察看电路板

电路板的做工要求板面要光洁，色泽均匀；元器件焊接要求整齐划一，绝对不允许错位；焊点要均匀、有光泽；金手指要光亮，不能有发白或发黑的现象；板上应该印制有厂商的标识。常见的劣质内存经常是芯片标识模糊或混乱、电路板毛糙、金手指色泽灰暗、电容歪歪扭扭如手焊一般、焊点不干净利落。

5．售后服务

目前最常看到的情形是用橡皮筋将内存扎成一捆进行销售，用户得不到完善的咨询和售后服务，也不利于内存品牌形象的维护。部分有远见的厂商已经开始完善售后服务渠道，如 Winward 拥有完善的销售渠道，切实保障了消费者的权益。用户应该选择良好的经销商，一旦购买的产品在质保期内出现质量问题，只需及时去更换即可。

5.5　内存的常见故障及排除

内存作为计算机中重要的设备之一，故障的频发率相当高，大部分的死机、蓝屏、无法启动等故障基本上都是由内存所引起的。因此，在检查硬件故障时，往往将内存故障放在首要位置优先判断。常见的内存故障有以下几种情况。

1．内存接触不良故障

接触不良是最常见的故障，一般是由于用户内存没有插到位、内存槽有灰尘或者内存槽自身有问题引起的。此类故障的通常表现是开机后系统发出报警、报警信息随着 BIOS 的不同而不同。由于 DDR 内存对内存插槽的要求较高，而国产品牌机为了节省成本选用的内存插槽质量不高，使用二三年后最容易出现此类故障。内存接触不良的原因有以下几种。

（1）内存插槽变形。这种故障不是很常见，一般是由于主板变形导致内存插槽损坏造成的。出现此类故障，把内存条插入内存插槽时，主机加电开机自检，不能通过，就会出现连续的短"嘀"声，即常说的内存报警。

（2）引脚烧熔。现在的内存条和内存插槽都有防插反设计，但还是有许多初学者把内存插反，造成内存条和内存插槽个别引脚烧熔，这时只能放弃使用损坏的内存插槽。

（3）内存插槽有异物。如果有其他异物在内存插槽里，当插入内存条时就不能插到底，使其无法安装到位，也会出现开机报警现象。

（4）内存金手指氧化。这种情况最容易出现，一般见于使用半年或一年以上的机器中。当天气潮湿或天气温度变化较大时，无法正常开机。

处理上述故障，只要清理内存插槽中的灰尘，或者用力将内存条插到位就可以了，对于内存插槽有问题的，将主板返回经销商退换即可。注意在安装和检修时，一定不能用手直接接触内存插槽的金手指，因为手上的汗液会黏附在内存条的金手指上。如果内存条的金手指做工不良或根本没有进行镀金工艺处理，那么在使用过程中很容易出现金手指氧化的情况，时间长了就会导致内存与内存插槽接触不良，产生开机内存报警的情况。对于内存条氧化造成的故障，必须小心地使用橡皮把内存条的金手指认真擦一遍，擦得发亮后再插回去。此外，即使不经常使用计算机，也要每隔一个星期开机一次，让机器运行一两个小时，利用机器自身产生的热量把机器内部的潮气驱走，从而保持机器良好的运行状态。

2．兼容性故障

内存兼容性故障主要包括内存和其他部件不兼容，或多条内存条之间不相互兼容。故障的主要表现是，系统无法正常启动、内存容量丢失等。处理此类故障时，首先通过修改系统设置参数看能不能解决问题，如果不能，只有通过更换相互冲突的部件，以使它们正常工作。

3．系统内存参数设置不当故障

系统内存参数设置不当故障一般表现在系统速度很慢，并且系统经常提示内存不足或者经常死机等。处理此类故障，只要根据故障的具体情况重新设置相关参数就可以了。系统设置主要有以下两个方面：

（1）BIOS 中有关内存的参数设置。

（2）操作系统中有关内存方面的设置。

4．内存质量故障

内存质量问题主要包括用户购买的内存质量不合格，或由于用户使用不当造成内存损坏。故障主要表现是开机后无法检测到内存、在安装操作系统时速度特别慢或者中途出错、系统经常提示注册表信息出错等。如果是内存质量问题，一般用户很难进行维修，可以到经销商处退换，或送专业的维修站进行维修。否则，只能购买新的内存以排除故障。

实验 5

1. 实验项目

内存的型号识别和性能测试。

2. 实验目的

（1）了解内存的分类。

（2）熟悉内存的指标含义。

（3）掌握内存的测试工具。

3. 实验准备及要求

（1）DDR3、DDR4 和 DDR5 内存各一种。

（2）Memtest86+、Windows Memory Diagnostic 等工具软件。

4. 实验步骤

（1）查看三种内存的外观区别。

（2）下载 Memtest86+、Windows Memory Diagnostic 等工具软件。

（3）利用工具软件对 DDR5 内存进行性能的测试。

5. 实验报告

（1）写出对三种内存的外观描述。

（2）写出三种内存的性能差距。

（3）写出用内存测试软件 Memtest86+、Windows Memory Diagnostic 等工具对内存进行测试的结果。

习题 5

1. 填空题

（1）内存储器包括_____、_____、_____等。

（2）DDR 在时钟信号_____沿与_____沿各传输一次数据，这使得 DDR 的数据传输速度为传统 SDRAM 的_____。

（3）DDR4 能够提供每插脚最少_____ MB/s 的带宽，而且其接口将运行于_____电压上。

（4）内存带宽是指内存数据传输的速率，即每秒传输的字节数，其计算方法为_____。

（5）常见内存的校验方法有_____与_____。

（6）SDRAM 内存使用_____电压，DDR 内存使用_____电压，DDR2 内存使用_____电压，DDR3 内存使用_____电压，DDR4 内存使用_____电压，DDR5 内存使用_____电压。

（7）内存时序，由 4 组数字组成，分别为_____。

（8）_____是内存条与内存插槽之间的连接部件，所有的信号都是通过_____进行传送的。

（9）_____能够直观反映出内存的性能及参数，它里面存放着内存可以稳定工作的指标信息及产品的生产、厂商等信息。

（10）DDR5 由____个通道组成一个____的位宽。同时，每个通道的 Burst Length 是____字节。

2. 选择题

（1）现在的主流内存是（　　）。

A. DDR4　　　　　　　　B. SDRAM　　　　　　　　C. DDR2　　　　　　　　D. DDR5

（2）下面哪一个不是 ROM 的特点？（　　）

A．价格高　　　　　　　　　B．容量小　　　　　　　　C．掉电后数据消失　　　　D．掉电后数据不消失

（3）DDR4 SDRAM 内存的金手指位置有（　　）个引脚。

A．184　　　　　　　　　　B．220　　　　　　　　　　C．288　　　　　　　　　　D．240

（4）DDR5 的工作电压为（　　）V。

A．1.1　　　　　　　　　　B．1.5　　　　　　　　　　C．2.5　　　　　　　　　　D．1.8

（5）一条标有 PC2700 的 DDR 内存，其属于下列的（　　）规范。

A．DDR 200MHz　　　　　B．DDR 266MHz　　　　　C．DDR 333MHz　　　　　D．DDR 400MHz

（6）通常衡量内存速度的单位是（　　）。

A．纳秒　　　　　　　　　B．秒　　　　　　　　　　C．十分之一秒　　　　　　D．百分之一秒

（7）在计算机内存储器中，不能修改其存储内容的是（　　）。

A．RAM　　　　　　　　　B．PROM　　　　　　　　C．DRAM　　　　　　　　D．SRAM

（8）下列存储单位中最大的是（　　）。

A．Byte　　　　　　　　　B．KB　　　　　　　　　　C．MB　　　　　　　　　　D．GB

（9）1GB 的容量等价于（　　）。

A．100MB　　　　　　　　B．1000B　　　　　　　　C．1024MB　　　　　　　D．1024KB

（10）将存储器分为主存储器、高速缓冲存储器和 BIOS 存储器，这是按（　　）标准来划分的。

A．工作原理　　　　　　　B．封装形式　　　　　　　C．功能　　　　　　　　　D．结构

3．判断题

（1）DRAM（Dynamic RAM）即动态 RAM，其特点为集成度高、价格低、只可读不可写。（　　）

（2）不同规格的 DDR 内存使用的传输标准也不尽相同。（　　）

（3）内存报警，就一定是内存条坏了。（　　）

（4）内存储器也就是主存储器。（　　）

（5）DDR5 与 DDR4 的引脚数都是 288，并且采用了同样的布局。（　　）

4．简答题

（1）SDRAM 与 DDR 的工作方式有什么不同？

（2）DDR5 的工作电压是多少？与 DDR4 相比，它有哪些优点？

（3）如何选购一个好内存？

（4）如何进行内存的日常维护？

（5）内存接触不良的原因主要有哪些？

第 6 章

外存储器

外存储器是指除计算机内存及 CPU 缓存以外的存储器，此类存储器在断电后仍然能保存数据，是计算机最主要的数据存储服务的提供者。常见的外存储器有硬盘、软盘、光盘、移动硬盘、U 盘等。软盘和软盘驱动器，在计算机中已被彻底淘汰，本章将介绍硬盘、固态硬盘、移动硬盘、闪存与闪存盘。

6.1 硬盘驱动器

硬盘驱动器（Hard Disk Drive）简称硬盘，是计算机中广泛使用的外部存储设备，它具有较大的存储容量和较快的存取速度。

6.1.1 硬盘的物理结构

硬盘的存储介质是若干个钢性磁盘片。它的技术特点为磁头、盘片及运动机构密封在一个盘腔中，固定并高速旋转的磁盘片表面平整光滑，磁头沿盘片径向移动，磁头与盘片之间为接触式启停，工作时呈飞行状态不与盘片直接接触。

1. 硬盘的外部结构

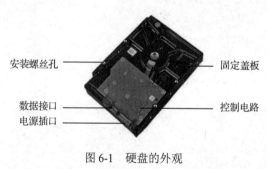

安装螺丝孔　　　　　　　　固定盖板
数据接口　　　　　　　　控制电路
电源插口

图 6-1　硬盘的外观

硬盘的外观如图 6-1 所示，从外部看硬盘由以下几部分组成。

（1）接口。硬盘接口包括电源插口和数据接口两部分。其中电源插口与主机电源相连，为硬盘工作提供电力保证；数据接口则是硬盘和主板上硬盘控制器之间进行数据传输交换的纽带。硬盘数据接口主要有 4 种：EIDE（IDE、ATA）接口、SAS（Serial Attached SCSI）接口、光纤接口和 Serial ATA（SATA）接口。EIDE 接口造价低廉，然而其速率过低，目前已停止使用；SAS 接口结合了 SATA 接口与 SCSI 接口两者的优点而诞生的，主要应用于商业级关键数据的大容量存储；光纤接口的硬盘传输速度快，但需要专用的适配器，主要应用在任务级关键数据的大容量实时存储上；SATA 接口现在已经彻底替换了 IDE 接口的主导地位，采用 4 针的接口，传输速率较 IDE 有大幅提高。

（2）控制电路。硬盘控制电路采用贴片式元件焊接技术，包括主轴电机调速电路、磁头驱动与伺服定位电路、读写电路、控制与接口电路等。在电路板上还有一块高效的单片机，在其内部 ROM 中固化的软件可以进行硬盘的初始化、执行加电和启动主轴电机、加电初始寻道、定位及故障检测等。基于稳定运行和加强散热的原因，控制电路板都是裸露在硬盘表面的，在电路板上还安装有高速缓存芯片，容量有 32、64、128、256 及 512MB。

（3）固定盖板。固定盖板实际是硬盘的面板。面板上标注有产品的型号、厂商、产地、跳线设置说明等。它和底板结合成一个密封的整体，保证硬盘盘片和机构的稳定运行。

（4）安装螺丝孔。安装螺孔的位置在硬盘底座的两边和底部，用于将硬盘安装在机箱架上或硬盘盒中。

2．硬盘的内部结构

硬盘是一个高精密度的机电一体化产品，它由头盘组件 HDA（Head Disk Assembly）和印制电路板组件 PCBA（Printed Circuit Board Assembly）两大部分构成。由于将硬盘的所有机械运动及传动装置密封在一个净室的腔体内，因此，大大提高了硬盘的防尘、防潮和防有害气体污染的能力，如图 6-2 所示。

图 6-2　硬盘的内部结构

（1）头盘组件。头盘组件包括盘体、主轴电机、读/写磁头、磁头臂、寻道电机、弹簧装置等部件，它们被密封在一个超净腔体内。硬盘的选头电路及前置放大电路也密封在里面。硬盘的盘体由多个重叠在一起并由垫圈隔开的盘片组成，盘片是表面极为平整光滑且涂有磁性介质的金属或玻璃基质的圆片。主轴电机是用来驱动盘体做高速旋转的装置。硬盘内的主轴电机是无刷电机，采用新技术的高速轴承，机械磨损很小，可以长时间连续工作。

读/写磁头与寻道电机由磁头臂连接构成一个整体部件。为了保持长时间高速存储和读取信息，盘片的每一面都设有一个磁头，并且磁头质量很小，以便减小惯性。驱动磁头寻道的电机为音圈电机，具有优越的电磁性能，可以用极短的时间定位磁头。磁头在断电停止工作时会移动到盘片内圈的着陆区（Landing Zone），盘片上该区域没有记录信息。磁头工作时由高速旋转的盘片产生的气流吹起，呈飞行状态，它与盘面相距在 0.2μm 以下，不会对盘面造成机械磨损。新式磁头与盘面保持在 0.005～0.01μm，以便大大提高记录密度。

磁头驱动电机分为步进电机和音圈电机两种。磁头依靠一条在步进电机上的柔软金属带散开和缠绕来进行寻道，这种寻道方式已经被淘汰，现在采用音圈电机来驱动磁头。音圈电机是由一个固定有磁头臂的磁棒和线圈制作的电机，当有电流通过线圈时，线圈中的磁棒就会带着磁头一起移动，其优点是快速、精确、安全。

（2）印制电路板组件。印制电路板组件集成读/写电路、磁头驱动电路、主轴电机驱动电路、接口电路、数据信号放大调制电路和高速缓存等电子元件。其中读/写电路通过电缆或插头与前置放大电路和磁头相连接，其作用是控制磁头进行读/写操作；磁头驱动电路直接控制寻道电机，使磁头定位；主轴驱动电路是控制主轴电机带动盘体以恒定速度旋转的电路。

6.1.2　硬盘的工作原理

硬盘是利用特定磁粒子的极性来记录数据的。磁头在读取数据时，将磁粒子的不同极性转换成不同的电脉冲信号，再利用数据转换器将这些原始信号变成计算机可以使用的数据，写的操作正好与此相反。另外，硬盘中还有一个存储缓冲区，这是为了协调硬盘与主机在数据处理速度上的差异而设的。由于硬盘的结构复杂，所以它的格式化工作也很复杂，分为低级格式化、硬盘分区、高级格式化，以及建立文件管理系统。

硬盘驱动器加电正常工作后，利用控制电路中的单片机初始化模块进行初始化工作，初始化完成后主轴电机将启动并高速旋转，装载磁头的磁头驱动电机移动，将浮动磁头置于盘片表面的 00 道，处于等待指令的启动状态。当接口电路接收到计算机系统传来的指令信号，通过前置放大控制电路驱动音圈电机发出磁信号，根据感应阻值的变化，磁头对盘片数据信息进行正确定位，并将接收后的数据信息解码，通过放大控制电路传输到接口电路，反馈给主机系统完成指令操作。关闭计算机以后，硬盘进入断电状态，在弹簧装置的作用下自动复位到盘片以外的停靠区。

6.1.3 硬盘的存储原理及逻辑结构

1. 硬盘的存储原理

硬盘的盘片制作方法是将磁性物质附着在坚固耐用的盘基（圆形盘片）表面上，这些磁性物质被划分成若干个磁道。在每个同心圆的磁道上就好像有无数的任意排列的小磁铁，它们分别代表着 0 和 1 的状态。当这些小磁铁受到来自磁头的磁力影响时，其排列的方向会随之改变。利用磁头的磁力来控制指定的一些小磁铁的方向，使每个小磁铁都可以用来储存信息。圆形盘片上的小磁铁越多，存储的信息就越多。

硬盘的盘体由一个或多个盘片组成，这些盘片重叠在一起放在一个密封的盒中，它们在主轴电机的驱动下高速旋转，转速达到 5400rpm、7200rpm、10000rpm、15000rpm。不同的硬盘内部的盘片数目不同，少则一片，多则 4 片以上。每个盘片有上、下两个面，每个面都有一个磁头用于读/写数据，每个面被划分成若干磁道，每个磁道再被划分成若干个扇区，所有盘片上相同大小的同心圆磁道构成一个柱面。所以硬盘的盘体从物理磁盘的角度分为磁头、磁道、扇区和柱面。最上面的一个盘片为第 1 个盘片，其朝上的面称为 0 面，所对应的磁头为 0 号读/写头，朝下的面称为 1 面，对应的磁头为 1 号读/写头；第 2 个盘片的朝上的面称为 2 面，对应的磁头为 2 号读/写头，朝下的面为 3 面，对应 3 号读/写头，其余依次类推，如图 6-3 所示。

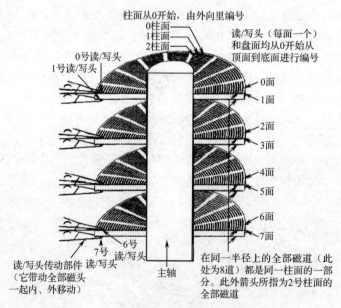

图 6-3　硬盘的存储原理示意图

（1）磁头（Head）。在硬盘中每个盘片有两个面，每个面对应着一个读/写头，所以在对硬盘进行读/写操作时，采用磁头 0、磁头 1……作为参数。

（2）磁道（Track）。磁盘在格式化时被划分成许多同心圆，其同心圆轨迹称为磁道。第 0 面的最外层磁道编号为 0 面 0 道，另一面的最外层磁道编号为 1 面 0 道，磁道编号向着盘片中心的方向增加。硬盘的盘片每一面就有成千上万个磁道。

（3）柱面（Cylinder）。整个盘体中所有盘片上的半径相同的同心磁道称为柱面。一般情况下，在进行硬盘的逻辑盘容量划分时，往往使用柱面数，而不用磁道数。

（4）扇区（Sector）。每一个磁道是一个圆环，把它划分成若干段扇形的小区，每一段就是一个扇区，是磁盘存取数据的基本单位。扇区的编号从 1 开始计起。每个磁道包含同样数目的扇区，一个扇区用于记录数据的容量为 512 字节。扇区的首部包含了扇区的唯一一地址标识 ID，扇区之间以空隙隔开，便于系统进行识别。

2. 硬盘的逻辑结构

物理硬盘在实际使用过程中，以扇区为最基础的逻辑单位，一个物理硬盘被顺序划分成若干个扇区，并被分配逻辑地址——LBA（Logical Block Addressing），然后通过 LBA 寻址机制，找到需要的扇区，并对数据进行读取。

用户在获得一个新的物理硬盘后，必须要进行逻辑划分即分区，并在分区上创建文件系统，然后才能供操作系统正常使用。常用的分区方式分为 MBR 和 GPT。

（1）MBR（Master Boot Record，主分区引导记录），如图 6-4 所示，为一种 MBR 分区方案。其中，MBR 保存在一个硬盘的最初始位置，即 0 柱面、0 磁头、1 扇区中，是计算机最先访问到的扇区。

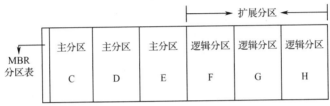

图 6-4　MBR 分区方案

MBR 包括三个部分，具体如图 6-5 所示。

引　导　程　序	硬盘分区表				有　效　标　志
Code	1	2	3	4	55AA
MBR					

图 6-5　MBR 结构

①引导程序。最多可占 MBR 前 446 字节的空间，这里的引导程序就是引导软件的第一阶段代码，如 LILO、GRUB。

②硬盘分区表（Disk Partition Table，DPT）。占据主引导扇区的 64 个字节（偏移 01BEH～偏移 01FDH），可以对 4 个分区的信息进行描述，其中每个分区的信息占据 16 个字节，这也是为什么采用此种分区的硬盘最多只能有 4 个主分区的原因。如果某硬盘一分区表的信息如下：

80 01 01 00 0B FE BF FC 3F 00 00 00 7E 86 BB 00

最前面的"80"是一个分区的激活标志，表示系统可引导；"01 01 00"表示分区开始的磁头号为 01，开始的扇区号为 01，开始的柱面号为 00；"0B"表示分区的系统类型是 FAT32，其他比较常用的有 04（FAT16）、07（NTFS）、82（Linux）、83（Linux Swap）、05（扩展分区）；"FE BF FC"表示分区结束的磁头号为 254，分区结束的扇区号为 63，分区结束的柱面号为 764；"3F 00 00 00"表示首扇区的相对扇区号为 63；"7E 86 BB 00"表示总扇区数为12289662。

③有效标志。55、AA（偏移 1FEH～1FFH）是 MBR 的最后两个字节，是检验 MBR 是否有效的标志。

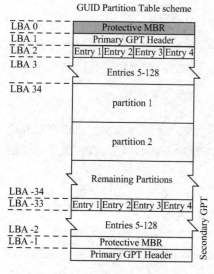

图 6-6　GPT 分区结构

（2）GPT（Globally Unique Identifier Partition Table，GUID 分区表）。相比较于 MBR，GPT 是新一代的分区方案。

如图 6-6 所示是 GPT 的分区结构，LBA 为逻辑区块地址，即前面所描述的扇区的逻辑编号。

第 0 扇区（LBA 0）：Protective MBR 是"主分区头"，和传统 MBR 分区一样，仍然为主引导记录，用于兼容 MBR 引导。

第 1 扇区（LBA 1）：Primary GPT Header 是"主分区头"，主要定义了分区表中项目数及每项大小，还包含硬盘的容量信息。

第 2～33 扇区（LBA 2～LBA 33）：这部分是"主分区节点"，使用简单而直接的方式表示分区，共 32 个扇区。如 EFI 系统分区的 GUID 类型，前 16 个字节是{C12A7328-F81F-11D2-BA4B-00A0C93EC93B}。接下来的 16 个字节是该分区唯一的 GUID（这个 GUID 指的是该分区本身，而之前的 GUID 指的是该分区的类型）。再接下来是分区起始和末尾的 64 位 LBA 编号，以及分区的名字和属性。

最后一个扇区（LBA -1）：Protective MBR，它是"主分区头"的一个备份。

从-2~-33 扇区（LBA -2~ LBA -33）：共计 32 个扇区，是"主分区节点"的一个备份。

第 34~-34 扇区（LBA 34～LBA -34）：是正常的 GPT 分区内容，用于构建文件系统（如 FAT、NTFS、EXT 等）。

6.1.4　硬盘的技术指标

1．容量（Volume）

硬盘的容量在硬盘出厂时，已经确定。平常所说硬盘的容量是多少 MB 或多少 GB，其换算关系为 1GB=1024MB=(1024×1024)KB= (1024×1024×1024)B;而硬盘生产厂商是以十进制数来计算的，即 1GB=1000MB=1000000KB=1000000000B，因此，格式化硬盘后看到的容量比厂商标称的容量要小。

2．单片容量

影响硬盘容量的因素有单片容量和盘片数量，如今硬盘正朝着薄、小、轻的方向发展，一般采取增加单片容量而不是增加盘片数量。单片容量越大，硬盘的读/写速度就越快。

3．转速（Rotational speed）

硬盘的转速是指硬盘盘片每分钟旋转的圈数，单位为 rpm（Rotation Per Minute，转/分钟）。加快转速可以提高存取速度，转速的提高是硬盘发展的另一大趋势。随着硬盘转速的不断提高，为了克服磨损加剧、温度升高、噪声增大等一系列负面影响，应用在精密机械工业的液态轴承马达（Fluid Dynamic Bearing Motors）便引入到硬盘技术中，以油膜代替滚珠，避免了金属磨损，将噪声及温度减至最低，同时油膜可有效吸收震动，使抗震能力得到提高，从而提高了硬盘的使用寿命。

4．平均寻道时间（Average Seek Time）

硬盘的平均寻道时间是指硬盘的磁头从初始位置移动到盘面指定磁道所需的时间，是影响硬盘内部数据传输率的重要参数。

硬盘读取数据的实际过程大致是：硬盘接收到读取指令后，磁头从初始位置移动到目标磁道位置（经过一个寻道时间），然后从目标磁道上找到所需读取的数据（经过一个等待时间）。硬盘在读取数据时要经过一个平均寻道时间和一个平均等待时间，即平均访问时间＝平均寻道时间＋平均等待时间。

5．最大内部数据传输率（Internal Data Transfer Rate）

通常称为持续数据传输率，单位为 Mb/s。它指磁头至硬盘缓存间的最大数据传输率，一般取决于硬盘的盘片转速和盘数据线密度（指同一磁道上的数据间隔度）。由于硬盘的内部数据传输率要小于外部数据传输率，因此内部数据传输率的高低才是衡量硬盘整体性能的决定性因素。

6．外部数据传输率（External Transfer Rate）

通常称为突发数据传输率，指从硬盘缓冲区读取数据的速率。在硬盘特性中常以数据接口速率代替，单位为 MB/s。ATA100 中的 100 就代表着这块硬盘的外部数据传输率理论最大值是 100MB/s；ATA133 则代表外部数据传输率理论最大值是 133MB/s，SATA1.0 接口的硬盘外部理论数据最大传输率可达 150MB/s，而 SATA3 接口的硬盘外部理论数据最大传输率可达 750MB/s。这些只是硬盘理论上最大的外部数据传输率，在实际的日常工作中是无法达到这个数值的，而是更多地取决于内部数据传输率。

7．缓冲容量（Buffer Size）

缓冲容量的单位为 MB。在一些厂商资料中也被写作 Cache Buffer。缓冲区的基本作用是平衡内部与外部的数据传输率。为了减少主机的等待时间，硬盘会将读取的资料先存入缓冲区，等全部读完或缓冲区填满后再以接口速率快速向主机发送。随着技术的发展，硬盘缓冲区增加了缓存功能。这主要体现在如下三个方面。

（1）预取（Prefetch）。实验表明在典型情况下，至少 50%的读取操作是连续读取。预取功能简单地说就是硬盘"私自"扩大读取范围，在缓冲区向主机发送指定扇区数据（磁头已经读完指定扇区）之后，磁头接着读取相邻的若干个扇区数据并送入缓冲区。如果后面的读操作正好指向已预取的相邻扇区，即从缓冲区中读取而不用磁头再寻址，就能提高访问速度。

（2）写缓存（Write Cache）。通常情况下在写入操作时，也是先将数据写入缓冲区再发送到磁头，等磁头写入完毕后再报告主机写入完毕，主机才开始处理下一任务。具备写缓存的硬盘则在数据写入缓区后即向主机报告，让主机提前"解放"处理其他事务（进行剩下的磁头写入操作时，主机不用等待），提高了整体效率。为了进一步提高效能，现在的硬盘都应用了分段式缓存技术（Multiple Segment Cache），将缓冲区划分成多个小块，存储不同的写入数据，而不必为小数据浪费整个缓冲区空间，同时还可以等所有段写满后统一写入，性能更好。

（3）读缓存（Read Cache）。将读取过的数据暂时保存在缓冲区中，如果主机再次需要时可直接从缓冲区提取，加快了速度。读缓存同样也可以利用分段或缓存技术，存储多个互不相干的数据块，缓存多个已读数据，进一步提高缓存命中率。目前主流 SATA 硬盘的缓存一般为 32～512MB。

8．噪音与温度（Noise & Temperature）

这两个指标属于非性能指标。硬盘的噪音主要来源于主轴马达与音圈马达，降噪也是从这两点入手的（盘片的增多也会增加噪音）。每个厂商都有自己的标准，并声称硬盘的表现是它们预料之中的，完全在安全范围之内。由于硬盘是机箱中的一个组成部分，它的高热会提高机箱的整体温度，当达到某一温度时，也许硬盘本身没事，但周围的配件可能会被损坏，所以对于硬盘的温度也要加以注意。

9．接口方式

常用的硬盘采用的是 SATA 或 SAS 的接口方式。

6.1.5 硬盘的主流技术

（1）自动检测分析及报告技术（Self-Monitoring Analysis and Report Technology，S.M.A.R.T）。该技术的原理是通过侦测硬盘各属性，如数据吞吐性能、马达起动时间、寻道错误率等属性值和标准值进行比较分析，推断硬盘的故障情况并给出提示信息，帮助用户避免数据损失。该技术必须在主板支持的前提下才能发生作用，而且同时也应该看到 S.M.A.R.T. 技术并不是万能的，它主要是对渐发性故障的监测，而对于一些突发性的故障，如对盘片的突然冲击等，也是无能为力的。

（2）NCQ（Native Command Queuing，全速命令排队）技术。它是一种使硬盘内部优化工作负荷执行顺序的技术，通过对内部队列中的命令进行重新排序实现智能数据管理，改善硬盘因机械部件而受到的各种性能制约。NCQ 技术是 SATA Ⅱ 规范中的重要组成部分，也是 SATA Ⅱ 规范唯一与硬盘性能相关的技术。

（3）新的辅助写入技术。硬盘经过多年的发展，其基本构造已经固定，为了进一步提高硬盘的存储密度，硬盘厂家提出了各自新的辅助写入技术。MAMR 与 HAMR 是比较成功的技术。HAMR（Heat-Assisted Magnetic Recording，热辅助磁记录）技术是希捷公司提出的，用以提升硬盘容量的技术。MAMR（Microwave-Assisted Magnetic Recording，微波辅助磁记录）技术是由西数公司提出的，用以提升硬盘容量的技术。未来，一块硬盘的容量可达 40TB 以上。

6.1.6 硬盘的选购

硬盘的选购，应按需购买，着重考虑以下几种参数：

（1）容量。确定所需硬盘的容量大小。

（2）硬盘的读/写速度。读/写速度是指硬盘的内/外部传输率。

（3）硬盘缓存的大小。缓存的大小与速度是直接关系到硬盘传输速度的重要因素，能够大幅度地提高硬盘整体性能。当硬盘存取零碎数据时需要不断地在硬盘与内存之间交换数据，如果有大缓存，则可以将那些零碎数据暂存在缓存中，减小外系统的负荷，提高了数据的传输速度。当接口技术已经发展到一个相对成熟的阶段的时候，缓存的大小与速度是直接关系到硬盘的传输速度的重要因素。

（4）硬盘的稳定性。一般指对发热、噪声的控制。

通过对以上参数的对比，可选择出最佳性价比的硬盘产品。此外，选购时还应注意以下几个问题。

①在价格同等的情况下尽量选单片容量大、转速高、缓存大、接口速度快、售后服务好的产品。尽量选同批产品口碑好的品牌。

②注意识别水货与正品。水货一般无包装（或很差）、不保修或保修期很短；正品（行货）一般包装精致，全国联保。

③避免买到返修及二手硬盘。如果硬盘表面序列号与包装盒不一致、价格过低、有划伤、

灰尘等，一定是返修硬盘或二手旧硬盘，要慎重选购。

6.1.7 硬盘安装需注意的问题

在安装硬盘的过程中要注意以下问题。

（1）要注意硬盘的朝向，应将有电路板的那面朝下，这样能够更好地保护硬盘的电路，也不会让空气中的尘埃落到上面而影响硬盘的正常工作。

（2）要轻拿轻放，防止由于强烈震动造成的磁头或者盘面的损伤。

（3）要认清硬盘的接口，硬盘的数据接口和电源接口与连线都有明显的卡扣，如果不能正常安装，要仔细检查接口和连线，而不能盲目用力。

（4）如果是多块硬盘，要注意硬盘的安装方式。IDE 硬盘要考虑主、从盘的跳线设置，SATA 硬盘则要认清主板上 SATA 通道的连接次序，从而能够在 BIOS 中对硬盘的启动及硬盘的正常工作有良好的控制。

（5）硬盘在连接好并通电以后，严禁对机箱或硬盘进行搬动，因为在通电后，硬盘的盘片已经处于高速运转状态，如果发生强烈的震动，必定会对硬盘造成毁灭性的损害。

6.1.8 硬盘的维护及故障分析

1. 硬盘的日常维护

（1）保持计算机工作环境的清洁。硬盘用带有超精过滤纸的呼吸孔与外界相通，它可以在普通无净化装置的室内环境中使用，若在灰尘严重的环境下，灰尘会被吸附到 PCB 的表面、主轴电机的内部堵塞呼吸过滤器，因此必须防尘。环境潮湿、电压不稳定都可能导致硬盘损坏。

（2）养成正确关机的习惯。硬盘在工作时突然关闭电源，可能会导致磁头与盘片猛烈摩擦而损坏硬盘，还会使磁头不能正确复位而造成硬盘的划伤。关机时一定要注意面板上的硬盘指示灯是否还在闪烁，只有当硬盘指示灯停止闪烁、硬盘结束读/写后方可断电。

（3）用户不能自行拆开硬盘盖。硬盘的制造和装配过程是在绝对无尘的环境下进行的，一般计算机用户不能自行拆开硬盘盖，否则空气中的灰尘进入硬盘内，高速低飞的磁头组件旋转带动的灰尘或污物都可能使磁头或盘片损坏，导致数据丢失，即使仍可继续使用，硬盘寿命也会大大缩短，甚至会使整块硬盘报废。

（4）注意防高温、防潮、防电磁干扰。硬盘的工作状况和使用寿命与温度有很大的关系，硬盘工作温度以 20～30℃为宜，如果温度过高，会使晶体振荡器的时钟主频发生改变，还会造成硬盘电路元件失灵，磁介质也会因热胀效应而造成记录错误；如果温度过低，空气中的水分会被凝结在集成电路元件上，造成短路。另外，尽量不要使硬盘靠近强磁场，如音箱、扬声器等，以免硬盘所记录的数据因磁化而损坏。

（5）要定期整理硬盘。定期整理硬盘可以提高速度，如果碎片积累过多，不但访问效率下降，还可能损坏磁道。但也不要频繁整理硬盘，同样会缩短硬盘寿命。

（6）注意预防病毒和木马程序。硬盘是计算机病毒攻击的重点目标，应注意利用最新的杀毒软件对病毒进行防范。要定期对硬盘进行杀毒，并注意对重要的数据进行保护和经常性的备份。建议平时不要随便运行来历不明的应用程序和打开邮件附件，运行前一定要先查病毒和木马。

（7）拿硬盘的正确方法。在计算机维护时，应用手抓住硬盘两侧，并避免与其背面的电路板直接接触，要轻拿轻放，不要磕碰或者与其他坚硬物体相撞；不能用手随便地触摸硬盘背面的电路板，因为手上可能会有静电，静电会伤害到硬盘上的电子元件，导致无法正常运行。还有切勿带电插拔硬盘。

（8）让硬盘智能休息。让硬盘智能地进入关闭状态，对硬盘的工作温度和使用寿命有很大的帮助，首先打开系统"控制面板"→"性能和维护"→"电源管理"→"关闭硬盘"，将时间设置为 30 分钟，单击"应用"按钮后退出即可。

（9）轻易不要低级格式化操作。不要轻易进行硬盘的低级格式化操作，避免对盘片性能带来不必要的影响。

（10）避免频繁进行高级格式化操作。

2．硬盘的故障分析

通常，硬盘的故障分为两类：

（1）硬故障。硬故障是指硬盘驱动器物理结构上的故障，需要拆机进行检修和诊断。有时要用专门的仪器来检测故障，然后进行修理和更换。

（2）软故障。软故障主要是硬盘驱动器的主引导扇区、硬盘分区表、系统分区、系统文件等发生故障，引起的硬盘瘫痪。对于软故障，若是分区表问题则可以利用分区表工具，例如 DiskGenius、傲梅分区助手等软件对硬盘的分区进行修复；若是磁盘格式化问题，可以用格式化工具，例如，DiskGenius、傲梅分区助手、Disk Partition Wiper、低级格式化工具等软件对硬盘进行重新划分和格式化。硬盘故障维修流程如图 6-7 所示。

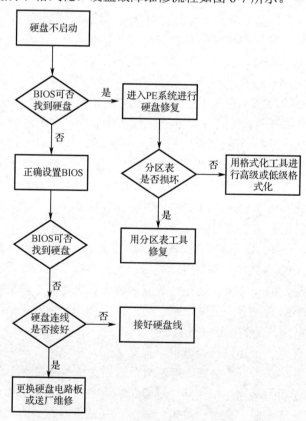

图 6-7　硬盘故障维修流程

【注意】 硬盘的分区修复、硬盘分区及低级格式化等操作，需要在 DOS 环境或者 PE 环境下进行。

6.2 固态硬盘

目前固态硬盘产品有 3.5 英寸、2.5 英寸、1.8 英寸等多种类型，市面上能见到的最大容量为 2TB，接口规格主要有 SATA、MSATA、M.2、PCI-E、U.2 等。固态硬盘的内部构造十分简单，用工具拆开外壳固定螺钉，可以看到固态硬盘内主体其实就是一块 PCB，而这块 PCB 上最基本的配件就是主控芯片、缓存芯片和用于存储数据的闪存芯片，如图 6-8 所示。

主控芯片

闪存芯片

缓存芯片

图 6-8　固态硬盘的内部结构

市面上比较常见的固态硬盘有 Marvell、Microchip、OCZ、Samsung、SMI、Jmicron、Sage、GOKE 等多种主控芯片。主控芯片是固态硬盘的"大脑"，其作用一是合理调配数据在各个闪存芯片上的负荷；二是承担了整个数据中转、连接闪存芯片和外部接口。不同的主控之间能力相差非常大，在数据处理能力、算法、对闪存芯片的读/写控制上都会有非常大的不同，会直接导致固态硬盘产品的性能差距高达数十倍。

缓存芯片在主控芯片的旁边，固态硬盘和传统硬盘一样需要高速的缓存芯片辅助主控芯片进行数据处理。这里需要注意的是，有一些廉价固态硬盘为了节省成本，省去了这块缓存芯片，这样对使用的性能会有一定的影响。

除了主控芯片和缓存芯片，PCB 上其余的大部分位置都是闪存芯片了。闪存芯片又分为 SLC、MLC 和 TLC 三种。

（1）SLC（Single Level Cell，单层式储存）。它因为结构简单，在写入数据时电压变化的区间小，所以寿命较长。传统的 SLC NAND 闪存可以经受 10 万次的读/写，而且因为一组电压即可驱动，所以其速度表现更好。由于成本过高，基本上只会用在高端的企业级固态硬盘中。

（2）MLC（Multi Leveled Cell，多层式储存）。它采用较高的电压驱动，通过不同级别的电压在一块硬盘中记录两组位信息，这样就可以将原本 SLC 的记录密度理论上提升一倍。作为目前在固态硬盘中应用最为广泛的 MLC NAND 闪存，其最大的特点就是以更高的存储密度换取更低的存储成本，从而可以获得进入更多终端领域的契机。不过，MLC 的缺点也很明显，其写入寿命较短，读/写方面的能力也比 SLC 差，官方给出的可擦写次数仅为 1 万次。

（3）TLC（Triple-Level Cell，三层式存储），这种架构的原理与 MLC 类似，但可以在每个储存单元内储存 3 个信息比特。TLC 的写入速度比 SLC 和 MLC 都慢，寿命也比 SLC 和 MLC 短，优势是容量更大、成本更低。

6.2.1　固态硬盘的接口

如表 6-1 所示，为目前主要的固态硬盘接口。

表 6-1　固态硬盘接口

名　　称	接 口 图 片	发 布 时 间	最 高 带 宽	NVMe 支持
SATA		2003 年	SATA1.0（1.5Gb/s） SATA2.0（3.0Gb/s） SATA3.0（6.0Gb/s）	不支持
SATA Express		2013 年	16Gb/s	支持
U.2		2015 年	32Gb/s	支持
mSATA		2009 年	6Gb/s	不支持
M.2	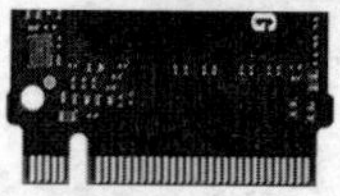	2013 年	Socket 2（16Gb/s） Socket 3（32Gb/s）	支持
PCI-E		2004 年	PCI-E3.0（32Gb/s）	支持
SAS		2005 年	SAS-1（3Gb/s） SAS-2（6Gb/s） SAS-3（12Gb/s） SAS-4（22.5Gb/s）	不支持

6.2.2　固态硬盘与传统机械硬盘对比

随着越来越多的厂商加入固态硬盘领域，存储市场即将面临新一轮洗牌，固态硬盘取代传统机械硬盘（有时简称传统硬盘）的呼声越来越高，固态硬盘时代似乎即将到来。固态硬盘和传统机械硬盘的参数对比如表 6-2 所示。

表 6-2　固态硬盘与传统硬盘优/劣势对比

项　　目	固 态 硬 盘	传统机械硬盘
容　　量	小	大
价　　格	高	低
随机存取	极快	一般
写入次数	SLC:10 万次；MLC:1 万次	无限制
工作噪声	无	有
工作温度	极低	较明显
防　　震	很好	较差
重　　量	轻	重

可以看到，固态硬盘相比传统机械硬盘有以下优势。

（1）存取速度方面。SSD 固态硬盘采用闪存作为存储介质，读取速度相对传统机械硬盘更快，而且寻道时间几乎为 0，这样的特质在作为系统盘时，可以明显加快操作系统的启动速度和软件的启动速度。

（2）抗震性能方面。SSD 固态硬盘由于完全没有机械结构，所以不怕震动和冲击，不用担心因为震动造成不可避免的数据损失。

（3）发热功耗方面。SSD 固态硬盘不同于传统机械硬盘，不存在盘片的高速旋转，所以发热也明显低于传统机械硬盘，而且 Flash 芯片的功耗极低，这对于使用笔记本电脑的用户来说，意味着电池续航时间的增加。

（4）使用噪声方面。SSD 固态硬盘没有盘体机构，不存在磁头臂寻道的声音和高速旋转时候的噪声，所以 SSD 工作时完全不会产生噪声。

不过，虽然固态硬盘性能非常诱人、优点也极多，但也有以下缺点。

（1）相对于传统机械硬盘，固态硬盘的容量较小，目前市面上最大的容量仅为 4TB。

（2）固态硬盘闪存具有擦写次数限制的问题，和传统机械硬盘相比有寿命的限制。

（3）与传统机械硬盘相比，售价要高许多。

6.2.3 混合硬盘

混合硬盘是把磁性硬盘和闪存集成到一起的一种硬盘，是一块基于传统机械硬盘诞生出来的新硬盘，除了机械硬盘必备的盘片、马达、磁头等，还内置了 NAND 闪存颗粒，闪存颗粒将用户经常访问的数据进行储存，可以达到类似 SSD 效果的读取性能。

下面以希捷 2TB SSHD 为例，介绍 SSHD 硬盘。如图 6-9 所示，希捷 2TB SSHD 混合硬盘看起来更像是"机械硬盘"，因为以新酷鱼 2TB 为盘体，构建了其容量和读/写性能，而内置的 8GB NAND 闪存通过 AMT 技术识别最为重要的数据，并将其存储起来（这有点类似于"缓存盘"），从而实现了系统的加速运行。从背面看，希捷 2TB SSHD 与普通的希捷 2TB 机械硬盘并没有明显的不同，其实最大的区别在于 PCB 的背面。希捷 2TB SSHD 混合硬盘配备了机械硬盘传统的主控 LSI B69002VO 及马达转速控制芯片，外加三星的 64MB DDR2 缓存。除此之外，SSD 模块里，希捷 2TB SSHD 混合硬盘搭配了东芝 24nm MLC 闪存芯片及 ASIC 主控。通过希捷独家的 Adaptive Memory 核心技术实现 SSD 的性能，从而使得 SSHD 的性能相对于传统的机械硬盘有较大幅度的提升。

图 6-9　希捷 2TB SSHD 混合硬盘

6.2.4 固态硬盘的选购

固态硬盘的选购要遵循按需购买的原则，具体应考虑以下几个方面：

（1）接口。在 6.2.2 节已经介绍过主流的接口，要根据需求选定接口。

（2）容量。由于固态硬盘的价格相对昂贵，要按照需要确定合适的容量。

（3）主控。主控芯片决定了 SSD 的稳定性，要选购大品牌的主控。

（4）闪存。由于 SLC 价格太贵，应将 MLC 闪存作为购买的首选。

（5）固件。应挑选具备独立固件研发能力的 SSD 厂商，固件的品质越好，SSD 的性能就越佳。

6.2.5 固态硬盘的维护

与传统机械硬盘有所不同，固态硬盘的日常使用，应注意以下几点。

（1）不要进行碎片整理。消费级固态硬盘的擦写次数是有限制的，碎片整理会大大减少固态硬盘的使用寿命。Windows 的"磁盘整理"功能是机械硬盘时代的产物，并不适用于 SSD。

（2）分区时预留空间，尽量不要使固态硬盘满载。

（3）减少分区。一方面主流 SSD 容量都不是很大，分区越多意味着浪费的空间越多，另一方面分区太多容易导致分区错位，在分区边界的磁盘区域性能可能受到影响。最简单地保持"4K 对齐"的方法就是用 Windows 7 及以上操作系统自带的分区工具进行分区，这样能保证分出来的区域都是 4K 对齐的。

（4）固态硬盘存储越多性能越慢。应及时清理无用的文件，设置合适的虚拟内存大小，将电影、音乐等大文件存放到传统机械硬盘里非常重要，必须让固态硬盘分区保留足够的剩余空间。

（5）及时更新固件。固件好比主板上的 BIOS，可以控制固态硬盘一切内部操作，不仅直接影响固态硬盘的性能、稳定性，也会影响其寿命。优秀的固件包含先进的算法，能减少固态硬盘不必要的写入，从而减少闪存芯片的磨损，维持性能的同时也延长了固态硬盘的寿命。因此及时更新官方发布的最新固件显得十分重要，它不仅能提升性能和稳定性，还可以修复之前出现的 Bug。

6.3 移动硬盘

硬盘是计算机的主要存储设备，但是硬盘经常移动容易损坏，因此一般固定在计算机机箱内。而在计算机的应用中，需要大量的数据交换和系统备份，其他存储设备由于容量小又无法满足，于是人们发明了移动硬盘。移动硬盘是以硬盘为存储介质的一种便携性存储产品。它多采用 USB、Type-C 等传输速度较快的接口。

6.3.1 移动硬盘的构成

移动硬盘主要由外壳、电路板（控制芯片、数据和接口）和硬盘三大部分组成，具体如图 6-10 所示。

1. 外壳

移动硬盘的外壳如图 6-11 所示，一般是铝合金或者塑料材质的，一些厂商在外壳和硬盘之间还添加了防震材质，好的硬盘外壳可以起到抗压、抗震、防静电、防摔、防潮、散热等作用。一般来说，金属外壳的抗压和散热性能比较好，而塑料外壳在抗震性方面相对

硬盘

接口

电源

外壳

电路板

图 6-10 移动硬盘内部结构

更好一些。

2．控制芯片

移动硬盘的控制芯片如图 6-12 所示，它在移动硬盘的电路板上，直接关系到硬盘的读/写性能。目前控制芯片主要分高、中、低三个档次，因此，移动硬盘的价格和所采用的控制芯片密切相关。

图 6-11　移动硬盘的外壳　　　　图 6-12　移动硬盘的控制芯片

3．接口

接口就是移动硬盘和计算机连接的数据输入、输出点，通过数据线的连接实现数据的传输。目前常用的接口主要是 USB、Type-C 接口。

4．电源

移动硬盘的电源有两种形式，一种需要独立供电，这种移动硬盘具有电源接口；另一种移动硬盘的供电依靠数据接口，如 USB 接口。无论哪种方式，如果供电不足，都会导致硬盘查找不到、数据传输出错，甚至影响移动硬盘的使用寿命。

5．硬盘

硬盘是移动硬盘中最重要的组成部分，常用的有 3.5 英寸台式计算机硬盘、2.5 英寸笔记本电脑硬盘和 1.8 英寸微型硬盘。

6.3.2　移动硬盘的接口

移动硬盘常见的数据接口有 USB、Type-C 接口。

（1）USB 接口。USB 是移动硬盘盒的主流接口方式，也是几乎所有计算机都有的接口。2017 年，USB-IF 对 USB 接口进行重新命名，其中，USB3.2 Gen1 理论速度为 5Gb/s，USB3.2 Gen2 理论速度为 10Gb/s，USB3.2 Gen2*2 理论速度为 20Gb/s。

（2）Type-C 接口。Type-C 接口又称 USB-C，是 USB 接口形式的一种，目前在计算机主机、移动硬盘、笔记本电脑、手机上被广泛使用。如图 6-13 所示，为 Type-C 插座端的引脚

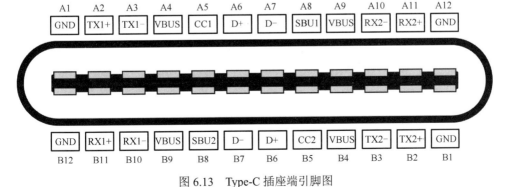

图 6.13　Type-C 插座端引脚图

图，包含了 4 对 TX/RX 分线，2 对 USBD+/D-，1 对 SBU，2 个 CC，4 个 VBUS 及 4 个 GND。2021 年 9 月，USB-IF 组织发布的最新 Type-C 接口和线缆 V2.1 版本标准协议中，Type-C 的供电能力提升到 240W，这意味着未来的移动硬盘完全可以由 Type-C 的线缆供电。

6.3.3 移动硬盘的保养及故障分析

1．移动硬盘的保养及使用时要注意的问题

（1）移动硬盘虽然是可以移动的，但应尽量不要让其震动。

（2）在使用时一定要放到平稳、无震动的地方，如果使用过程中剧烈震动可能对硬盘造成损坏。

（3）用好的数据线。使用好的数据线，可以使其供电充足，不容易损坏硬盘。

（4）合理的分区。硬盘分区最好要合理，这样对硬盘是一种保护。

（5）在不进行数据复制时应当拔下硬盘，不让其长时间工作。

（6）最好不要对移动硬盘进行碎片整理。

（7）在别人的计算机上使用移动硬盘时最好把 USB 数据线插到主机主板接口上，因为计算机硬件不同，如果把 USB 前置线接错，则容易烧坏硬盘。

2．移动硬盘的常见故障及排除方法

（1）USB 移动硬盘在连接到计算机之后，如果系统没有弹出"发现 USB 设备"的提示，这可能是在 BIOS 中没有为 USB 接口分配中断号，从而导致系统无法正常地识别和管理 USB 设备。

（2）移动硬盘在 Windows Server 系统上使用时无法显示盘符图标。Windows Server 是一个面向服务器的操作系统，对新安装的存储器必须手工为其添加盘符。

（3）新买的移动硬盘，在接入计算机后发现 USB 硬盘读/写操作发出"咔咔"的声音，经常产生读/写错误。因为硬盘是新买的，所以可以暂不考虑这是移动硬盘的硬件故障。由于 USB 接口的设备需要+5V、500mA 供电，如果供电不足会导致移动硬盘读/写错误，甚至无法识别。这时可以尝试更换 USB 接口供电方式，从+5V USB 切换为主板+5V 供电；如果仍不能解决问题则考虑更换电源。

（4）USB 移动硬盘能被操作系统识别，却无法打开移动硬盘所在的盘符；USB 移动硬盘在操作系统中能被发现，但被识别为"未知的 USB 设备"，并提示安装无法继续进行。移动硬盘对工作电压和电流有较高的要求（工作电压+5V，最大电流要求 500mA），如果主板上 USB 接口供电不足，会造成上述现象。可以参考上面第（3）条的解决办法。

（6）在 Windows 系统中，移动硬盘无法在系统中弹出和关闭。这可能是系统中有其他程序正在访问移动硬盘中的数据，从而产生对移动硬盘的读/写操作。这时可以关闭所有对移动硬盘进行操作的程序，尽可能在弹出移动硬盘时关闭系统中的病毒防火墙等软件。

6.4 闪存与闪存盘

6.4.1 闪存

半导体存储器可以分为两种不同的基本类型，即仅在被连接到电池或其他电源时才能保存数据的存储器（易失存储器），以及即使在没有电源的情况下仍然能够保存数据的存储器（不易失存储器）。闪存（Flash Memory）是一种长寿命的不易失存储器，其存储特性相当于硬盘。

闪存主要分为以下两种：NOR 型（或非）和 NAND 型（与非）。NOR 型与 NAND 型闪存的区别很大，打个比方说，NOR 型闪存更像内存，有独立的地址线和数据线，但价格比较贵，容量比较小；而 NAND 型闪存更像硬盘，其地址线和数据线是共用的 I/O 线，类似硬盘的所有信息都通过一条硬盘线传送。而且 NAND 型与 NOR 型闪存相比，成本要低一些，而容量却大得多。因此，NOR 型闪存比较适合频繁随机读/写的场合，通常用于存储程序代码并直接在闪存内运行；NAND 型闪存主要用来存储资料，常用的闪存产品，如闪存盘、数码存储卡都是 NAND 型闪存。

目前，使用半导体做介质的存储产品已经广泛应用于数码产品之中。它具有重量轻、体积小、通用性好、功耗小等特点。由于移动存储器对大容量、低功率、高速度的需要，因此并不是所有类型的半导体介质存储单元都能够作为移动存储器的材料，综合各种特点，闪存是最好的一种存储器，所以各种基于半导体介质的存储器的存储单元都是闪存的。不过，由于各个厂商使用的技术不同，即便是同样使用闪存做存储单元，也有不同类型的产品，主要体现在物理规格和电气接口上的差别。现在比较通用的产品类型有 CompactFlash Card（CFC）、SmartMedia Card（SMC）、MultiMedia Card（MMC）、Memory Stick（MS）、USB 闪存盘等。虽然基于闪存的产品具有重量、体积、抗震、防尘、功耗等方面的绝对优势，但是它的价格相比使用磁介质的存储器来说，仍然要高一些。

6.4.2 闪存盘

根据 Flash 的技术构成，闪存盘的结构为接口控制器+缓存 RAM+Flash 芯片，不过随着芯片工艺技术的发展，它将逐渐发展到单片集成所有功能，这样就更加缩小了体积，增加了可靠性。

U 盘，全称 USB 闪存盘，是一种使用 USB 接口的无须物理驱动器的微型高容量移动存储产品，通过 USB 接口与计算机连接，实现即插即用。1999 年深圳市朗科科技有限公司推出的以 U 为商标的闪存盘（OnlyDisk）是世界上首创基于 USB 接口，采用闪存介质的存储产品。目前市面上的闪存盘多数以 U 盘的形式存在，如图 6-14 所示。

6-14　各种 U 盘的外形

和软盘、可移动硬盘、CD-RW、ZIP 盘、Smart Media 卡及 Compact Flash 卡等传统存储设备相比，闪存盘具有非常明显的优异特性。

（1）体积非常小，仅大拇指般大小，重量仅约 20 克。

（2）容量大。

（3）不需要驱动器，无外接电源。

（4）使用简便，即插即用，带电插拔。

（5）存取速度快，目前数据读取速率在 200MB/s 以上。

（6）可靠性好，可擦写达 100 万次，数据可保存 10 年。

（7）抗震、防潮，携带十分方便。

（8）采用 USB 接口及快闪快存，可带写保护功能键。

6.4.3 闪存盘的保养及故障分析

1. 闪存盘（U 盘）的保养及使用过程中要注意的问题

（1）有的 U 盘有写保护开关，应该在 U 盘插入计算机接口之前切换，不要在 U 盘工作状态下进行切换。

（2）U 盘有工作状态指示灯，如果是有一个指示灯的，当插入主机接口时，灯亮表示接通电源，当灯闪烁时表示正在读/写数据；如果是有两个指示灯的，一般为两种颜色，一个在接通电源时亮，一个在 U 盘进行读/写数据时亮。有些 U 盘在系统复制进度条消失后仍然处于工作状态，严禁在读/写状态灯亮时拔下 U 盘，一定要等读/写状态指示灯停止闪烁或熄灭了才能拔下 U 盘。

（3）有些品牌型号的 U 盘为文件分配表预留的空间较小，在复制大量单个小文件时容易报错，这时可以停止复制，采用把多个小文件压缩成一个大文件的方法，即可解决。

（4）为了保护主板及 U 盘的 USB 接口，预防变形以减少摩擦（如果对复制速度没有要求），可以使用 USB 延长线。

（5）U 盘的存储原理和硬盘有很大出入，不要进行碎片整理，否则会影响 U 盘的使用寿命。

（6）U 盘里可能会有病毒，插入计算机时最好进行 U 盘杀毒。

（7）对新 U 盘要进行病毒免疫处理，避免 U 盘中毒。

2. 闪存盘（U 盘）的故障分析

一般 U 盘故障分为软故障和硬故障，其中以软故障最为常见。软故障主要是指 U 盘有坏块，从而导致 U 盘能被计算机识别，但没有盘符出现；或者有盘符出现，但当打开 U 盘时却提示要进行格式化，而格式化又不能成功；前期征兆可能有 U 盘读/写变慢、文件丢失却仍占用空间等。这种故障一般都可以通过软件低级格式化修复。

硬故障主要指 U 盘硬件出现故障，插上 U 盘后计算机会发现新硬件，但不能出现盘符，拆开 U 盘没有发现任何电路板被烧坏或其他损坏的痕迹，且应用软故障的方法也不能解决。硬故障一般是 U 盘里的易损元件晶振由于剧烈振动损坏了，这时可以用同频的晶振替换原有晶振即可；也可能是 U 盘的控制芯片被损坏，这时可以找专业的技术人员进行更换。一般来讲，U 盘的闪存芯片是不太容易坏的。

实验 6

1. 实验项目

硬盘的测试与修复。

2. 实验目的

（1）了解硬盘的分类。

（2）熟悉硬盘的各项指标含义。

（3）了解硬盘目前的流行部件及最新的发展趋势。

（4）掌握硬盘的检测工具。

3. 实验准备及要求

（1）准备 IDE 硬盘、SATA 硬盘、可拆解的移动硬盘、U 盘各一块。

（2）硬盘测试工具 HD tune、CHECK U DISK 及 MHDD。

4．实验步骤

（1）在互联网上对硬盘的市场状况进行了解。

（2）观察几种硬盘的外观特征及构造。

（3）下载 HD tune、CHECK U DISK 及 MHDD 等测试工具，并熟悉其使用方法。

（4）对硬盘进行如下检测：

①用 HD tune 测试硬盘。

②用 CHECK U DISK 测试 U 盘。

③用 MHDD 修复硬盘坏道。

（5）拆解移动硬盘、U 盘，并找出控制芯片、存储芯片等。

（6）整理记录，完成实验报告。

5．实验报告

（1）列出几种硬盘的特征，并对其性能进行介绍。

（2）记录硬盘的各种测试数据，并写出工具的测试流程。

习题 6

1．填空题

（1）常见的外存储器有_____、_____、_____、_____、_____等。

（2）硬盘的内部数据传输率是指_____。

（3）硬盘是一个高精密度的机电一体化产品，它由_____和_____两大部分构成。

（4）头盘组件包括_____、_____、_____、_____、_____等部件。

（5）平均寻道时间是指硬盘的_____从_____移动到盘面指定_____所需的时间。

（6）硬盘常见的接口方式是_____和_____。

（7）硬盘的盘体从物理磁盘的角度分为_____、_____、_____和_____。

（8）_____是由一个固定有磁头臂的磁棒和线圈制作的电机，当有电流通过线圈时，线圈中的磁棒就会带着磁头一起移动，其优点是_____、_____、_____。

（9）固态硬盘中包含_____芯片、_____芯片和_____芯片。

（10）目前移动硬盘常见的数据接口有_____和_____两种。

2．选择题

（1）台式计算机中经常使用的硬盘多是（　　　）英寸的。

A．5.25　　　　　　　　B．3.5　　　　　　　　C．2.5　　　　　　　　D．1.8

（2）目前市场上出售的固态硬盘主要有哪两种类型（　　　）。

A．IDE　　　　　　　　B．SATA　　　　　　　C．PCI　　　　　　　　D．M.2

（3）硬盘标称容量是 40GB，实际存储容量是（　　　）。

A．39.06GB　　　　　　B．40GB　　　　　　　C．29GB　　　　　　　D．15GB

（4）硬盘的数据传输率是衡量硬盘速度的一个重要参数，是指计算机从硬盘中准确找到相应数据并传送到内存的速率，它分为内部和外部传输率，其内部传输率是指（　　　）。

A．硬盘的高缓到内存　　　　　　　　　　　B．CPU 到 Cache

C．内存到 CPU　　　　　　　　　　　　　　D．硬盘的磁头到硬盘的高缓

（5）使用硬盘 Cache 的目的是（　　　）。

A．增加硬盘容量　　　　　　　　　　　　　B．提高硬盘读/写信息的速度

C．实现动态信息存储　　　　　　　　　　　D．实现静态信息存储

（6）硬盘中信息记录介质被称为（   ）。

A．磁道　　　　　　　　B．盘片　　　　　　　　C．扇区　　　　　　D．磁盘

（7）硬盘中每个扇区的字节是（   ）。

A．512KB　　　　　　　B．512KB　　　　　　　C．256KB　　　　　D．256KB

（8）作为完成一次传输的前提，磁头首先要找到该数据所在的磁道，这一定位时间叫作（   ）。

A．转速　　　　　　　　B．平均存取时间　　　　C．平均寻道时间　　D．平均潜伏时间

（9）SATA3 的数据传输率为（   ）。

A．150MB/s　　　　　　B．160MB/s　　　　　　C．300 MB/s　　　　D．600MB/s

（10）硬盘在理论上可以作为计算机的哪一组成部分（   ）。

A．输入设备　　　　　　B．输出设备　　　　　　C．存储器　　　　　D．运算器

3．判断题

（1）采用 MBR 分区表方式进行分区，可以分出 8 个主分区。（   ）

（2）硬盘又称硬盘驱动器，是计算机中广泛使用的外部存储设备之一。（   ）

（3）为了更好地散热，应该将硬盘有电路板的那面朝上，更好地保护硬盘的电路。（   ）

（4）主控芯片决定了 SSD 的稳定性，要选购大品牌的主控。（   ）

（5）硬盘的磁头从一个磁道移动到另一个磁道所用的时间称为最大寻道时间。（   ）

4．简答题

（1）硬盘的主要参数和技术指标有哪些？

（2）传统机械硬盘和固态硬盘各有何优、缺点？

（3）选购硬盘时应主要考虑哪几方面的因素？

（4）如何进行硬盘的日常维护工作？

（5）硬盘和移动硬盘的各自特点是什么？在日常工作中是如何进行使用的？

第 **7** 章

显示系统

显示系统是计算机的输出系统，是将计算机的信息展示给用户的电子系统，是计算机与用户交流的桥梁。

7.1 显示系统的组成及工作过程

计算机的显示系统由显示卡（显示适配器）、显示器、显示卡与显示器的驱动程序组成，显示系统的连接如图 7-1 所示。

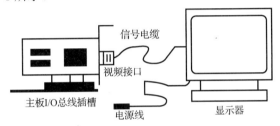

图 7-1　显示系统的连接

显示系统的工作过程：计算机主机的主板通过主板 I/O 总线插槽与显示卡连接，并将图形数字信号发送到显示卡，显示卡将这些数据加以组织、加工和处理，再转换成（模拟/数字）视频信号，同时形成行、场同步信号，通过视频接口输出到显示器，最终由显示器形成屏幕画面，将系统信息展示给用户。需要说明的是，显示卡输出的视频和同步信号决定着系统信息的最高分辨率，即画面清晰程度和最多颜色数，也就是色彩的逼真程度。显示卡驱动程序控制显示卡的工作和显示方式的设置，显示器则决定着高质量的视频信号能否转换为高质量的屏幕画面。

7.2 显示卡

显示卡的全称为显示接口卡（Video Card，Graphics Card），又称为显示适配器（Video Adapter），是计算机的主要配件之一，在日常生活中被简称为显卡。它的基本作用就是控制计算机的图形输出，是联系主机和显示器之间的纽带。如果没有显示卡，那么计算机将无法显示和工作。显示卡的主要作用就是在程序运行时根据 CPU 提供的指令和有关数据，将程序运行过程和结果进行相应的处理并转换成显示器能够接收的文字和图形显示信号，通过显示设备显示出来。换句话说，显示器必须依靠显示卡提供的显示信号才能显示出各种字符和图像。

7.2.1 显示卡的分类

显示卡的分类方法很多，根据显示卡不同的特点，可以分成不同的种类。

（1）按显示卡在主机中存在的形式，可分为独立显示卡（安装在主板的扩展槽中）、核芯显示卡（集成在 CPU 中）、集成显示卡（集成在主板上）。

（2）按显示卡的接口形式，可分为 PCI 显示卡（已被淘汰）、AGP 显示卡（已被淘汰）和 PCI-E 显示卡。

（3）按显示卡的显存来分，可分为 GDDR 显示卡（已被淘汰）、GDDR2 显示卡（已被淘汰）、GDDR3 显示卡（已被淘汰）、GDDR4 显示卡（已被淘汰）、GDDR5 显示卡（已淘汰）、GDDR6（主流）和 GDDR6X（主流）。

（4）按显示卡的控制芯片生产厂家来分，可分为 nVIDIA 芯片、AMD 芯片。

7.2.2 显示卡的结构、组成及工作原理

1．显示卡的结构及组成

显示卡不管是哪一类的，其结构都由以下几部分组成：主板连接插口（一般为 PCI-E 插口）、显示设备连接接口（DVI、HDMI、DP 等）、PCB、BIOS 芯片、图像处理器 GPU、显存及供电模块构成。显示卡结构功能如图 7-2 所示，华硕 TUF RTX 3080 Ti 显示卡实物结构，如图 7-3 所示。

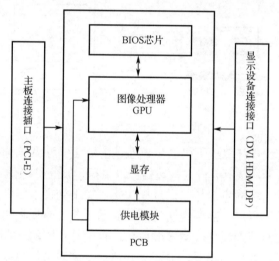

图 7-2　显示卡结构功能示意图

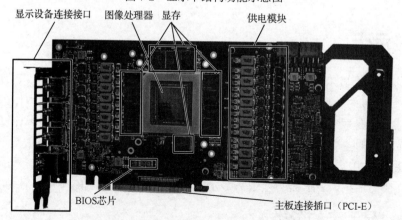

图 7-3　华硕 TUF RTX 3080 Ti 显示卡实物结构图

（1）图形处理器（GPU）。图形处理器是显示卡的心脏和大脑，是显示卡的控制、运算、处理中心，是显示卡最重要的部件。它担负着对显示数据的接收、处理、同步信号的产生和

与系统之间通信等复杂任务。一般来说图形处理器都位于整个显示卡的中央，根据封装不同，在外观上也有不小的差异。

大部分 GPU 上都有代码，能够直接看出其型号。GPU 性能的高低决定显示卡的档次，目前市场上流行的显示卡 GPU 主要是由 NVIDIA 公司及 AMD 公司生产的，它们的型号及档次如表 7-1 所示。

表 7-1　2022 年 2 月市场主流显示卡的对比表

nVIDIA			显示卡等级	AMD		
10 系列	20 系列	30 系列		RX6000	RX5000	RX500
		RTX3090	高端			
		RTX3080Ti				
				RX6900XT		
		RTX3080		RX6800XT		
		RTX3070Ti				
	TITAN RTX			RX6800		
	RTX2080Ti	RTX3070				
				RX6700XT		
		RTX3060Ti				
	RTX2080S		中端			
	RTX2080					
GTX1080Ti						
TITANX						
	RTX2070S					
						Radeon VII
				RX6600XT		
					RX5700XT	
	RTX2070					
		RTX3060				
	RTX2060S					
					RX5700	
				RX6600		
GTX1080						RX VEGA 64
	RTX2060				RX5600XT	
GTX1070Ti						
					RX5600	

由于显示卡的 GPU 同主机的 CPU 一样在不断地更新换代，因此，显示卡的档次是随着时间的变化而不断变化的，高端的显示卡半年或一年之后就会变成中端的显示卡。随着近两年比特币热潮和全球芯片供应紧缺，GPU 等芯片价格高速上涨，显示卡的价格也随之大幅上涨。一般价格低于 1000 元的为低端显示卡，1000～4000 元的为中端显示卡，4000 元以上的为高端显示卡。

（2）显存。显存是显示卡上的关键核心部件之一，它的优劣和容量大小直接关系到显示卡的最终性能表现。可以说，显示芯片决定了显示卡所能提供的功能和基本性能，而显示卡性能的发挥则很大程度上取决于显存。无论显示芯片的性能如何出众，最终其性能都要通过配套的显存来发挥。

显存也叫帧缓存，它的作用是用来存储显卡芯片处理过的或者即将提取的渲染数据。如同计算机的内存一样，显存是用来存储要处理的图形信息的部件。在显示屏上看到的画面是由一个个的像素点构成的，而每个像素点都以 4~32 位甚至 64 位的数据来控制其亮度和色彩，这些数据必须通过显存来保存，再交由显示芯片和 CPU 调配，最后把运算结果转化为图形输出到显示器上。

GDDR 显存家族到现在一共经历了 6 代，分别是 GDDR、GDDR2、GDDR3、GDDR4、GDDR5 和 GDDR6（含 GDDR6X）。

GDDR 显存（Graphics Double Data Rate，图形双倍速率），是为了设计高端显示卡而特别设计的高性能 DDR 存储器规格。它有专属的工作频率、时钟频率、电压，因此与市面上标准的 DDR 存储器有所差异，与普通 DDR 内存不同且不能共用。一般它比主内存中使用的普通 DDR 存储器时钟频率更高，发热量更小，所以更适合搭配显示芯片。

GDDR2 显存，采用 BGA 封装，显存的速度从 3.7ns 到 2ns 不等，默认频率从 500 到 1000MHz。其单颗颗粒位宽为 16 位，组成 128 位的规格需要 8 颗。

GDDR3 显存，采用 BGA 封装技术，其单颗颗粒位宽为 32 位，8 颗颗粒可组成 256 位 512MB 的显存位宽及容量。显存速度为 2.5ns（800MHz）~0.8ns（2500MHz）。相比 GDDR2、GDDR3，其具备低功耗、高频率和单颗容量大三大优点。

GDDR4 显存，和 GDDR3 基本技术一样，GDDR4 单颗显存颗粒可实现 64 位位宽 64MB 容量，也就是说只需 4 颗显存芯片就能够实现 256 位位宽和 256MB 容量，8 颗更可轻松实现 512 位位宽 512MB 容量。GDDR4 显存颗粒的速度集中在 0.7~0.9ns，但 GDDR4 显存时序过长，同频率的 GDDR3 显存在性能上要领先于 GDDR4 显存，并且 GDDR4 显存并没有因为电压更低而解决高功耗、高发热的问题，这导致 GDDR4 对 GDDR3 缺乏竞争力。

GDDR5 显存，相对于 GDDR3、GDDR4 而言，GDDR5 显存拥有诸多技术优势，还具备更高的带宽、更低的功耗、更高的性能。如果搭配同数量、同显存位宽的显存颗粒，GDDR5 显存颗粒提供的总带宽是 GDDR3 的 3 倍以上。GDDR5 显存颗粒采用 66nm 或 55nm 工艺制程，并采用 170FBGA 封装方式，从而大大减小了芯片体积，芯片密度也可以做到更高，为此进一步降低了显存芯片的发热量。由于 GDDR5 显存可实现比 GDDR3 的 128 位或 256 位显存更高的位宽，采用 GDDR5 显存的显示卡有更大的灵活性，性能亦有较大幅度的提升。

GDDR6 显存，采用了改进的 QDR4 倍数据倍率技术，速度提升至 16Gb/s，首次采用双通道读写设计，虽然位宽变小了，但实际上两个通道可以同时工作，相较 GDDR5 及以前的显存其设计效率更高。此外 GDDR6 的工作电压更低。

（3）显示卡的 BIOS 芯片。显示卡 BIOS 又称 VGA BIOS，主要用于存放 GPU 与显卡驱动程序之间的控制程序，另外还存放有显示卡型号、规格、生产厂商、出厂时间等信息。

（4）主板连接插口。主板连接插口是显示卡与主板的数据传输接口，早期有 ISA、EISA、VESA、PCI、AGP 等接口，现在采用 PCI-E 接口。

（5）显示设备连接接口。显卡的输出接口经过多年的发展，目前主要为 VGA、DVI、HDMI 和 DP（DisplayPort）四种接口类型。

①VGA 接口。VGA（Video Graphics Array）接口也叫 D-Sub 接口，是用于输出模拟信号

的接口。虽然液晶显示器可以直接接收数字信号，但过去很多产品为了与 VGA 接口显示卡相匹配，采用 VGA 接口。VGA 接口在过去很长一段时间都是计算机主机与显示设备之间最主要的接口，随着显示设备不断地向数字化发展，模拟信号已经不能满足市场的需求，VGA 接口已逐步退出市场。

VGA 接口的工作原理如下。计算机内部以数字方式生成的显示图像信息，被显示卡中的数字/模拟转换器转变为 R、G、B 三原色信号和行、场同步信号，信号通过电缆传输到显示设备中。对于模拟显示设备，如模拟 CRT 显示器，信号被直接送到相应的处理电路，驱动控制显像管生成图像；而对于 LCD、DLP 等数字显示设备，需配置相应的 A/D（模拟/数字）转换器，将模拟信号转变为数字信号。在经过 D/A（数字/模拟）和 A/D 两次转换后，不可避免地造成了一些图像细节的损失。VGA 接口应用于 CRT 显示器无可厚非，但用于连接可处理数字信号的显示设备，则转换过程的图像损失会使显示效果略微下降。

VGA 接口是一种 15 针 D 型接口，分成 3 排，每排 5 个孔，是以前显示卡上应用最为广泛的接口类型，绝大多数显示卡都带有此种接口。它传输红、绿、蓝模拟信号及同步信号（水平和垂直信号）。一般在 VGA 接头上，用 1、5、6、10、11、15 等标明每个接口编号。插座上各针的输出信号的定义是，针 1 为红色视频信号 R，针 2 为绿色视频信号 G，针 3 为蓝色视频信号 B，针 4、5、9、12 和 15 未用，针 6 为红色视频屏蔽即地线 R-GND，针 7 为绿色视频屏蔽即地线 G-GND，针 8 为蓝色视频屏蔽即地线 B-GND，针 10 为白色细线，即同步信号的地线 SYNC-GND，针 11 为系统地线 GND，针 13 为黄色细线，即行同步信号输出 HSYNS，针 14 为棕色细线，即场同步信号输出 VSYNC。

VGA 连接分为公、母两个接头，显示卡上的是母接头，接口各针的位置及传送的信号如图 7-4 所示。

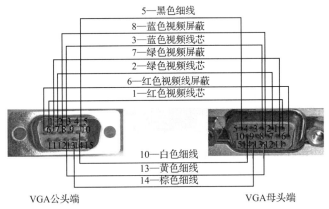

图 7-4　VGA 公、母接头及连接线

②DVI 接口。DVI（Digital Visual Interface，数字视频接口）有 3 种，即 DVI-A 接口，只传输模拟信号，实质就是 VGA 模拟传输接口规格；DVI-D 接口，只能接收数字信号，接口上只有 3 排 8 列共 24 个针脚，其中右上角的一个针脚为空，不兼容模拟信号；DVI-I 接口，可同时兼容模拟和数字信号。目前的独立显示卡一般都配备 DVI-D 接口。如图 7-5 所示，为三种接口的对比。如图 7-6 所示，为 DVI-I 接口及各针孔功能的说明。

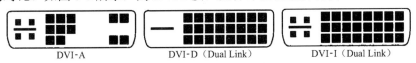

图 7-5　DVI-A、DVI-D、DVI-I 接口对比图

DVI-D 外形与 DVI-I 一样，只是少了传递模拟信号的 C1~C4 针脚。DVI-I 接口，可同时兼容模拟和数字信号。兼容模拟信号并不意味着模拟信号 D-Sub（VGA）接口可以连接在 DVI-I 接口上，而是必须通过一个转换接头才能使用，一般采用这种接口的显示卡都会带有相关的转换接头。

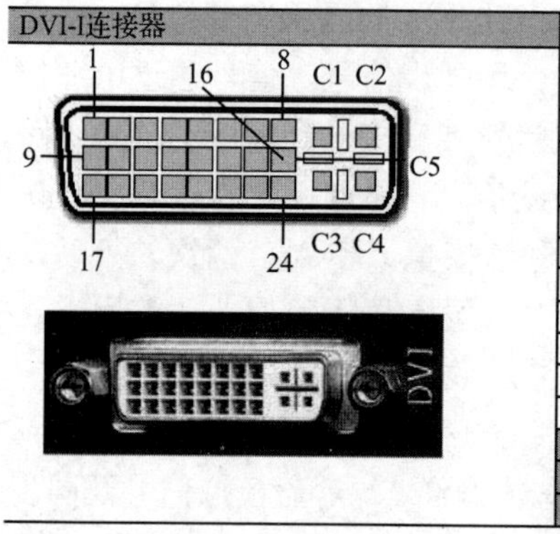

DVI-I连接器	针脚	功能	针脚	功能
	1	TMDS数据 2−	13	TMD数据 3+
	2	TMDS数据 2−	14	+5V直流电源
	3	TMDS数据 2/4屏蔽	15	接地（+5回路）
	4	TMDS数据	16	热插拔检测
	5	TMDS数据	17	TMDS数据 0−
	6	DDC 时钟	18	TMDS数据 0+
	7	DDC 数据	19	TMDS数据 0/5屏蔽
	8	模拟垂直同步	20	TMDS数据 5−
	9	TMDS数据 1+	21	TMDS数据 5+
	10	TMDS数据 1+	22	TMDS时钟屏蔽
	11	TMDS数据 1/3屏蔽	23	TMDS时钟+
	12	TMDS数据 3−	24	TMDS时钟−
	C1	模拟红色	C4	模拟水平同步
	C2	模拟绿色	C5	模拟接地（RGB回路）
	C3	模拟蓝色		

图 7-6　DVI-I 接口及各针孔的功能

DVI 是基于 TMDS（Transition Minimized Differential Signaling，最小化传输差分信号）电子协议作为基本电气连接的。TMDS 是一种微分信号机制，可以将像素数据编码，并通过串行连接传递。显示卡产生的数字信号由发送器按照 TMDS 协议编码后，通过 TMDS 通道发送给接收器，经过解码送给数字显示设备。一个 DVI 显示系统包括一个传送器和一个接收器。传送器是信号的来源，可以内建在显示卡芯片中，也可采用附加芯片的形式出现在显示卡 PCB 上；而接收器则是显示器上的一块电路，它可以接收数字信号，将其解码并传递到数字显示电路中，通过这两者相互配合，显示卡发出的信号才能成为显示器上的图像。

显示设备采用 DVI 接口主要有以下优点。

- 速度快。DVI 传输的是数字信号，数字图像信息不需经过任何转换，就会直接被传送到显示设备上，减少了"数字→模拟→数字"烦琐的转换过程，大大节省了时间。因此它的速度更快，可以有效消除拖影现象，而且使用 DVI 进行数据传输，信号没有衰减，色彩更纯净、更逼真。

- 画面清晰。计算机内部传输的是二进制的数字信号，使用 VGA 接口连接液晶显示器就需要先把信号通过显示卡中的 D/A 转换器转变为 R、G、B 三原色信号和行、场同步信号，这些信号通过模拟信号线传输到液晶内部，还需要相应的 A/D 转换器将模拟信号再一次转变成数字信号，才能在液晶上显示出图像来。在上述的 D/A、A/D 转换和信号传输过程中，不可避免会出现信号的损失和受到干扰，导致图像出现失真甚至显示错误，而 DVI 接口无须进行这些转换，避免了信号的损失，使图像的清晰度和细节表现力都得到了大大提高。

③HDMI 接口。HDMI（High Definition Multimedia Interface，高清晰度多媒体接口），根据接口的外观可以分为 HDMI 标准接口（HDMI A）、HDMI 迷你接口（HDMI C）和 HDMI 微型接口（HDMI D），在计算机中通常使用的是 HDMI 标准接口，下面仅介绍 HDMI 标准接口。它可以提供高达 5Gb/s 的数据传输带宽，可以传送无压缩的音频信号及高分辨率视频信号。同时无须在信号传送前进行数/模或者模/数转换，可以保证最高质量的影音信号传送。HDMI 在针脚上和 DVI 兼容，只是采用了不同的封装技术。与 DVI 相比，HDMI 可以传输数字音频信号，并增加了对 HDCP 的支持，同时提供了更好的 DDC（Display Data Channel，显

示器与计算机进行通信的一个总线标准）可选功能。HDMI 的外形及针脚参数如图 7-7 所示。

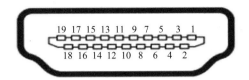

Pin#	Signal	Pin#	Signal
1	TMDS data 2+	11	TMDS clock shield
2	TMDS data 2 shield	12	TMDS clock −
3	TMDS data 2−	13	CEC
4	TMDS data 1+	14	No connected
5	TMDS data 1 shield	15	DDC clock
6	TMDS data 1−	16	DDC data
7	TMDS data 0+	17	Ground
8	TMDS data 0 shield	18	+5V power
9	TMDS data 0−	19	Hot plug detect
10	TMDS clock+		

图 7-7　HDMI 的外形及针脚参数

HDMI 1.0 发布于 2002 年 12 月，支持 5Gb/s 的数据传输率，最远可传输 15 米，足以支持一个 1080P 的视频和一个 8 声道的音频信号。因为一个 1080P 的视频和一个 8 声道的音频信号需求少于 4Gb/s，因此 HDMI 还有很大余量，允许它可以用一个电缆分别连接 DVD 播放器、接收器等。此外，HDMI 支持 EDID（Extended Display Identification Data Standard，扩展显示识别数据标准）、DDC2B，因此，HDMI 的设备具有即插即用的特点，信号源和显示设备之间会自动进行"协商"，自动选择最合适的视频/音频格式。应用 HDMI 的好处是只需要一条 HDMI 线便可以同时传送影音信号，而不像现在需要多条线材来连接；同时，由于无须进行数/模或者模/数转换，能取得更高的音频和视频传输质量。对消费者而言，HDMI 技术不仅能提供清晰的画质，而且由于音频/视频采用同一电缆，大大简化了家庭影院系统的安装。

HDMI 2.1 发布于 2017 年 1 月，数据传输率大幅提升至 48Gb/s，可以支持高达 8K/60Hz（7680×4320/60Hz）的影像，或者 4K/120Hz（3840×2160/120Hz）的更高帧率影像。支持新的 Dynamic HDR 技术，比起现时的"静态"HDR，"动态"HDR 可以因应每一格画面的光暗分布进一步提升对比同光暗层次表现。在音效方面，HDMI 2.1 支持新的 eARC 技术。

④DP 接口。DP（Display Port）接口，是由视频电子标准协会（VESA）发布的显示接口。作为 DVI 接口的继任者，DP 接口在传输视频信号的同时加入对高清音频信号传输的支持，并支持更高的分辨率和刷新率，其外形和各针脚的定义如图 7-8 所示。

DP 接口的链接线路包含了一个单向的主链接（Main Link），专门用于视频信号传输和一个辅助传输通道（Auxiliary Channel），以及一个即插即用识别链接（Hot-Plug Detect）。Main Link 其实是由 1 至 4 组不等的 Lane 构成的，每组 Lane 都由成对（两条）的线路所构成，信号使用类似串行的差分技术（通过两条线路的电压差值来表示二进制数 0 或 1），每组 Lane 的带宽可达 2.7Gb/s，4 组合计达到 10.8Gb/s。这样强大的宽带，对于色彩及分辨率实现了前所未有的强大支持。

DisplayPort1.0 正式发布于 2006 年 5 月，带宽可达 10.8Gb/s，最大传输速率为 8.64Gb/s，最远传输距离为 2 米。

DisplayPort1.1 正式发布于 2008 年 1 月，该版本允许使用其他传输介质，因此增加了传输距离。

DisplayPort1.4 发布于 2016 年 9 月，最大带宽可达 32.4Gb/s，最大传输速率为 25.92Gb/s，

支持 8K/60Hz 分辨率（7680×4320）HDR 视频，以及 4K/144Hz（3840×2160/120Hz）HDR 视频，同时还能兼容 USB Type-C 接口。

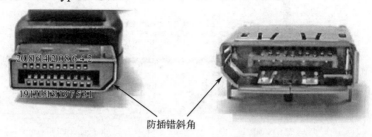

防插错斜角

针脚号码	信号类型	信号名称	针脚号码	信号类型	信号名称
1	Out	ML_Lane 0(p)	11	GND	GND
2	GND	GND	12	Out	ML_Lane 3(n)
3	Out	ML_Lane 0(n)	13	地线GND	GND
4	Out	ML_Lane 1(p)	14	地线GND	GND
5	GND	GND	15	I/O	AUXCH(p)
6	Out	ML_Lane 1(n)	16	GND	GND
7	Out	ML_Lane 2(p)	17	I/O	AUXCH(n)
8	GND	GND	18	in	热拔插探测
9	Out	ML_Lane 2(n)	19	返回	返回
10	Out	ML_Lane 3(p)	20	电源输出	DP_PWK

图 7-8　DP 接口外形和各针脚的定义

【注意】以 4K 分辨率，144Hz，10bit 色深的 RGB 3 色视频信号来计算，其实际数据带宽约为 35.76Gb/s，远大于 DisplayPort1.4 的 25.92Gb/s 的数据传输率，但是 DisplayPort1.4 版本中，引入了 DSC（Display Stream Compression，显示压缩流技术），该技术与 HDR 一起，在 DisplayPort1.4 中使用。DSC 最大的作用是通过算法将画面帧压缩，可以 2∶1 或者 3∶1 的压缩率处理图像，大幅降低传输带宽，以此来实现 8K/60Hz 或 4K/144Hz 的视频。

（7）显示卡的供电电路。早期和低档的显示卡没有专用的供电电路，都通过主板总线接口的+5V 电源为显示卡供电。随着 GPU 功率的增大，用主板接口供电越来越不能满足要求，因此，中、高档的显示卡都设计有专用的供电电路，采用的是多相供电的模式，其原理和 CPU 的供电电路一样（可参阅本书的 CPU 供电电路的有关章节），其目的就是为显示卡的所有电路提供稳定的工作电压。显示卡电源的输入接口有 4 针、6 针、8 针和 6+6 针等多种方式。

2．显示卡的工作原理

显示卡的工作过程如下。主机 CPU 发送指令，将显示数据经主板连接插槽（PCI-E），送到图形处理器 GPU，GPU 对显示数据进行加工和处理，将处理好的数据送到显存，经显存的缓存，根据显示卡上的显示设备接口（HDMI、DVI、DP），传送至显示设备。

7.2.3　显示卡的参数及主要技术指标

显示卡的技术参数有很多，主要的有如下几类。

1．显示核心

显示核心是指显示卡 GPU 的规格，包括芯片厂商、芯片型号、制造工艺、核心代号、核心频率、SP 单元、渲染管线、版本级别。

2．核心频率

显示卡的核心频率是指显示核心的工作频率，其工作频率在一定程度上可以反映出显示核心的性能，但显示卡的性能是由核心频率、显存、像素管线、像素填充率等多方面的情况所决定的，因此在显示核心不同的情况下，核心频率高并不代表此显示卡性能强劲。在同级别的芯片中，核心频率高的则性能要强一些，提高核心频率就是显示卡超频的方法之一。主流的显示芯片只有 AMD 和 NVIDIA 两家，都是提供显示核心给第三方的厂商，在同样的显示核心下，部分厂商会适当提高其产品的显示核心频率，使其工作在高于显示核心固定的频率上以达到更高的性能。

3．显存规格

（1）显存类型。显存类型是指显存的型号，目前主要是 GDDR6 和 GDDR6X。

（2）显存容量。显存容量是显示卡上本地显存的容量数，这是选择显示卡的关键参数之一。显存容量的大小决定着显存临时存储数据的能力，在一定程度上也会影响显示卡的性能。显存容量是随着显示卡的发展而逐步增大的，并且有越来越增大的趋势。目前主流显示卡显存容量为 8～16GB。

（3）显存速度。显存速度是显存时钟脉冲的重复周期的快慢，是衡量显存工作速度的重要指标。显存速度越快，单位时间交换的数据量也就越大，在同等情况下显卡性能将会得到明显提升。在目前市场中，它以 Gb/s 为单位，表示每秒显存可以提供的数据。

（4）显存位宽。显存位宽是指显存在一个时钟周期内所能传送数据的位数，位数越大则瞬间所能传输的数据量越大，这是显存的重要参数之一。目前市场上的显存位宽有 128 位、192 位、256 位、384 位、512 位和 1024 位。

4．最大分辨率

最大分辨率是指显示卡在显示器上所能描绘的像素点数量。分辨率越大，所能显示图像的像素点就越多，并且能显示更多的细节，当然也就越清晰。显示卡的最大分辨率与显存和显示卡的输出接口密切相关。显示卡像素点的数据最初都要存储在显存内，因此显存容量会影响到最大分辨率。显示卡的数据输出需要依赖于数据接口，因此显示卡所采用的接口也影响着显示卡的最大分辨率，比如 VGA 由于采用的是模拟信号，其输出的最大分辨率就是 2048×1536（像素）。

另外，显示卡能输出的最大显示分辨率并不代表计算机就能达到，还必须有足够强大的显示器配套才可以实现，也就是说，还需要显示器的最大分辨率与显示卡的最大分辨率相匹配才能实现。

5．散热方式

（1）被动式散热。被动式散热方式就是在显示芯片上安装一个散热片即可，并不需要散热风扇。

（2）主动式散热。主动式散热除了在显示芯片上安装散热片之外，还安装了散热风扇，工作频率较高的显示卡都需要主动式散热。

6．3D API

API 全称为 Application Programming Interface，译为应用程序接口，3D API 则是指显示卡与应用程序直接的接口。3D API 能让编程人员所设计的 3D 软件只调用其 API 内的程序，从而让 API 自动和硬件的驱动程序沟通，启动 3D 芯片内强大的 3D 图形处理功能，从而大幅度地提高了 3D 程序的设计效率。目前个人计算机中主要应用的 3D API 有 DirectX、OpenGL 和 Vulkan。DirectX 已经成为游戏设计的主流接口。

7．Shaders

Shaders 表示显示卡着色器单元数，Shader（着色器）是用来实现图像渲染的，用来替代固定渲染管线的可编辑程序。其中 Vertex Shader（顶点着色器）主要负责图像顶点的几何关系等的运算，Pixel Shader（像素着色器）主要负责图像颜色等的计算。

8．ROPs/TMUs

（1）ROPs（Raster Operations Units，光栅化处理单元），表示 GPU 拥有的 ROP 光栅操作处理单元的数量。ROPs 主要负责游戏中的光线和反射运算，兼顾 AA、高分辨率、烟雾、火焰等效果。游戏里的 AA（抗锯齿）和光影效果越厉害，对 ROPs 的性能要求也就越高，否则就可能导致游戏帧数急剧下降。如同样是某个游戏的最高画质效果，8 个光栅单元的显示卡只能跑 25 帧，而 16 个光栅单元的显示卡则可以稳定在 35 帧以上。

（2）TMUs（Texture Mapping Units，纹理映射单元），表示 GPU 拥有的纹理映射操作处理单元的数量。纹理映射技术，是一种将图形绘制（映射）到表面的技术，纹理映射单元负责该项工作。

7.2.4 显示卡的新技术

随着显示卡的发展，各种新技术如雨后春笋般地涌现，下面就对主要的新技术进行详细介绍。

1．显示卡的双显卡技术

双显卡是采用两块显示卡（集成和独立、独立和独立）通过桥接器桥接，协同处理图像数据的工作方式。NVDIA 的双显卡技术有 SLI 和 Hybrid SLI，AMD 的双显卡技术有 CrossFire和 Hybrid CrossFireX。要实现双显卡必须有主板的支持。

（1）SLI 技术。SLI（Scalable Link Interface，可升级连接界面）是通过一种特殊的接口连接方式，在一块支持双 PCI-E X16 插槽的主板上，同时使用两块同型号的 PCI-E 显示卡，以增强系统的图形处理能力。SLI 技术有两种渲染模式：分割帧渲染模式（Scissor Frame Rendering，SFR）和交替帧渲染模式（Alternate Frame Rendering，AFR）。分割帧渲染模式是将每帧画面分为上、下两个部分，主显示卡完成上部分画面渲染，副显示卡则完成下半部分的画面渲染，然后副显示卡将渲染完毕的画面传输给主显示卡，主显示卡再将它与自己渲染的上半部分画面合成为一幅完整的画面；交替帧渲染模式是一块显示卡负责渲染奇数帧画面，而另外一块显示卡则负责渲染偶数帧画面，二者交替渲染，在这种模式下，两块显示卡实际上渲染的都是完整画面，此时并不需要连接显示器的主显示卡做画面合成工作。

（2）Hybrid SLI 技术。该技术是 NVDIA 的混合 SLI 技术，由 Hybrid Boost 和 Hybrid Power两项主要技术构成，其中 Hybrid Boost 技术指的是板载显示核心和独立显示卡之间的互联加速功能，而 Hybrid Power 则是指独立显示卡和板载显示核心在不同任务负载情况下的各自独立运行而达成的节能效果，简单来说就是在需要时能发挥出强劲的图形性能，而在只进行日常计算时自动转到静音、低功耗运行模式。用户将任意一款支持 NVIDIA 智能 SLI 技术的 GPU（图形处理器）与任意一款支持 NVIDIA 智能 SLI 技术的主板（板载 GPU）搭配使用即可实现 Hybrid SLI。

（3）CrossFire 技术。AMD 的 CrossFire 技术是为了对付 NVIDIA 的 SLI 技术而推出的，也就是所谓的交叉火力（交火）。与 NVIDIA 的 SLI 技术类似，实现 CrossFire 技术也需要两块显示卡，而且两块显示卡之间同样需要连接。但是 CrossFire 与 SLI 也有所不同，首先CrossFire 技术的主显示卡必须是 CrossFire 版的，也就是说主显示卡必须要有图像合成器，而副显示卡则不需要；其次，CrossFire 技术支持采用不同显示芯片（包括不同数量的渲染管线和核心/显存频率）的显示卡。在渲染模式方面，CrossFire 除了具有 SLI 的分割帧渲染模式和交替帧渲染模式之外，还支持方块分离渲染模式（Super Tiling）和超级全屏抗锯齿渲染模式

（Super AA）。方块分离渲染模式是把画面分割成 32×32（像素）方块，类似于国际象棋棋盘的方格，其中一半由主显示卡负责运算渲染，另一半由副显示卡负责处理，然后根据实际的显示结果，让双显示卡同时逐格渲染处理，这样系统就可以更有效地配平两块显示卡的工作任务。在超级全屏抗锯齿渲染模式下，两块显示卡在工作时独立使用不同的 FSAA（全屏抗锯齿）采样来对画面进行处理，然后由图像合成器将两块显示卡所处理的数据合成，以输出高画质的图像。与 SLI 不同的是，CrossFire 还支持多头显示，如图 7-9 至图 7-11 所示。

图 7-9　NVIDIA 的 SLI 技术和 AMD 的 CrossFire 技术的显示卡连接图

图 7-10　SLI 连线　　　　　　　　　图 7-11　CrossFire 连线

（4）Hybrid CrossFireX。Hybrid CrossFireX 技术就是 AMD 的混合交火技术。该技术能够让独立显示卡和主板集成显示芯片组成交叉火，提升计算机的显示性能。当需要进行高负荷运行时，集成显示核心与独立显示核心会协同工作，以达到最佳的图形处理性能。而在 2D 模式或轻负载 3D 模式下，独立显示核心会暂时停止运算，仅由集成显示核心负责运算，让整机功耗大幅度减少。因此，Hybrid CrossFireX 技术不仅仅提升性能，也为 PC 用户带来了节能效果。

2. AMD 的 SenseMI 技术

AMD SenseMI 技术首次搭载锐龙 AMD Ryzen 处理器，该技术借助数值精确的传感器向处理器提供的大量数据，检测处理器的实时运行状态，然后由处理器决定是否对当前 CPU 的运行状态进行调整，使 CPU 全程保持在最适宜当前需求的最佳状态。

3. AMD 的显示变频技术

显示变频技术是 AMD 利用 DisplayPort 自适应同步等行业标准来实现动态刷新率的技术。动态刷新率通过对兼容显示器的刷新率和用户显示卡的帧速率进行同步，最大限度地缩短输入延迟，并减少或完全消除玩游戏和播放视频期间产生的卡顿、花屏和撕裂问题。

4. NVIDIA 的 NVLink 技术

NVIDIA 的 NVLink 是一种高带宽且节能的互联技术，能够在 CPU-GPU 和 GPU-GPU 之间实现超高速的数据传输。这项技术的数据传输速度是传统 PCI-E 3.0 速度的 5 到 12 倍，能够大幅提升应用程序的处理速度，并使得高密集度而灵活的加速运算服务器成为可能。

5. NVIDIA 的 PhysX 技术

NVIDIA 的 PhysX 是一款功能强大的物理效果引擎，它可以在最前沿的 PC 游戏中实现实时物理效果。PhysX 专为大规模并行处理器硬件加速进行了优化。搭载 PhysX 技术的 GeForce

GPU 可实现物理效果处理能力的大幅提升，将游戏物理效果推向全新境界。

6. NVIDIA CUDA 技术

NVIDIA CUDA（Compute Unified Device Architecture）技术可以认为是一种以 C 语言为基础的平台，主要是利用显示卡强大的浮点运算能力来完成以往需要 CPU 才可以完成的任务。它充分挖掘出 NVIDIA GPU 巨大的计算能力，凭借 NVIDIA CUDA 技术，开发人员能够利用 NVIDIA GPU 攻克极其复杂的密集型计算难题。CUDA 是用于 GPU 计算的开发环境，它是一个全新的软、硬件架构，可以将 GPU 视为一个并行数据计算的设备，对所进行的计算进行分配和管理。整个 CUDA 平台通过运用显示卡内的流处理器进行数学运算，并通过 GPU 内部的缓存共享数据，流处理器之间甚至可以互相通信，同时对数据的存储也不再约束于 GPU 的纹理方式，存取更加灵活，可以充分利用统一架构的流输出特性，大大提高了应用效率。

7.2.5 安装显示卡需要注意的事项

（1）安装显示卡时必须关闭电源，不能用手接触金手指。安装时要打开卡扣，显示卡插到位后，要扣好卡扣。

（2）接好外接电源。现在的新型显示卡都配备了外接（加强）电源接口，安装时不要忘记插上。如果没有将其插上，启动时系统会自动停止响应，显示卡将无法工作。

（3）注意显示卡、显存散热片是否适用主板及机箱。现在显示卡、显存散热片越来越大，在购买新显示卡时，一定要注意显示卡、显存散热片是否适用于主板及机箱。如果购买的显示卡太大，机箱的空间位置不够，显示卡将无法使用。

（4）注意更新显示卡的驱动程序。显示卡新的驱动程序会对旧驱动程序的 Bug 进行修复，并增加新的功能，因此，只有经常更新显示卡的驱动程序，才能保证显示卡的工作为最佳状态。

7.2.6 显示卡的测试

显示卡的测试软件有很多，一般可以用 GPU-Z 测试显示卡的参数，用 3DMark 测试显示卡的性能。

1. GPU-Z 介绍

GPU-Z 是一款显示卡参数检测工具，由 TechPowerUp 开发，可测试显示卡的主要参数如下。

（1）显示卡的名称部分。

名称/Name：显示卡的名称。

（2）显示芯片型号部分。

核心代号/GPU：GPU 芯片的代号。

修订版本/Revision：GPU 芯片的步进制程编号。

制造工艺/Technology：GPU 芯片的制程工艺，如 80nm、65nm、55nm 等。

核心面积/Die Size：GPU 芯片的核心尺寸。

（3）显示卡的硬件信息部分。

BIOS 版本/BIOS Version：显示卡 BIOS 的版本号。

设备 ID/Device ID：设备的 ID 码。

制造厂商/Subvendor：显示卡的制造厂商名称。

（4）显示芯片的参数部分。

光栅引擎/ROPs：GPU 拥有的 ROP 光栅操作处理器的数量，数量越多性能越强。

总线接口/Bus Interface：显示卡和主板芯片之间的总线接口类型及接口速度。

着色单元/Shaders：GPU 拥有的着色器的数量，数量越多性能越强。

DirectX 版本/DirectX Support：GPU 所支持的 DirectX 版本。

像素填充率/Pixel Fillrate：GPU 的像素填充率，越大性能越强。

纹理填充率/Texture Fillrate：GPU 的纹理填充率，越大性能越强。

（5）显存信息部分。

显存类型/Memory Type：显示卡所采用的显存类型，如 GDDR3、GDDR5 等。

显存位宽/Bus Width：GPU 与显存之间连接的带宽，越大性能越强。

显存容量/Memory Size：显卡板载的物理显存容量。

显存带宽/Bandwidth：GPU 与显存之间的数据传输速度，越大性能越强。

（6）显示卡的驱动部分。

驱动程序版本/Driver Version：系统内当前使用的显示卡驱动的版本号。

（7）显示卡的频率部分。

核心频率/GPU Clock：GPU 当前的运行频率。

内存/Memory：显存当前的运行频率。

自动超频/Boost：当显示卡需要处理大型图像时的最高工作频率。

原始核心频率/Default Clock：GPU 默认的运行频率。

2．3DMark 介绍

3DMark 是 FutureMark 公司出品的 3D 图形性能基准测试工具，具有悠久的历史，迄今已成为业界标准之一。最新出品的 3DMark 可以衡量 PC 在下一代游戏中的 3D 性能、比较最新的高端游戏硬件、展示惊人的实时 3D 画面。通过使用 3DMark 测试可获得如下结果。

（1）3DMark 得分：3D 性能的衡量标尺。

（2）SM2.0 得分：ShaderModel 2.0 性能的衡量标尺。

（3）HDR/SM3.0 得分：HDR 和 ShaderModel 3.0 性能的衡量标尺。

（4）CPU 得分：处理器性能的衡量标尺。

7.2.7 显示卡的常见故障与维修

（1）显示卡最常见的问题，就是没插好或接触不良，特别是 PCI-E 接口，由于比较复杂、金属触点多，经常出现这样的问题。因此，当遇到显示卡故障时，首先就要确保显示卡是否插好，再考虑别的情况。当出现显示卡接触不良时，会发出长的"嘀嘀"声。

（2）计算机刚开机正常工作，不久就出现花屏或死机的现象。这是由于风扇不转导致 GPU 温度过高所致。这时更换显示卡的散热风扇即可。

（3）显示卡驱动没装好，导致显示不正常。在 Windows 7 及以上版本的操作系统下，如果不装驱动一般也能正常显示，但运行需要调用显示卡的应用程序时可能就会发生显示不正常的故障，这时装好显示卡的驱动程序即可。

（4）显示卡与主板不兼容或与其他板卡冲突引发的故障。不兼容的现象为开机时显示几个字符，马上无显；冲突现象为无显或显示不正常。这种情况一般出现在比较老的显示卡中，这时需要更换显示卡，或调整显示卡的中断号。

（5）显示卡的供电电路损坏，导致没有显示。高档显示卡一般都有专用的供电电路，供电电路损坏的修复方法与主板的供电电路一样，大多数情况下只要更换损坏的场效功率管即可。

7.3 显示器

显示器是将一定的电子文件通过特定的传输设备显示到屏幕上再反射到人眼的一种显示工具，显示器也是将显示卡输出的视频信号转换成可视图像的电子设备。

7.3.1 显示器的分类

（1）根据制造材料的不同，可分为阴极射线管（CRT）显示器、等离子（PDP）显示器、液晶（LCD）显示器等。目前是液晶显示器一统天下，CRT 显示器已彻底被淘汰，而等离子显示器少量出现在大屏幕的电视上。

（2）按显示色彩分类，可分为单色显示器和彩色显示器。单色显示器已经成为历史。

（3）按显示屏幕大小分类，以英寸为单位（1 英寸≈2.54 厘米），通常有 21.5 英寸以下、21.5 英寸、22～23 英寸、23.5～24 英寸、24.5～26.9 英寸、27 英寸和 27 英寸以上等规格。

7.3.2 LCD 显示器的原理

液晶显示器又叫 LCD 显示器，俗称平板显示器。液晶显示器的原理是利用液晶的物理特性，在通电时导通，使液晶排列变得有秩序，使光线容易通过；不通电时，排列则变得混乱，阻止光线通过。液晶显示器中的每个显示像素都可以单独被电场控制，不同的显示像素按照控制信号的"指挥"便可以在显示屏上组成不同的字符、数字及图形。

目前的液晶显示器都是 TFT-LCD（薄膜晶体管有源阵列彩显，真彩显）显示器。TFT 显示屏的每个液晶像素点都是由集成在像素点后面的薄膜晶体管来控制的，使每个像素都能保持一定电压，从而可以做到高速度、高亮度、高对比度的显示。

TFT-LCD 显示器按背光源的不同，又分为 CCFL（Cold Cathode Fluorescent Lamp，冷阴极荧光灯管）液晶显示器和 LED（Light Emitting Diode，发光二极管）液晶显示器。

LED 液晶显示器背光的亮度高，即使长时间使用亮度也不会下降，且色彩比较柔和，省电、环保、辐射低及机身更薄、外形也美观等特点，LED 液晶显示器已经取代了 CCFL 液晶显示器成为市场的主流。

7.3.3 LCD 显示器的物理结构

液晶显示器的结构并不复杂，液晶板加上相应的驱动板、电源电路、高压板（CCFL 有，LED 无）、按键控制板等组成，具体结构如图 7-12 所示。如图 7-13 所示，为一台实体液晶显示器拆盖后的内部元件。

1. 电源电路部分

液晶显示器的电源电路分为开关电源和 DC（直流）/DC 变换器两部分。其中，开关电源是一种 AC（交流）/DC 变换器，其作用是将市电交流 220V 或 110V（欧洲标准）转换成 12V 直流电源（有些机型为 14V、18V、24V 或 28V），供给 DC/DC 变换器和高压板电路；DC/DC 直流变换器的作用是将开关电源产生的直流电压（如 12V）转换成 5V、3.3V、2.5V 等电压，供给驱动板和液晶面板等使用。

2. 驱动板部分

驱动板是液晶显示器的核心电路，主要由以下几个部分构成。

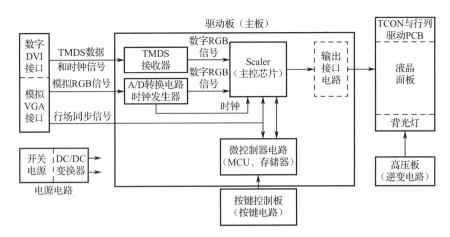

图 7-12 液晶显示器的结构

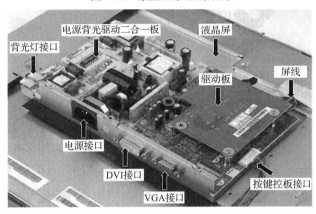

图 7-13 液晶显示器的内部元件

（1）输入接口电路。液晶显示器一般设有传输模拟信号的模拟 VGA 接口和传输数字信号的数字 DVI 接口。其中，VGA 接口用来接收主机显示卡输出的模拟 RGB 信号；DVI 接口用于接收主机显示卡 TMDS 发送器输出的 TMDS 数据和时钟信号，接收到的 TMDS 信号需要经过液晶显示器内部的 TMDS 接收器进行解码，才能传送给 Scaler（主控芯片），不过，现在很多 TMDS 接收器都被集成在 Scaler 芯片中。

（2）A/D 转换电路。A/D 转换电路即模/数转换器，用以将 VGA 接口输出的模拟 RGB 信号转换为数字信号，然后送到 Scaler（主控芯片）进行处理。

早期的液晶显示器，一般单独设立一块 A/D 转换芯片（如 AD9883、AD9884 等），现在生产的液晶显示器，大多已将 A/D 转换电路集成在 Scaler 芯片中。

（3）时钟发生器（PLL 锁相环电路）。时钟产生电路接收行同步、场同步和外部晶振时钟信号，经时钟发生器产生时钟信号，一方面送到 A/D 转换电路，作为取样时钟信号；另一方面送到 Scaler 电路进行处理，产生驱动 LCD 屏的像素时钟。

另外，液晶显示器内部各个模块的协调工作也需要在时钟信号的配合下才能完成。显示器的时钟发生器一般均由锁相环电路进行控制，以提高时钟的稳定度。

早期的液晶显示器一般将时钟发生器集成在 A/D 转换电路中，现在生产的液晶显示器，大都将时钟发生器集成在 Scaler 芯片中。

（4）Scaler（主控芯片）。Scaler 的名称较多，如图像缩放电路、主控电路、图像控制器等。Scaler 的核心是一块大规模集成电路，称为 Scaler 芯片，其作用是对 A/D 转换得到的数字信号或 TMDS 接收器输出的数据和时钟信号进行缩放、画质增强等处理，再经输出接口电路送至液晶面板，最后，由液晶面板的时序控制 IC（TCON）将信号传输至面板上的行、列驱动 IC。Scaler 芯片的性能基本上决定了信号处理的极限能力。另外，在 Scaler 中，一般还集成有屏显电路（OSD 电路）。

（5）微控制器电路。微控制器电路主要包括 MCU（微控制器）、存储器等，其中，MCU 用来对显示器按键信息（如亮度调节、位置调节等）和显示器本身的状态控制信息（如无输入信号识别、上电自检、各种省电节能模式转换等）进行控制和处理，以完成指定的功能操作；存储器（串行 EEPROM 存储器）用于存储液晶显示器的设备数据和运行中所需的数据，主要包括设备的基本参数、制造厂商、产品型号、分辨率数据、最大行频率、场刷新率等，还包括设备运行状态的一些数据，如白平衡数据、亮度、对比度、各种几何失真参数、节能状态的控制数据等。

目前，很多液晶显示器将存储器和 MCU 集成在一起，还有一些液晶显示器甚至将 MCU、存储器都集成在 Scaler 芯片中。因此，在这些液晶显示器的驱动板上，是看不到存储器和 MCU 的。

（6）输出接口电路。驱动板与液晶面板的接口电路有多种，常用的主要有以下三种。

第一种是并行总线 TTL 接口，用来驱动 TTL 液晶屏。根据不同的面板分辨率，TTL 接口又分为 48 位或 24 位并行数字显示信号。

第二种是现在十分流行的低压差分 LVDS 接口，用来驱动 LVDS 液晶屏。与 TTL 接口相比，串行接口有更高的传输率、更低的电磁辐射和电磁干扰，并且需要的数据传输线也比 TTL 接口少很多，所以，从技术和成本的角度来看，LVDS 接口都比 TTL 接口好。需要说明的是，凡是具有 LVDS 接口的液晶显示器，在主板上一般需要一块 LVDS 发送芯片（有些可能集成在 Scaler 芯片中），同时，在液晶面板中应有一块 LVDS 接收器。

第三种是 RSDS（低振幅信号）接口，用来驱动 RSDS 液晶屏。采用 RSDS 接口，可大大减少辐射强度，更加健康环保，并可增强抗干扰能力，使画面质量更加清晰稳定。

3．按键控制板部分

按键电路安装在按键控制板上，另外，指示灯一般也安装在按键控制板上。按键电路的作用就是控制电路的通与断，当按下开关时，按键电子开关接通；手松开后，按键电子开关断开。按键开关输出的开关信号送到驱动板上的 MCU 中，由 MCU 识别后，输出控制信号，去控制相关电路完成相应的操作和动作。

4．高压板部分

高压板俗称高压条（因为电路板一般较长，为条状形式），有时也称为逆变电路或逆变器，其作用是将电源输出的低压直流电压转变为液晶板所需的高频 600V 以上高压交流电，点亮液晶面板上的背光灯。由于 LED 背光灯不需要高压就能发光，因此没有此电路。

高压板主要有两种安装形式：一是专设一块电路板，二是和开关电源电路安装在一起（开关电源采用机内型）。

5．液晶面板部分

液晶面板是液晶显示器的核心部件，主要包含液晶屏、TCON 与行列驱动 PCB、背光灯等。

最后需要强调的是，液晶显示器的电路结构和彩电、CRT 显示器彩显一样，经历了从多片集成电路到单片集成电路再到超级单片集成电路的发展过程。例如，早期的液晶显示器、A/D 转换、时钟发生器、Scaler 和 MCU 电路均采用独立的集成电路；现在生产的液晶显示器，则大多将 A/D 转换、TMDS 接收器、时钟发生器、Scaler、OSD、LVDS 发送器集成在一起，有的甚至将 MCU 电路、TCON、RSDS 等电路也集成进来，成为一片真正的超级芯片。无论液晶显示器采用哪种电路形式，但万变不离其宗，即所有液晶显示器的基本结构组成是相同或相似的，作为维修人员，只要理解了液晶显示器的基本结构和组成，再结合厂商提供的主要集成电路引脚功能，就不难分析出其整机电路的基本工作过程。

7.3.4 LCD 显示器的参数

1. 屏幕尺寸

屏幕尺寸是指液晶显示器屏幕对角线的长度，单位为英寸。液晶显示器标称的屏幕尺寸就是实际屏幕显示的尺寸，目前主流产品的屏幕尺寸以 19 英寸至 27 英寸为主。

2. 屏幕比例

屏幕比例是指屏幕画面纵向和横向的比例，屏幕宽高比可以用两个整数的比来表示，目前有 4∶3（普通）和 16∶9 或 16∶10（宽屏）三种。

3. 可视角度

液晶显示器的可视角度是指能观看到可接收失真值的视线与屏幕法线的角度。LCD 的可视角度左右对称，而上下则不一定对称，一般情况是上下角度小于或等于左右角度，可以肯定的是可视角度越大越好。目前市场上大多数产品的可视角度在 160 度以上。

4. 面板类型

面板类型指液晶面板的型号，主要有 VA、IPS、TN。

（1）VA（Vertical Alignment）型。VA 型的面板常被称为软屏，主要包括 MVA 技术、PVA 技术及 CPA 技术。

①MVA（Multi-domain Vertical Alignment，多象限垂直配向技术）是最早出现的广视角液晶面板技术。它可以提供更大的可视角度，通常可达到 170 度。通过技术授权，中国台湾的奇美电子（奇晶光电）、友达光电等面板企业均采用了这项面板技术。改良后的 P-MVA 类面板可视角度可达接近水平的 178 度，并且灰阶响应时间可以达到 8ms 以下。

②PVA（Patterned Vertical Alignment）是三星推出的一种面板类型，它是 MVA 技术的继承者和发展者。其改良型的 S-PVA 已经可以和 P-MVA 并驾齐驱，获得极宽的可视角度和越来越快的响应时间。PVA 采用透明的 ITO 电极代替 MVA 中的液晶层凸起物，透明电极可以获得更好的开口率，最大限度减少背光源的浪费，但此种设计却带来了黑色不纯正的问题，导致整体色彩偏亮。其后，三星又推出了 S-PVA 用以改善 PVA 可视角度与反应时间。

③CPA（Continuous Pinwheel Alignment）是夏普所发明的一种面板类型，目前夏普生产的面板普遍采用这种技术，CPA 模式的每个像素都具有多个方形圆角的次像素电极，当电压加到液晶层次像素电极和另一面的电极上，形成一个对角的电场，驱使液晶向中心电极方向倾斜，各液晶分子朝着中心电极呈放射的焰火状排列。CPA 面板色彩还原真实、可视角度优秀、图像细腻。

（2）IPS（In Plane Switching）型。IPS 面板通常被称为硬屏。IPS 型液晶面板的优势是可视角度高、响应速度快、色彩还原准确，是液晶面板里的高端产品。而且相比 PVA 面板，采用了 IPS 屏的 LCD 电视机动态清晰度能够达到 780 线。而在静态清晰度方面，按照 720 线的高清标准要求仍能达到高清。它增强了 LCD 电视的动态显示效果，在观看体育赛事、动作片等运动速度较快的节目时能够获得更好的画质。和其他类型的面板相比，IPS 面板用手轻轻划一下不容易出现水纹样变形，因此被称为"硬屏"。

（3）TN（Twisted Nematic）型。TN 型液晶面板应用于入门级和中端的产品中，价格实惠、低廉，被众多厂商选用。在技术性能上，与 VA、IPS 的液晶面板相比略为逊色，它只能显示 16.2M 色，达不到 16.7M 色彩，可视角度也受到了一定的限制，可视角度不会超过 160 度，优点是有较好的响应时间。

各种类型的液晶面板特性对比如表 7-2 所示。

表7-2　几种主流显示器面板的对比

种　类	响 应 时 间	对 比 度	色　彩	亮　度	可 视 角 度
TN	短	普通	一般	普通或高	小
IPS	普通	普通	较好	高	较大
MVA	较长	高	好	高	大
PVA	较长	高	好	高	大
CPA	较长	高	较好	高	大

5．背光类型

背光类型指液晶显示器面板发光来源，主要有背发光和自发光两种。其中多数的液晶显示器都依靠面板后的背光层发光。近年来，OLED 技术开始普及。OLED 不需要传统液晶显示器那样利用背光层发光，当显示器通电后就有亮度。如图 7-14 所示，为 LCD 与 OLED 背光结构的对比。

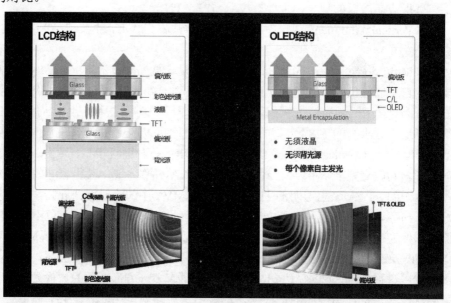

图7-14　LCD 与 OLED 背光结构对比

LCD 由于有背光层的存在，会比 OLED 屏幕厚很多，这虽然在计算机所使用的显示器上影响不大，但对于手机来说却是质的飞跃，因此广泛使用于手机屏幕中。

6．亮度

亮度是指画面的明亮程度，单位是堪德拉每平方米（cd/m²）或称 nits。画面提高亮度的方法有两种，一种是提高 LCD 面板的光通过率；另一种就是增加背景灯光的亮度，即增加灯管数量。现在主流液晶显示器的亮度都在 250cd/m²以上。

7．动态对比度

对比度是屏幕上同一点最亮时（白色）与最暗时（黑色）的亮度比值，高的对比度意味着相对较高的亮度和呈现颜色的艳丽程度。而动态对比度，指的是液晶显示器在某些特定情况下测得的对比度数值，如逐一测试屏幕的每一个区域，将对比度最大区域的对比度值，作为该产品的对比度参数。动态对比度与真正的对比度是两个不同的概念，一般同一台液晶显示器的动态对比度是实际对比度的3～5倍。

8．黑白响应时间

黑白响应时间是指液晶显示器画面由全黑转换到全白画面之间所需要的时间。这种全白、全黑画面的切换所需的驱动电压是比较高的，所以切换速度比较快，而实际应用中大多数都是灰阶画面的切换（其实质是液晶不完全扭转，不完全透光），所需的驱动电压比较低，故切换速度相对较慢。黑白响应时间反映了液晶显示器各像素点对输入信号反应的速度，此值越小越好。黑白响应时间越小，运动画面才不会使用户有尾影拖曳的感觉，目前此值一般小于6ms。

9．HDR

HDR，全文为 High Dynamic Range，译为高动态范围图像。HDR 与普通的图像处理相比，HDR 可以提供更多的动态表现和图像细节，根据不同的曝光时间相对应的最佳细节来合成最终图像，能够更好地反映出真实环境中物体所自有的视觉效果，因此更加接近人眼可见的真实画面，做到画面亮部不过曝，暗部细节清晰可见。支持 HDR 技术的液晶显示器的价格也会更贵。需要注意的是，不仅显示器要支持 HDR，显示器的信号源也需要有 HDR 信号才能具备相应的效果。

10．显示色彩

显示色彩就是屏幕上最多显示多少种颜色的总数。液晶显示器一般都支持 24 位（16.7M）真彩色。

11．最佳分辨率

液晶显示器的最佳分辨率，也叫最大分辨率，在该分辨率下，液晶显示器才能显现最佳影像。由于相同尺寸的液晶显示器的最大分辨率都一致，所以对于同尺寸的液晶显示器的价格一般与分辨率基本没有关系。

7.3.5 显示器的测试

对显示器进行参数和性能测试的软件有很多，在本节将介绍一款名为"MonitorTest"的软件。

MonitorTest 由 PassMark 公司出品，可以在"www.passmark.com"网站下载。MonitorTest 的主要功能包括支持所有显示类型（CRT，LCD，PDP 等）；支持多达 300 种不同视频模式的视频卡；支持循环测试，可以持续测试显示器；可进行脚本化测试，通过脚本使用不同的分辨率，颜色深度和测试长度进行不同场景的测试（该功能仅限注册版）；可以将测试程序写入 U 盘，并通过 U 盘进行测试；可以对显示器的触摸功能和 HDR 功能进行测试。

软件检测项的主界面，如图 7-15 所示。"①"可以看到当前检测的显示器的列表；"②"表示将要进行测试的显示器所使用的分辨率；"③"可以选择将要进行测试的项目，共有 30 多种测试项目；"④"可以进行 HDR 单项测试；"⑤"可以选择测试循环的次数；"⑥"可以选择测试使用的脚本。需要注意的是"⑤、⑥"为高级选项，需要注册付费后才可以使用。

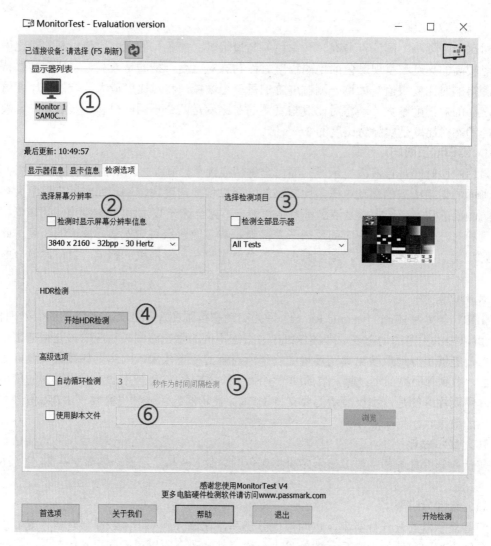

图 7-15　MonitorTest 软件检测选项界面

7.3.6　显示器的选购

选购显示器前，首先要确定买显示器的目的，从而决定购买显示器的档次和价格。如果只是做些文字处理和一般的事务处理，购买一台价格低的、尺寸合适的普通 TN 面板显示器即可；如果要做图形处理或玩游戏，就要买屏幕尺寸大、分辨率高、亮度大、响应快的高档显示器；如果要看高清影像，就要选择相应最佳分辨率的显示器，最好支持 HDR 功能。

在满足需求和同等价位的情况下，尽量选大品牌和售后服务好、保修期长的产品。

对于液晶显示器来说，即使选择了大品牌的产品，也可能会出现一些不尽如人意的情况，消费者一定要亲身试用，才可以决定是否购买。购买前也要做足功课，将测试显示器性能的软件带全，并且掌握几种测试的小技巧。在将显示器的外包装拆开后，要仔细查看是否有划痕，或者使用过的痕迹，一旦发现问题应立即更换。千万不要忘记让商家开具有效的购买凭证，并将厂商所承诺的"无不亮点""无坏点"，以及售后条款等用文字详细地签注在保修卡上，并加盖商家的公章，这样才可做到万无一失。即使日后出现了什么问题，解决起来也容易一些。

7.3.7 显示器的常见故障与维修

显示器的故障率在计算机系统中是比较高的，由于显示器基本上是一个独立的电子设备，因此它是能够进行芯片级维修的少有设备之一。为了减少显示器的故障，首先要加强对显示器的日常维护（见第1章），其次要注意显示器的正确使用。下面列举几个显示器的典型故障及排除方法。

（1）开机没有显示。遇到无显示的故障，首先要确认故障源是显示器还是主机。先断开显示器与主机的视频接口连线。检查显示器是否有图像，一般的显示器，在通电状态，如果没有视频输入就会有"无视频输入"等类似的提示。如果显示器完全没有显示，则检查显示器是否加电、显示器的电源开关是否已经开启、显示器的电源指示灯是否亮、亮度电位器是否关到最小、显示器的高压电路是否正常，对于液晶显示器主要检查背光灯管及高压电路是否有问题。

在确保显示器能正常显示的情况下，检查主机电源是否工作、电源风扇是否转动。用手移到主机箱背部的开关电源出风口，感觉有风吹出则电源正常，无风则表示电源故障；主机电源开关开启瞬间键盘的三个指示灯（NumLock、CapsLock、ScrollLock）是否闪亮，是则表示电源正常；主机面板电源指示灯、硬盘指示灯是否亮，亮则表示电源正常。因为电源不正常或主板不加电，显示器没有收到数据信号，显示器就不会显示。

（2）LCD显示器显示一会儿就没了图像，或开机电源灯亮，但没有图像。这种现象说明显示器电源没问题，而是因为背光灯提供高压的电路有问题，而且原因一般都是灯管驱动电路坏了。只要更换灯管驱动电路的功率放大管即可。

（3）LCD显示器显示花屏。这种故障一般都可以判断是驱动板电路有问题，大多数情况下是驱动板到屏幕的屏线松动引起接触不良所致，只要重新插好屏线即可。

实验 7

1．实验项目

（1）用 GPU-Z 测试显卡芯片型号及参数。

（2）用 3DMark 测试显卡的性能。

（3）用 MonitorTest 测试显示器的性能。

2．实验目的

（1）了解所测显示卡的参数及含义。

（2）掌握显示卡性能的测试方法，能识别显示卡性能的高低。

（3）熟悉显示器参数和性能的测试方法，能够鉴别显示器的优劣。

3．实验准备及要求

（1）每个学生配置一台能上网的计算机。

（2）上网下载或由教师提供 GPU-Z、3DMark 和 MonitorTest 三个测试软件。

（3）教师先对测试软件进行安装、测试与讲解。

（4）学生准备笔和纸记录相关的测试参数。

4．实验步骤

（1）下载并安装 GPU-Z 软件。

（2）运行 GPU-Z 软件，对显示卡的参数进行测试，并记录好测试数据。

（3）下载并安装 3DMark 软件。

（4）运行 3DMark 软件，对显示卡的性能进行测试，并记录好测试数据。

（5）下载并安装 MonitorTest 软件。

（6）运行 MonitorTest 软件，对显示器的性能和参数进行测试，并记录好测试数据。

5. 实验报告

要求写出实验的真实测试数据，并写出实验中遇到的问题及解决方法。

习题 7

1. 填空题

（1）显示系统是计算机的_____系统，在计算机与人的交流过程中起着_____的作用。

（2）按显示卡的控制芯片生产厂家来分，可分为_____芯片、_____芯片。

（3）显示卡输出的_____和_____信号决定着系统信息的最高分辨率。

（4）支持数字信号的视频接口有_____、_____、_____。

（5）中/高档的显示卡都设计有_____的供电电路，采用的是_____供电的模式。

（6）显示器是将显示卡输出的_____转换成_____的电子设备。

（7）当前市场上 LCD 显示的面板主要的型号有____、____、____。

（8）液晶显示器的原理是利用液晶的物理特性，在通电时_____，使液晶排列变得有_____，使光线容易通过。

（9）屏幕比例是指屏幕画面____和____的比例，屏幕宽高比可以用两个整数的比来表示。

（10）LCD 显示器显示花屏故障一般都是由于_____电路有问题，大多数情况下是驱动板到屏幕的_____松动引起接触不良所致。

2. 选择题

（1）显示器必须依靠（   ）提供的显示信号才能显示出各种字符和图像。

A. 显示卡　　　　　　　B. 网卡　　　　　　　C. 声卡　　　　　　　D. 多功能卡

（2）GDDR5 显存颗粒提供的总带宽是 GDDR3 的（   ）倍以上。

A. 4　　　　　　　　　B. 3　　　　　　　　　C. 5　　　　　　　　　D. 2

（3）HDMI2.1 支持（   ）Gb/s 的数据传输率。

A. 38　　　　　　　　　B. 48　　　　　　　　　C. 52　　　　　　　　　D. 64

（4）具有较短响应时间的 LCD 面板是（   ）。

A. IPS　　　　　　　　B. MVA　　　　　　　C. CPA　　　　　　　D. TN

（5）以下不是常用的液晶显示器屏幕比例是（   ）。

A. 4∶3　　　　　　　　B. 16∶9　　　　　　　C. 16∶10　　　　　　D. 5∶4

（6）按显示卡的接口形式，可分为（   ）显示卡。

A. PCI　　　　　　　　B. PCI-E　　　　　　　C. AGP　　　　　　　D. ISA

（7）显示卡不管是哪一类，其结构都由（   ）组成。

A. 与主板连接的插口　　　　　　　　　　　B. 与显示器及外部设备连接的接口

C. PCB（印制线路板）　　　　　　　　　　D. 显示控制图形处理芯片 GPU、RAMDAC 芯片

（8）显示卡的输出接口有（   ）。

A. VGA　　　　　　　　B. DVI　　　　　　　C. HDMI　　　　　　D. DisplayPort

（9）液晶面板的型号有（   ）型。

A. IPS　　　　　　　　B. TN　　　　　　　　C. TFT　　　　　　　D. VA

（10）LED 显示器的优点有（   ）。

A．亮度高　　　　　　B．色彩比较柔和　　　　　C．省电环保辐射低　　　　D．机身更薄

3．判断题

（1）DVI-I 接口只输出数字信号。（　　　）

（2）DisplayPort 接口只输出数字信号。（　　　）

（3）如果要采用"交火"必须要有 2 块显卡。（　　　）

（4）OLED 显示器需要背光层。（　　　）

（5）DisplayPort1.4 能够支持 8K/60Hz 的 HDR 视频。（　　　）

4．简答题

（1）简述显示卡的工作过程。

（2）显存的主要参数有哪些？

（3）简述着色器的种类和作用。

（4）常见的 LCD 显示器面板有哪些？各有什么特点？

（5）如何挑选显示器？

第 **8** 章
计算机功能扩展卡

计算机功能扩展卡是安装在主板扩展槽中的一些附加功能卡，可以使计算机的应用领域更广阔。这些功能扩展卡主要有声卡、视频采集卡、SATA 扩展卡、USB 扩展卡等。

8.1 声卡

声卡（Sound Card）是多媒体技术中最基本的组成部分，是实现模拟信号和数字信号相互转换的一种硬件。计算机的声音处理是一种相对起步较晚的功能，PC 刚出现时，喇叭发出的声音主要用于某些警告和提示信号。在 20 世纪 80 年代末，多媒体的应用促进了声卡的发展，各厂商竞争越来越激烈，声卡的价格也越来越便宜，功能越来越强大。现在的声卡不仅能使游戏和多媒体应用发出优美的声音，也能帮助用户创作、编辑和打印乐谱，还可以用它模拟弹奏乐器、录制和编辑数字音频等。

8.1.1 声卡的工作原理及组成

1．声卡的工作原理

由于麦克风和喇叭所用的都是模拟信号，而计算机所能处理的都是数字信号，两者不能混用，声卡的作用就是实现两者的转换。从结构上分，声卡可分为模/数转换电路和数/模转换电路两部分，模/数转换电路负责将麦克风等声音输入设备采到的模拟声音信号转换为计算机能处理的数字声音信号；而数/模转换电路负责将 PC 使用的数字声音信号转换为喇叭等设备能使用的模拟声音信号。具体的功能结构如图 8-1 所示。

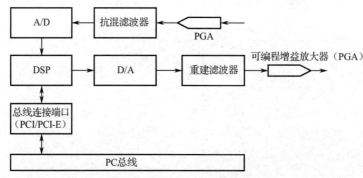

图 8-1　声卡的功能结构图

声音的录入过程：从麦克风等输入设备中获取声音模拟信号，通过模/数转换器（ADC），将声波振幅信号采样转换成一串数字信号，并由 DSP 进行处理。

声卡的放音过程：将获取的数字声音信号送到数/模转换器（DAC），以同样的采样速度还原为模拟波形，放大后送到扬声器发声。

2. 声卡的组成

声卡主要由声音处理芯片（组）、模数与数模转换芯片（ADC/DAC，AC'97 标准中把这两种芯片集成在一起叫 Codec 芯片）、可编程增益效大器（PGA）、总线连接端口、输入/输出端口等组成。

（1）声音处理芯片（Digital Signal Processor，DSP）。声音处理芯片又称声卡的数字信号处理器，是声卡的核心部件。声音处理芯片通常是声卡上最大的、四边都有引线的集成电路，上面标有商标、型号、生产厂商等重要信息。声音处理芯片基本上决定了声卡的性能和档次，其功能主要是对数字化的声音信号进行各种处理，如声波取样和回放控制、处理 MIDI 指令等，有些声卡的 DSP 还具有混响、和声、音场调整等功能。声卡通常以芯片的型号来命名，还有些集成声卡将 DSP 的工作交给 CPU 来做。

（2）D/A 芯片。它负责将 DSP 输出的数字信号转换成模拟信号，以输出到功率放大器和音箱。

（3）A/D 芯片。它负责将输入的模拟信号转换成数字信号输入到 DSP。A/D 芯片、D/A 芯片和 DSP 的能力直接决定了声卡处理声音信号的质量。

（4）可编程增益放大器（PGA）。它将声音处理芯片输出来的声音信号进行放大，驱动喇叭发出声音，同时也担负着对输出信号的高低音处理的任务。这个芯片的功率一般不大，而且它在放大声音信号的同时也放大了噪声信号，因此有一个绕过功放线路的输出接口，由 Speaker Out 孔输出给耳机。

（5）总线连接端口。这是声卡与计算机主板上插槽的接口，目前主要有 PCI 和 PCI-E 两种，与 PC 总线进行通信，用于收、发主机的音频信号。

（6）输入/输出接口。这是声卡上用于与功放和录音设备相连接的端口，图 8-2 所示的是一款创新声卡的接口。输入/输出的外部接口主要有：

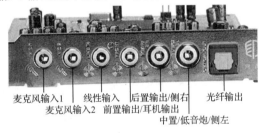

图 8-2　创新声卡接口说明图

①麦克风输入（Mic in）。粉色，用于语音输入。

②线性输入（Line In）。蓝色，用于 MP3、随身听等音源导入。

③前置输出/耳机输出（Line Out）。绿色，输出到功放的前置音箱或者输出到耳机。

④后置输出/侧右（Rear）。黑色，在四声道/六声道/八声道音效设置下，用于可以连接后置的环绕喇叭。

⑤中置/低音炮/侧左（Center）。橙色，在六声道/八声道音效设置下，用于可以连接中置的重低音喇叭。

⑥光纤输出（Toslink）。用于在各种器材之间，通过一种光导体，利用光作载体来传送数字音频信号（左右声道或多声道）。

8.1.2　声卡的分类

声卡，主要分为板卡式、集成式和外置式三种接口类型，以适用不同用户的需求，三种类型的产品各有优/缺点。

（1）板卡式。板卡式产品是现今市场上的中坚力量，产品涵盖低、中、高各档次，售价从几十元至上千元不等，拥有较好的性能及兼容性，支持即插即用，安装使用都很方便。目前 PCI 与 PCI-E 接口共存。

板卡式的典型产品——创新 X-Fi 钛金冠军版声卡，如图 8-3 所示。

图 8-3　创新 X-Fi 钛金冠军版声卡

创新 X-Fi 钛金冠军版声卡是新加坡创新的产品，它由一块内置主卡和一个外置盒构成。主卡提供了模拟信号输入和输出接口，有 1 个线性输入/麦克风输入插孔，4 个线性输出插孔（最多支持 8 声道输出），旁边为一组光纤 S/PDIF 输入插孔。在声卡尾部设计了三组接口，其中 AND_EXT 接口、DID_EXT 接口都是用来和外置盒连接的，剩下的一个是前面板音频接口。其主卡与外置盒前面板的输入和输出接口，如图 8-4 所示。

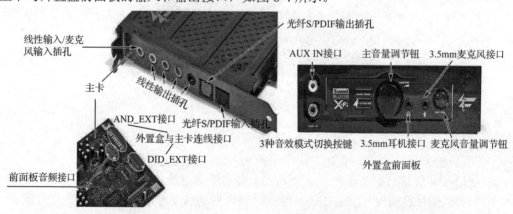

图 8-4　创新 X-Fi 钛金冠军版声卡的主卡与外置盒前面板的输入和输出接口

（2）集成式。集成式声卡具有不占用 PCI 或 PCI-E 接口、成本更为低廉、兼容性更好等优势，能够满足普通用户对音频的需求，受到市场青睐，比较常见的是 AC'97 和 HD Audio。集成式声卡的技术也在不断进步，板卡式声卡具有的多声道、低 CPU 占有率等优势也相继出现在集成式声卡上，它也由此占据了主导地位，占据了声卡市场的大半壁江山。

目前流行的集成式声卡芯片符合 HD Audio 标准，Intel 最新 ICH6 支持的 HD Audio，用于取代 AC 97 标准，支持最高 7.1 声道音效输出，并拥有 32Bit/192kHz 的高指标，主要有 Realtek（瑞昱）、Analog Devices（亚德诺）、Conexant（科胜讯）及 VIA（威盛）等。如图 8-5 所示的是 Realtek 公司的 ALC1150。

图 8-5　Reltek 公司的 ALC1150

ALC1150 是一款高性能、多声道、高保真的音频编解码器，采用 Realtek 公司专有无损内容保护技术。ALC1150 提供 10 个 DAC 通道，通过机箱前面板立体声输出，同时支持 7.1 声道声音播放和 2 个独立立体声声音输出通道（多流）。两个立体声 ADC 集成在一起，可以支持具有回声消除（AEC）、波束形成（BF）和噪声抑制（NS）技术的麦克风阵列。ALC1150 采用 Realtek 公司专有转换器技术，可实现前差分输出 115dB 信噪比（DAC）质量和 104dB SNR 记录（ADC）质量。

（3）外置式。外置式声卡通过 USB 接口与 PC 连接，具有使用方便、便于移动等优势。但这类产品主要应用于特殊环境，如连接笔记本电脑使其实现更好的音质等，主要有创新和乐之邦等公司的产品。创新 Sound Blaster X-Fi Surround 5.1 外置声卡，如图 8-6 所示。

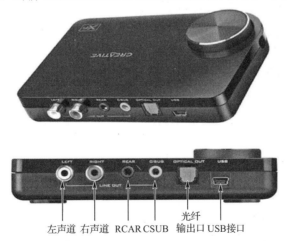

左声道　右声道　RCAR CSUB　光纤输出口 USB接口

图 8-6　创新 Sound Blaster X-Fi Surround 5.1 外置声卡

8.1.3　声卡的技术指标

1. 复音数量

复音数量是指声卡在 MIDI 合成时可以达到的最大复音数。复音是指 MIDI 乐曲在 1 秒内发出的最大声音数目。

2．采样位数

采样位数是声音从模拟信号转换成数字信号的二进制位数，即在模拟声音信号转换为数字声音信号的过程中，对慢幅度声音信号规定的量化数值的二进制位数。采样位数越高，采样精度越高。它包括 8 位、12 位、16 位、24 位及 32 位 5 种。采样位数体现了声音强度的变化，即声音信号电压（或电流）的幅度变化。如规定最强音量化为"11111111"，零强度规定为"00000000"，则采样位数为 8 位，对声音强度（信号振幅）的分辨率为 256 级。

3．采样频率

采样频率是指每秒对音频信号的采样次数。单位时间内采样次数越多，即采样频率越高，数字信号就越接近原声。它包括 11.025kHz（语音）、22.05kHz（音乐）、44.1kHz（高保真）、48kHz（超保真）和 192kHz（HD Audio）5 种。

在录音时，文件大小与采样精度、采样频率和单/双声道都是成正比的，如双声道文件大小是单声道文件大小的两倍，16 位是 8 位的两倍，22kHz 是 11kHz 的两倍。

普通音乐最低音的采样频率是 20Hz，最高音为 8kHz，即音乐的频谱范围是 20Hz～8kHz，对其进行数字化时可以采用 16kHz 采样频率。CD 音乐的采样频率被确定为 44.1kHz。

4．输出信噪比

输出信噪比是指输出信号电压与同时输出噪音电压的比例，单位是分贝。这个数值越大，代表输出时信号中被掺入的噪声越小，音质就越纯净。集成式声卡的信噪比一般在 80dB 左右；PCI 声卡一般拥有较高的信噪比，大多数可以轻易达到 90dB，有的可高达 195dB 以上。

5．数字信号处理

数字信号处理器（DSP）是一块单独的专用于处理声音的处理器。带 DSP 的声卡比不带 DSP 的声卡响应速度快得多，可以提供更好的音质和更高的速度，不带 DSP 的声卡依赖 CPU 完成所有的工作，这不仅降低了计算机的速度也使音质减色不少。

6．动态范围

动态范围是指当声音的增益发生瞬间突变时，设备所承受的最大变化范围。这个数值越大，则表示声卡的动态范围越广，也越能表现出作品的情绪和起伏。一般声卡的动态范围在 85dB 左右，能够做到 90dB 以上动态范围的声卡就是非常好的了。

7．API 接口

API 是指编程接口，其中包含了许多关于声音定位和处理的指令与规范。它的性能将直接影响三维音效的表现力，主要的 API 接口有微软公司提出的 3D 效果定位技术（Direct Sound 3D）、Aureal 公司开发的一项专利技术（A3D）、创新公司在其 SB LIVE！系列声卡中提出的标准 EAX（Environmental Audio Extension，环境音效）。

8．Internet 支持

许多声卡制造商现在开始在自己的产品中提供对 Internet 的支持。搭乘 Internet 快速的列车，商家在声卡上捆绑了微软的浏览器，使用户能收呼 Internet 实时广播的 RealAudio 和网络电话软件 Webphone，实现了对 Internet 的全面支持。

9．声道数

声卡的技术经历了单声道、立体声、环绕立体声等发展过程，声卡所支持的声道数也是声卡的一个重要技术标志。声道数有单声道、立体声（包括 3 声道、4 声道、6 声道、8 声道等）。最新的声卡是采用 192kHz/24bit 高品质音效的 8 声道声卡。8 声道（7.1 声道）包括前置左声道、前中置（主要用来输出人声）、前置右声道、中置左声道、中置右声道、后置左声道、后置右声道、低音声道。最后一个低音声道不是一个完整的信号声道，只是用来加强低音效果的重低音声道，只承载低音信号，所以一般习惯标为 7.1 声道。

10．MIDI

MIDI（Musical Instrument Digtal Interface，电子乐器数字化接口）是 MIDI 生产协会制定给所有 MIDI 乐器制造商的音色及打击乐器的排列表，总共包括 128 个标准音色和 81 个打击乐器排列。它是电子乐器（合成器、电子琴等）和制作设备（编辑机、计算机等）之间的通用数字音乐接口。

在 MIDI 上传输的不是直接的音乐信号，而是乐曲元素的编码和控制字。声卡支持 MIDI 系统，它使计算机可以和数字乐器连接，可以接收电子乐器弹奏的乐曲，也可以将 MID 文件播放到电子乐器中进行乐曲创作等。

11．WAVE

WAVE 是指波形，即直接录制的声音，包括演奏的乐曲、语言、自然声等。在计算机中存放的 WAV 文件是记录着真实声音信息的文件，因此对于存取大小相近的声音信息，这种格式的文件字节数比 MID 文件格式要大得多。大多数声卡都会对声音信息进行适当的压缩。

8.1.4 声卡的参数标准

1．AC'97 标准

AC'97 标准要求把模/数与数/模转换部分从声卡主处理芯片中独立出来，形成一块 Codec 芯片，使得模/数与数/模转换尽可能脱离数字处理部分，这样就可以避免大部分信号的模/数与数/模转换时所产生的杂波，从而得到更好的音效品质。符合 AC'97 标准的 Codec 封装建议工业标准为 7mm×7mm、48 脚 QFP 封装、各厂商 Codec 芯片的引脚互相兼容。此标准已被 HD Audio 标准取代。

2．HD Audio 标准

为了提供更加逼真的音频效果，Intel 推出了音频新标准 HD Audio，这个编码标准基本上取代了 AC'97。其特点有：

①同时支持输入/输出各 15 条音频流。

②每个音频流都支持最高 16 声道。

③每个音频流支持 8 位、16 位、20 位、24 位、32 位的采样精度。

④采样率支持 6～192kHz。

⑤对于控制、连接和编码优化的可升级扩展。

⑥音频编码支持设备高级音频探测。

⑦实际音频系统多为 24bit/192kHz。

HD Audio 声卡的一大特色是支持所有输入/输出接口自动感应设备接入，不仅能自行判断哪个端口有设备插入，还能为接口定义功能，有点智能的雏形。如图 8-7 所示，当在声卡的"模拟后面板"上插入设备时，插入设备的孔就会闪烁，在"设备类型"中选择相应的设备，单击"OK"按钮后即可使用。

8.1.5 虚拟声卡

计算机一般都会安装声卡，但是有些设备无须安装，比如服务器主板，声卡默认是不安装的。当在工作中遇到需使用的时候，怎么办？所以在这种情况下，可以采用虚拟声卡。

虚拟声卡就是在没有声卡的计算机上要播放相关的文件而安装类似声卡的一种软件，虚拟声卡就是这种软件，安装之后，设备上就可以实现声音的播放功能。比如 Virtual Audio Cable

是虚拟声卡驱动软件，虚拟音频线路。这个软件可以虚拟出很多音频设备，对于没有内录功能的笔记本电脑是有用的。它可以架设虚拟线路以实现混音功能的设备，仅起到架设虚拟线路的作用，并不带录音功能。

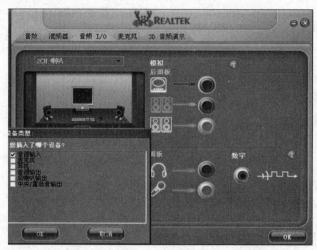

图 8-7　HD Audio 声卡的输入/输出接口自动感应设备接入

从严格意义上来说，虚拟声卡是不能代替实体声卡的，虚拟出来的声卡算不上独立的声卡，它做不到声卡的实际作用，只能简单的播放声音，效果不一定好，还有可能出现输出的声音轻微的失真，所以想要效果比较好的话，还需要有个实体的声卡。

8.1.6　声卡的选购

（1）声卡类型。选择声卡类型时应首选 PCI-E 声卡，因为 PCI-E 声卡比 PCI 声卡的传输率高，而且对 CPU 的占有率也很低。此外主板上 PCI 插槽将逐步被淘汰。

（2）看做工。做工对声卡的性能影响很大，因为模拟信号对于干扰相当敏感。选购时要注意看清声卡上的芯片、电容的牌子和型号，同类产品的性能指标要进行对比。

（3）按需选购。现在声卡市场上的产品有很多，不同品牌的声卡在性能和价格上差异也很大，所以一定要在购买前考虑需求。一般来说，如果只是普通的应用，如听 CD、玩游戏等，选择一款普通的廉价声卡就可以满足；如果用来玩大型 3D 游戏，就一定要选购带 3D 音效功能的声卡，不过这类声卡也有高、中、低档之分，用户可以根据实际情况来选择。

（4）注意兼容性问题。声卡与其他配件发生冲突的现象较为常见，不只是非主流声卡，名牌大厂的声卡都有可能发生这种情况。另外，某些小厂商可能不具备独立开发声卡驱动程序的能力，或者在驱动程序更新上缓慢，又或者部分型号声卡已经停产，此时声卡的驱动就成了一个大问题，随着 Windows 系统的升级，声卡很可能因缺少驱动而无法使用。所以在选购声卡前应当先了解自己的计算机配置，尽可能避免不兼容情况的发生。

8.1.7　声卡的常见故障及排除

声卡的故障一般都是因驱动程序未安装、冲突与设置不正确等原因造成的。如果真是硬件损坏，除非是明显看出某个元件坏了并更换外，否则没有维修的价值，因为买一个新的声卡也只需要几十元。下面列举最常见的两种故障。

（1）声卡与其他卡冲突。此类故障一般由于声卡的加入导致显卡、网卡等不能用，解决方法是更换插入槽或修改中断号。

（2）声卡的后面板输出有声音，前面板输出无声音，或者反之。这是现在 HD Audio 独立声卡或板载声卡的常见现象。解决方法是根据主板说明书，利用主板跳线、CMOS 设置、声卡的驱动程序设置同时开启前、后面板的音频输出。

8.2 视频采集卡

视频采集卡（Video Capture Card）也叫视频卡，用以将摄像机、录像机、电视机等输出的视频数据或者视频和音频的混合数据输入计算机，并转换成计算机可辨别的数字数据，存储在计算机中，成为可编辑处理的视频数据文件。按照其用途可以分为广播级视频采集卡、专业级视频采集卡、民用级视频采集卡。

8.2.1 视频采集卡的工作原理

视频采集卡的功能结构如图 8-8 所示。图中的图像缓存是一个容量小、控制简单的先进先出（FIFO）存储器，起到视频卡向 PCI/PCI-E 总线传送视频数据时的速度匹配作用。将视频卡插在计算机的 PCI/PCI-E 插槽中，通过系统总线与计算机内存、CPU、显示卡等之间进行数据传送。

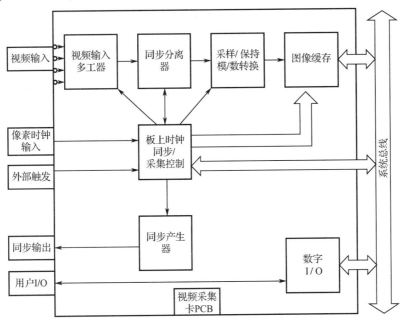

图 8-8　视频采集卡的功能结构图

视频采集卡的数据传输过程是：在接收视频输入后，将信号由视频输入多工器传送到同步分离器中，进行音/视频信号的分离，再将视频信号进行模/数转换，然后保存到图像缓存中。在上面的这个工作过程中，全程由采集控制进行管理，采集控制负责接收用户的触发事件及像素时钟输入，在视频采集卡中完成了视频图像的采集工作后，发送命令到同步产生器，由它控制音/视频的同步，并将视频卡的视频进行同步输出。

8.2.2 视频采集卡的分类

（1）按照视频信号源，可以分为数字采集卡（使用数字接口）和模拟采集卡。

（2）按照安装连接方式，可以分为外置采集卡（盒）和内置式板卡。

（3）按照视频压缩方式，可以分为软压卡（消耗 CPU 资源）和硬压卡。

（4）按照视频信号输入/输出接口，可以分为 1394 采集卡、USB 采集卡、HDMI 采集卡、VGA 视频采集卡、PCI 视频卡、PCI-E 视频采集卡。

（5）按照性能作用，可以分为电视卡、图像采集卡、DV 采集卡、计算机视频卡、监控采集卡、多屏卡、流媒体采集卡、分量采集卡、高清采集卡、笔记本电脑采集卡、DVR 卡、VCD卡、非线性编辑卡（非编卡）。

（6）按照其用途可分为广播级视频采集卡、专业级视频采集卡、民用级视频采集卡。它们档次的高低主要是采集图像的质量不同，它们的区别主要是采集的图像指标不同。

8.2.3 视频采集卡的技术指标

1．视频压缩方式

视频采集卡的压缩方式可以分为软压缩和硬压缩，其中采用软压缩的视频采集卡只负责视频采集，视频压缩、解压缩及其他视频处理则由计算机的 CPU 运算实现。硬压缩的视频采集卡基本不需要 CPU 参与视频的采集和压缩处理。

2．压缩格式

视频压缩卡所能支持的视频压缩格式，一般有 AVI、MP4、ASF、FLV、TS 等，它支持的格式越多，用户使用就会越方便。

3．视频输入

视频采集卡接收视频的能力，包括有几路的输入，每路视频输入的标准码率。如某品牌的视频采集卡可达到 4 路 HDMI 高清信号同时采集，即 4 路 60Hz 下 1920×1080（像素）的视频输入。

4．视频输入端口

视频采集卡的视频输入接口，如 HDMI、S-Video。

5．音频输入

该指标主要反映视频采集卡是否具备音频采集能力。

6．视频输出

该指标实际指视频输出的分辨率。

8.2.4 视频采集卡的选购

1．确定需求定位

视频采集卡有许多型号，用户要根据需求决定购买目标，需要的是专业级还是民用级的。

2．选择制式

视频采集卡根据其结构的不同可以分为内置和外置两种制式，外置视频卡也叫视频接收盒，它是一个相对独立的设备，大都可以独立于计算机主机工作，也就是说无须打开计算机和运行软件就可以利用视频接收盒来接收视频信息，在附加功能上都提供 AV 端子和 S 端子输入、多功能遥控、多路视频切换等。外置视频盒安装和操作都比较简单。内置的视频卡除提供标准视频接收功能外还提供了不同程度的视频捕捉功能，可以把捕捉动态/静态的视频信号转换成数据流。具备视频捕捉的视频卡在接收视频信息之余，还能配合模拟制式摄像装置构成可视通信系统。

3．选择购买价格

应根据使用的要求及资金情况，确定适当的价格级别。

4．选择捕捉效果

选择一块捕捉效果好的视频采集卡肯定是用户的追求。用户在选择时，可根据自己的需要，选择简易视频制作的视频卡或是高级的视频采集卡。

5．选择分辨率

视频采集卡的分辨率与所连的计算机是密不可分的，如果想通过视频采集卡来获取一些高质量的视频画面时，要注意视频采集卡在播放动态视频时的分辨率大小，分辨率越高则越好，如果想实现高清效果就要选择 HDMI 输入的采集卡。

6．视频格式

要注意在视频采集卡捕捉影像之后可以转存的视频格式，视频采集卡支持的格式种类越多，用户在后期的视频制作上就越方便。

7．选择功能

视频采集卡功能越来越多，也越来越完善。许多的视频采集卡还附带支持许多的视频编辑功能，用户可根据自己的需要进行产品对比、选择。

8.3　网络适配器

网络适配器又称网卡或网络接口卡（Network Interface Card，NIC），是使计算机联网的设备。平常所说的网卡就是将计算机和 LAN 连接的网络适配器。网卡插在计算机主板插槽中或集成在主板的芯片中，负责将用户要传递的数据转换为网络上其他设备能够识别的数据格式，通过网络介质（网线）传输；同时将网络上传来的数据包转换为并行数据。它已成为计算机必备的部件。目前主要使用的是 32 位 PCI 网卡、64 位的 PCI-E 网卡、板载网卡。

8.3.1　网卡的功能

网卡主要完成两大功能，一个功能是读入由网络设备传输过来的数据包，经过拆包，将其变成计算机可以识别的数据，并将数据传输到所需设备中；另一个功能是将计算机中设备发送的数据打包后传送至其他网络设备中。

8.3.2　网卡的分类

随着网络技术的快速发展，为了满足各种应用环境和应用层次的需求，出现了许多不同类型的网卡，网卡的划分标准也因此出现了多样化。

1．按总线接口类型划分

按网卡的总线接口类型一般可分为 ISA 总线网卡、PCI 总线网卡、PCI-X 总线网卡、PCI-E 总线网卡、USB 总线网卡。

（1）ISA 总线网卡。ISA 总线网卡是早期的一种接口类型的网卡，在 20 世纪 80 年代末几乎所有内置板卡都采用 ISA 总线接口类型，一直到 20 世纪 90 年代末期都还有部分这类接口类型的网卡，现已被淘汰，如图 8-9 所示。

（2）PCI 总线网卡。PCI 总线网卡在过去的台式计算机上相当普遍，也是过去主流的网卡接口类型之一。因为它的 I/O 速度远比 ISA 总线网卡的速度快（ISA 的数据传输速度最高仅为 33MB/s，而 PCI 2.2 标准 32 位的 PCI 接口数据传输速度最高可达 133MB/s），所以在这种总线技术出现后很快就替代了 ISA 总线。它通过网卡所带的两个指示灯颜色可初步判断网卡的工作状态，如图 8-10 所示。

图 8-9　ISA 总线网卡

图 8-10　PCI 总线网卡

（3）PCI-X 总线网卡。PCI-X 是 PCI 总线的一种扩展架构，它与 PCI 总线不同的是，PCI 总线必须频繁地与目标设备和总线之间交换数据，而 PCI-X 则允许目标设备仅与单个 PCI-X 设备进行数据交换。同时，如果 PCI-X 设备没有任何数据传送，总线会自动将 PCI-X 设备移除，以减少 PCI 设备间的等待周期。所以，在相同的频率下，PCI-X 能提供比 PCI 高 14%～35% 的性能。服务器网卡经常采用此类接口的网卡，如图 8-11 所示。

（4）PCI-E 总线网卡。PCI-E 1X 接口已成为目前主流主板的必备接口。不同于并行传输，它采用点对点的串行连接方式。PCI-E 接口根据总线接口对位宽的要求不同而有所差异，分为 PCI-E 1X、2X、4X、8X、16X、32X。采用 PCI-E 总线网卡一般为千兆网卡，如图 8-12 所示。

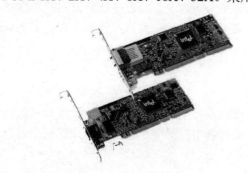

图 8-11　PCI-X 总线网卡

图 8-12　PCI-E 总线网卡

图 8-13　USB3.0 总线网卡

（5）USB 总线网卡。在目前的计算机上普遍使用 USB 接口，USB 总线分为 USB2.0 和 USB3.0 标准。USB2.0 标准的传输速率的理论值是 480Mb/s，而 USB3.0 标准的传输速率可以高达 5Gb/s，目前的 USB 总线网卡多采用 USB3.0 标准，如图 8-13 所示。

2. 按网络接口划分

网卡要与网络进行连接，就必须有一个接口使网线与其他计算机网络设备连接起来。不同的网络接口适用于不同的网络类型，常见的接口主要有以太网的 RJ-45 接口、细同轴电缆的 BNC 接口和粗同轴电缆的 AUI 接口、ATM 接口、FDDI 接口及无线网卡。有的网卡为了适用于更广泛的应用环境，提供了两种或多种类型的接口，如有的网卡会同时提供 RJ-45 接口、BNC 接口或 AUI 接口，各种接口网卡如图 8-14 所示。

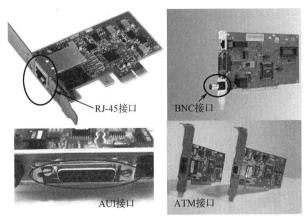

图 8-14　各种网络接口的网卡

（1）RJ-45 接口网卡。这是最为常见的一种网卡，也是应用最广的一种接口类型网卡，主要得益于双绞线以太网应用的普及。这种 RJ-45 接口类型的网卡就应用于以双绞线为传输介质的以太网中，它的接口类似于常见的电话接口 RJ-11，但 RJ-45 是 8 芯线的，而电话线的接口是 4 芯线的，通常只接 2 芯线（ISDN 的电话线接 4 芯线）。在网卡上还自带两个状态指示灯，通过这两个状态指示灯颜色可初步判断网卡的工作状态。

（2）BNC 接口网卡。这种接口网卡应用于以细同轴电缆为传输介质的以太网或令牌网中，这种接口类型的网卡较为少见，主要因为用细同轴电缆作为传输介质的网络就比较少。

（3）AUI 接口网卡。这种接口类型的网卡应用于以粗同轴电缆为传输介质的以太网或令牌网中，这种接口类型的网卡目前很少见。

（4）ATM 接口网卡。这种接口类型的网卡应用于 ATM 光纤（或双绞线）网络中。它能提供物理的传输速度达 155Mb/s，分别为 MMF-SC 光接口和 RJ-45 电接口。

（5）FDDI 接口网卡。这种接口的网卡适用于 FDDI 网络中，它所使用的传输介质是光纤，它是光模接口的。

（6）无线网卡。无线网卡是通过无线电信号，接入无线局域网，再通过无线接入点（Wireless Access Point，WAP）的设备接入有线网的。WAP 所起的作用就是给无线网卡提供网络信号，如图 8-15 所示。

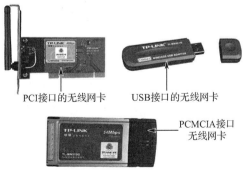

图 8-15　无线网卡

3．按带宽划分

网卡按带宽可划分为 10Mb/s 网卡（已淘汰）、100Mb/s 以太网卡（接近淘汰）、10Mb/s/100Mb/s 自适应网卡（接近淘汰）、1000Mb/s 千兆以太网卡（主流）、100Mb/s/1000Mb/s 自适应网卡（主流）和 10000Mb/s 万兆以太网卡（价格昂贵，尚未普及）。其中，100Mb/s/1000Mb/s 自适应网卡是一种根据用户的网络环境，自动匹配 100Mb/s 或 1000Mb/s 速率的网卡，是目前应用最为普及的一种网卡。它既可以与老式的 100Mb/s 网络设备相连，又可应用于较新的 1000Mb/s 网络设备连接，所以得到了用户普遍的认同。

8.3.3 网卡的组成

网卡的组成如图 8-16 所示，标号对应如下：①RJ-45 接口，②Transformer（数据汞），③PHY 芯片，④MAC 芯片，⑤EEPROM 芯片，⑥BOOTROM 插槽，⑦WOL 接头，⑧晶振（Crystal），⑨电压转换芯片，⑩LED 指示灯。

图 8-16　网卡的组成

主控芯片包括数据链路层的 MAC 芯片和物理层的 PHY 芯片，它们是网卡的核心元件，一块网卡性能的好坏和功能的强弱、多寡，主要由它们决定。但目前很多主板的芯片已包含了以太网 MAC 控制功能，只是未提供物理层接口，因此，需外接 PHY 芯片提供以太网的接入通道。

BOOTROM 插槽，就是常说的无盘启动 ROM 接口，它是用来接收远程启动服务的，常用于无盘工作站。

EEPROM 芯片，它相当于网卡的 BIOS，里面记录了网卡芯片的供应商 ID、子系统供应商 ID、网卡的 MAC 地址、网卡的一些配置，如总线上 PHY 的地址、BOOTROM 的容量、是否启用 BOOTROM 引导系统等内容。主板板载网卡的 EEPROM 信息一般集成在主板 BIOS 中。

Transformer（数据汞），也叫网络变压器或网络隔离变压器。它在一块网卡上所起的作用主要有两个，一是传输数据，把 PHY 芯片送出来的差分信号用差模耦合的线圈耦合滤波以增强信号，并且通过电磁场的转换耦合到不同电平的连接网线的另外一端；二是隔离网线连接的不同网络设备间的不同电平，以防止不同电压通过网线传输损坏设备。此外，数据汞还能对设备起到一定的防雷保护作用。

晶振（Crystal），它是时钟电路中最重要的部件，其作用是向显卡、网卡、主板等配件的各部分提供基准频率，就像个标尺。如果它的工作频率不稳定就会造成相关设备工作频率不稳定，导致网卡出现问题。

LED 指示灯，用来表示网卡的不同工作状态，以方便查看网卡是否工作正常。典型的 LED 指示灯有 Link/Act、Full、Power 等。Link/Act 表示连接活动状态，Full 表示是否全双工（Full Duplex），而 Power 是电源指示灯。

8.3.4 网卡的性能指标

1．网卡速度
网卡的首要性能指标就是它的速度，也就是它所能提供的带宽。现在的主流为 100Mb/s /1000Mb/s 自适应网卡，性价比最高。

2．半双工/全双工模式
半双工的意思是两台计算机之间不能同时向对方发送信息，只有其中一台计算机传送完之后，另一台计算机才能传送信息。而全双工就可以双方同时进行信息数据传送。由此可见，在同样带宽下，全双工的网卡的速度要比半双工的网卡快一倍。现在的网卡一般都支持全双工模式。

3．多操作系统的支持程度
现在的大部分网卡的驱动程序都比较完善，除了能用于 Windows 系统之外，也能支持 Linux 和 UNIX 系统，有的网卡还支持 FreeBSD 操作系统。

4．网络远程唤醒
网络远程唤醒就是在一台计算机上通过网络来发送信号从而启动另一台已经处于关机状态的计算机。远程的计算机虽然处于关机状态，它内置的可管理网卡仍然始终处于监控状态，不断收集网络唤醒数据包，一旦接收到该数据包，网卡就会激活计算机电源使得系统启动。这种功能特别适合机房管理人员使用，但需要注意的是，有些网络交换机的默认配置关闭了网络唤醒功能，需要重新配置。有些品牌计算机的 BIOS 设置中有深度睡眠这一设置选项，默认为启用。如要实现网络远程唤醒功能，需把它关闭。

8.3.5 网卡的选购

网卡看似一个简单的网络设备，它的作用却是决定性的。目前网卡品牌、规格繁多，很可能所购买的网卡根本就用不上，或者质量太差，用得不称心。如果网卡性能不好，其他网络设备性能再好也无法实现预期的效果。下面就介绍在选购网卡时要注意的几个方面。

（1）网卡的材质和制作工艺。网卡属于电子产品，所以它与其他电子产品一样，制作工艺也主要体现在焊接质量、板面光洁度上。网卡的板材相当于电子产品的元器件材质，因此板材非常重要。

（2）选择恰当的品牌。一般来讲，大品牌的质量好、售后服务好、驱动程序丰富且更新及时。

（3）根据性能需求选择网卡。由于网卡种类繁多，不同类型的网卡的使用环境可能也不同。因此，在选购网卡之前，最好应明确所选购网卡使用的网络及传输介质类型、与之相连的网络设备带宽等情况。如需要便携性可选 USB 总线网卡，需要高速率就选 PCI-E 总线网卡。

（4）根据使用环境来选择网卡。为了能使选择的网卡与计算机协同高效地工作，还必须根据使用环境来选择合适的网卡。例如，如果把一块价格昂贵、功能强大、速度快捷的网卡，安装到一台普通的计算机中，就发挥不了多大作用，这样给资源造成了很大的浪费和闲置。相反，如果在一台服务器中，安装一块性能普通、传输速度低下的网卡，这样就会产生瓶颈现象，抑制整个网络系统的性能发挥。因此，在选用时一定要注意应用环境，如服务器端网卡由于技术先进，价格会贵很多，为了减少主 CPU 占有率，服务器网卡应选择带有高级容错、带宽汇聚等功能，通过增插几块网卡提高服务器系统的可靠性。此外，如果要在笔记本电脑中安装网卡，最好要购买与其品牌相一致的专用网卡，这样才能最大限度地与其他部件保持兼容，并发挥最佳性能。

8.3.6 网卡的测试

要摸清网卡的真实性能可从两方面入手，一是看网卡在实际应用中的表现，二是看专业测试软件的测试数据。在此介绍两款测试网卡的性能和参数的软件 AdapterWatch 与 DU Meter。

1. AdapterWatch

AdapterWatch 是一款能够帮助使用者彻底了解所使用的网卡相关信息的小工具，它能够显示网卡的硬件信息、IP 地址、各种服务器地址等信息，让使用者更了解自己的网络设定。它主要有如下 4 个选项。

（1）网络适配器。主要显示网卡名称及类型、芯片型号、硬件 MAC 地址、IP 地址、网关、DHCP、最大传输单元、接口速度、接收数据平均速度、发送数据平均速度、已收数据、已发数据等参数。

（2）TCP/UDP 统计。主要有 TCP 统计规则、重传超时规则、最小/最大重传超时值、主/被动打开次数、最大连接次数、UDP 统计等参数。

（3）IP 统计。主要有 IP 转发、数据包接收、转发次数、错误数据包次数、丢失数据包次数、重组成功、失败的数据包数量、接口数量、路由数量等参数。

（4）ICMP 统计。主要有消息数量、错误数量、应送应答数量等。

2. DU Meter

DU Meter 是一个直观显示的网络流量监视器，既有数字显示又有图形显示，可以让用户清楚地看到浏览时，以及上传/下载时的数据传输情况，实时监测用户计算机上传/下载的网速，对病毒的防范也有一定的作用。比如，当用户没有浏览网页，没有收发 Mail，也没有开 QQ 和别人聊天，但却一直在上传数据，这时就要当心了，计算机不是中了病毒就可能是中了木马。它还可以观测日流量、周流量、月流量等累计统计数据，具有限值报警等功能，并可导出为多种文件格式。

8.3.7 网卡的故障及排除

现在的计算机一般都采用板载的网卡，因此，网络出现硬件故障的概率较小，即使硬件发生故障，除非是网线插座故障，否则没有维修的价值，因为买一块新网卡插到扩展槽比维修主板芯片的成本要低得多。下面介绍几个在实践工作中常见的容易修复的故障。

（1）设备管理中找不到网卡。这可能是由于驱动程序没装好或者网卡接触不良所致，重装驱动、擦拭金手指重插网卡即可。

（2）网络连接的图标显示报错。这可能是由于网线没插好，网卡插槽接触不良、网线插孔接触不良或损坏所致，插好网线、用小木棒绕绸布蘸无水酒精擦拭网卡插槽，进行网卡插槽修复。如果网线插孔接触不良可以用镊子或钟表起子拨正卡住、移位的插针，若是损坏了，更换网线插孔即可。

（3）在一个局域网内有个别计算机可以访问局域网，但不能上外网。这可能是由于网卡与插槽接触不良所致，可以通过清洁插槽和网卡金手指，或者换一个扩展槽插上网卡来处理。

8.3.8 网线的制作方法

在移动计算机或交换机时，需要更换网线；在需要经常插拔网线时，会引起网线水晶头松动或触针没弹力，这些情况都要重新制作网线。因此学会网线的制作十分必要。

1．工具和材料的认识

制作网线需要的工具就是压线钳，需要的材料是水晶头（RJ-45 接头）和双绞线，如图 8-16 所示。

压线钳　　　　　　　　　　　　　双绞线

水晶头（RJ-45接头）

图 8-17　制作网线的工具和材料

（1）压线钳。它有 3 处不同的功能，最前端的是剥线口用来剥开双绞线外壳；中间部分是压制 RJ-45 接头的工具槽，这里可将 RJ-45 接头与双绞线合成；离手柄最近端的是锋利的切线刀，此处可以用来切断双绞线。

（2）RJ-45 接头。由于 RJ-45 接头像水晶一样晶莹透明，所以也被称为水晶头，每条双绞线两头通过安装 RJ-45 接头来与网卡和集线器（或交换机）相连。水晶头接口针脚的编号方法为：将水晶头有卡的一面向下，有铜片的一面朝上，有开口的一方朝向自己，从左至右针脚的排序为 12345678。

（3）双绞线。双绞线是指封装在绝缘外套里的由两根绝缘导线相互扭绕而成的 4 对线缆，它们相互扭绕是为了降低传输信号之间的干扰。双绞线是目前网络最常用的一种传输介质。双绞线可分为非屏蔽双绞线（UTP）和屏蔽双绞线（STP）两大类。其中，屏蔽双绞线可细分为 3 类、5 类两种。非屏蔽双绞线常见的可分为 3 类、5 类、超 5 类、6 类四种。当然还有超 6 类和 7 类双绞线，目前还没有获得国家标准。

屏蔽双绞线的优点在于封装其中的双绞线与外层绝缘层胶皮之间有一层金属材料。这种结构能够减小辐射，防止信息被窃；同时还具有较高的数据传输率（5 类 STP 在 100m 内的数据传输率可达 155Mb/s）。屏蔽双绞线的缺点主要是价格相对较高，安装时要比非屏蔽双绞线困难，必须使用特殊的连接器。非屏蔽双绞线的优点主要是重量轻、易弯曲、易安装、组网灵活等，非常适合结构化布线。因此，在无特殊要求的情况下，使用非屏蔽双绞线即可。

目前常用的是 5 类双绞线、超 5 类双绞线和 6 类双绞线。5 类双绞线使用了特殊的绝缘材料，其最高传输频率为 100MHz，最高数据传输速率为 100Mb/s。这是目前使用最多的一类双绞线，它是构建 10/100M 局域网的主要通信介质。与普通 5 类双绞线相比，超 5 类双绞线在传送信息时衰减更小，抗干扰能力更强。使用超 5 类双绞线时，设备的受干扰程度只有使用普通 5 类双绞线受干扰程度的 1/4，并且只有该类双绞线的全部 4 对线都能实现全双工通信。6 类双绞线传输频率为 1～250MHz，6 类布线系统在 200MHz 时综合衰减串扰比（PS-ACR）应该有较大的余量，它提供 2 倍于超 5 类的带宽。6 类布线的传输性能远远高于超 5 类标准，最适用于传输速率高于 1Gb/s 的应用。6 类与超 5 类的一个重要的不同点在于：它改善了在串扰及回波损耗方面的性能，对于新一代全双工的高速网络应用而言，优良的回波损耗性能是极重要的。6 类标准中取消了基本链路模型，布线标准采用星形的拓扑结构，要求的布线距离为：永久链路的长度不能超过 90m，信道长度不能超过 100m。就目前来说，超 5 类双绞线主要用于千兆位以太网。

2．网线的标准和连接方法

（1）网线的标准。双绞线有两种国际标准：EIA/TIA568A 和 EIA/TIA568B。在通常的工程实践中，TIA568B 使用得较多。这两种标准没有本质的区别，只是原来制作的公司不同，工程选用哪一种标准就必须严格按其要求接线。这两种标准的直通线连接方法如下：

EIA/TIA568A 规定的连接方法	EIA/TIA568B 规定的连接方法
1— 白/绿	1— 白/橙
2— 绿/色	2— 橙/色
3— 白/橙	3— 白/绿
4— 蓝/色	4— 蓝/色
5— 白/蓝	5— 白/蓝
6— 橙/色	6— 绿/色
7— 白/棕	7— 白/棕
8— 棕/色	8— 棕/色

（2）双绞线的连接方法。双绞线的连接方法也主要有两种：直通线缆和交叉线缆。直通线缆的水晶头两端都遵循 EIA/TIA 568A 或 EIA/TIA 568B 标准，双绞线的每组线在两端是一一对应的，颜色相同的在两端水晶头的相应槽中保持一致。它主要用在交换机普通端口连接计算机网卡上。交叉线缆的水晶头一端遵循 EIA/TIA568A 标准，另一端则采用 EIA/TIA 568B 标准，即 A 水晶头的 1、2 对应 B 水晶头的 3、6，而 A 水晶头的 3、6 对应 B 水晶头的 1、2，它主要用在交换机（或集线器）普通端口连接到交换机（或集线器）普通端口或联网卡上。不过现在很多交换机端口具有自动识别能力，交换机之间就算是直通线也能相连。100M 网与千兆网的交叉线的接法又有所不同，因为 100M 网络只用 4 根线缆来传输，而千兆网络要用到 8 根线缆来传输。

直通线两端水晶头的针脚均为（以 TIA568B 为例）：1 脚—橙/白，2 脚—橙/色，3 脚—绿/白，4 脚—蓝/色，5 脚—蓝/白，6 脚—绿/色，7 脚—棕/白，8 脚—棕/色。

千兆网和 100M 网交叉线的接法，如图 8-18 所示。

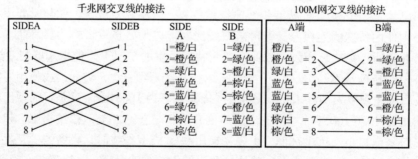

图 8-18　千兆网和 100M 网交叉线的接法

3．网线的制作

（1）剪断。利用压线钳的剪线刀口剪取适当长度的网线。

（2）剥皮。用压线钳的剪线刀口将线头剪齐，再将线头放入剥线刀口，让线头触及挡板，稍微握紧压线钳慢慢旋转，让刀口划开双绞线的保护胶皮，拔下胶皮。压线钳挡位离剥线刀口长度通常恰好为水晶头长度，这样可以有效避免剥线过长或过短。剥线过长一是不美观，二是因网线不能被水晶头卡住，容易松动；剥线过短，因有胶皮存在，太厚，不能完全插到水晶头底部，会造成水晶头插针不能与网线芯线完好接触，导致制作失败。

（3）排序。剥除外胶皮后即可见到双绞线网线的 4 对 8 条芯线，并且可以看到每对的颜色都不同。每对缠绕的两根芯线是由一种染有相应颜色的芯线加上一条只染有少许相应颜色的白色相间芯线组成的。4 条全色芯线的颜色为棕色、橙色、绿色、蓝色。每对线都是相互缠绕在一起的，制作网线时必须将 4 个线对的 8 条细导线一一拆开、理顺、抒直，然后按照规定的线序排列整齐。

（4）剪齐。把线尽量抻直（不要缠绕）、压平（不要重叠）、挤紧理顺（朝一个方向紧靠），然后用压线钳把线头剪平齐。这样，在双绞线插入水晶头后，每条线都能接触到水晶头中的插针，避免接触不良。如果以前剥的皮过长，可以在这时将过长的细线剪短，保证去掉外层绝缘皮的部分约为 14mm，这个长度正好能将各细导线插入到各自的线槽。

（5）插入。一只手的拇指和中指捏住水晶头，使有塑料弹片的一侧向下，针脚一方朝向远离自己的方向，并用食指抵住；另一手捏住双绞线外面的胶皮，缓缓用力将 8 条导线同时沿水晶头内的 8 个线槽插入，一直插到线槽的顶端。

（6）压制。确认所有导线都到位，并透过水晶头检查一遍线序无误后，就可以用压线钳压制水晶头了。将水晶头从无牙的一侧推入压线钳夹槽后，用力握紧线钳，将突出在外面的针脚全部压入水晶头内。这样网线的一头就制好了，再利用上述方法制作网线的另一端即可。

4. 测试

在把网线两端的水晶头都做好后即可用如图 8-19 所示的网线测试仪进行测试。

图 8-19　网络测试仪

如果测试仪上 8 个指示灯都依次为绿色闪过，则证明网线制作成功；如果出现任何一个灯为红灯或黄灯，则证明存在断路或者接触不良的现象，此时最好先把两端水晶头再用压线钳压一次，再测。如果故障依旧，再检查一下两端芯线的排列顺序是否一样。如果不一样，随剪掉一端重新按另一端芯线排列顺序制作水晶头。如果芯线顺序一样，但测试仪在重测后仍显示红灯或黄灯，则表明其中肯定存在对应芯线接触不好。此时只好先剪掉一端再按另一端芯线顺序重做一个水晶头了，然后再测，如果故障消失，则不必重做另一端水晶头，否则还得把原来的另一端水晶头也剪掉重做。直到测试仪面板上指示灯全为绿色闪过为止。对于制作的方法不同测试仪上的指示灯亮的顺序也不同，如果做的是直通线，测试仪上的灯应依次顺序地亮起，如果做的是交叉线，测试仪的闪亮顺序应该是 3->6->1->4->5->2->7->8。

8.4 数据接口扩展卡

该类扩展卡用于将主板中的 PCI-E 接口或 M.2 接口转换成其他的数据接口，从而扩展主板中的其他数据接口数量。

8.4.1 数据接口扩展卡的分类

按照目前市场上的接口转换类型主要分为 USB 接口扩展卡、SATA 接口扩展卡、串口接口扩展卡、并口接口扩展卡、M.2 接口扩展卡等。由于主板在设计过程中，往往是根据大多数用户的需求进行接口设计的，因此无法满足有特殊接口需求的用户，如用户需要更多的 USB3.0 接口、多个串口、多个 SATA 接口等。在这种情况下，数据接口扩展卡则能极大地丰富主板的接口，扩充主板的功能。用户可以用 SATA 接口的扩展卡组成硬盘阵列，也可以在没有并口的主板上，添加并口扩展卡连接并口设备。

8.4.2 数据接口转换扩展卡的功能

目前市面上的主板都有 PCI-E 接口，针对新出现的 M.2 接口，同样也有支持此类型接口的转换卡，下面以 PCI-E 接口和 M.2 接口对各种转换扩展卡进行介绍。

1. PCI-E 转 USB3.0 扩展卡

如图 8-20 所示，为 PCI-E 转 USB3.0 扩展卡。该扩展卡使 PCI-E 接口扩展成多个 USB3.0 接口，供用户使用。该卡需要通过 4Pin 接口接入供电，利用数据处理芯片进行 USB 到 PCI-E 的接口数据转换，并通过 4 个固态电容保证 USB 接口的供电。在用户的 USB3.0 接口不够使用的时候，该卡可以充分利用主板的 PCI-E 接口，为用户提供额外的 USB3.0 接口。

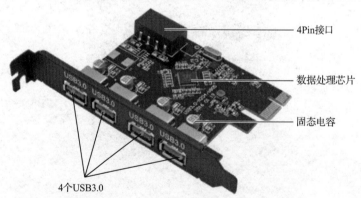

4Pin接口

数据处理芯片

固态电容

4个USB3.0

图 8-20　PCI-E 转 USB3.0 扩展卡

2. PCI-E 转 SATA3.0 扩展卡

该扩展卡可通过 PC 的 PCI-E 接口扩展出多个 SATA 接口，符合串行 ATA 规范，目前的产品能够支持的通信传输速率为 6Gb/s、3.0Gb/s 和 1.5Gb/s，兼容 SATA 6G、3G 和 1.5G 接口的硬盘。如图 8-21 所示，是一个 PCI-E 转 SATA3.0 扩展卡。此类产品有的还具有阵列功能，可以组成硬盘阵列。

图 8-21 PCI-E 转 SATA3.0 扩展卡

3．PCI-E 转串口扩展卡、PCI-E 转并口扩展卡

该扩展卡可以为 PC 主机扩展出 2 个串口，而 PCI-E 转并口可以扩展出一个并口，如图 8-22、图 8-23 所示。

图 8-22 PCI-E 转串口扩展卡　　　　　图 8-23 PCI-E 转并口扩展卡

4．M.2 转 USB3.2 Type-C 扩展卡

该扩展卡允许计算机用户在台式计算机或服务器上增加 1 个 USB3.2 Gen2 Type-C 接口，数据传输速率高达 10Gb/s。双面都可插入的 Type-C 接口设计，解决了"插不准"的困难。标准的 M.2 接口设计，适用于面向超紧凑、嵌入式应用等特殊环境。可以让带有 M.2 接口的老主板升级 USB3.2 Gen-II Type-C 接口，如图 8-24 所示。

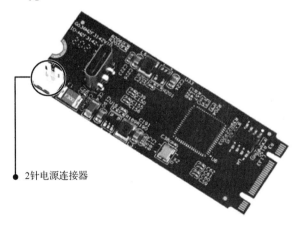

2针电源连接器

图 8-24 M.2 转 USB3.2 Type-C 扩展卡

实验 8

1．实验项目

（1）用 AdapterWatch、DU Meter 测试网卡的性能和参数。

（2）网线的制作及测试。

2．实验目的

（1）熟悉 AdapterWatch、DU Meter 软件的下载、安装及使用方法。

（2）掌握 AdapterWatch、DU Meter 测试网卡的性能和参数的方法。

（3）掌握网线的制作和测试方法。

3．实验准备及要求

（1）两人为一组进行实验，每组配备一个工作台、一台能上网的计算机，一把压线钳、一个网络测试仪、一些网线、若干水晶头。

（2）实验时一个同学独立操作，另一个同学要注意观察和记录实验数据，并指出错误和要注意的地方，然后轮换。

（3）实验前，教师要做示范，讲解操作要领和注意事项。

4．实验步骤

（1）上网下载 AdapterWatch、DU Meter 两个软件，并安装好。

（2）运行 AdapterWatch、DU Meter 测试网卡的各种参数和传输速率，并将指导测试数据记录好。

（3）剪好适当的一段网线，取出水晶头，制作一根直通线，并用测试仪测试是否做好。然后再做一根100M 的网络交叉线，并测试。

5．实验报告

（1）写出网卡的名称、芯片型号、物理地址、传输速率等参数。

（2）比较 AdapterWatch、DU Meter 两个软件测试网卡时的优势和不足。

（3）写出制作网线时的操作体验。

（4）说出为什么直通线与交叉线的制作方法不同。

习题 8

1．填空题

（1）从结构上分，声卡可分为_____和_____两部分。

（2）声卡发展至今，主要分为_____、_____、_____三种接口类型。

（3）采样位数体现了声音强度的变化，采样位数越_____，采样_____越高。

（4）视频采集卡的数据传输过程是：在接收视频输入后，将信号由视频输入多工器传送到同步分离器中，进行_____的分离，再将视频信号传送到_____转换，然后保存到图像缓存中。

（5）按网卡的总线接口类型来分，一般可分为 _____、_____、_____、_____和 USB 总线网卡，服务器上使用_____。

（6）全双工模式的意思是两台计算机之间能_____向对方发送信息。

（7）远程唤醒就是在一台计算机上通过网络_____从而启动另一台已经处于关机状态的计算机。

（8）双绞线是指封装在绝缘外套里的由两根绝缘导线相互扭绕而成的_____线缆，它们相互扭绕是为了_____之间的干扰。

（9）双绞线的连接方法主要有两种：_____和_____。

（10）按照目前市面上的接口转换类型主要分为：_____扩展卡、_____扩展卡、_____扩展卡、_____扩展卡、_____扩展卡。

2．选择题

（1）声卡的采样位数包括8位、（　　）等几种。

A．12 位　　　　　　　　B．16 位　　　　　　　　C．24 位　　　　　　　　D．32 位

（2）声音处理芯片又称声卡的（   ）。

A．DSP B．CPU C．GPU D．SPD

（3）在选购视频采集卡时应注意的事项有（   ）。

A．需求定位 B．制式 C．价格 D．兼容性

（4）视频采集卡所采用的是（   ）存储器。

A．LIFO B．LRU C．FIFO D．Optimal

（5）以下接口中，服务器特有的网络总线接口是（   ）。

A．PCI B．PCI-X C．ISA D．PCI-E

（6）由于（   ）头像水晶一样晶莹透明，所以也被称为水晶头。

A．AUI B．RJ-45 C．BNC D．FDDI

（7）双绞线是指封装在绝缘外套里的由（   ）根绝缘导线相互扭绕而成的4对线缆。

A．5 B．8 C．6 D．4

（8）网卡的带宽有（   ）。

A．10Mb/s B．100Mb/s/1000Mb/s C．10000Mb/s D．50Mb/s

（9）以下不属于双绞线中的颜色是（   ）。

A．白/绿 B．白/蓝 C．白/橙 D．白/红

（10）主要的接口转换扩展卡包括（   ）。

A．USB接口扩展卡 B．SATA接口扩展卡

C．串口接口扩展卡 D．M.2接口扩展卡

3．判断题

（1）7.1声道就是8声道。（   ）

（2）采样频率是指每秒对音频信号的采样次数。单位时间内采样次数越多，即采样频率越高，数字信号就越接近原声。（   ）

（3）虚拟声卡可以作为计算机的独立声卡所使用。（   ）

（4）采用软压缩的视频采集卡只负责视频采集，视频压缩、解压缩及其他视频处理则由计算机的CPU运算实现。（   ）

（5）用户可以通过PCI-E转SATA接口扩展卡，扩展主板中连接SATA硬盘的接口数量。（   ）

4．简答题

（1）声卡的采样位数与采样频率各有何特点？

（2）简述视频采集卡的工作过程。

（3）网卡的性能指标有哪些？

（4）简述千兆网络交叉线的制作步骤及需注意的问题。

（5）简述网卡的常见故障和解决办法。

本章主要介绍电源、机箱与常用外设，常用外设指的是键盘、鼠标和音箱。电源为计算机各部件提供稳定的动力；机箱为计算机硬件提供物理空间；键盘、鼠标为计算机提供数据信息的输入；音箱为计算机提供声音的输出。它们都是计算机必不可少的一部分，本章将依次对它们的原理、性能、选购、维修进行介绍。

9.1 电源

如果说计算机中的 CPU 相当于人的大脑，那么电源就相当于人的心脏。作为计算机运行动力的唯一来源、计算机主机的核心部件之一，其质量的好坏直接决定了计算机的其他配件能否正常工作，本章节主要介绍普通台式计算机电源。

9.1.1 电源的功能与组成

1. 电源的功能

电源（Power Supply）为计算机内所有部件提供所需的电能，它的作用是将交流电变换为+5V、-5V、+12V、-12V、+3.3V 等不同电压且稳定的直流电，供主板、适配器、扩展卡、光驱、硬盘、键盘、鼠标等部件使用。

电源采用"开关模式"的技术，通常称为开关电源（Switching Mode Power Supplies，SMPS）。因其功能作用，也称为 DC-DC 转化器。

2. 电源的组成

电源主要由内部电路板、外壳、风扇、散热片、市电接口、主板电源输出接口、CPU 供电接口、IDE/SATA/PCI-E 电源输出接口等组成。如图 9-1 所示为一款 ATX 12V 电源的结构、外形及电源接口。

图 9-1　ATX 12V 电源的结构、外形及电源接口

9.1.2 电源的工作原理

开关电源按控制原理来分类，大致有以下 3 种工作方式：

（1）脉冲宽度调制式，简称脉宽调制（Pulse Width Modulation，PWM）式。其主要特点是固定开关频率，通过改变脉冲宽度来调节占空比，实现稳压目的。其核心是脉宽调制器。

开关周期的固定为设计滤波电路提供了方便。但是，它的缺点是受功率开关最小导通时间的限制，对输出电压不能做宽范围的调节。此外，输出端一般要接假负载（亦称预负载），以防止空载时输出电压升高。目前，大多数的集成开关电源采用 PWM 方式。

（2）脉冲频率调制方式，简称脉频调制（Pulse Frequency Modulation，PFM）式。其特点是将脉冲宽度固定，通过改变开关频率来调节占空比，实现稳压的目的。其核心是脉频调制器。在电路设计上要用固定脉宽发生器来代替脉宽调制器中的锯齿波发生器，并利用电压/频率转换器（例如压控振荡器 VCO）改变频率。它的稳压原理是：当输出电压 U_o 升高时，控制器输出信号的脉冲宽度不变而周期变长，使占空比减小，U_o 降低。PFM 式开关电源的输出电压调节范围很宽，输出端可不接假负载。PWM 方式和 PFM 方式的调制波形分别如图 9-2 所示，t_p 表示脉冲宽度（即功率开关管的导通时间 t_{ON}），T 代表周期。从中可以比较容易地看出两者的区别，但它们也有共同之处：

①均采用时间比率控制（TRC）的稳压原理，无论是改变 t_p 还是 T，最终调节的都是脉冲占空比。尽管采用的方式不同，但控制目标一致，可谓殊途同归。

②当负载由轻变重，或者输入电压从高变低时，分别通过增加脉宽、升高频率的方法使输出电压保持稳定。

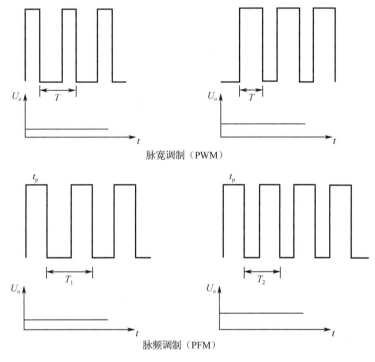

图 9-2　PWM 方式和 PFM 方式的调制波形

（3）混合调制方式，是指脉冲宽度与开关频率均不固定，彼此都能改变的方式，它属于 PWM 和 PFM 的混合方式。它包含了脉宽调制器和脉频调制器，由于和 T 均可单独调节，因此占空比调节范围最宽，适合制作供实验室使用的输出电压、可以宽范围调节的开关电源。

以上 3 种工作方式统称为"时间比率控制"（Time Ratio Control，TRC）方式。需要指出的是，脉宽调制器既可作为一片独立的集成电路使用，也可被集成在 DC/DC 变换器中，还能集成在 AC/DC 变换器中。其中，开关稳压器属于 DC/DC 电源变换器，故开关电源一般称为 AC/DC 电源变换器。

典型的脉冲宽度调节式开关型直流稳压电源的工作原理,如图 9-3 所示。开关是指它的电路工作在高频(约 34kHz)开关状态,这种状态带来的好处是高效、省电和体积小。脉冲宽度调节是指根据对输出电压波动的监测,通过反馈信号来调节脉冲信号的宽度来达到稳定输出直流电压的目的。它的工作过程是:市电输入经过低通滤波器去掉高频杂波,再经整流滤波,然后产生+300V 电压(直流),送到功率转换的开关上,同时通过一个稳压整流电路组成的内部辅助直流电源产生+5V 的直流电压,作为脉冲振荡控制电路的基准电压,在 ATX 电源中作为等待状态+5V StandBy 输出。在电源收到触发的开机信号后,+300V 电压经功率转换变为高频脉冲输入到输出整流滤波电路,由它整流滤波并输出,得到计算机所需的各种直流电压。同时整流滤波电路送出一个反馈信号给脉冲振荡控制电路进行比较,在周期不变的情况下进行脉宽调节,保证电源输出稳定的直流电压。过压过流保护电路在电源的工作过程中自动起保护作用,保护主机不会因过压过流而损坏。

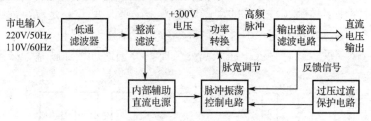

图 9-3　脉冲宽度调节式开关型直流稳压电源工作原理

9.1.3　电源的分类

和计算机上其他部件迅速发展不同的是,电源的发展十分缓慢,目前市面上出售的电源主要是根据所采用的主机机箱设计进行分类的,包括 ATX/ATX-L、SFX/SFX-L、Flex/1U、DC-ATX 等。

1. ATX/ATX-L 电源

ATX 规范是 Intel 公司于 1995 年提出的一个工业标准,它已经成为业界的主流标准。ATX 是"AT Extend"的缩写,可以翻译为"AT 扩展"标准,而 ATX 电源就是根据这一规格设计的电源。目前市面上销售的家用计算机电源,一般都遵循 ATX 规范。它的标准尺寸为 150×140×86(mm^3)。ATX-L 只是长度加了一些,从 140mm 变为 180mm。

ATX 电源是目前应用最为广泛的个人计算机标准电源,采用一个 20 芯线给主板供电。随着 CPU 工作频率的不断提高,为了降低 CPU 的功耗以减少发热量,需要降低芯片的工作电压,所以,由电源直接提供 3.3V 输出电压。+5V StandBy(缩写 SB)也叫辅助+5V,只要插上 220V 交流电就有电流输出。PS-ON 信号是主板向电源提供的电平信号,低电平时电源启动,高电平时电源关闭。利用+5VSB 和 PS-ON 信号,就可以实现软件开关机、键盘开机、网络唤醒等功能。辅助+5V 始终是工作的,有些 ATX 电源在输出插座的下面设置了一个开关,可切断交流电源输入,彻底关机。

ATX 经历了 ATX 1.01、ATX 2.01、ATX 2.02、ATX 2.03 及多个 ATX 12V 版本的革新,2018 年 Intel 推出 ATX 12V 2.52 版本,但目前市场上还是以 ATX 12V 2.31 为主。

ATX12V 也叫 ATX 2.04,但是它有一个别称——P4 电源。它是为了应对高功耗的 Pentium4 而产生的。ATX 12V 与之前的 ATX 2.03 相比,加强了+12V DC 端的电流输出能力,并对+12V 的电流输出、涌浪电流峰值、滤波电容的容量、保护等做出了新的规定:新增加了 P4 电源连接线;加强了+5VSB 端的电流输出能力;"串口"的供电概念,也在这个时候具有了雏形。

ATX12 规范截至目前经历了多个版本，它们分别是 ATX 12V 1.2、ATX 12V 1.3、ATX 12V 2.0、ATX 12V 2.2、ATX 12V 2.3、ATX 12V 2.31、ATX 12V 2.52 等。

1.2 和 1.3 版的 ATX 12V 规范电源取消了对-5V 输出的要求，并且都属于早期的 ATX 12V 规范，因此都没有采用两路+12V 输出的方案。

2.0 版开始支持两路+12V 输出，进一步加强+12V 的输出能力。+12V 采用两组输出，分为+12V DC1、+12V DC2，其中一组为主板供电，另一组专为 CPU 供电。在 2.0 版的规范中，要求产品进一步提升电源的转换效率，以达到节能的目的。

2.2 版中加强了+5VSB 的输出，基本要求是+5VSB 电流应达到 2.5A，不少产品都将其设置在 3A 左右。随着显卡功耗的提升，2.2 版电源也拓宽了大功率电源的规格。

2.3 版给出了 180W、220W、270W 三个功率级的单路+12V 的功率级。300W、350W、400W、450W 功率级，主要是为了支持高端 VISTA 显卡，对比 2.2 版，+12V1 的输出能力提升了而+12V2 的输出能力下降了。此版进一步改善了 CPU 与显卡能耗变化后的电流分配。

2.31 版在 2.3 版的基础上进一步提升了均衡负载、防辐射、无毒、节能等特性。

2.52 版的规范要求中需要电源具有更先进、使用寿命更长、适应性更广的特点。规范中还规定：在"Maximum Step Size"中+12V1 为 70%，+12V2 必须达到 85%。电源的低负载转换效率要提高到 70%以上。

在电源产品的标签上一般会标明电源版本、输出电压与电流的大小及功率等。如图 9-4 所示，目前市场上大部分电源以能效转换率标签来标识电源是否通过 80PLUS 认证，分金牌、银牌、铜牌、白牌。

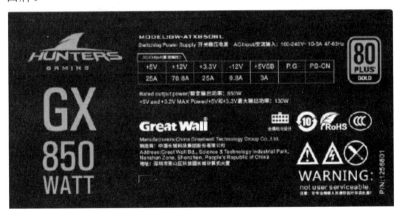

图 9-4　电源标签

2．SFX/SFX-L 电源

SFX（Small Form Factor）电源是为包括有限数量硬件的小系统所特别设计的。它可以提供小的持续电能和 4 挡电压（+5V、12V、-12V 和 3.3V）。对于小的系统来说，这种容量的电源已经足够了。它的标准尺寸为 125×100×63.5（mm³）。SFX 的缺点也很明显——噪音，因为其尺寸注定只能用小风扇，而小风扇的噪音是非常大的，因而就有了 SFX-L。SFX-L 和 ATX-L 一样，长度加了一些，从 100mm 变为 130mm，因为长度的增加，所以电源内部可以塞下 12cm 标准风扇了，噪音问题得到了解决。

3．Flex/1U 电源

1U 电源也是为了小机箱而产生的，而且 1U 电源也广泛用于服务器上，Flex 电源是由 1U 电源衍生而来的，相比 1U 电源其体积更小，噪音更低，市场上出现最多的是 Flex 电源。Flex

电源是小机箱的好搭档，而且随着现在技术的发展，Flex 电源的额定功率一样可以做到 500W，并不会产生电源不够用的问题。

4．DC-ATX 电源

顾名思义，DC-ATX 电源就是将 DC 直流电转换为标准 ATX 电源所使用的一种方案，早期用于工控等行业。DC-ATX 使用 DC 直流电作为驱动，然后搭配电源板转换，市场上能见到更小体积的直插式的 DC-ATX 电源。而 DC-ATX 电源随着发展，搭配双 DC 适配器可以做到 400W 以上的额定功率，因为 DC-ATX 外置适配器+本身体积很小，所以倍受小机箱用户所推崇，其中名声最高的是 CHH 的 G 大定制电源，因为其做工优秀和高品质用料，价格昂贵。

9.1.4 电源的技术指标

1．电源输出接口

（1）主板电源输出口。

①20Pin、24Pin 主板电源接口，如图 9-5 所示。ATX 电源为 20 针双排防插错插头，除提供±5V、±12V 电压和 PW-OK 信号外，还提供+3.3V 电压，增加了实现软开关机功能的电源开关 PS-ON。红色线为+5V 输出，黄色线为+12V 输出，橙色线为+3.3V 输出，白色线为-5V 输出，蓝色线为-12V 输出，黑色线为地线，灰色线为电源好信号 PW-OK，紫色线为等待状态+5VSB 输出，绿色线为电源软开关 PS-ON。ATX12V 电源是 24 针的，它是在 20 针的基础上加了+12、+5V、+3.3V 及 GND 4 个 Pin。

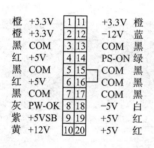

图 9-5　20Pin、24Pin 主板电源接口

②CPU 供电接口。进入奔腾 4 时代后，CPU 的供电需求增加不少，+3.3V 无法满足主板加 CPU 的动力需要，于是 Intel 便在电源上定义出了一组（2 路）+12V 输出，专门来给 CPU 供电。对于有些更高端的 CPU 来说，一组+12V 仍无法满足需要，于是带有两组+12V 输出的 8Pin CPU 供电接口也逐渐诞生，这种接口最初主要是满足服务器平台的需要，到现在，不少主板都为 CPU 设计了这样的接口。随着独立显示卡的功耗越来越大，许多独立显示卡也需要单独供电，采用 4/8Pin 供电接口，其参数与 CPU 供电接口一样。

③显示卡供电接口。如图 9-6 所示，为了保障显示卡的供电充分，很多显示卡设计有外接电源线的接口，有 4D 型接口、6Pin 接口、6Pin+6Pin 接口、8Pin+8Pin 接口、6Pin+8Pin 接口等。ATX V12 电源一般会提供多种供电接口，包括 6Pin 和 6+2Pin 接口等，这些接口与 CPU 的供电接口一样，提供+12V 电源输出，用户需要根据显示卡的供电接口进行组合。

（2）IDE、SATA 设备电源接口。IED 接口为 4 针扁 D 形接口，1 脚+12V、4 脚+5V，3、4 脚接地；SATA 设备电源接口为 5 个引脚，1 脚+12V、2 脚接地、3 脚+5V、4 脚接地、5 脚+3.3V。

6Pin接口

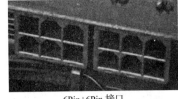
6Pin+6Pin 接口

8Pin+8Pin 接口

6Pin+8Pin 接口

图 9-6　多种显示卡供电接口

2．电源的功率

电源的功率可分为额定功率、最大功率和峰值功率。但是只有额定功率和最大功率才有实际意义。

额定功率：环境温度在-5～50℃之间，输入电压在 180～264V 之间，电源能长时间稳定输出的功率。

最大功率：在常温下，输入电压在 200～240V 之间，电源可以长时间稳定输出的功率，最大功率一般比额定功率大 15%左右。

峰值功率：电源在极短时间内能达到的最大功率，时间仅能维持几秒至 30 秒之间。峰值功率与使用环境和条件有关系，不是一个确定值，峰值功率可以很大，不具备参考价值。

3．纹波

电源输出的是直流电，但总有些交流成分在里面，纹波太大对主板和其他电路的稳定工作有影响，所以纹波越小越好。

4．噪声

按 30Hz～18kHz 的可听频率规定，这对开关电源的转换频率不成问题，但对带风扇的电源要根据需要加以规定。电源噪声是电磁干扰的一种，其传导噪声的频谱大致为 10kHz～30MHz，最高可达 150MHz。电源噪声，特别是瞬态噪声干扰，其上升速度快、持续时间短、电压振幅度高、随机性强，对微机和数字电路易产生严重干扰。

5．电磁兼容性

这一项是衡量电源好坏的重要依据。电源工作时会有电磁干扰，一方面干扰电网和其他电器，另一方面对人体有害。

9.1.5　电源的选购

电源的好坏直接关系到计算机各部件能否正常使用，它的选购是非常重要的，如果电源的质量不好或者供电不足，那么计算机随时都有可能引发各种情况。选购一个好的电源主要从以下几个方面考虑。

（1）电源的认证。80PLUS 认证是一个电源转换率标准，转换率越高也就越省电，虽然不能直接作为判断电源好坏的标准，但有金牌或白金牌认证的都不会太差，可以作为参考。

（2）电源的功率。在选购电源时，一般的标准都是输出功率越大越好，建议最好在 300W以上，一般可以查看电源标签上的额定功率，切勿被标签上的峰值功率误导。

（3）电源的好坏。若电源标签的数据与实际售卖价值不对等，则不要选择，否则不仅有可能带不动设备，而且不安全，可以通过电源的认证、电源的电路方案、电源的电容及质保时间的长短来判断电源的质量。

（4）电源的规格和尺寸。电源分为非模组、半模组、全模组电源，如图 9-7 所示。非模组最便宜，但线材都是固定的，装完计算机后会多出来很多用不到的线头，整理比较麻烦；半模组稍贵，必须用到的线材是固定的，而一些扩展性的线头可以拆掉，整理起来很简单。全模组最贵，所有的线材都可以拆掉，不仅方便理线，而且简洁美观。另外，根据机箱型号选择电源尺寸。

图 9-7　非模组、半模组、全模组电源

（5）看电源的方案。电源的方案影响着电源的转化率（省不省电）和输出的电压是否稳定。大多数电源使用的方案可以在商品详情介绍里找到，图 9-8 所示的是安钛克 Antec NE650 电源的商品介绍。

图 9-8　Antec NE650 电源 LLC+DC-DC 方案

LLC+DC-DC 是现在主流的方案，LLC 是谐振电路的简称，LLC 开关电源一般使用 PFM，在某些工况下可能使用 PWM。LLC 具有三个谐振器件，两个谐振频率，不仅电源转换效率高（省电），而且输出的电压也非常稳定。其他方案还有双管正激+单磁路放大和单管正激+单/双磁路放大，后一种基本不用。

9.1.6　电源的常见故障与维修

电源是计算机所有部件正常工作的基础，反过来说，任何部件发生故障都要首先检查 PC 电源部件输出的直流电压是否正常。PC 电源由分立元件装配而成，可以进行元件级维修，但由于电源部件的价格低，考虑到维修人工成本，也可以整体更换。

1. 电源故障分析

目前使用的计算机主要采用 ATX 电源，当这类计算机电源出现故障时，要从 CMOS 设置、Windows 中 ACPI 的设置、电源和主板等几个方面进行全面的分析。首先要检查 CMOS 设置是否正确，排除因为设置不当造成的假故障；其次，检查电源负载是否有短路，可以将电源的所有负载断开，单独给 ATX 电源通电，将 ATX 电源输出到主板插头上的 PS ON/OFF 线与地线短接，看电源散热风扇是否运转，来判断电源是否工作，如果测试电源工作正常，则表明负载中有短路，通过检查负载上电源输入插座的电阻来判断，也可以通过为电源逐一增加负载来查找，当加上某负载时，电源就不工作了，则该部件就可能有短路；最后，确定是电源本身有故障后，检测电源。

某些电源有空载保护的功能，需要连接负载才能通电，可以给电源连上一个坏硬盘（电机能运转）作为负载，再通电。如果电源风扇转动正常，测试电源的各直流输出电压、+5VSB、PG 信号电压是否正常；如果电源没有直流输出，则打开电源外壳，观察电源内部的保险管是否熔断，有无其他烧坏或爆裂的元件。如果有烧坏的元件，则找出短路等原因，如滤波电容短路、开关功率管击穿等。如果没有元件烧坏的现象，可通电检查 300V 直流高压是否正常，不正常则检查 220V 交流电压输入、整流滤波电路；若正常则检查开关功率管、偏置元件、脉宽调制集成电路、直流滤波输出电路及检测反馈保护电路的电压电阻等参数，根据电路原理进行检查和分析。

2. 电源故障检修实例

（1）通电没有显示，电源指示灯不亮，电源风扇不转。检查市电供电正常，拆下电源，打开电源盖，看到保险管烧黑了，保险丝熔断了；检查输入滤波、整流电路元件正常；检查开关功率管，发现两个开关管被击穿，更换上相同型号的开关管再通电，即可正常工作。

（2）计算机使用了多年，硬盘容量变小不够用，装上新硬盘，使用双硬盘时，找不到硬盘。如果使用一个硬盘工作正常，说明硬盘及接口均正常，接上双硬盘时测量电源输出的+12V 电压只有 10.5V，无法正常驱动硬盘。这是由于电源是劣质产品，输出功率不够造成的，只要更换电源，即可正常开机。

9.2 机箱

随着用户对时尚的追求，在购买计算机时会花更多的时间挑选适合的机箱。一款理想的机箱，除了能对硬件进行有效的保护外，还需要有良好的散热系统、较强的防辐射能力、时尚的外观及人性化的设计。

9.2.1 机箱的分类

（1）目前市场上主流的机箱，按结构分为 ATX（标准型）、M-ATX（紧凑型）、Mini-ITX（迷你型）和 E-ATX（加大型）。

①ATX 规范是 1995 年 Intel 公司制定的主板及电源结构标准，所以在 ATX 规范下设计的机箱是 ATX 机箱。ATX 机箱的布局是：CPU 位于主板上方，显示卡位于下方，硬盘前置，电源后置。经过多年的发展，ATX 机箱的电源位置从上置变更成下置的设计，下置电源的好处就是将电源和主机内部其他硬件分开，进行独立散热，电源下置风扇朝下是为了吸入更多的冷风，以达到更好的散热，还可以避免因电源过重而导致机箱变形，并且加入了背部走线功能，提供更加整洁的内部空间。其尺寸为 305mm×244mm。

②M-ATX 即 Micro-ATX，是支持 Micro-ATX 主板的机箱。Micro-ATX 是一种紧凑型的主板标准，它是由 Intel 公司在 1997 年提出的，主要是通过减少 PCI、内存插槽和 ISA 插槽的数量，以达到缩小主板尺寸的目的。其常见的尺寸有两种：248mm×248mm 和 248mm×300mm。

③Mini-ITX 是支持 Mini-ITX 主板的机箱。Mini-ITX 是由 VIA 公司定义和推出的一种结构紧凑的微型化的主板设计规范，目前已被各家厂商广泛应用于各种商业和工业应用中。其尺寸为 170mm×170mm。

④E-ATX 是支持 E-ATX 标准的主板机箱。E-ATX 是 Extended ATX 的缩写，主要用于高性能 PC 整机、入门式工作站等领域。它通常用于双处理器和标准 ATX 主板上无法胜任的服务器上，其尺寸为 305mm×265mm。

（2）按外形分，可分为立式、卧式、服务器用的机架式、塔式、刀片式。

立式机箱内部空间相对较大，而且由于热空气上升冷空气下降的原理，其电源上方的散热比卧式机箱好，添加各种配件时也较为方便。但因其体积较大，不适合在较为狭窄的环境中使用。卧式机箱无论是在散热还是易用性方面都不如立式机箱，但是它可以放在显示器下面，能够节省不少桌面空间。服务器用的机架式、塔式、刀片式适合安装在机架上。

9.2.2　机箱的选购

在选购计算机时最容易忽略的就是机箱，挑选好看的、便宜的机箱，这些都是不正确的。品质好的机箱是非常重要的，它会直接影响计算机的稳定性、易用性、寿命等。没有好的机箱，计算机的其他配件再好也上不了档次。因此，有必要掌握一些机箱的选购知识，以保证选购的机箱耐用、可靠。

1．机箱的材质

机箱的材质主要包括机箱的机身材质、机箱的前置面板材质及机箱的烤漆工艺。

（1）SPCC（轧碳钢板）。SPCC（轧碳钢板）是目前主流的机箱板材，普遍用于性价比较好的机箱，表面麻面，因为有点不美观，大多数情况都会喷涂，具备优越的耐蚀性，并保持了冷轧板的加工性，但是不喷涂比较容易生锈，一般建议 0.4mm 或者以上厚度。

（2）SECC（镀锌钢板）。SECC（镀锌钢板）是电解亚铅镀锌钢板，它是一种冲压材料，在冷轧板表面镀上了锌层，表面比较光滑，呈灰色，也具备防锈耐腐蚀，SECC 相比 SPCC 钢板更好，但是价格比较贵一些，一般多见于高端机箱及服务器机箱中，一般建议 0.4mm 或者以上厚度。

（3）铝（合金）材质。还有一种使用了铝（合金）材质的机箱，铝合金是纯铝加入一些合金元素制成的，一般乔思伯机箱均选用这种材质的机箱，它更轻巧，并不会锈蚀而更耐用，不过因为铝相对柔软，所以板材至少厚 1mm，大中型机箱的厚度更在 3mm 以上，价格相对偏贵一些。

以上三种材质的机箱实物参照，如图 9-9 所示。

轧碳钢板机箱　　　　　　镀锌钢板机箱　　　　　铝（合金）机箱

图 9-9　三种材质机箱实物图

2．机箱的散热

随着硬件性能的不断提高，机箱内的空气温度也会持续升高。特别是对于硬件发烧友来说，这个问题就更为明显了，如超频后的 CPU、主板芯片、顶级显卡及多硬盘同时工作，都会使机箱温度升高。因此，厂商在设计机箱时，散热成为考虑的重要因素。用户可根据需求采用风冷或水冷设计的机箱。如图 9-10 所示的机箱，机箱的前方、上方、后方都可以加装散热风扇。

图 9-10　爱国者炫影台式计算机的机箱

3．机箱的内部设计

机箱的内部设计，首要考虑的是坚固性，即机箱是否可以稳妥地承托箱内部件，特别是主板底座能否在一般的外力作用下不发生较大的变形；其次是扩展性，由于 IT 的发展速度相当快，有着较大扩展性的机箱可以为日后的升级留有余地，其中主要考虑的是其提供了多少个光驱、硬盘和固态硬盘位置、PCI/PCI-E 扩展卡位置。此外，还要考虑机箱的防尘设计是否合理。

4．机箱兼容性

机箱的兼容性是非常重要的，会造成无法安装的情况，选择时需注意以下几点：

（1）机箱结构与主板尺寸规格兼容性。机箱的结构主要有 ATX 标准型、Micro-ATX 紧凑型、Mini-ITX 迷你型三种规格，ATX 结构机箱除了支持 ATX，还可以向下兼容，支持 Micro-ATX 和 Mini-ITX，反之则不能。选择机箱需考虑主板尺寸大小，同款机箱，主板的尺寸也有区别。

（2）独立显卡的长度。选购独立显卡是有特别的需求，偏小尺寸的机箱都有独立显示卡长度限制，特别是高端显示卡，尺寸较长。

（3）CPU 散热器的高度。入门级的机箱或者尺寸较小的机箱，对 CPU 散热器的高度有限制，选择 CPU 散热器需考虑机箱的 CPU 散热器是否在限高范围内，否则会出现无法盖上机箱侧板的情况。

（4）机箱是否有光驱位。如果需要光驱，就需要考虑机箱是否有光驱位，也可以用 USB 光驱替代。

（5）机箱是否水冷。对发烧友来说，一般有水冷散热需求，无论是一体水冷还是分体水冷，都有一个冷排，冷排的规格有 120mm、240mm、280mm、360mm。同样需要机箱中安装水冷的尺寸要大于或等于规格尺寸。

5. 机箱的接口

机箱的接口常见的有 USB2.0、USB3.0 及音频接口，有些入门机箱不带 USB3.0，建议选用带有 USB3.0 接口的，因为如果有 USB3.0 的 U 盘或者移动硬盘，其传输速度相对要快很多，虽然现在的新主板上都有 USB3.0 接口，但是对于 U 盘、移动硬盘之类的，每次到主机后面插拔显得十分不方便，如图 9-11 所示。

图 9-11　前面板的音频接口和 USB3.0 接口

选购机箱还有一些其他的注意要点，比如：侧透，机箱 EMI 弹片设计，机箱的背线设计，下置电源设计等。这些要点都需要根据使用者的实际情况来考虑。

9.3　键盘

键盘（Keyboard）是计算机系统最基本的输入设备，用户可以通过它输入操作命令和文本数据。普通键盘的外形如图 9-12 所示。

图 9-12　普通键盘的外形

9.3.1　键盘的功能

键盘的功能是及时发现被按下的按键，并将该按键的信息送入计算机。键盘中有专用电路对按键进行快速重复扫描，产生被按键代码并将代码送入计算机的接口电路，这些电路称为键盘控制电路。

在键盘上，按照按键的不同功能可分为 4 个键区：主键盘区、F 键功能键区、编辑控制键区、数字和编辑两用键区，具体如图 9-13 所示。主键盘区包括 26 个字母键、0～9 十个数字键、各种符号键及周边的空格键【Space】、回车键【Enter】、退格键【Backspace】、控制键【Ctrl】、更换键【Alt】、换挡键【Shift】、大小写锁定键【Caps Lock】、制表键【Tab】、退出键【Esc】等控制键。F 键功能键区包括【F1】～【F12】共 12 个键，对于不同的软件有不同的功能。编辑控制键区从上到下分为 3 个部分，最上面的 3 个键为编辑控制键、中间 6 个键为编辑键、下面 4 个键为光标控制键。上面的 3 个键分别是屏幕打印触发键【Print Screen】、滚动锁定键【Scroll Lock】、暂停/中止键【Pause Break】，中间的 6 个键分别是插入键【Insert】、删除键【Delete】、向前翻页键【PageUp】、向后翻页键【PageDown】、【Home】键和【End】键。【Home】键和【End】键常用于一些编辑软件中，使鼠标指针回到当前行或所打开文件的最前面或最后面。下面 4 个键分别是【↑】、【↓】、【→】、【←】光标移动键。数字和编辑两用键区在键盘的最右边，通过【Num Lock】键对该键区用于输入数字还是编辑进行切换。在数字和编辑两用键区上面有 3 个指示灯，分别为【Num Lock】数字/编辑控制键状态指示灯、【Caps Lock】英文大/小写锁定指示灯和【Scroll Lock】滚动锁定指示灯。

有些新式键盘上还增添了快捷键区，如用于上 Internet 的快捷键、多媒体播放的操作键及轨迹球等，这些功能键要安装相应的驱动程序才能使用。

图 9-13　键盘的盘区

9.3.2　键盘的分类

（1）按键数分为 84 键、101 键和 104 键等。84 键的键盘是过去 IBM PC/XT 和 PC/AT 的标准键盘，现在很难见到了。104 键的键盘是在 101 键的键盘基础上为配合 Windows 操作系统而增加了 3 个键，以方便对"开始"菜单和窗口菜单的操作。104 键的键盘为目前普遍使用的键盘。

（2）按键盘的工作原理分为编码键盘和非编码键盘。编码键盘是对每一个按键均产生唯一对应的编码信息（如 ASC II 码）。显然这种键盘响应速度快，但电路较复杂。非编码键盘是利用简单的硬件和专用键盘程序来识别按键的，并提供一个位置码，然后再由处理器将这个位置码转换为相应的按键编码信息。采用这种方式的速度不如前者快，但它最大的好处是可以通过软件编码对某些键进行重新定义，目前被广泛使用。

（3）按键盘的按键方式不同分为机械键盘、塑料薄膜式键盘、导电橡胶式键盘和无接点静电电容键盘四种。

①机械（Mechanical）键盘采用类似金属接触式开关，工作原理是使触点导通或断开，具有工艺简单、噪声大、易维护的特点。

②塑料薄膜式（Membrane）键盘内部共分 4 层，实现了无机械磨损。其特点是低价格、低噪声和低成本，已占领市场的绝大部分份额。

③导电橡胶式（Conductive Rubber）键盘触点的结构是通过导电橡胶相连。键盘内部有一层凸起带电的导电橡胶，每个按键都对应一个凸起，按下时把下面的触点接通。这类键盘是市场由机械键盘向塑料薄膜式键盘的过渡产品。

④无接点静电电容键盘（Capacitive Keyboard）使用类似电容式开关的原理，通过按键时改变电极间的距离引起电容容量改变从而驱动编码器。其特点是无磨损且密封性较好。

（4）按键盘与主机连接的接口分为 5 芯标准接口键盘、PS/2 接口键盘、USB 接口键盘及无线键盘。5 芯标准接口，又称"大口"，用于 AT 主板，现在已被淘汰；市场上老的台式机多采用 PS/2 接口，目前主板提供 PS/2 键盘接口的已不常见，特别是品牌机；USB 作为新型的接口，被市场迅速推出，USB 接口作为一个卖点，对性能的提高收效甚微，但可以防止用户在使用 PS/2 接口键盘，插拔 PS/2 接口时，把其内的针脚损坏；无线键盘主要用于不适合键盘连线的场合，它要进入系统安装驱动程序后才能使用，并且键盘要经常更换电池。

（5）按连接方式可分为有线与无线键盘。无线键盘是指键盘的盘体与计算机之间没有直接的物理连线，通过红外线或无线电波将输入信息传送给特制的接收器。无线键盘又分为红外线键盘和无线电键盘，红外线键盘通过红外线传送数据，由于红外线有方向性和无穿透性，市场上已很少见，而无线键盘主要采用蓝牙技术。所谓蓝牙（Bluetooth）技术，实际上是一种短距离无线电技术。蓝牙采用分散式网络结构、快跳频和短包技术，支持点对点及点对多点通信，工作在全球通用的 2.4GHz ISM（工业、科学、医学）频段，其数据速率为 1Mb/s，采用时分双工传输方案实现全双工传输。

（6）按键盘的外形可分为标准键盘和人体工程学键盘。

①标准键盘。它是指常见的 101、104 键盘。

②人体工程学键盘。它是在标准键盘上，将指法规定的左手键区和右手键区两大板块左右分开，并形成一定角度，使操作者不必有意识地夹紧双臂，能够保持一种比较自然的形态，这种设计的键盘被微软公司命名为自然键盘（Natural Keyboard），对于习惯盲打的用户可以有效地减少左右手键区的误击率，如字母"G""H"。有的人体工程学键盘还有意加大常用键（如【Space】键和【Enter】键）的面积，在键盘的下部增加护手托板，给以前悬空的手腕以支持点，减少由于手腕长期悬空导致的疲劳。这些都可以视为人性化的设计。Kinesis Advantage2 人体工学键盘，如图 9-14 所示。

图 9-14　Kinesis Advantage2 人体工学键盘

9.3.3　键盘的选购

购买键盘时先要根据用途和经济条件决定买什么档次的键盘。目前市场上的键盘主要分为三个级别：入门级、进阶级、骨灰级。

入门级：这类键盘最多，市场上大部分键盘产品都属于此类，特点是键盘的舒适度不好，键盘敲击时感觉比较僵硬，弹性不足。

进阶级：比入门级稍好一点，外观没有明显区别，但在材质、键轴、工艺等方面有改进，使用舒适性要比入门级的要好。

骨灰级：这类键盘主要是给对键盘有特别需要的用户或玩家量身定做的，如键盘在画图和玩游戏时要求高精准度，价格不便宜。

不管是什么级别的键盘产品，在选购时可按照以下步骤检试。

（1）看手感。选择键盘时，首先就是用双手在键盘上敲打，由于每个人的喜好不一样，有人喜欢弹性小的，有人则喜欢弹性大的，只有在键盘上操练几下，才知道自己的满意度。另外要注意，键盘在新买的时候弹性要强于多次使用后的。

（2）看按键数目。市场上最多的还是标准 104 键、108 键的键盘，高档的键盘会增加很多多媒体功能键，设计在键盘的上方。另外如【Enter】键和【Space】键最好选设计得大气的为好，毕竟这是日常使用最多的按键。

（3）看键帽。键帽第一看字迹，激光雕刻的字迹耐磨，印刷上的字迹易脱落。将键盘放到眼前平视，会发现印刷的按键字符有凸凹感，而激光雕刻的键符则比较平整。第二看材质，可分为 ABS 材质、PBT 材质、POM 材质。ABS 与 PBT 不是决定键帽好坏的关键，因为价格有高低，取决于工艺。PBT 的成本高于 ABS，比较耐用。POM 外观普通，颜色单一。

（4）看键程。很多人喜欢键程长一点的，按键时很容易摸索到；也有人喜欢键程短一点的，认为这样打字时会快一些。键程长一点的键盘适合对键盘不算熟悉的用户，键程短一点的键盘适合对键盘比较熟悉的用户。

（5）看键轴。键轴目前可分为 6 种：黑轴、青轴、茶轴、红轴、绿轴和银轴。

黑轴：力量型，直上直下，没有段落感，触发快，回弹快，反应灵敏。

青轴：有节奏，段落感明显，打字很有节奏感。缺点是高速输入会有拖沓感，噪音大，不适合高速与长时间录入。

茶轴：若有若无的段落感，手感和薄膜键盘差不多，在青轴与黑轴之间，基本能适应所有使用场景。

红轴：柔软，轻盈，无段落感，像换了弹簧的黑轴，触发快，反应灵敏。缺点是新手可能不太习惯。

绿轴：段落感强，节奏感强，弹力强，回弹快，反应灵敏，仅适合游戏。

银轴：速度之轴，类似红轴，触发快，容易误触，适合急速文字录入。

（6）看键盘的噪音。用户都很讨厌敲击键盘所产生的噪音，尤其是深夜还在工作、游戏、上网的用户，因此，一款好的键盘必须保证在高速敲击时也只产生较小的噪音，不影响到别人休息。

（7）看键盘的键位冲突问题。日常生活中，大家或多或少玩一些游戏，在玩游戏的时候，就会出现某些组合键的连续使用，那么这就要求键盘上的这些游戏键不冲突。

（8）看键盘的长、宽、高问题。买键盘时，量一量电脑桌放置键盘的长、宽、高，再购买。

（9）看品牌、价格。在同等质量、同等价格的情况下应挑选名牌大厂的键盘，能给人一定的信誉度和安全感。

9.3.4　键盘的常见故障与维护

键盘在使用过程中，故障的表现形式是多种多样的，原因也是多方面的，有接触不良故障，有按键本身的机械故障，还有逻辑电路故障、虚焊、假焊、脱焊和金属孔氧化等。维修时要根据不同的故障现象进行分析判断，找出产生故障的原因，进行相应的修理。当然，如果故障太复杂就不如买一个新键盘实惠。

（1）开机时显示"Keyboard Error"（键盘错误）。这时应检查键盘是否插好，接口是否损坏、CMOS 设置是否正确。

（2）键盘上一些键，如【Space】键、【Enter】键不起作用，有时需按多次才输入一个或两个字符，有的键（如光标键）按下后不再起来，屏幕上光标连续移动，此时键盘其他字符不能输入，需再按一次才能弹起来。这种故障为键盘的卡键，不仅是使用很久的旧键盘，就是没用多久的新键盘，卡键故障也时有发生。出现键盘的卡键现象主要是由以下两个原因造成的：一是键帽下面的插柱位置偏移，使得键帽按下后与键体外壳卡住不能弹起，此原因多发生在新键盘或使用不久的键盘上；二是按键复位弹簧弹性变差，弹片与按杆的摩擦力变大，不能使按键弹起，此种原因多发生在长久使用的键盘上。当键盘出现卡键故障时，可将键帽拔下，然后按动按杆，若按杆弹不起来或乏力，则是由第二种原因造成的，否则为第一种原因所致。若是由于键帽与键体外壳卡住的原因造成卡键故障，则可在键帽与键体之间放一个垫片，该垫片可用稍硬一些的塑料（如废弃的软磁盘外套）做成，其大小等于或略大于键体尺寸，并且在按杆通过的位置开一个可使按杆自由通过的方孔，将其套在按杆上，然后插上键帽，用此垫片阻止键帽与键体卡住，即可修复故障按键；若由于弹簧疲劳、弹片阻力变大的原因造成卡键故障，则可将键体打开，稍微拉伸复位弹簧使其恢复弹性，取下弹片将键体恢复。通过取下弹片，减少按杆弹起的阻力，从而使故障按键得到恢复。

（3）某些字符不能输入。若只有某一个按键字符不能输入，则可能是该按键失效或焊点虚焊。检查时，按照上述方法打开键盘，用万用表电阻挡测量接点的通/断状态。若键按下时始终不导通，则说明按键弹片疲劳或接触不良，需要修理或更换；若键按下时接点通/断正常，说明可能是因虚焊、脱焊或金属孔氧化所致，可沿着印制线路逐段测量，找出故障进行重焊；若因金属孔氧化而失效，可将氧化层清洗干净，然后重新焊牢；若金属孔完全脱落而造成断路，可另加焊引线进行连接。

若有多个既不在同一列也不在同一行的按键都不能输入，则可能是列线或行线某处断路，或者是逻辑门电路产生故障。这时可用 100MHz 的高频示波器进行检测，找出故障器件虚焊点，然后进行修复。

（4）键盘输入与屏幕显示的字符不一致。此种故障可能是由于电路板上产生短路现象造成的，其表现是按这一键时却显示为同一列的其他字符，此时可用万用表进行测量，确定故障点后再进行修复。

另外，故障键盘的修复，要看使用者所购买的键盘质量和价格，对于维修代价与质量价格不成比例的故障键盘，则无维修的必要，还是需购买质量过硬的产品。

9.4 鼠标

鼠标（Mouse）是计算机的重要输入设备，它是伴随着 DOS 图形界面操作软件出现的，特别是 Windows 图形界面操作系统的出现，鼠标以直观和操作简单的特点得到广泛使用。目前，在图形界面下的所有应用软件几乎都支持鼠标操作方式。千姿百态的鼠标造型，如图 9-15 所示。

图 9-15　千姿百态的鼠标造型

鼠标的分类及原理

1. 鼠标的分类

（1）按鼠标的工作原理可分为滚球式鼠标（已被淘汰）、光电式鼠标、激光式鼠标、蓝影式鼠标。滚球式鼠标采用滚球进行定位；光电式鼠标（简称光电鼠标）采用发光二极管发射出的红色可见光源进行定位；激光式鼠标采用激光二极管发射的短波非可见激光进行定位；蓝影式鼠标采用可见的蓝色光源进行定位，如图 9-16 所示。

滚球式鼠标　　　　　光电式鼠标　　　　　激光式鼠标　　　　　蓝影式鼠标

图 9-16　常见鼠标的底部结构

（2）按鼠标接口分为串口鼠标、PS/2 接口鼠标、USB 接口鼠标和无线鼠标。串口鼠标多为 9 针 D 形插头，与多功能卡或主板上的串口 COM1 或 COM2 相连接，现在已很少使用。目前鼠标大多采用 PS/2 专用接口和 USB 接口鼠标。无线鼠标是指没有线缆直接连接到主机的鼠标，通常采用无线通信方式，包括蓝牙、Wi-Fi（IEEE 802.11）、Infrared（IrDA）、ZigBee（IEEE 802.15.4）等多个无线技术标准。

（3）按用途大致可分为办公鼠标和游戏鼠标，当然，游戏鼠标一样可以用来办公，鼠标的基本功能没有本质的区别。

2. 鼠标的工作原理

（1）机械式鼠标的工作原理。机械式鼠标通过底部中间的一个塑胶圆球的滚动来带动纵向和横向的两个轴杆与有光栅的轮盘转动，通过两个轮盘上的光栅孔对光电管信号的开通和阻断，使电路产生 X、Y 两列脉冲计数信号，代表上下和左右移动的坐标值，输送到计算机里进行光标位置处理。

（2）光电式鼠标的工作原理。如图 9-17 所示，光电式鼠标内部有一个发光二极管，通过它发出的光线，可以照亮光电式鼠标底部表面。此后，光电式鼠标经底部透镜组件反射回的一部分光线，通过一组光学透镜后，传输到光学传感器内成像。这样，当光电式鼠标移动时，其移动轨迹便会被记录为一组高速拍摄的连贯图像，被光电式鼠标内部的一块专用图像分析芯片（DSP，数字微处理器）分析处理。该芯片通过对这些图像上特征点位置的变化进行分析，来判断鼠标的移动方向和移动距离，从而完成光标的定位。大部分光电式鼠标均采用红色 LED 灯作为光源，因为在可见光谱中，红色光的波长最长，它的穿透性也最强。

（3）激光式鼠标的工作原理。如图 9-18 所示，它以激光为光源，与光电式鼠标不同的是，它是通过镜面反射进行接收的，激光能对表面的图像产生更大的反差，把接收透镜收到的反射光发送到"CMOS 成像传感器"，这样得到的图像更容易辨别，从而提高鼠标的定位精准性。

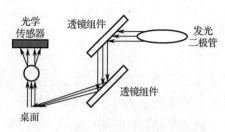

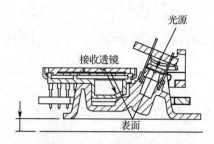

图 9-17　光电式鼠标的工作原理图　　　　　图 9-18　激光式鼠标的工作原理

（4）蓝影式鼠标的工作原理。如图 9-19 所示，蓝影式鼠标使用的是可见的蓝色光源，它并非利用传统光电式鼠标的漫反射阴影成像原理，而利用激光引擎的镜面反射点成像原理。

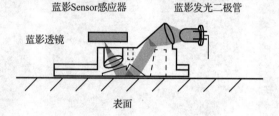

图 9-19　蓝影式鼠标的工作原理

9.4.2　鼠标的技术指标

1．鼠标的分辨率

鼠标的分辨率通常采用的单位是 DPI 或 CPI。DPI（Dots Per Inch）意思是每英寸的像素数，指的是鼠标内的解码设备能够辨别的每英寸长度中的像素数量。CPI（Count Per Inch）是每英寸的测量次数，即鼠标每移动一英寸能够从移动表面上采集到的坐标数量。DPI 是静态单位，而 CPI 是动态单位。分辨率越高，鼠标所需要的最小移动距离就越小，也就是说 DPI 数值高的鼠标更适合在高分辨率屏幕（游戏）下使用。常用的 DPI 在 800～3000 之间，太高的 DPI 会导致鼠标很难控制。现在的鼠标 DPI 大都在 6400 以上了，旗舰型鼠标都在 16000DPI，一般用不上。

2．鼠标的采样频率

光电式鼠标的采样频率也称为刷新频率或者帧速率，它反映了光学传感器内部的 DSP（数字处理器）对 CMOS 光学传感器每秒可拍摄图像的处理能力。在移动鼠标时，数字处理器通过对比所拍摄相邻照片间的差异，从而确定鼠标的具体位移。但当光电式鼠标在高速运动时，可能会出现相邻两次拍摄的图像中没有明显参照物的情况。若光电式鼠标无法完成正确定位，也就会出现常说的跳帧现象。而提高光电式鼠标的刷新频率就加大了光学传感器的拍摄速度，也就减少了没有相同参考物的概率，达到了减少跳帧的目的。描述刷新频率的单位是 fps，也就是鼠标每秒扫描的帧数。鼠标每秒扫描的帧数是越多越好，而且它和 DPI 无关。

3．鼠标的按键寿命

鼠标按键可以正常使用的时间一般以"万次"为单位，表示某个按键可以按下多少万次。

4．鼠标的人体工程学

鼠标人体工程学的目的就是最大限度地满足人们使用鼠标时，在手感及舒适度和使用习惯方面的要求，尽量减轻长时间使用时身心的疲劳程度，尽量避免产生肌肉劳损的症状，从而最大限度地保护用户的身心健康，提高工作效率。

9.4.3　鼠标的选购

鼠标的选购对用户来说，主要的目的是作何用途。按鼠标的分类来讲，它们的区别是作为办公还是游戏，当然游戏鼠标也可以作为办公用，但经常使用游戏鼠标的用户，换个环境使用办公鼠标会有些不适，所以在这里选购鼠标主要以大众化为主。

（1）鼠标大小的选择。

手长大于 185mm 的建议选择大于 120mm 的鼠标。

手长小于 185mm 的建议选择小于 120mm 的鼠标。

手长是指中指末端到手腕的垂直长度，如图 9-20 所示。鼠标的长度在产品说明书有介绍。

（2）使用鼠标习惯的选择。左手用户一定要购买左右对称的鼠标，游戏鼠标因其构造上有许多功能设计，通常不对称，如图 9-21 所示，

图 9-20　测量手长

图 9-21　非对称形游戏鼠标

（3）鼠标表面材质的选择。鼠标表面材质主要有 3 种：镜面、磨砂、类肤。镜面即表面光滑，如手机屏幕或钢护膜，手汗多的用户不适合，容易手滑，且易使鼠标缝隙附上脏东西；磨砂即有超细的沙子感觉，摸起来有轻微的摩擦力，手感干爽，适合手汗多的用户；类肤即类似于人体皮肤，摸起来比磨砂的摩擦力大一点点，有软绵绵带温度的感觉，手感较好。但是其耐脏性不好，易沾染手汗，不适合手汗多的用户。

（4）有线鼠标和无线鼠标的选择。在同等性能的条件下，对鼠标延迟度有高要求的，可选择有线鼠标。针对笔记本用户，无线鼠标因携带方便，是首选。如果用户的计算机不支持无线鼠标所需的功能，在不增加支出的情况下，只能买有线鼠标。如果计算机的 USB 接口过少，则买无线鼠标。

总之，选购鼠标要有基本的原则，高性能、高价格的鼠标不一定是大家选择的目标，鼠标性能指标上的 DPI 可调节灵敏度，用户也不一定需要，所以按照用户的需求、价位、用途、使用环境等，去选择一款适用的鼠标才是最终目的。

9.4.4　鼠标的常见故障和维修方法

鼠标一般在电路被损坏时购买新的比维修还要便宜，没有维修价值。但有些因为不干净或接触不良的故障也可进行修理。

鼠标的常见故障现象有鼠标指针移动不灵活、鼠标指针只能纵向或横向移动、找不到鼠标、鼠标指针不动、鼠标单击或右击无反应等。

造成故障的原因主要是由于灰尘使滚轴积有污垢、滚轴变形、电路器件损坏、鼠标连接线断针或断线、鼠标按钮的微动开关损坏、硬件冲突、病毒影响等原因。

处理方法如下。

（1）对机械式鼠标可将其拆开，清洗橡胶球、滚轴；光电式鼠标可清除发光管和光敏管上的灰尘。

（2）检查鼠标连接线中是否有断线，插头是否有短针、断针和弯针，并进行修复。

（3）检查鼠标内部电路和元器件是否有损坏，微动开关是否失效，若有则更换坏的元器件即可。

（4）清除计算机病毒，检查是否有硬件冲突。

9.5　音箱

对于多媒体计算机而言，音箱是必不可少的，好的音箱配合声卡就能使计算机发出优美动听的声音。

9.5.1　音箱的组成及工作原理

1. 音箱的组成

音箱由箱体、功放组件、电源、分频器及扬声器组成。

（1）箱体。用于表现声音和乐曲、容纳扬声器和放大电路。箱体有密封式和倒相式（导向式）两种形式。

①密封式。除了扬声器口外其余部分全部密封，这样扬声器纸盆前后被分隔成两个互不通气的空间，可以消除声短路及相互间的干扰现象，但扬声器反面的声音不能放出来。

②倒相式。音箱面板上开有倒相孔，箱内的声音倒相后辐射到外面来，使声音加强，是目前多媒体音箱中最常用的箱体设计。它比密封式具有更高的功率承受能力和更低的失真度，且灵敏度高。

（2）功放组件。将微弱音频信号放大以驱动扬声器，实现高、低音调的调节及音量调节。

（3）电源。将交流电转换为放大器用的低压直流电（一般为 20～30W），为功放组提供电能。

（4）分频器。根据频率将信号分别分配给高音单元和低音单元，并且防止大功率的低频信号损坏高频单元。

（5）扬声器。整个音响系统的最终发声器件。低音单元（20～6000Hz）的口径为 6.5in；中音单元（150～5000Hz）的口径为 4～6in；高音单元（1500～25000Hz）的口径为 2～3.5in。各种扬声器如图 9-22 所示。

高音扬声器　　中音扬声器　　低音扬声器

图 9-22　各种扬声器

2. 音箱的工作原理

输入的音频信号由前置放大器经分频器把低音、中音和高音信号分别送往高、中、低音功率放大器放大，再送往低、中和高音扬声器，由扬声器把电信号还原为高保真的声音，如图 9-23 所示。

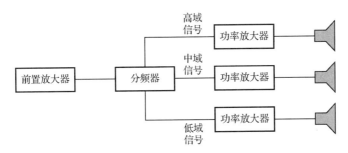

图 9-23　音箱的工作原理

9.5.2　音箱的性能指标

1．输出功率

输出功率决定了音箱所能发出的最大声音强度。目前音箱功率的标注方式有两种，即额定功率与最大承受功率（瞬间功率或峰值功率 PMPO）。额定功率是指在额定频率范围内给扬声器一个规定了波形的持续模拟信号，扬声器所能发出的最大不失真功率；而最大承受功率是扬声器不发生任何损坏的最大电功率。音箱音质的好坏并不取决于其输出功率的大小，音箱功率也并不是越大越好。功率用来衡量做功的快慢，衡量音箱的声音作用范围，即音箱的响度大小。对于普通家庭用户而言，选择 30～60W 功率的音箱即可。

2．频率范围与频率响应

频率范围是指音箱系统的最低有效回放频率与最高有效回放频率之间的范围；频率响应是指将一个以恒电压输出的音频信号与系统相连接时，音箱产生的声压随频率的变化而发生增大或衰减、相位随频率而发生变化的现象，单位为分贝（dB）。人类听觉在"频率响应"中的数据一般为"20Hz～20kHz"，而具备 HiFi 音质的音箱一般在上述描述中会加上（+/-3dB）。频率越接近 20Hz，低音的下潜越好，反之越近于 20kHz，高音的还原就越好。

3．灵敏度

灵敏度是衡量音箱的一个重要性能技术指标。它是指在经音箱输入端输入 1W/1kHz 信号时，在距音箱扬声器平面垂直中轴前方 1m 的地方所测试的声压级，单位为 dB。音箱的灵敏度越高，对放大器的功率需求越小。普通音箱的灵敏度在 70～80dB 范围内，高档音箱通常能达到 80～90dB。普通用户选择灵敏度为 70～85dB 的音箱即可。

4．信噪比

信噪比是指放大器的输出信号电压与同时输出的噪声电压之比，它的计量单位为 dB。信噪比越大，则表示混在信号里的噪声越小，放音质量就越高；反之，放音质量就越差。在多媒体音箱中，放大器的信噪比要求至少大于 70dB，最好大于 80dB。

5．失真度

声音失真是指电信号转换成声信号的失真。失真可分为谐波失真、互调失真和瞬间失真。谐波失真是指在声音回放时增加了原信号没有的高次谐波成分所导致的失真；互调失真是由声音音调变化而引起的失真；瞬间失真是因为扬声器有一定的惯性，盆体的振动无法跟上电信号瞬间变化的振动，出现了原信号和回放信号音色的差异。声波的失真度允许范围在 10% 之内，一般人耳对 5% 以内的失真不敏感，所以一般选购时要求失真度在 3% 以内。

6．阻抗

阻抗是指扬声器输入信号的电压与电流的比值，通常为 8Ω。

7. 音箱材质

主流音箱体的材质一般分为塑料材质和木质材质。塑料材质容易加工，大批量生产成本能压得很低，一般用在中/低档产品中。其缺点是箱体单薄、无法克服谐振、音质较差。木质音箱降低了谐振所造成的音染，音质普遍好于塑料音箱。

8. 支持声道数

音箱所支持的声道数是衡量音箱档次的重要指标，当然其值是越多越好。

9.5.3 音箱的选购

（1）价格。价格是选购音箱的唯一标准。豪华音箱并不一定适合，重要的是音箱的音质如何。一些音箱外表虽不奢华，但音质一样可达到动人的效果。

（2）外观。选购音箱时应首先检查音箱的包装，查看是否有拆封、损坏的痕迹，然后打开包装箱，检查音箱及相关配件是否齐全。通过外观辨别真伪，假冒产品的做工粗糙，最明显的是箱体，假冒木质音箱大多数是用胶合板甚至纸板加工而成的。接下来就是看做工，查看箱体表面有没有气泡、凸起、脱落、边缘贴皮粗糙等缺陷，有无明显板缝接痕，箱体结合是否紧密整齐。

（3）根据实际需要选购。选择音箱时要查看功率放大器、声卡的阻抗是否和音箱匹配，否则得不到想要的效果或者使用时会将音箱烧毁，因此在选购之前一定要清楚计算机的配置情况。另外，还应根据室内空间的大小选择适用多大功率的音箱，切不可盲目地追求大功率、高性能产品。

（4）试听。在实际选购时，先听静噪，俗称电流声，检查时拔下音频线，然后将音量调至最大，此时可以听见"刺刺"的电流声，这种声音越小越好，一般只要在20cm外听不到此声即可。接下来，挑选一段自己熟悉的音乐细听音质，其标准是中音（人声）柔和醇美，低音深沉而不浑浊，高音亮丽而不刺耳，全音域平衡感要好，试听时最好选用正版交响乐CD。最后是调节音量的变化，音量的变化应该是均匀的，旋转时不能有接触不良的"咔咔"声响。

9.5.4 音箱的常见故障及排除

音箱中最贵的是扬声器，只要它不坏，就还有维修的价值。

（1）音箱不出声或只有一只扬声器出声。首先应检查电源、连接线是否接好，有时过多的灰尘往往会导致接触不良。如不确定是否是声卡的问题，则可更换音源（如接上随身听），以确定是否是音箱本身的毛病。当确定是音箱的问题后，应检查扬声器的音圈是否烧断、扬声器音圈引线是否断路、馈线是否开路、与放大器是否连接妥当。当听到音箱发出的声音比较空，声场涣散时，要注意音箱的左右声道是否接反，可考虑将两组音频线换位。如果音箱声音低，则应重点检查扬声器质量是否低劣、低音扬声器的相位是否接反。当音箱有明显的失真时，可检查低音、3D等调节程度是否过大。此外，扬声器音圈歪斜、扬声器铁心偏离或磁隙中有杂物、扬声器纸盆变形、放大器反馈给的功率过大也会造成失真。

（2）音箱有杂音。首先确定杂音的来源，如果是音箱本身的问题可更换或维修音箱。音箱本身的问题主要出在扬声器纸盆破裂、音箱接缝开裂、音箱后板松动、扬声器盆架未固定紧、音箱的面网过松等方面。

（3）只有高音没有低音。这种故障一般是因为音箱的音量过大，长时间使用，导致低音炮被烧坏，也可能是线头断线，只要更换新的即可。

（4）声音失真。这可能是扬声器音圈歪斜、扬声器铁心偏离或磁隙中有杂物、扬声器纸盆变形、放大器反馈给的功率过大而引起的，只要扶正扬声器音圈、扶正扬声器铁心或取出磁隙中的杂物、更换扬声器纸盆、调低放大器的放大量即可。

至此，计算机的硬件知识全部介绍完了，为了进一步加强对计算机硬件的了解，读者可以前往计算机硬件市场进行市场调研和设计组装方案。

实验 9

1．实验项目

计算机硬件市场的调研。

2．实验目的

（1）了解计算机硬件市场各主要部件的市场行情。

（2）熟悉计算机硬件价目单中各项指标的含义。

（3）了解计算机硬件市场目前的流行部件及最新的发展趋势。

（4）锻炼购机、配置、装机的能力。

（5）了解组装计算机与品牌计算机在同类似配置下的性价比。

3．实验准备及要求

（1）每个学生准备一支笔和一个笔记本。

（2）登录 zol.com.cn（中关村在线）网，对市场上计算机硬件的参数及价格进行一个大致了解。

（3）由教师带队到当地最大的计算机硬件市场进行调研。

（4）调研时要边看边记，记录必须真实。

4．实验步骤

（1）依据对本市计算机市场的初步了解，制订出市场调研计划。

（2）实施市场调研计划，并认真进行记录。

（3）整理记录，完成实验报告。

5．实验报告

（1）写出调研的计算机硬件市场的名称和调研销售商的名称（至少 5 个）。

（2）根据调研情况写出一份预算为 6000 元左右的台式计算机配置计划。

要求：

①写出各主要部件的型号及单价。

②写出你选择各部件的理由。谈谈选择组装计算机与品牌计算机的优劣。

③你配置的计算机有何特点？最适合运行什么软件？做哪方面的工作？

习题 9

1．填空题

（1）电源采用_____的技术，通常称为_____电源。因其功能作用，也称为_____转化器。

（2）开关电源按控制原理来分类，大致有以下 3 种工作方式_____、_____、_____和_____。

（3）一款理想的机箱，除了能对_____进行有效的保护外，还需要有良好的_____、较强的_____能力、时尚的外观及人性化的设计。

（4）键盘和鼠标是计算机必不可少的_____设备，是人机_____的重要工具。

（5）在键盘上，按照按键的不同功能可分为 4 个键区：_____区、_____区、_____区、数字和编辑两用键区。

（6）键轴目前分为 6 种：黑轴、青轴、茶轴、____、_____和_____。

（7）键盘的功能是及时发现被按下的_____，并将该按键的_____送入计算机。

（8）按鼠标与主机的连接方式可分为_____鼠标和_____鼠标。

（9）音箱由_____、_____、____、_____及_____组成。

（10）信噪比是指放大器的_____与同时_____之比，它的计量单位为dB。信噪比越大，则表示混在信号里的噪声_____，放音质量就_____。

2．选择题

（1）以下不是 ATX 电源输出的直流电是（　　）。

A．+5V　　　　　　　　B．+12V　　　　　　　　C．+3.3V　　　　　　　　D．+6V

（2）ATX 电源是目前应用最为广泛的个人计算机标准电源，采用一个（　　）芯线给主板供电。

A．24　　　　　　　　B．20　　　　　　　　C．28　　　　　　　　D．36

（3）计算机主机箱内的电源输出接口包括（　　）。

A．主板供电　　　　　　B．CPU 供电　　　　　　C．显卡接口供电　　　　　　D．硬盘接口供电

（4）市场上电源产品标签上会标明的电源功率有（　　）。

A．额定功率　　　　　　B．最大功率　　　　　　C．最大输出功率　　　　　　D．峰值功率

（5）机箱的选购要注意的有（　　）。

A．机箱的材质　　　　　　B．机箱的散热　　　　　　C．机箱的外形　　　　　　D．机箱的特色

（6）当今市场上流行的键盘键数分为（　　）键等。

A．84　　　　　　　　B．100　　　　　　　　C．101　　　　　　　　D．104

（7）鼠标按其工作原理分为（　　）。

A．滚球式鼠标　　　　　　B．光电式鼠标　　　　　　C．激光式鼠标　　　　　　D．蓝影式鼠标

（8）以下不属于无线鼠标通信方式的是（　　）。

A．蓝牙　　　　　　　　B．Wi-Fi　　　　　　　　C．GPRS　　　　　　　　D．Infrared

（9）选购音箱时，一般产品要求失真度允许的范围在（　　）以内。

A．5%　　　　　　　　B．8%　　　　　　　　C．10%　　　　　　　　D．3%

（10）选购音箱时，对于普通家庭用户而言，（　　）功率的音箱即可。

A．30W 以下　　　　　　B．50W 以上　　　　　　C．40～60W　　　　　　D．80W

3．判断题

（1）电源质量好坏不能直接决定计算机的其他配件能否可靠地运行和工作。（　　）

（2）电源中的开关是指它的电路工作在高频（约 34kHz）开关状态，这种状态带来的好处是高效、省电和体积小。（　　）

（3）机械键盘具有工艺简单、噪声大、难维护的特点。（　　）

（4）开机时显示"Keyboard Error"（键盘错误）表示键盘肯定没插好。（　　）

（5）音箱的输出功率用来衡量音箱的声音作用范围，即音箱的响度大小。（　　）

4．简答题

（1）选购电源时要考虑哪些方面的问题？

（2）在组装计算机时，怎样选择一款机箱？

（3）如何选购一个适合自己的鼠标？

（4）人体工程学键盘有何优点？为什么能提高输入速度？

（5）光电式、激光式、蓝影式鼠标有何异同？

第 10 章

BIOS 与 UEFI

本章主要讲述计算机上电自检的过程，BIOS、UEFI 的概念，Legacy 启动模式与 UEFI 启动模式的区别，BIOS 常规设置方法及如何对 BIOS 升级。

10.1 BIOS 概述

BIOS 最早诞生于 1975 年的 CP/M 操作系统中，其发明者是美国著名的软件开发先驱人物——加里·基尔代尔（Gary Kildall）。但直到 1981 年 IBM PC 上市后，BIOS 才被真正地发扬光大。

10.1.1 BIOS 的概念

BIOS（Basic Input Output System，基本输入/输出系统）是一组固化到计算机主板 ROM 芯片上的程序，它用于保存计算机最重要的基本输入/输出程序、主板设置参数信息、开机后自检程序及系统自启动程序，其主要功能是对计算机底层硬件进行设置和控制。BIOS 芯片一般为 EPROM（Erasable Programmable ROM，可擦除可编程只读存储器）或 EEPROM 芯片（Electrically Erasable Programmable Read Only Memory，带电可擦写可编程读写存储器）。

从外观上看，常见的主板 BIOS 芯片一般都插在主板上专用的芯片插槽里，并贴有激光防伪标签，上面会印有芯片生产厂商、芯片的型号、容量及生产日期的信息，有长条形的 DIP 封装和小方形的 PLCC 封装，还有类似于内存芯片的 TSOP 封装。常见的版本有 Award、AMI 和 Phoenix 等，如图 10-1 所示为各种 BIOS 芯片。

图 10-1 各种 BIOS 芯片

10.1.2 BIOS 的功能

BIOS 的主要功能可以划分为自检及初始化、程序服务处理、硬件中断处理三个部分。

（1）自检及初始化：计算机开机后，BIOS 最先启动，并对硬件设备（CPU、内存、主板、显卡…）进行检验和测试，发生严重故障则停机，对于非严重故障则给出提示或声音报警信号。

（2）程序服务处理：BIOS 直接控制计算机中的 I/O（输入/输出）设备，通过特定的数据端口发送命令，传送或接收来自这些设备的数据。

（3）硬件中断处理：BIOS 为计算机中的硬件设备设置中断号，例如，磁盘与串行口服务的中断号为 14H、屏幕打印的中断号为 05H。当用户发出使用某个硬件设备的指令后，CPU 会根据中断号调用相应的硬件完成工作，然后再根据中断号跳回到原来的工作。

10.1.3 上电自检

计算机主板在接通电源后，系统首先由 POST 程序对硬件设备进行检查。POST 自检过程大致为：计算机加电→CPU→ROM→BIOS→System Clock→DMA→64KB RAM→IRQ→显示卡等。检测显示卡以前的过程称为关键部件测试，如果关键部件有问题，计算机会处于挂起状态，一般称这类故障为核心故障。另一类故障称为非关键性故障，检测完显示卡后，计算机将对 64KB 以上内存、I/O 接口、硬盘驱动器、键盘、即插即用设备、CMOS 设置等进行检测，并在屏幕上显示各种信息和出错报告。在正常情况下，POST 自检过程进行得非常快，所以一般感觉不到这个过程。

POST 自检过程是逐一进行的，BIOS 厂商对每一个设备都定义了一个开机自我检测代码（POST Code），在对某个设备进行检测时，首先将对应的 POST Code 写入 80H（地址）诊断端口，当该设备检测通过后，则接着写入另一个设备的 POST Code，继续进行测试。如果某个设备测试没有通过，则此 POST Code 会在 80H 处保留下来，检测程序也会中止，并根据已定的报警声进行报警，BIOS 厂商对报警声也分别进行了定义，不同的设备出现故障，其报警声也是不同的，一般可以根据不同的报警声分辨出故障设备。

10.1.4 BIOS 与 CMOS 的区别

CMOS（Complementary Metal Oxide Semiconductor，互补金属氧化物半导体）是计算机主板上的一块可读写 RAM 芯片，用于保存当前系统的硬件配置参数。CMOS 芯片由主板上的纽扣电池供电，即使计算机断电，参数也不会丢失。因此 CMOS 芯片只有保存数据的功能，而对 CMOS 中各项参数的设置要通过 BIOS 的设定程序实现。

10.1.5 常见开机自检 BIOS 错误提示信息

1. Memory test fail（内存检测失败）

原因：说明内存校验失败，需要重新插拔内存，或者更换内存插槽。如果使用多根内存，则需要考虑不同厂商之间的内存兼容问题。

2. CMOS battery failed（CMOS 电池失效）

原因：说明 CMOS 电池的电力已经不足，请更换新的电池。

3. CMOS check sum error－Defaults loaded（CMOS 执行全部检查时发现错误，载入预设的系统设定值）

原因：通常发生这种状况都是因为电池电力不足造成的，所以可以先试试换个新电池。如果问题依然存在，则说明 CMOS RAM 可能有问题，最好送回原厂处理。

4. Override enable-Defaults loaded（当前 CMOS 设置无法启动系统，载入 BIOS 中的默认值启动系统）

原因：CMOS 中的设置出现错误，进入 BIOS 后选择 "LOAD SETUP DEFAULTS" 载入系统的默认值。

5. Hard Disk Install Failure（硬盘安装失败）

原因：硬盘的电源线、数据线可能未接好或者硬盘跳线设置不正确出现错误（如一根数据线上的两个硬盘都设为 Master 或 Slave）。

6. Keyboard Error Or No Keyboard Present（键盘错误或者未连接键盘）

原因：键盘连接线没插好，或连接线损坏。

7. BIOS ROM Checksum Error-System Halted（BIOS 程序代码在进行总和检查时发现错误，因此无法开机）

原因：遇到这种问题通常是因为 BIOS 程序代码更新不完全所造成的，解决办法为重新刷写主板 BIOS。

8. Press TAB to show POST screen（按 Tab 键可以切换屏幕显示）

原因：有一些 OEM 厂商会设计开机显示画面来替代 BIOS 预设的开机显示画面，因此通过按键盘上的 Tab 键可以对开机画面进行切换。

9. Disk boot fail，Insert system disk and press any key to reboot（硬盘启动失败，插入系统盘，按任意键重启）

原因：硬盘损坏或者系统启动分区损坏，需要更换硬盘或者通过工具修复系统启动分区。

10. Missing Operating System（丢失操作系统）

原因：操作系统启动分区出错，需要重装操作系统或者通过工具修复系统启动分区。

10.2　UEFI 概述

UEFI 的前身是 Intel 在 1997 年为安腾服务器设计的基于 C 语言的 BIOS，并被重新命名为 EFI（Extensible Firmware Interface，可扩展固件接口）。2015 年 Intel 将 EFI 交给统一可扩展固件接口论坛进行推广与发展，EFI 也更名为 UEFI。UEFI 论坛的创始者包括 Intel、IBM 等硬件厂商，软件厂商 Microsoft，以及 BIOS 厂商 AMI、Insyde 及 Phoenix。

10.2.1　UEFI 的概念

UEFI（Unified Extensible Firmware Interface，统一的可扩展固件接口）是为全新类型的固件体系结构、接口和服务提出的一种详细描述类型接口的建议性标准。该标准主要有两个用途。

（1）为操作系统的引导程序和某些在计算机初始化时运用的应用程序提供一套标准的运行环境。

（2）为操作系统提供一套与固件通信的交互协议。

10.2.2　UEFI 的构成

UEFI 是一种新的主板引导初始化标准，是 BIOS 的替代者，其具有启动速度快、安全性高和支持大容量硬盘等特点。UEFI 主要由 Pre-EFI 初始化模块、EFI-DXE（驱动执行环境）、EFI 驱动程序、CSM（兼容性支持模块）、UEFI 高层应用和 GUID 磁盘分区表组成。下面介绍其中几个组成。

1. Pre-EFI 初始化模块和 EFI-DXE

UEFI 的运行基础，通常被整合在主板的闪存芯片中，与传统 BIOS 比较类似。

EFI-DXE 完成载入后 UEFI 就可以进一步加载硬件的 UEFI 驱动程序，EFI-DXE 通过枚举的方式加载各种总线及设备的驱动，这些驱动程序可以放置在系统中的任何位置。一般硬件的 UEFI 驱动放置在硬盘的 UEFI 专用分区中，只要能正确加载这个硬盘分区，对应的驱动就可以正常读取并应用。

2. CSM 兼容性支持模块

它是 X86 平台 UEFI 系统中的一个特殊模块，其主要功能是让不具备 UEFI 引导功能的操作系统也能在 UEFI 环境下顺利完成引导开机，它提供类似于传统 BIOS 的系统服务，从而保证 UEFI 在技术上能有良好的过渡。

3. GUID 磁盘分区表

它是在 UEFI 标准中引入的磁盘分区结构，与传统的 MBR 分区相比，GUID 磁盘分区突破了传统 MBR 分区只允许 4 个主分区的限制，分区类型也改为了 GPT 分区。UEFI+GUID 可以支持 2.1TB 以上的硬盘。EFI 系统分区采用 FAT 文件系统，可以被 UEFI 固件访问，可用于存放操作系统的引导程序、EFI 应用程序和 EFI 驱动程序。

10.2.3 UEFI Secure Boot 安全引导

UEFI Secure Boot 安全引导的核心功能就是利用数字签名来确认 EFI 驱动程序或者应用程序是否是受信任的。在 UEFI 安全启动中需要维护三个关键数据库，分别为 PK（Platform Key，平台密钥）、KEK（Key Exchange Key，密钥交换密钥）、AS（The Allowed Signature，已允许签名）。UEFI 规定，主板在出厂时，可以预置一些可靠的公钥，任何需要在这些主板上加载的操作系统或者硬件驱动，都必须通过这些公钥的认证，否则主板将拒绝加载。

Microsoft 规定从 Windows 8 开始，所有预装 Windows 8、Windows 10 操作系统的 OEM 厂商，都必须打开 Secure Boot 功能，主板芯片中预置 Windows 8、Windows 10 的公钥，如果关闭该功能，将导致无法进入系统。Windows 7 默认不支持该功能，因此安装 Windows 7 时必须关闭 Secure Boot，否则在安装后，系统将无法正常启动。

10.3 Legacy 引导模式与 UEFI 引导模式

为了更好地满足兼容性需求，现阶段主流 BIOS 厂商在主板启动模式中加入了 UEFI 引导模式。在 Legacy 传统模式下安装的系统，只能用 Legacy 模式引导；同理，在 UEFI 模式下安装的系统，则只能用 UEFI 模式引导。

10.3.1 Legacy 引导模式

在 Legacy 模式下，BIOS 引导流程为：

（1）计算机开机，进行供电检查。

（2）当电源稳定后，BIOS 进行初始化。

（3）BIOS 进行 POST（上电自检），检查所有硬件并对设备进行初始化。

（4）引导操作系统。BIOS 读取硬盘 0 盘面 0 磁道 1 扇区的 MBR（Master Boot Record，主引导记录）到内存中指定区域，MBR 读取 DPT（Disk Partition Table，硬盘分区表），找到活动分区中的 PBR（Partition Boot Record，分区引导记录），PBR 搜索活动分区中的启动管理器 Bootmgr，Bootmgr 搜索并读取活动分区中 boot 文件夹中的 BCD 文件后加载操作系统。

（5）系统加载完成后，进入桌面。

BIOS 引导流程如图 10-2 所示。

图 10-2　传统 BIOS 引导流程

10.3.2　UEFI 引导模式

UEFI 引导模式减少了传统 BIOS 自检过程，因此能够缩短开机时间，给用户带来更好的开机体验。UEFI 引导流程为：

（1）计算机开机，上电自检。

（2）UEFI 初始化。UEFI 固件被加载，并由它初始化启动所需硬件。

（3）引导操作系统。UEFI 固件寻找 EFI 分区中的启动文件（对于 Windows 系统，一般位于\efi\Microsoft\boot\bootmgfw.efi），用于调用启动管理器。启动管理器读取硬盘 EFI 分区中的 BCD 文件（efi\Microsoft\BCD），根据配置内容加载引导程序 winload.efi（\Windows\system32\winload.efi）加载操作系统。

（4）系统加载完成后，进入桌面。

UEFI 引导流程如图 10-3 所示。

图 10-3　UEFI 引导流程

10.4　传统 BIOS 与 UEFI 的区别

与传统 BIOS 相比，UEFI 对于新硬件提供了更好的支持，特别是对于大容量硬盘的支持。UEFI 可以支持使用容量达 2.1TB 以上硬盘，而传统 BIOS 对于这种大容量硬盘如不借助第三方软件，则只能当作数据盘使用。另外，UEFI 内置图形驱动功能，可以提供一个高分辨率的图形化界面，用户进入后完全可以像在 Windows 系统下那样，使用鼠标进行设置和调整，操作上更为简单快捷。由于 UEFI 使用的是模块化设计，在逻辑上可分为硬件控制与软件管理两部分，前者属于标准化的通用设置，而后者则是可编程的开放接口，因此主板厂商可以借助开放接口实现各种丰富的功能，包括数据备份、硬件故障诊断、UEFI 在线升级等。UEFI 所提供的扩展功能比传统 BIOS 更多、更强。图 10-4 为传统 BIOS 界面，图 10-5 为 UEFI 图形化界面。

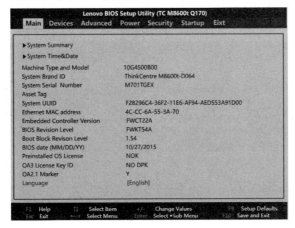

图 10-4　传统 BIOS 界面

图 10-5　UEFI 图形化界面

　　一般情况下能看到的 UEFI 图形化界面必须有厂商的支持,否则其界面和传统 BIOS 界面类似。虽然现在 UEFI 已经基本取代了传统 BIOS,但它并不是只有优点而没有缺点。UEFI 相比传统 BIOS 在硬件兼容性上有很大的提升,但是由于 UEFI 编码绝大部分都是用 C 语言编写的,与使用汇编语言编写的传统 BIOS 相比,更容易受到病毒的攻击,程序代码也更容易被改写,因此目前 UEFI 虽然已经被广泛使用,但其安全性和稳定性还有待提高。

10.5　如何设置 BIOS 与 UEFI

10.5.1　常见 BIOS 生产厂家

常见 BIOS 生产厂家有:

(1) Award 公司,进入其 BIOS 设置程序的按键一般为【DEL】或【Ctrl+Alt+Esc】键。

(2) AMI 公司,进入其 BIOS 设置程序的按键一般为【DEL】或【Esc】键。

(3) Phoenix 公司,进入其 BIOS 设置程序的按键一般为【Ctrl+Alt+S】键。

现阶段主流 OEM 厂商进入 BIOS 设置程序的按键各不相同,例如,HP 台式机及笔记本电脑需要按【F10】键,联想与 DELL 的台式机及笔记本电脑需要按【F2】键。一般在开机 Logo 画面会提示如何进入 BIOS 设置程序(Setup)。图 10-6 为 DELL 开机 Logo 界面。

图 10-6　DELL 开机 Logo 界面

10.5.2 需要进行 BIOS 设置的场合

1．用于新购买的计算机或新增的设备

新购买计算机或新增设备时，需用户手工配置参数，如开机启动顺序、管理员密码等。

2．针对系统进行优化

内存读写等待时间、硬盘数据传输模式、缓存使用、节能保护、电源管理、开机启动顺序等参数，对系统来说并不一定是最优的，需多次试验才能找到最佳设置值。

3．BIOS 配置参数意外丢失

在电池失效、病毒破坏、人为误操作等情况下，常常会导致 CMOS 中存储的 BIOS 配置参数意外丢失，此时只能重新使用设置程序完成对 BIOS 参数的设置。

4．系统发生故障

当系统不能启动，发生故障的时候，首先需要对 CMOS 进行放电，重新设置 BIOS 参数，从而排除由于病毒或人为因素，导致 BIOS 参数改变，造成系统不能启动。

10.5.3 常用 BIOS 参数的设置

尽管不同品牌的计算机有着不同的 BIOS 设置界面，但总体设置项目和设置方法基本相似。图 10-7 为联想 Thinkcenter -M8600t 主板 BIOS 设置的主界面。

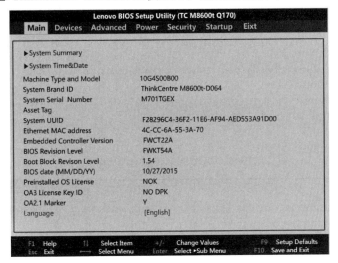

图 10-7　联想 Thinkcenter -M8600t 主板 BIOS 设置主界面

1．BIOS 设置的功能键操作方法

在进入 BIOS 程序界面后，每个界面中都会出现操作的提示。使用的功能键如表 10-1 所示。

表 10-1　BIOS 按键的功能说明

按　　键	功　　能
↑	向前移一项
↓	向后移一项
←	向左选择目录
→	向右选择目录

按　键	功　能
＋	改变参数值
－	改变参数值
Enter	选中此选项
Esc	回到上一级菜单或退出
F1	请求帮助
F9	恢复默认值
F10	保存后退出

在 BIOS 设置程序中，有部分设置项（例如，芯片组设置、中断通道设置、电源管理设置等），不仅要求用户有一定的计算机专业知识和实际操作经验，而且还要对芯片的实际参数有所了解，一般使用默认值。

2．设置 BIOS 参数的类型

BIOS 设置程序分几个不同的品牌和版本，每种设置都针对某一类或几类硬件系统，主要有以下几种。

（1）基本参数设置。基本参数设置包括时钟、启动顺序、硬盘参数设置、键盘设置、存储器设置等。

（2）扩展参数设置。扩展参数设置包括缓存设定、安全选项、总线周期参数、电源管理设置、主板资源分配、集成接口参数设置等。

（3）其他参数设置。不同品牌及型号的主板 BIOS 功能各异，如 CPU 电压设置、双 BIOS、软跳线技术等。

下面以联想 Thinkcenter -M8600t 主板 BIOS 设置的主界面为例，如图 10-7 所示，其各选项的含义如表 10-2 所示。

表 10-2　BIOS 设置主菜单选项的含义

主　菜　单	项　　目
Main	BIOS 时钟、版本、硬件摘要信息
Devices	硬件配置选项（串口、USB 口、ATA 接口、显卡、声卡、网卡）
Advanced	高级 BIOS 设置（CPU、芯片组、Intel 智能连接技术）
Power	电源管理设置（自动唤醒）
Security	安全管理设置（超级管理员密码、硬盘密码、安全启动）
Startup	启动项配置（启动顺序、启动模式、启动优先级）
Exit	保存配置信息、加载优化默认值

1．Main 菜单

进入 Main 菜单，会出现如图 10-8 所示的信息。

在 Main 菜单里，主要显示了与计算机相关的一些信息。例如，计算机的型号（System Brand ID）、系统序列号（System Serial Number）、网卡 MAC 地址（Ethernet MAC address）、主板 BIOS 的版本（BIOS Revision Level）及 BIOS 日期信息（BIOS date）等。在这里可以设置 BIOS 的语言和 BIOS 日期，默认使用的是英文。"System Summary"里显示了系统的摘要信息，具体如图 10-9 所示。Main 菜单栏主要显示了 CPU、内存、风扇、声卡、显卡、网卡、硬盘、光驱的相关信息。

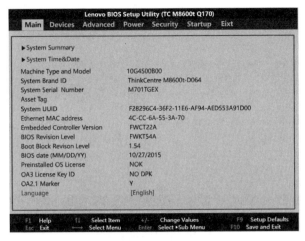

图 10-8 Main 菜单

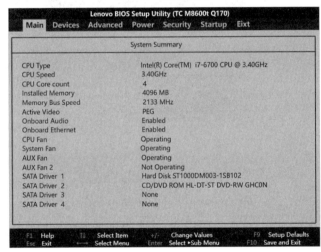

图 10-9 System Summary 信息

2. Devices 菜单

Devices 菜单将计算机中的硬件进行了分类，并提供了相应的配置选项，如图 10-10 所示。

Devices 菜单中提供六大类硬件配置管理，分别是配置串口（Serial Port Setup）、配置 USB 端口（USB Setup）、配置 ATA 设备（ATA Drive Setup）、配置显示设备—板载显卡（Video Setup）、配置音频设备—板载声卡（Audio Setup）、配置网络设备（Network Setup）、配置 PCI 总线（PCI Express Configuration）。这里主要介绍 ATA 设备的配置方法，其他端口、设备的配置使用默认的参数。

选择"ATA Drive Setup"项，进入 ATA 驱动模式的设置界面，如图 10-11 所示。

"Configure SATA as"选项用来配置 ATA 驱动模式，一共分为 IDE、AHCI、RAID 三种模式，其中 IDE 模式基本上被淘汰。联想 Thinkcenter -M8600t 只支持 AHCI、RAID 两种模式。

（1）IDE。IDE（Integrated Device Electronics），是一种早期的硬盘传输接口。选择该选项，将以兼容 IDE 的模式工作，一般在安装 Windows XP 系统时修改，如果 Windows XP 系统光盘内置有 AHCI 驱动，那么此项不需要做修改。

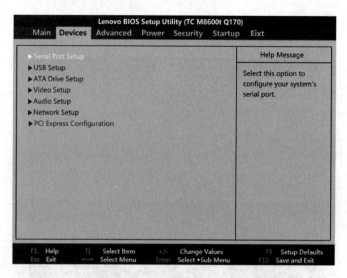

图 10-10　Devices 菜单

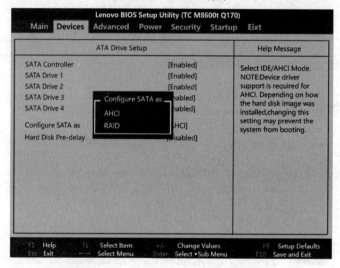

图 10-11　ATA 驱动模式的设置界面

（2）AHCI。AHCI（Serial ATA Advanced Host Controller Interface）串行 ATA 高级主控接口/高级主机控制器接口，是在 Intel 的指导下，由多家公司联合研发的接口标准，它允许存储驱动程序启用高级串行 ATA 功能。出厂标配 Windows 7 或 Windows 8 及以上操作系统都默认为此选项；没有安装 AHCI 驱动的 Windows XP 系统，如果选择了 AHCI 模式，启动时将会出现蓝屏错误。

（3）RAID。RAID（Redundant Arrays of Independent Disks）磁盘阵列，主板上 SATA 口上的硬盘可以建立磁盘阵列（预设值）。RAID 的组建还需要在开机时按 Tab 键进入 RAID 控制器的 BIOS 设置画面另行设置。

3．Advanced 菜单

Advanced 菜单主要用于配置 CPU、主板芯片组的相关参数，如图 10-12 所示。这里主要介绍 CPU 的相关配置参数，如图 10-13 所示。选择"CPU Setup"进入 CPU 参数配置界面。

（1）EIST Support。EIST（Enhanced Intel SpeedStep Technology），Intel 智能降频技术，该技术允许系统动态调节处理器电压和核心频率，以此来降低平均功耗和平均发热量。

（2）Core Multi-Processing。对于多内核（2 核）以上的 CPU，应启用该选项，如果是单核 CPU，启用该选项也没用。

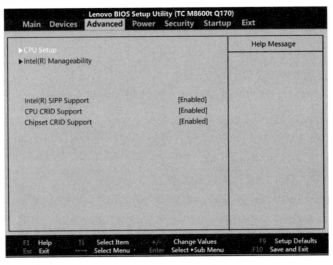

图 10-12　Advanced 菜单

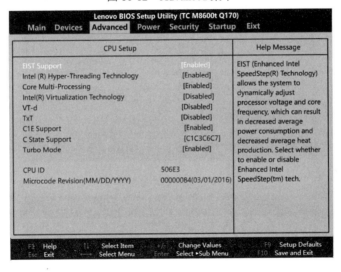

图 10-13　CPU Setup 菜单

（3）Intel(R) Virtualization Technology。使用 Intel 芯片组主板的硬件虚拟化技术，开启后可以为计算机的虚拟化提供更好的硬件支持，如果系统中没有使用虚拟机软件，一般设置为 Disabled。该技术是否开启，不会影响计算机的整体性能。

（4）C1E Support。C1E（C1E Enhanced Halt State）通过调节倍频来逐级地降低处理器的主频，同时还可以降低电压。EIST Support 提供了更多的 CPU 频率和电压调节级别，因此可以比 C1E 更加精确地调节处理器的状态。

（5）Turbo Mode（加速模式）。Turbo Mode 是基于 Nehalem 架构的电源管理技术，通过分析当前 CPU 的负载情况，智能地完全关闭一些用不上的内核，把资源留给正在使用的核心，并使它们运行在更高的频率上，进一步提升性能；相反，当需要多个内核时，动态开启相应的内核，智能调整频率。

4. Power 菜单

Power 菜单主要用于配置与电源相关的参数，如图 10-14 所示。

"After Power Loss"，表示电源被断开后，下次开机恢复到什么状态，有以下几个选项。

（1）Power Off，电源断电后再次通电时，需要手动按电源开机。

（2）Power On，电源断电后再次通电时，直接开机。

（3）Last State，保持断电前的状态。

"Automatic Power On"用于提供对自动唤醒的相关配置，如图 10-15 所示。

（1）Wake on LAN，网卡唤醒。

（2）Wake from PCI Modem，PCI 调制解调器唤醒。

（3）Wake from Serial Port Ring，串口 Ring 唤醒。

（4）Wake from PCI Device，PCI 设备唤醒。

（5）Wake Up On Alarm，时钟唤醒，可以具体到日期、星期、时间。

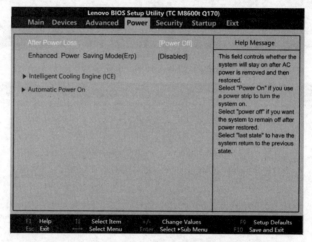

图 10-14　Power 菜单

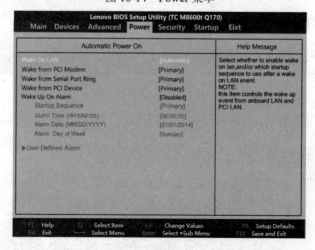

图 10-15　Automatic Power On 设置界面

5. Security 菜单

Security 菜单主要用于配置所有与安全相关的参数，如图 10-16 所示。

对于计算机个人信息安全的管理，一般可以通过设置 BIOS 管理员密码、硬盘密码和操作系统密码来实现。

（1）Set Administrator Password，设置管理员密码。

（2）Set Power-On Password，设置开机密码。

（3）Require Admin. Pass. when Flashing，刷新 BIOS 时是否需要输入管理员密码。

（4）Require POP on Restart，重启系统时是否需要输入开机密码。

（5）Require Admin. Pass. for F12 Boot，开机通过【F12】键选择启动设备时是否需要输入管理员密码。

（6）Hard Disk Password，设置硬盘密码。

（7）Secure Boot，安全启动。

虽然通过设置这些密码，可以提高系统的安全性，但这些密码也存在被破解的风险。

（1）BIOS 管理员密码、开机密码，这两种密码的加密信息存放在主板上的 CMOS 芯片中，通过对 CMOS 电池放电，可以将密码破解。

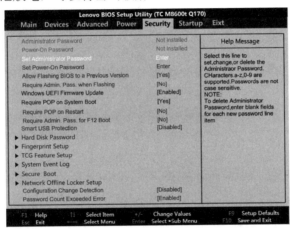

图 10-16　Security 菜单

（2）硬盘密码，是专门针对硬盘数据的保护而设置的，密码被设定后其加密信息会分成两部分，一部分储存于主板 CMOS 芯片中，另一部分会储存在硬盘上，这样就防止了别人把硬盘卸下来挂到别的机器上偷取资料。这种密码被破解的成功率不高，所以设置这种密码的时候一定要小心，要防止忘记密码，从而给自己造成损失。

（3）Secure Boot 是 UEFI 的一个子规则，微软规定，所有预装 Windows 8、Windows 10 操作系统的厂商（即 OEM 厂商）都必须打开 Secure Boot（在主板里面内置 Windows 8、Windows 10 的公钥）。因此预装 Windows 8、Windows 10 操作系统的计算机，一旦关闭这个功能，将导致无法进入系统。

6. Startup 菜单

Startup 菜单主要用于配置计算机启动方式及启动顺序的相关参数，如图 10-17 所示。

（1）"Primary Boot Sequence" 菜单可以对启动设备的顺序进行设置，如图 10-18 所示。

（2）CSM（Compatibility Support Module）兼容模块，该选项专为兼容只能在传统（Legacy）模式下工作的设备及不支持或不能完全支持 UEFI 的操作系统而设置。因此，安装 Windows 7 系统还需要把 CSM 设置为 Enabled，表示支持 Legacy 引导方式。

（3）Boot Mode 启动方式有 Auto、UEFI Only、Legacy Only，如图 10-19 所示。

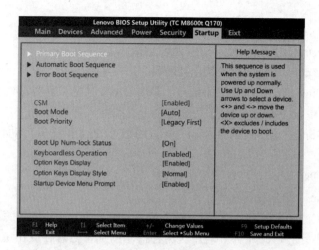

图 10-17　Startup 菜单

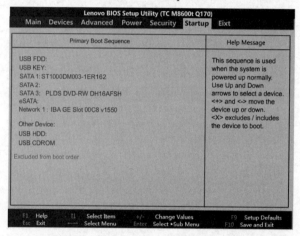

图 10-18　Primary Boot Sequence 菜单

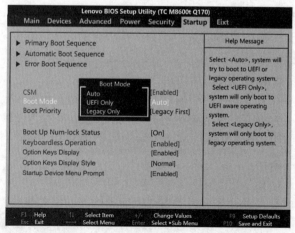

图 10-19　Boot Mode 启动方式

7. Exit 菜单

Exit 菜单主要用于保存配置好的 BIOS 参数，以及恢复系统默认优化设置，如图 10-20 所示。

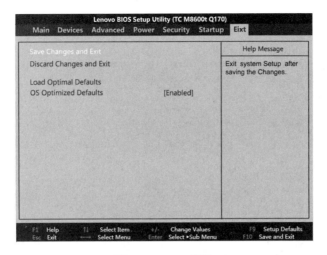

图 10-20　Exit 菜单

10.5.4　UEFI 参数设置

下面以华硕 P8Z68-V Pro 主板为例，介绍 UEFI 参数的设置方法。

开机后根据提示按【F2】键进入 UEFI BIOS 设置界面，如图 10-21 所示。

图 10-21　UEFI BIOS 设置界面

（1）设置启动顺序。在"启动顺序"项目栏里，可以直接通过拖曳鼠标来设置硬盘的启动顺序，如图 10-22 所示。

图 10-22　设置启动顺序

（2）单击"退出/高级模式"选项，依次单击"高级模式"→"Ai Tweaker"，可以对 CPU 进行相关的超频设置，如图 10-23 所示。

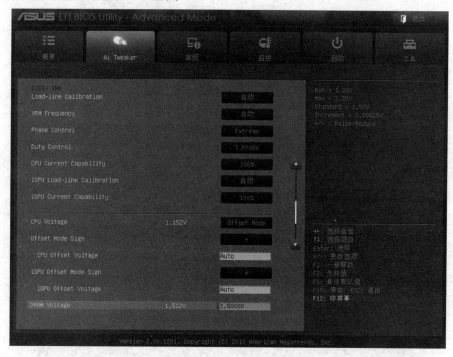

图 10-23 CPU 超频设置

（3）在"高级"选项菜单中，可以对处理器、主板的南北桥芯片组、SATA、USB、内置设备、高级电源管理进行相关的设置，如图 10-24 所示。

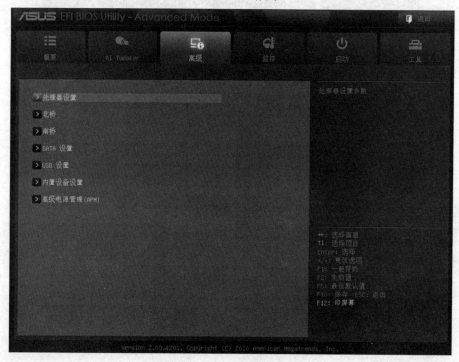

图 10-24 "高级"选项菜单

（4）显卡切换需要设置"北桥"芯片组，在"初始化显卡"项中进行选择。IGD 指内置图形显示，即主板集成显卡。PCIE 指 PCI Express 图形显卡，即独立显卡，如图 10-25 所示。

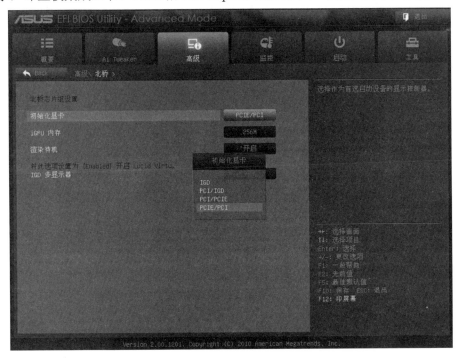

图 10-25　设置显卡切换

（5）在"SATA 设置"中，可以设置 SATA 的模式（IDE、AHCI、RAID）及是否开启热插拔功能，如图 10-26 所示。

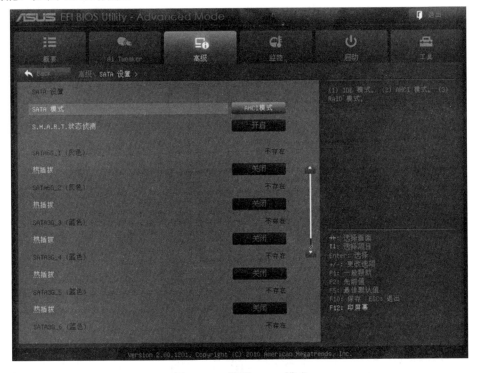

图 10-26　设置 SATA 模式

（6）在"监控"选项菜单中，可以查看 CPU 温度、CPU 风扇转速、CPU 风扇最低转速报警、机箱风扇控制等，如图 10-27 所示。

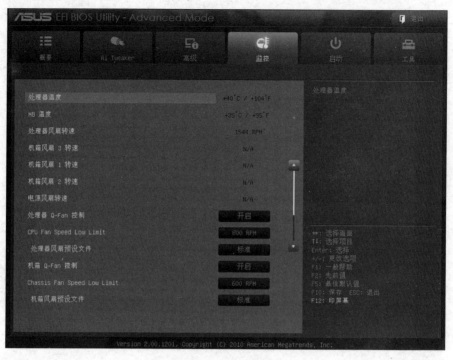

图 10-27 "监控"选项菜单

（7）在"启动"选项菜单中，可以对启动项进行更加详尽的设置，其中包括开机画面设置、启动选项属性及启动设备选择，如图 10-28 所示。

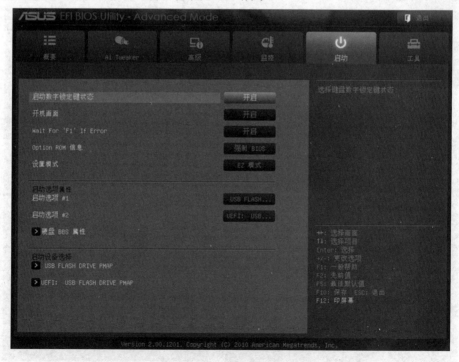

图 10-28 "启动"选项菜单

（8）"工具"选项菜单主要提供了 BIOS 升级功能，O.C. Profile 选项主要提供 BIOS 存储、加载功能，如图 10-29 所示。

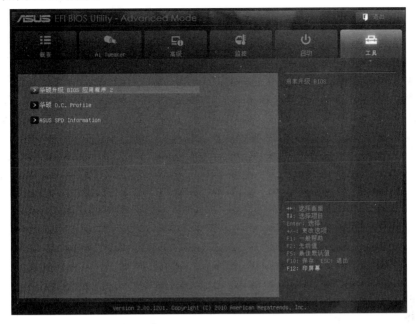

图 10-29　"工具"选项菜单

10.5.5　清除 BIOS 参数的方法

在具体进行 BIOS 参数清除操作时，可以根据不同的情况进行，具体有以下几种方法。

1. 跳线清除法

在主板上，有一组单独的 2 针或 3 针跳线，用来清除 CMOS RAM 中的内容。该组跳线一般标注为 CLR_CMOS，清除 CMOS RAM 中保存的参数时，用 1 个跳线帽将该组跳线短接，或者使用螺丝刀之类的金属物同时触碰跳线针脚数秒钟，操作时注意将主机断电，如图 10-30 所示。

图 10-30　CLR_CMOS 跳线

2．短路放电法

将 CMOS 供电电路的正负极短接，方法为：取下主板电池，用螺丝刀或电池外壳短接电池座正负极 2～3min 即可。

3．用 DEBUG 命令法

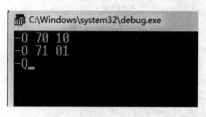

图 10-31　Debug 输入

调用 DEBUG 往 CMOS RAM 中先写入一段数据，破坏加电自检程序对 CMOS 中原配置所做的累加和测试，使原口令失效；然后进入 CMOS 进行参数的设置。方法为：进入操作系统，同时按下键盘上的【WIN】键与【R】键，在弹出的"运行"对话框中，输入"debug"，在弹出的对话框中分别输入-O 70 10，-O 71 01，-Q，如图 10-31 所示。针对不同厂商的主板，还可以尝试以下组合，"-O 70 11，-O 71 FF，-Q""-O 70 21，-O 71 20，-Q""-O 70 16，-O 71 16，-Q"等。

10.5.6　BIOS 程序升级

主板 BIOS 芯片一般用 FLASH ROM（闪存）来存放固件程序，由于 FLASH ROM 是一种 EEPROM（电可擦除可编程只读存储器）集成电路，因此，在一定的条件下可以对 FLASH ROM 芯片中的固件程序进行升级重写，这个过程就是刷新 BIOS。

1．刷新 BIOS 的原因

刷新 BIOS 已经成为计算机爱好者的一种时尚，到底为什么要刷新 BIOS？哪些情况需要刷新 BIOS？

（1）获取新功能。随着计算机软、硬件的发展，不断有新的技术涌现，主板厂商为了改善主板的性能，会不断地更新主板的 BIOS 程序，以支持新功能。通过刷新 BIOS 达到增加新功能的目的，如增加一些新的可调节的频率与电压之类的选项等，或者是进行美化改造开机的 Logo 等。

（2）消除旧 BIOS 的 Bug。主板 BIOS 存在 Bug，可能影响到计算机的正常运行，主板厂商会在更新的 BIOS 中对旧版的 Bug 进行修复，因此可以通过刷新 BIOS 到新版本以解决 Bug 问题。

（3）BIOS 损坏。当病毒或其他原因造成 BIOS 程序损坏，不能启动计算机时，可用编程器重刷 BIOS，达到修复的目的。

2．刷 BIOS 需要注意的问题

升级 BIOS 并不复杂，但升级过程中一定要注意以下几点。

（1）刷新程序的运行环境。主流厂商的 BIOS 刷新，一般都采用 Windows 环境或直接在 BIOS 环境中进行。

（2）要用与主板相符的 BIOS 升级文件。理论上芯片组一样的主板，所使用的 BIOS 升级文件可以通用，但是芯片组一样，其扩展槽等一些附加功能可能不同，所以可能产生一些不可预知的错误，因此应尽可能用原厂提供的 BIOS 升级文件。

（3）BIOS 刷新程序要匹配。升级 BIOS 需要 BIOS 刷新程序和 BIOS 的最新程序文件。原厂的 BIOS 程序升级文件和刷新程序是配套的，所以最好一起下载。下面是不同厂商 BIOS 的刷新程序：Awdflash.exe（Award BIOS）、Amiflash.exe（AMI BIOS）、Phflash.exe（Phoenix BIOS）。另外，不同厂商的 BIOS 文件，其文件的扩展名也不同，Award BIOS 的文件名一般为*.BIN，AMI BIOS 的文件名一般为*.ROM。

（4）升级前一定要做备份，如果升级不成功，还可以恢复到之前的版本。

（5）刷新过程中不允许停电或半途退出，所以如果有条件，尽可能使用 UPS 电源，以防不测。

（6）升级后有的软件可能不能运行，需要重装软件。因为有的软件与 BIOS 的参数密切相关，升级后软件没有及时改变这些参数，会导致软件不能正常运行。

（7）升级后 BIOS 参数需要重新设定。由于升级后原来的参数已完全更改，例如，开机密码、启动顺序等，因此，参数都需要重新设置。

（8）BIOS 升级文件的版本与当前版本之间不能跨度太大，否则容易升级失败。

3．BIOS 升级的方法与步骤

下面以 HP EliteDesk 800 G2 为例，讲述升级 BIOS 的两种方法。

（1）Windows 环境。首先到 HP 官网下载 HP EliteDesk 800 G2 所对应的 BIOS 升级程序，如图 10-32 所示。这里需要根据 Windows 操作系统的版本来选择相对应的 BIOS 升级程序。

图 10-32　HP EliteDesk 800 G2 BIOS 升级程序

安装完成后，出现 BIOS 升级程序主界面，如图 10-33 所示。

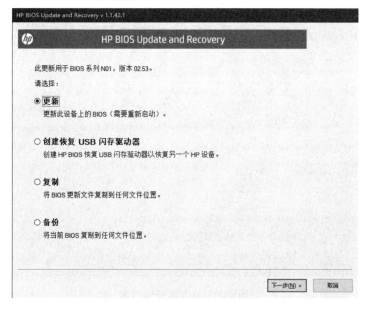

图 10-33　BIOS 升级程序主界面

选择"更新"项，单击"下一步"按钮，系统将自动下载适合的 BIOS 更新文件，单击"重新启动"按钮，如图 10-34 所示。

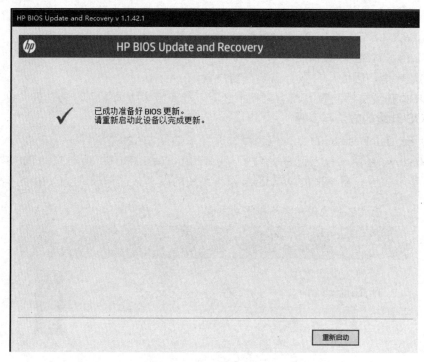

图 10-34　BIOS 升级程序重新启动界面

重新启动后，将自动完成 BIOS 升级过程，如图 10-35 所示。

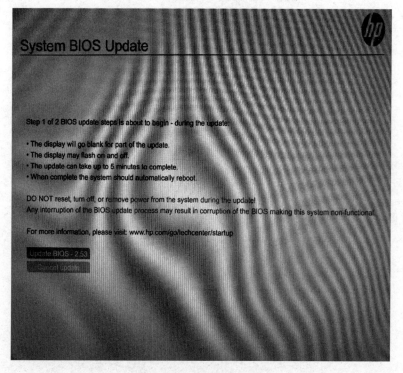

图 10-35　BIOS 升级界面

（2）BIOS 环境。在图 10-33 所示 BIOS 升级程序主界面中，选择"创建恢复 USB 闪存驱动器"，程序将格式化 U 盘，并下载、复制 BIOS 更新文件到 U 盘中，如图 10-36 所示。

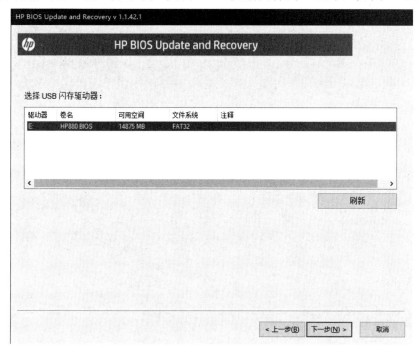

图 10-36　创建恢复 USB 闪存驱动器界面

创建完成后，重新启动，按【F10】键进入 BIOS，选择"Update System BIOS"，如图 10-37 所示。

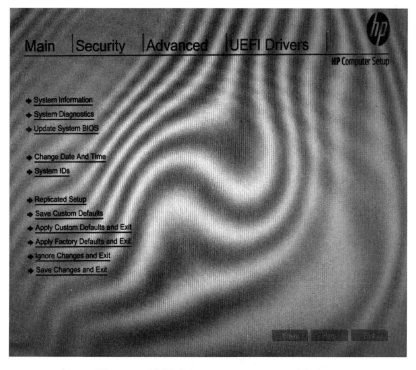

图 10-37　选择"Update System BIOS"界面

选择"Update BIOS Using Local Media",系统将自动读取 U 盘中的 BIOS 更新文件,并开始更新过程,如图 10-38 所示。

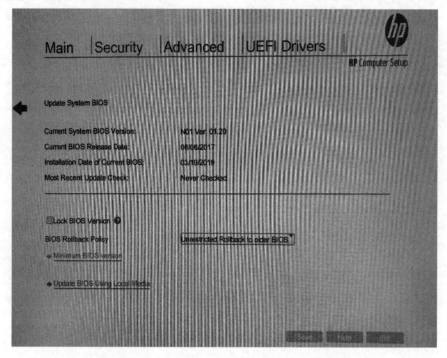

图 10-38　选择"Update BIOS Using Local Media"

实验 10

1. 实验项目

(1) BIOS 参数的设置。

(2) BIOS 程序升级。

2. 实验目的

(1) 了解 BIOS 设置程序各菜单的功能,掌握设置开机密码及启动顺序的方法。

(2) 掌握 BIOS 刷新程序和 BIOS 文件的下载方法,了解 BIOS 刷新程序的操作菜单及含义,掌握 BIOS 升级的步骤和方法。

3. 实验准备及要求

(1) 每人或 2 人一组配备能上互联网的计算机,U 盘一个,准备记录的笔和纸。

(2) 实验时每个同学独立操作,并做好记录。

(3) 实验前教师要先做示范操作,讲解操作要领与注意事项,学生要在教师的指导下独立完成。

4. 实验步骤

(1) 启动计算机,观察 POST 时的屏幕提示,按下相应的功能键进入 BIOS 设置菜单。如果开机或进入 BIOS 有密码,则先对 CMOS 放电,再重启计算机进入 BIOS 设置菜单。

(2) 观察各主菜单及子菜单条,熟悉其含义及设置方法。

(3) 把开机密码设置成学号,开机顺序设置光驱为第一启动盘。

(4) 在 Windows 环境下对 BIOS 进行更新,并创建 BIOS 更新 U 盘。

(5) 在 BIOS 环境下,使用 U 盘,对 BIOS 进行刷新。

5．实验报告

（1）记录 BIOS 设置程序主菜单、子菜单及作用。

（2）记录设置开机密码和光驱为第一启动盘的设置步骤。

（3）记录 BIOS 芯片的型号及更新文件的名称。

（4）记录升级 BIOS 的步骤。

习题 10

1．填空题

（1）上电自检是对系统几乎所有的_____进行检测。

（2）"CMOS Battery Failed" 的含义是_____。

（3）BIOS 芯片一般为_____芯片。

（4）UEFI 全称 "_____"，它是 Intel 公司为全新类型的固件体系结构、接口和服务提出的一种详细描述类型接口的建议性标准。

（5）BIOS 设置中通过 "_____"，可以恢复系统默认优化设置。

（6）AHCI 全称 "_____"，是在 Intel 的指导下，由多家公司联合研发的接口标准，它允许存储驱动程序启用高级串行 ATA 功能。

（7）所有预装 Windows 8 操作系统的厂商（OEM 厂商）都必须_____Secure Boot 功能。

（8）主板 BIOS 存在 Bug，可以通过_____来解决。

（9）写入 BIOS 的过程中不允许_____或半途_____。

（10）升级 BIOS 时，必须事先准备好_____和_____。

2．选择题

（1）BIOS 的主要功能不包括（　　　）。

A．自检及初始化　　　　B．程序服务处理　　　　C．硬件中断处理　　　　D．软件中断处理

（2）POST Code 写入（　　　）（地址）诊断端口。

A．80H　　　　　　　　B．70H　　　　　　　　C．90H　　　　　　　　D．80F

（3）（　　　）是一种新的主板引导初始化标准，是 BIOS 的替代者。

A．UEFI　　　　　　　B．UFEI　　　　　　　C．IEUF　　　　　　　D．EFUI

（4）下面（　　　）不属于 BIOS 引导流程。

A．BIOS 初始化　　　　B．UEFI 初始化　　　　B．BIOS 自检　　　　D．引导操作系统

（5）主流厂商 BIOS 升级都是在（　　　）环境下进行的。

A．Windows　　　　　　B．UNIX　　　　　　　C．Mac OS　　　　　　D．Linux

（6）Hard Disk Install Failure 的可能原因有（　　　）。

A．硬盘坏　　　　　　　B．硬盘没接好　　　　　C．硬盘接线坏　　　　　D．硬盘没有格式化

（7）在 BIOS 系统摘要信息中一般包括（　　　）。

A．时间信息　　　　　　B．设备启动顺序　　　　C．硬盘信息　　　　　　D．SATA 工作模式

（8）"Configure SATA as" 选项用来配置 SATA 的工作模式，下面（　　　）是 SATA 的工作模式。

A．IDE　　　　　　　　B．RAID　　　　　　　C．AHCI　　　　　　　D．SATA

（9）设置 BIOS 管理员密码，可以通过（　　　）命令。

A．Set Administrator Password　　　　　　　　B．Set Power-On Password

C．Set User Password　　　　　　　　　　　　D．Require POP on Restart

（10）BIOS 升级的方法有（　　　）。

A. 在 DOS 下用 BIOS 刷新程序升级　　　　　B. 在 Windows 下用 BIOS 刷新程序升级

C. 在 CMOS 设置中升级 BIOS　　　　　　　　D. 用编程器对 BIOS 进行重写

3．判断题

（1）BIOS 是一种新的主板引导初始化标准，是 UEFI 的替代者。（　　　）

（2）UEFI 引导比传统 BIOS 引导更快。（　　　）

（3）BIOS 中设备的启动顺序是不能调整的。（　　　）

（4）计算机开机密码可以用 DEBUG 命令清除。（　　　）

（5）BIOS 存储在 ROM 中，所以不能进行升级。（　　　）

4．简答题

（1）简述计算机的 POST 过程。

（2）简述传统 BIOS 引导流程。

（3）简述 UEFI 相对于传统 BIOS 有何优点。

（4）清除 BIOS 参数的方法有哪些？

（5）为什么要进行 BIOS 升级？如何进行 BIOS 升级？

第 11 章

硬盘分区与格式化及操作系统安装

硬盘是计算机主要的存储设备，在使用硬盘之前，需要对其进行分区和格式化，然后才能使用它保存各种信息。操作系统是管理计算机硬件与软件资源的计算机程序，它需要管理与配置内存、决定占用系统资源的优先次序、控制 I/O 设备、网络配置及管理文件系统。同时，操作系统还为用户提供一个可供交互的操作界面。本章将讲述硬盘分区与格式化的概念、如何制作 PE 启动 U 盘、如何使用主流工具对硬盘进行分区及 Windows 11 系统的安装。

11.1 硬盘分区与格式化

硬盘只有通过分区和高级格式化以后才能用于软件安装与信息存储，将硬盘进行合理的分区，不仅可以方便、高效地对文件进行管理，还可以有效地利用磁盘空间、提高系统运行效率。在安装多个操作系统时，也需要将不同的操作系统安装在不同的分区中，以满足不同功能和用户的需要。

11.1.1 硬盘分区

硬盘分区指将硬盘的整体存储空间划分成多个独立的区域。划分出来的每一个区域都称作一个分区。

在建立分区之前，必须区分"物理磁盘（Physical Disk）"和"逻辑磁盘（Logical Disk）"这两个概念。"物理磁盘"就是用户购买的磁盘实体（硬盘），"逻辑磁盘"则是经过分区所建立的磁盘区。例如，用户在一个硬盘上建立了 3 个分区，每一个分区就是一个逻辑磁盘，用户的硬盘上就存在了 3 个逻辑磁盘。

硬盘分区的类型一般有 3 种：主分区、扩展分区、逻辑分区。主分区通常设置为活动分区，用于安装操作系统，扩展分区本身不能直接用来存储数据，逻辑分区是扩展分区进一步分割出来的区块，通常用来存储数据。简单地说，除主分区外，剩下的所有区域都属于扩展分区，而逻辑分区是对扩展分区的细分，所有的逻辑分区都是扩展分区的一部分。

一个硬盘可以有多个主分区，但是只能有一个扩展分区，或者没有扩展分区。

11.1.2 分区模式

划分分区时需要确定分区所使用的模式，现阶段有两种分区模式，分别是传统的 MBR 分区模式和最新的 GPT 分区模式。

1. MBR 分区模式

MBR，全文为 Master Boot Record，译为主引导记录。在传统硬盘分区模式中，引导扇区是设备的第一个扇区，用于加载并转交处理器控制权给操作系统。而主引导扇区是硬盘的 0 柱面 0 磁头 1 扇区。它由三个部分组成：MBR、DPT（Disk Partition Table，硬盘分区表）和硬盘有效标志。在总共 512 个字节的主引导扇区里，MBR 占 446 字节，DPT 占 64 字节，硬盘中分区的数量及每一个分区的大小都记录在 DPT 中。硬盘有效标志占 2 字节,固定为 55AA。

硬盘主引导记录 MBR 由 4 部分组成。

（1）主引导程序，偏移地址 0000H～0088H，它负责从活动分区中装载并运行系统引导程序。

（2）出错信息数据区，偏移地址 0089H～00E1H 为出错信息，00E2H～01BDH 全为 0。

（3）分区表有 4 个分区项，偏移地址 01BEH～01FDH，每个分区表项长 16 字节，共 64 字节（包括分区项 1、分区项 2、分区项 3、分区项 4）。

（4）结束标志，偏移地址 01FE～01FF 的 2 字节值为结束标志 0×55AA，如果该标志错误，将导致硬盘故障，系统不能启动。

MBR 分区模式最大只能支持 2TB 容量的硬盘及 4 个主分区，因此其在容量和可扩展性方面存在着极大的瓶颈，MBR 分区模式将会逐渐被 GPT 分区模式取代。

2．GPT 分区模式

GPT（GUID Partition Table，全局唯一标识磁盘分区表）是一种基于计算机的可扩展固件接口（EFI）使用的硬盘分区模式。GPT 是一种全新的硬盘分区模式，与 MBR 分区模式相比，其自身更稳定，自纠错能力更强。GPT 通常与 UEFI 配合使用，GTP 取代 MBR，UEFI 取代传统 BIOS。

GPT 分区模式中没有主分区与扩展分区的概念，所有的分区都是一样的，支持无限个数量的分区，支持大于 2TB 的硬盘总容量及大于 2TB 的分区，对于 Windows、Linux 系统最多支持 128 个 GPT 分区。

GPT 的分区信息存放在每个分区中，而不像 MBR 只保存在主引导扇区，GPT 在主引导扇区建立了一个 PMBR（Protective MBR，保护分区），这种分区的类型标识为 0xEE，用来防止不支持 GPT 的磁盘管理工具错误识别并破坏硬盘中的数据，这个保护分区的大小在 Windows 下为 128MB，在 Mac OS X 下为 200MB。MBR 类磁盘管理软件会把 GPT 分区识别为一个未知格式的分区，而不是错误地识别为一个未分区的磁盘。为了保护分区表，GPT 的分区信息在每个分区的头部和尾部各保存了一份，分区表丢失以后可以进行恢复。

基于 x86/64 的 Windows 系统要想从 GPT 磁盘启动，主板的芯片组必须支持 UEFI（这是强制性的，但是如果仅把 GPT 格式的硬盘用作数据盘，则无此限制）。例如，Windows 8/10 支持从 UEFI 引导的 GPT 分区上启动，预装 Windows 10 系统的计算机也逐渐采用了 GPT 分区模式。

11.1.3 文件系统

文件系统是与命名文件、存放文件相关的逻辑存储与恢复系统。文件系统指定命名文件的规则，这些规则包括文件名的字符数的最大值、哪种字符可以使用，以及文件名后缀长度等。文件系统还包括通过目录结构找到文件的指定路径的格式。系统分区所使用的文件系统取决于安装的操作系统。常见的操作系统能够识别的文件系统如下。

（1）Windows 7、Windows 10、Windows 11：FAT16、FAT32、NTFS、ExFat。

（2）Linux、Ubuntu、Fedora、麒麟、Red Hat：Ext2、Ext3、Ext4、ReiserFS。

（3）MacOS：ExFat、HFS+、NTFS（只读）。

FAT32 指文件分配表采用 32 位二进制数记录管理的文件管理方式,它是由 FAT16 发展而来的，优点是稳定性和兼容性好，缺点是安全性差，最大只能支持 128GB 分区且单个文件最大只能支持 4GB。

NTFS 是一种基于安全性的文件系统，它建立在保护文件和目录数据的基础上，同时能够节省存储资源。NTFS 文件系统格式具有极高的安全性和稳定性，在使用中不易产生文件碎片，它能对用户的操作进行记录，通过对用户权限进行非常严格的限制，使每个用户只能按照系统赋予的权限进行操作，充分保护系统与数据的安全。NTFS 可以支持的 MBR 分区最大可达 2TB，而对于 GPT 分区则没有限制。

Ext4 是一种日志式文件系统，向下兼容 Ext3，最大支持 1EB（1024×1024TB）容量、单个文件最大 16TB，支持连续写入，以减少文件碎片。

ReiserFS 是一种新型的日志式文件系统，它通过完全平衡树结构存储数据，具有卓越的文件搜索性能，还支持海量的磁盘和磁盘阵列。

HFS+是目前 MacOS 中默认的文件系统，它改善了 HFS 对磁盘空间地址定位效率低下的问题，并全面支持日志功能，以提高数据的可靠性。

11.1.4 格式化

格式化是对磁盘或磁盘中的分区进行初始化的一种操作。格式化后，磁盘或磁盘分区中的所有文件被清除。格式化分为低级格式化和高级格式化。

低级格式化是将空白的磁盘划分出柱面和磁道，再将磁道划分为若干扇区，每个扇区又划分出标识部分、间隔区和数据区等。低级格式化只能针对一整块磁盘而不能支持单独的某一个分区。每一块硬盘在出厂前，已经由硬盘生产厂商进行了低级格式化。低级格式化是一种损耗性操作，其对硬盘寿命会有一定的负面影响，所以只有当硬盘出现大量"坏道"时，才通过低级格式化重新划分扇区，并对已损坏的磁道和扇区做标记。

高级格式化主要是对硬盘的各分区进行磁道的格式化，它从逻辑分区指定的柱面开始，对扇区进行逻辑编号，建立逻辑分区的引导记录（DBR）、文件分配表（FAT）、文件目录表（FDT）及数据区。所以对硬盘进行分区，只有格式化后分区才能正常使用。

11.1.5 分区方法

硬盘分区前，需要结合 BIOS 的类型，选择硬盘的分区模式。传统 BIOS 使用 MBR 分区模式，UEFI 选择 GPT 分区模式。

1. 传统 BIOS+MBR+Windows

在 MBR 分区模式下，硬盘可划分为主分区和扩展分区，如图 11-1 所示。

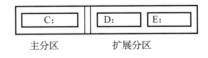

图 11-1　Windows 的硬盘分区布局

对硬盘分区时必须注意以下几个问题。

（1）硬盘上建立的第一个分区只能是主分区。

（2）一个硬盘最多可以分 4 个主分区，扩展分区相当于一个主分区，图 11-1 中展示的硬盘分区相当于分了两个主分区。扩展分区中还可以划分 23 个逻辑分区，对应盘符为 D～Z。

（3）主分区都可以作为活动分区，但同时有且只有一个主分区能被激活为活动分区。安装 Windows 操作系统时，一般将 C 盘作为活动分区。

（4）不同的分区可以安装不同的操作系统，分区可以起到相互间隔的作用，如图 11-2 所示为在硬盘上安装三个操作系统的布局。

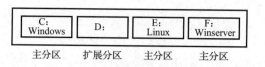

| C:
Windows | D: | E:
Linux | F:
Winserver |

主分区 　　　扩展分区 　　　主分区 　　　主分区

图 11-2 　硬盘的多系统布局

2. 传统 BIOS+MBR+Linux

在 Linux 操作系统下，分区类型与数目与在 Windows 操作系统中一致。在 Windows 操作系统下先建立分区，再建立目录，所有路径都从盘符开始，例如，"C:\Windows"，但 Linux 操作系统是以树状结构显示的文件系统，顶级目录是根（"/"），其他分区只能通过在根分区下建立文件夹来访问，例如，"/home"相当于 Windows 中的"我的文档"。Linux 默认需要分 3 个分区，分别是 Boot 分区（系统引导分区，200MB）、Swap 分区（交换分区，不超过内存容量的 2 倍）和根分区。

3. UEFI+GPT+Windows

由于 MBR 分区表模式最大只支持 2TB 的硬盘空间，针对大于 2TB 的硬盘，则需要使用 GPT 分区模式。使用 GPT 格式分区安装操作系统，所需要的 Windows 系统至少是 Windows 7 x64 位，并且主板支持 UEFI 启动模式。GPT 格式分区最少要分 3 个区，分别是 EFI 系统保护区（默认隐藏不加载）、MSR 微软保留分区和系统数据分区，这里介绍前两个。

（1）EFI 系统保护分区（ESP）。EFI 系统保护分区是一个 FAT32 格式的物理分区，UEFI 固件从 ESP 分区加载 UEFI 启动程序或者应用，因此它是与操作系统分开的独立分区，实际上是系统启动的引导分区，存放相关的启动引导文件。UEFI 规范强制要求 ESP 分区必须存在。

（2）MSR 微软保留分区。MSR（Microsoft Reserved Partition）使用 GPT 分区表，必须分区。其全局唯一标识符（GUID）为 E3C 微软保留分区 9E316-0B5C-4DB8-817D-F92DF00215AE。这个分区只适用于使用 GPT 分区表的存储器，而不适用于使用传统的主引导记录分区表的存储器。根据微软的文档，这个分区的用途目前是保留的，暂时不会保存有用的数据，未来可能用作某些特殊用途。MSR 会自动创建并且不能删除，其位置必须在 EFI 系统分区和所有 OEM 服务分区之后，但是紧接在第一个数据分区之前。对于不大于 16GB 的存储器，微软保留分区的初始大小为 32MB；在更大的存储器上，其初始大小为 128MB。

如图 11-3 所示，使用 Windows 10 的安装程序进行分区时，系统会自动分出 ESP 系统保护分区与 MSR。

11.1.6　U 盘 WinPE 启动盘的制作

WinPE（Windows Preinstall Environment，Windows 预安装环境）是一个用于 Windows 安装准备的最小操作系统。利用 U 盘 WinPE 启动盘，可以在操作系统无法启动时，进行磁盘引导修复、硬盘分区、克隆系统、硬盘检测、数据备份等操作。

现阶段 U 盘 WinPE 启动盘制作工具有很多，下面以老毛桃 WinPE 制作工具为例，介绍如何制作 U 盘 WinPE 启动盘。

1. 前期准备

（1）一个 4GB 以上的 U 盘，备份出 U 盘中的文件，制作过程中会格式化 U 盘。

（2）到老毛桃官网"https://www.laomaotao.net"下载老毛桃 WinPE 制作工具，解压后可直接运行"LaoMaoTao.exe"，启动 U 盘 WinPE 启动盘制作工具。

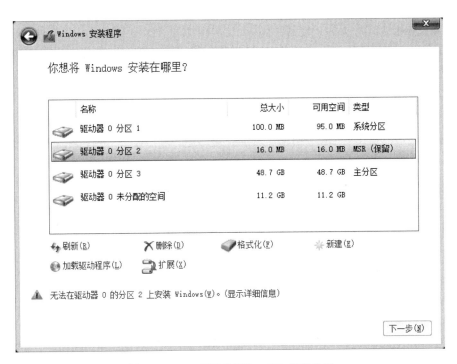

图 11-3　ESP 系统分区与 MSR 保留分区

2. 制作过程

（1）插入 U 盘，启动 U 盘 WinPE 启动盘制作工具，其主界面如图 11-4 所示。

图 11-4　U 盘 WinPE 启动盘制作工具主界面

（2）在"普通模式"页面，选择 U 盘，设置模式为"USB-HDD"，格式为"NTFS"，单击"一键制作成 USB 启动盘"，整个制作过程系统将自动完成。制作完成后 U 盘能够同时支持传统 BIOS 启动与 UEFI 启动。

（3）单击"模拟启动"按钮，选择相应的启动方式，测试 U 盘能否正常启动。正常启动后，如图 11-5 所示，显示 PE 菜单选择界面。

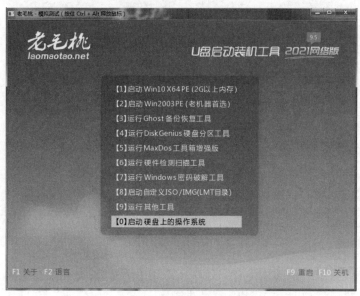

图 11-5　PE 菜单选择界面

3. WinPE 启动 U 盘的使用

在 BIOS 中设置开机启动顺序，将 U 盘设置为第一位，U 盘启动后，在图 11-5 所示界面中，选择第一项"启动 Win10X64PE（2G 以上内存）"，记载文件后，系统进入 Win10 PE 环境，如图 11-6 所示。

图 11-6　WinPE 系统界面

老毛桃 WinPE 中内置许多计算机系统维护工具，包括 Bootice 引导扇区修复管理工具、Aida64 测试软硬件系统信息工具、DiskGenius 分区管理工具、Windows 密码修改工具、Ghost 分区克隆恢复工具等。

老毛桃 WinPE 集成了大多数网卡驱动，因此其可以提供完善的网络环境，非计算机管理人员可以通过远程协助功能得到专业的远程指导与维护。

11.2　DiskGenius 介绍及使用

DiskGenius 是一款功能强大的硬盘分区管理及硬盘数据恢复软件，其主要功能包含快速分区、无损调整分区大小、MBR/GPT 分区格式转换、备份/还原分区表、文件/分区恢复、扇区编辑、系统/分区备份还原、硬盘坏道检测与修复等。

安装操作系统之前，通常需要根据需求对硬盘进行分区与格式化，虽然 Windows 安装盘自带分区与格式化工具，但功能单一，不能完全满足个性化的分区与格式化需求，例如，针对固态硬盘分区时，由于固态硬盘的页大小为 4KB，而传统分区偏移尺寸为 31.5KB，如果不采用"4K 对齐"的方式，用户的数据都会跨两个页，造成性能下降。"4K 对齐"是一种高级格式化的分区技术，能够提升硬盘工作效率，延长硬盘寿命，提升文件操作的稳定性与安全性。

11.2.1　DiskGenius 常用功能

DiskGenius 的主界面由三部分组成，分别是硬盘分区结构区域、硬盘及分区目录层次区域、分区参数区域，如图 11-7 所示。

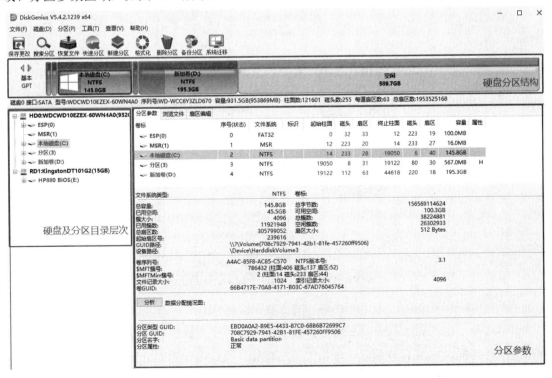

图 11-7　DiskGenius 主界面

硬盘及分区目录层次区域显示分区卷标、盘符、类型、大小。单击选中当前分区，并且能够在不同分区间进行切换。硬盘分区结构图下方显示了当前硬盘的常用参数。单击左侧硬盘及分区目录层次区域中的硬盘图标，可以在不同硬盘间进行切换。

硬盘及分区目录层次区域以树状结构显示当前系统中所有硬盘、分区、文件夹及文件。

分区参数区域显示了所选分区的文件系统类型、容量、扇区数、扇区大小、分区类型、分区属性等详细参数。

为了区分不同类型的分区，DiskGenius 将不同类型的分区用不同的颜色显示。每种类型分区使用的颜色是固定的，如 FAT32 分区用蓝色显示、NTFS 分区用棕色显示等。

DiskGenius 对硬盘或分区的操作都是针对"当前硬盘"或"当前分区"的，所以在操作前首先要选中目标硬盘或分区，使其成为"当前硬盘"或"当前分区"。

11.2.2　创建分区

创建的分区类型有三种，分别是"主磁盘分区""扩展磁盘分区""逻辑分区"。

主分区一般用于安装操作系统。当使用 MBR 分区表模式进行分区时，一个硬盘上最多只能建立 4 个主分区，或 3 个主分区和一个扩展分区；而使用 GPT 分区表模式时，则没有这个限制。

选中需要建立新分区的区域，单击鼠标右键，然后在弹出的快捷菜单中选择"建立新分区"选项，系统弹出"建立新分区"对话框，如图 11-8 所示。根据需要选择分区类型、文件系统类型、输入分区大小，如果使用固态硬盘，就需要勾选"对齐到下列扇区数的整数倍"选项，在下拉菜单中选择"4096 扇区（2097152 字节）"，系统将以"4K 对齐"方式对分区进行格式化。单击"确定"按钮，系统将根据参数设置建立新分区。

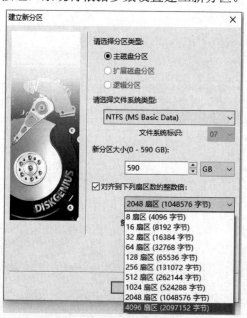

图 11-8　"建立新分区"对话框

新分区建立后，并不会立即生效，还需要单击软件工具栏中的"保存更改"按钮，系统弹出提示对话框，如图 11-9 所示。单击"是"按钮，系统将保存对分区表的更改，并自动根据参数设置格式化新分区。

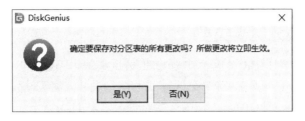

图 11-9 "保存更改"提示对话框

11.2.3 格式化分区

DiskGenius 支持 NTFS、FAT32、exFAT、Ext2、Ext3、Ext4 等文件系统格式,选择需要格式化的分区,单击鼠标右键,在弹出的快捷菜单中选择"格式化当前分区"选项,系统弹出"格式化分区(卷)"对话框,如图 11-10 所示。

图 11-10 "格式化分区(卷)"对话框

勾选"扫描坏扇区",格式化程序会对坏扇区做标记,并将其屏蔽。

对于 NTFS 文件系统,勾选"启用压缩"能够启用 NTFS 文件系统的磁盘压缩特性。

11.2.4 激活分区

活动分区指在 MBR 磁盘上用以启动操作系统的一个主分区,一块硬盘上只能有一个活动分区,对于 GPT 磁盘则没有这样的设置。鼠标右键单击需要激活的分区,在弹出的快捷菜单中选择"激活当前分区",即可将当前分区设置为活动分区,如图 11-11 所示。

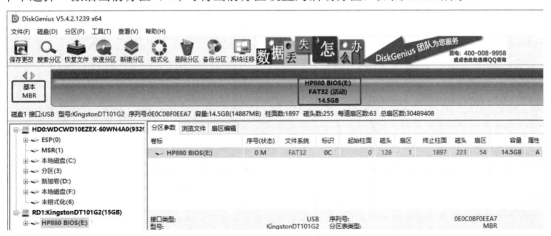

图 11-11 MBR 分区被设置为活动分区

11.2.5 转换分区表类型

DiskGenius 同时支持 MBR 分区模式与 GPT 分区模式，因此可以实现在这两种分区模式之间进行无损转换。对于不支持 GPT 分区模式的操作系统，将无法访问使用 GPT 分区模式的磁盘分区。主流操作系统 GPT & UEFI 支持列表，如表 11-1 所示。

表 11-1 主流操作系统 GPT & UEFI 支持列表

平　台	操 作 系 统	系 统 盘		系统启动	数据盘
		GPT	UEFI	方式	GPT
Windows	Windows XP 32 位	不支持	不支持	1	不支持
	Windows XP 64 位	不支持	不支持	1	支持
	Windows Vista 32 位	不支持	不支持	1	支持
	Windows Vista 64 位	GPT+UEFI		1、2	支持
	Windows 8/8.1 32 位	不支持	支持	1	支持
	Windows 8/8.1 64 位	GPT+UEFI		1、2	支持
	Windows 10 32 位	不支持	支持	1	支持
	Windows 10 64 位	GPT+UEFI		1、2	支持
Linux	RHEL/CentOS 4.X/5.X 64 位	不支持	不支持	1	支持
	RHEL/CentOS 6.X/7.X 64 位	GPT+UEFI		1、2	支持
	Ubuntu 13.04 64 位	GPT+UEFI		1、2	支持
	Fedora 18+ 64 位	GPT+UEFI		1、2	支持
	Debian 8.0+ 64 位	GPT+UEFI		1、2	支持
	FreeBSD 10.1+ 64 位	GPT+UEFI		1、2	支持
Mac	MacOS X 10.6+	GPT+UEFI		2	支持

注：系统启动方式：1. BIOS＋MBR；2. UEFI+GPT。

1. 转换分区表类型为 GPT 格式

转换前硬盘的首尾部必须有转换到 GPT 分区所需的空闲扇区（几十个扇区即可），否则无法转换。选择需要转换的硬盘，单击"磁盘"菜单，选择"转换分区表类型为 GUID 格式"项，如果当前硬盘中存在逻辑分区，所有逻辑分区都将被转换成主分区，同时删除扩展分区。

2. 转换分区表类型为 MBR 格式

该选项用于将分区表类型转换回传统的 MBR 格式。MBR 分区表有一定的限制，主分区数目不能超过 4 个，因此在转换时，如果 GPT 分区数目多于 4 个，软件将首先尝试将后部的分区（从第 4 个分区开始）逐一转换为逻辑分区。如果无法转换到逻辑分区（一般是由于分区前没有转换到逻辑分区的空闲扇区），分区表类型转换将失败。

选择需要转换的硬盘，单击"磁盘"菜单，选择"转换分区表类型为 MBR 格式"项。

如果当前硬盘上有基于 GPT 分区的操作系统，在转换后系统将无法启动。超过 2TB 的部分容量将无法使用。

11.3 认识和安装 Windows 操作系统

Windows 11 是由美国微软公司开发的最新一代操作系统，于 2021 年 6 月 24 日发布，是微软近 6 年来首次推出新的 Windows 操作系统。2021 年 10 月 5 日，微软宣布 Windows 11 全面上市，适用于预装 Windows 11 的新设备和符合条件的 Windows 10 设备升级。Windows 11 提供了许多创新功能，重点在于支持当前的混合办公环境，提高终端用户的工作效率。

11.3.1 Windows 11 的新特性

1. 更为简洁的界面 UI 和全新的贴靠布局

Windows 11 的"开始菜单""搜索""资源管理器""Edge 浏览器"等系统主要应用居中显示在任务栏中。基于云、Microsoft 365 的支持，"'开始'菜单"能展示在各种平台（包括 Android、iOS）、设备上最近浏览的文档。全新的贴靠布局、贴靠群组、虚拟桌面功能，能够进一步强化多任务处理，并整理窗口和优化屏幕空间。

2. Microsoft Teams 快速联系

Windows 11 任务栏原生集成 Teams，无论是 Windows、Android 或 iOS 平台，都可以通过打字、聊天、语音或视频与所有的联系人，在任何地点、任何平台或设备上实时互联。如果联系人没有安装 Teams 应用，则可以通过双向短信的方式进行联系。

3. Widgets 小组件

Windows 11 小组件取代 Windows 10 中的动态磁贴功能，除了资讯与天气，还新增了日历、行程、照片等功能。小组件在扩展性与可交互性方面变得更丰富，不仅可以自由编辑小组件，还增加了更多的互动按钮。

4. 最强游戏体验

Windows 11 引入了 DirectX 12 Ultimate 的高帧率、Direct Storage 直通存储的快速载入和自动 HDR 的高动态范围处理技术，能够实现更为优质的画面及更加迅速的载入速度。Xbox 游戏能通过 Xbox 应用移植到 Windows 11 中，xCloud 也被集成到云游戏中。

5. 全面支持运行 Android 应用

Windows 11 全面支持原生运行安卓应用，用户可以通过微软商店或亚马逊应用商店下载安装安卓应用。Android 应用程序将通过 Intel 桥接技术支持融入 Windows 系统，并与传统的 Windows 应用程序一起运行。

6. 安全性更高

Windows 11 采用新的内置安全技术，增加从芯片到云端的保护。Windows 11 强制要求主板必须支持 TPM 2.0 功能。TPM（Trusted Platform Module，可信平台模块），是一项安全密码处理器的国际标准。TPM 利用经过安全验证的加密密钥为设备提供更强的安全性。Windows 必须借助 TPM 安全芯片才能实现 Windows 设备加密、高级 BitLocker 加密等安全特性。基于 TPM 2.0，微软宣称 Windows 11 是支持零信任环境的操作系统。

11.3.2 Windows 11 的版本

Windows 11 刚发布不久，因此目前只有 Windows 11 家庭版、Windows 11 专业版、Windows 11 专业工作站版、Windows 11 企业版、Windows 11 教育版，其面向对象及功能如表 11-2 所示。

表 11-2　Windows 10 版本及功能

版　本	功　能
Home 家庭版	供家庭用户使用，无法加入 Active Directory 和 Azure AD，不支持远程连接，家庭中文版和单语言版针对 OEM 设备，是家庭版的 2 个分支
Professional 专业版	供小型企业使用，在家庭版的基础上增加了域账号加入、BitLocker 加密、支持远程连接，企业商店等功能
Professional WorkStation 专业工作站版	支持 4 个 CPU 和最多 6TB 内存，支持卓越性能模式、CPU 温度监控、弹性文件系统（ReFS）、高速文件共享（SMB Direct）
Enterprise 企业版	供大中型企业使用，在专业版基础上增加了 DirectAccess、AppLocker 等高级企业功能
Education 教育版	供学校使用，使用对象为学校职员、管理人员、老师和学生，其功能和企业版几乎一样，只针对学校或教育机构授权

11.3.3　Windows 11 的硬件配置要求

Windows 11 的硬件最低配置要求如表 11-3 所示。

表 11-3　Windows 10 硬件配置要求

CPU	内存	存储	显卡	系统固件	TPM	显示器
1GHz 以上 64 位处理器（双核或多核）或片上系统（SoC）	4GB	64GB 或更大的存储设备	支持 Direct X 12 或更高，支持 WDDM 2.0 驱动程序	支持 UEFI 安全启动	TPM 2.0	对角线大于 9 英寸 HD(720P) 显示，每个颜色通道为 8 位

根据最早官方公布的信息显示，Windows 11 只能支持 8 代以上的 Intel 酷睿 CPU，或 2000 系及以上的 AMD 锐龙 CPU，后来微软方面更新过一次 Windows 11 的硬件要求，新增对少数几款高端 7 代酷睿移动版 CPU（7820HK、7920HQ）及 7 代酷睿 X 系列 CPU（7800X、7920X、7980XE 等）的支持。未来的新版 Windows 11 可能会增加对更多老款但性能强劲 CPU 的兼容性。

11.3.4　升级安装 Windows 11

Windows 11 正式版的首个版本号为 Build 22000.194。2021 年 10 月 5 日起，符合条件的 Windows 10 将可以免费升级到 Windows 11。

在微软官网上下载"电脑健康状况检查"应用软件，查看计算机是否能够满足 Windows 11 的最低硬件配置要求，下载地址为："https://www.microsoft.com/zh-cn/windows/windows-11#pchealthcheck"。软件包含以下功能：

（1）登录 Microsoft 账户，同步用户计算机设置。

（2）检查 Windows 更新，保证用户系统更新到最新版本。

（3）检查计算机存储空间。

（4）管理计算机启动运行程序，让用户计算机更加流畅。

（5）针对笔记本电脑，显示电池容量情况。

软件安装完成后，启动程序，如图 11-12 所示。

图 11-12　电脑健康状况检查软件主界面

单击"立即检查",系统将弹出对话框显示本地计算机是否符合 Windows 11 的安装要求,如图 11-13 所示。

图 11-13　Windows 11 安装检查

满足 Windows 11 最低硬件配置要求的计算机,可以通过以下 4 种方法升级或全新安装 Windows 11。

1. 通过更新推送升级 Windows 11

2021 年 10 月 5 日开始,微软会分批次通过 Windows Update 向满足条件的 Windows 10 设备推送 Windows 11 的升级更新包。在 Windows 10 操作系统中,单击"开始"菜单,选择"设置",在弹出的设置页面中,单击左侧菜单栏中的"Windows 更新",在右侧页面中选择"检查更新",如图 11-14 所示。

图 11-14　Windows 更新页面

2. 通过微软官网提供的 Windows 11 安装助手升级

微软官方推荐的一种方式，通过 Windows 11 安装助手升级，需要计算机安装 Windows 10 Build 2004 或更高版本，并拥有激活许可证。可用磁盘空间必须大于 9GB，才能下载 Windows 11。Windows 11 安装助手下载地址为：https://www.microsoft.com/zh-cn/software-download/windows11，如图 11-15 所示。

图 11-15　下载 Windows 11 安装助手

安装并运行 Windows 11 安装助手，符合条件的计算机将出现 Windows 11 安装界面，如图 11-16 所示。

图 11-16　Windows 11 安装界面

3. 通过 Windows 11 安装媒体工具制作 Windows 11 安装启动 U 盘或光盘

微软官网提供 Windows 11 安装媒体制作工具，可以制作带 Windows 11 安装文件的可引导 U 盘或 DVD，下载地址为："https://www.microsoft.com/zh-cn/software-download/windows11"，如图 11-17 所示。

创建 Windows 11 安装

如果要在新电脑或旧电脑上重新安装 Windows 11 或执行全新安装，请使用此选项下载创建工具，以制作可引导的 USB 或 DVD。

⊕ 开始之前

立即下载

图 11-17 下载 Windows 11 安装媒体制作工具

安装并运行 Windows 11 安装媒体制作工具，接受微软软件许可条款，然后选择语言与版本，再选择要使用的介质，如图 11-18 所示。

🔲 Windows 11 安装　　　　　　　　　　　　　　　—　□　✕

选择要使用的介质

如果要在另一个分区上安装 Windows 11，则需要创建该媒体，然后运行它以进行安装。

◉ U 盘
大小至少为 8 GB。

○ ISO 文件
稍后，你需要将 ISO 文件刻录到 DVD。

▓ Microsoft　　支持　　法律　　　　　　　　上一步(B)　　下一页(N)

图 11-18 选择 U 盘为使用的介质

设置完成后，程序将自动下载 Windows 11 安装文件到 U 盘中，并将 U 盘制作为可引导系统安装盘，如图 11-19 所示。

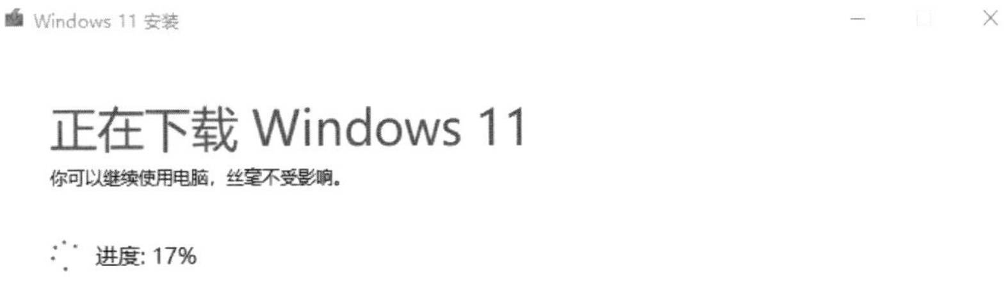

🔲 Windows 11 安装　　　　　　　　　　　　　　　—　□　✕

正在下载 Windows 11
你可以继续使用电脑，丝毫不受影响。

⋮ 进度: 17%

图 11-19 Windows 11 安装 U 盘制作

4．通过下载 Windows 11 镜像

微软官网提供下载 Windows 11 磁盘映像（ISO），使用 Windows 10 的计算机直接通过该 ISO 文件升级到 Windows 11。下载地址为："https://www.microsoft.com/zh-cn/software-download/windows11"，如图 11-20 所示。

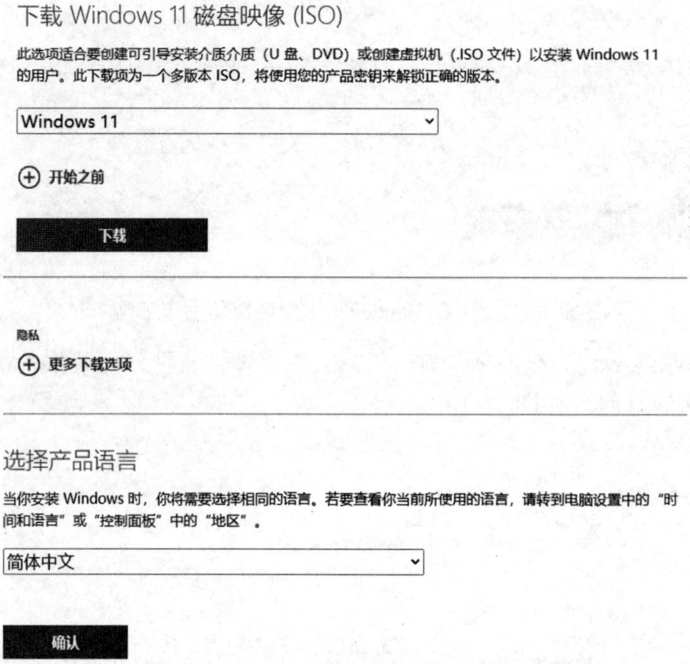

下载 Windows 11 磁盘映像 (ISO)

此选项适合要创建可引导安装介质介质（U 盘、DVD）或创建虚拟机（.ISO 文件）以安装 Windows 11 的用户。此下载项为一个多版本 ISO，将使用您的产品密钥来解锁正确的版本。

Windows 11

⊕ 开始之前

下载

隐私
⊕ 更多下载选项

选择产品语言

当你安装 Windows 时，你将需要选择相同的语言。若要查看你当前所使用的语言，请转到电脑设置中的"时间和语言"或"控制面板"中的"地区"。

简体中文

确认

图 11-20　下载 Windows 11 镜像文件

Windows 11 简体中文版的下载镜像名默认为"Win11_Chinese（Simplified）_x64v1.iso"，右键单击 ISO 文件，在弹出的快捷菜单中选择"装载"，在文件夹窗口中选择"Setup.exe"，开始 Windows 11 的安装，如图 11-21 所示。

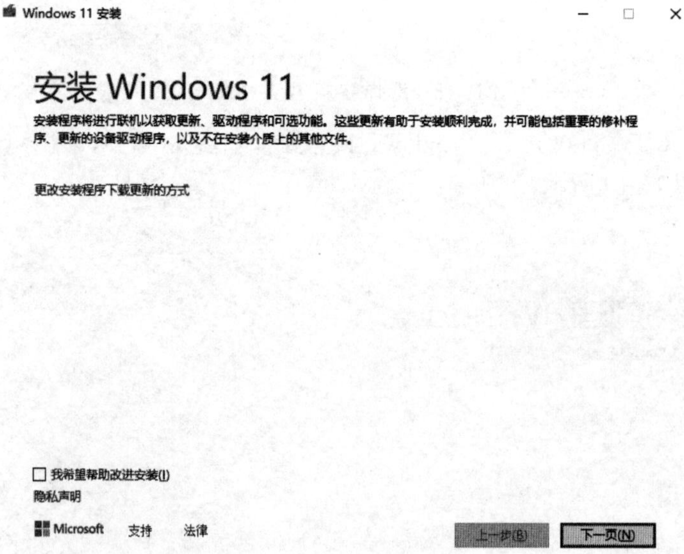

🖥 Windows 11 安装 　　　　　　　　　　　　　　　— □ ✕

安装 Windows 11

安装程序将进行联机以获取更新、驱动程序和可选功能。这些更新有助于安装顺利完成，并可能包括重要的修补程序、更新的设备驱动程序，以及不在安装介质上的其他文件。

更改安装程序下载更新的方式

☐ 我希望帮助改进安装(I)
隐私声明

▓▓ Microsoft　　支持　　法律　　　　　　　　　　上一步(B)　　下一页(N)

图 11-21　使用 ISO 镜像文件安装 Windows 11

升级安装将保留个人文件和应用，如图 11-22 所示。

图 11-22 Windows 11 设置完成准备安装界面

单击"安装"按钮，系统开始安装 Windows 11，如图 11-23 所示。

图 11-23 Windows 11 安装过程界面

实验 11

1. 实验项目

（1）硬盘分区。

（2）Windows 11 操作系统的安装。

2. 实验目的

（1）熟练运用老毛桃工具软件制作 WinPE 启动 U 盘。

（2）熟练运用 DiskGenius 对硬盘进行分区、激活分区、文件系统格式转换。

（3）熟练运用 MediaCreationTool 制作 Windows 11 安装 U 盘。

（4）掌握 Windows 11 的安装方法。

3. 实验准备及要求

（1）容量大于 8GB 的 U 盘两个。

（2）制作并使用 WinPE 启动 U 盘引导系统，并进入 WinPE 环境，使用 DiskGenius 将硬盘分为 4 个分区，并设置第一个分区为活动分区。

（3）制作 Windows 11 安装 U 盘，熟练完成 Windows 11 的安装。

4．实验步骤

（1）下载安装老毛桃工具软件，制作 WinPE 启动 U 盘。

（2）下载微软安装媒体工具，制作 Windows 11 安装 U 盘。

（3）重启计算机，使用 U 盘作为系统引导盘，进入 WinPE 环境。

（4）使用 DiskGenius，将硬盘按要求进行分区、设置活动分区并进行高级格式化。

（5）重启计算机，使用 Windows 11 安装 U 盘安装操作系统，删除用 DiskGenius 划分的所有分区并重新分区，完成系统安装。

5．实验报告

（1）使用 DiskGenius 对系统进行分区，并且进行高级格式化，记录操作流程及完成操作所需的时间。

（2）详细记录使用 Windows 11 安装 U 盘分区后的分区布局情况。

（3）删除 Windows 11 分区过程中自动生成的分区，分析对系统造成的影响并记录。

习题 11

1．填空题

（1）_____指将硬盘的整体存储空间划分成多个独立的区域。

（2）硬盘只有通过_____和_____以后才能用于软件安装与信息存储。

（3）硬盘的格式化包括_____和_____。

（4）Windows 能够支持的常见文件系统有_____、_____、_____。

（5）硬盘上建立的第一个分区只能是_____。

（6）常见的分区模式有_____与_____。

（7）_____文件系统格式具有极高的安全性和稳定性，在使用中不易产生文件碎片。

（8）MBR 分区表模式最大只能支持_____TB 的硬盘空间。

（9）Linux 默认需要分三个区，分别是_____、_____、_____。

（10）Windows 11 强制主板必须支持_____。

2．选择题

（1）对硬盘进行合理的分区，不仅可以方便、高效地对文件进行管理，还可以有效（　　）、提高系统运行效率。

A．利用磁盘空间 　　　　　　　　　　　　B．增加磁盘空间

C．利用内存 　　　　　　　　　　　　　　D．提高磁盘读取速度

（2）高级格式化主要是对硬盘的各分区进行磁道的格式化，它从（　　）指定的柱面开始，对扇区进行逻辑编号。

A．逻辑分区 　　　　B．主分区 　　　　　C．扩展分区 　　　　D．物理分区

（3）MBR 分区表模式下，一个硬盘最多可以分（　　）个主分区。

A．1 　　　　　　　B．2 　　　　　　　　C．3 　　　　　　　　D．4

（4）主分区都可以作为活动分区，但同时有且只有（　　）个分区是被激活的。

A．1 　　　　　　　B．2 　　　　　　　　B．3 　　　　　　　　D．4

（5）（　　）是一种新型的日志式文件系统，它通过完全平衡树结构存储数据，具有卓越的文件搜索性能，同时还支持海量的磁盘和磁盘阵列。

A．FAT32 　　　　　B．ReiserFS 　　　　　C．NTFS 　　　　　　D．Ext3

（6）DiskGenius 的主界面由三部分组成，分别是硬盘分区结构图、（　　）、分区参数图。

A．操作流程图 　　　　　　　　　　　　　B．导航工具栏

C．扇区编辑图 D．硬盘及分区目录层次图

（7）GPT 的分区信息存放在每个分区中，而不像 MBR 一样只保存在主引导扇区，GPT 在主引导扇区建立了一个保护分区（Protective MBR），这种分区的类型标识为（ ），用来防止不支持 GPT 的磁盘管理工具错误识别并破坏硬盘中的数据。

A．0xEE B．0xFF C．0xEF D．0x0F

（8）下列操作系统中，（ ）不支持 GPT 系统盘。

A．Windows XP 32 位 B．MacOS X 10.6+

C．Windows 10 64 位 D．Ubuntu 13.04 64 位

（9）GPT 格式分区最少要分 3 个区，分别是（ ）、MSR 微软保留分区和系统数据分区。

A．EFI B．扩展分区 C．主分区 D．逻辑分区

（10）Windows 11 新特性中不包括（ ）。

A．Microsoft Teams 快速联系 B．全面支持运行 Android 应用

C．全面支持运行 iOS 应用 D．全新的贴靠布局

3．判断题

（1）高级格式化是将空白的磁盘划分出柱面和磁道，再将磁道划分为若干扇区，每个扇区又划分出标识部分、间隔区和数据区等。（ ）

（2）一块硬盘上只能安装一个操作系统。（ ）

（3）活动分区是指用以启动操作系统的一个主分区。（ ）

（4）硬盘容量超过 2TB，将分区格式转换为 MBR 后，超过 2TB 的部分容量将无法使用。（ ）

（5）NTFS 是目前 MacOS 中默认的文件系统，它改善了 HFS 对磁盘空间地址定位效率低下的问题，并全面支持日志功能，以提高数据的可靠性。（ ）

4．简答题

（1）什么是低级格式化和高级格式化？各有什么作用？

（2）什么是主分区、扩展分区、逻辑分区？它们之间有什么联系？

（3）对大容量（大于 2TB）硬盘进行分区时，应注意哪些事项？

（4）简述 Windows 11 的新特性。

（5）简述安装 Windows 11 的途径。

第 12 章

虚拟化技术

虚拟化（Virtualization）技术是一种资源管理技术，是将计算机的各种硬件资源，如服务器、网络、内存及存储等，以一种抽象的方式组合到一起，并提供给用户使用。它打破了硬件资源间不可切割的障碍，使用户以更好的方式来应用这些资源。这些"虚拟"出来的资源不受现有资源的架设方式、地域或物理形态所限制。虚拟化资源包括计算能力和存储空间。

12.1 虚拟化技术简介

虚拟机是对真实计算机环境的抽象和模拟，它是一种严密隔离的软件容器，内含操作系统和应用。虚拟机技术最早由 IBM 于 20 世纪 60～70 年代提出，被定义为硬件设备的软件模拟实现。虚拟机监视器（Virtual Machine Monitor，VMM）是虚拟机技术的核心，它是一层位于操作系统和计算机硬件之间的代码，用来将硬件平台分割成多个虚拟机。VMM 运行于特权模式下，主要作用是隔离且管理上层运行的多个虚拟机，决定并分配它们对底层硬件的访问，为每个客户操作系统虚拟一套独立于实际硬件的虚拟硬件环境（包括处理器、内存、I/O 设备）。VMM 采用某种调度算法在各虚拟机之间共享 CPU，如采用时间片轮转调度算法。由 VMM 来决定其对系统上所有虚拟机的访问。

12.1.1 虚拟化技术分类

虚拟化技术一般分为以下几类。

（1）硬件虚拟化：一种对计算机或操作系统的虚拟化，它对用户隐藏了真实的计算机硬件，表现出另一个抽象计算平台。

（2）虚拟机：通过软件模拟的具有硬件系统功能的、运行在一个完全隔离环境中完整的计算机系统。

（3）虚拟内存：将不相邻的内存区，甚至硬盘空间虚拟成统一连续的内存地址。

（4）存储虚拟化：将实体存储空间（如硬盘）分隔成不同的逻辑存储空间。

（5）网络虚拟化：将不同网络的硬件和软件资源结合成一个虚拟的整体。

（6）桌面虚拟化：在本地计算机中显示和操作远程计算机桌面，在远程计算机中执行程序和储存数据。

（7）数据库虚拟化：消除未充分使用的服务器而采用分层集群数据库的方法。

（8）服务器虚拟化：将服务器物理资源抽象成逻辑资源，让一台服务器变成几台甚至上百台相互隔离的虚拟服务器，不再受限于物理上的界限，而是让 CPU、内存、磁盘、I/O 等硬件变成可以动态管理的"资源池"，从而提高资源的利用率，简化系统管理，实现服务器整合。

有 4 种虚拟化技术是当前最为成熟而且应用最为广泛的，它们分别是 VMWare 的 ESX、微软的 Hyper-V、开源的 XEN 和 KVM。

ESX 是 VMware 的企业级虚拟化产品。ESX 服务器启动时，首先启动 Linux Kernel，通过这个操作系统加载虚拟化组件，最重要的是 ESX 的 Hypervisor 组件，称为 VMkernel。VMkernel 会从 Linux Kernel 完全接管对硬件的控制权，让虚拟机对于 CPU 和内存资源进行直接访问，最大限度地减少了开销。CPU 的直接访问得益于 CPU 硬件辅助虚拟化（Intel VT-x 和 AMD AMD-V，第一代虚拟化技术），内存的直接访问得益于 MMU（内存管理单元，属于 CPU 中的一项特征）、硬件辅助虚拟化（Intel EPT 和 AMD RVI/NPT，第二代虚拟化技术）。

Hyper-V 是微软新一代的服务器虚拟化技术。Hyper-V 有两种发布版本：一是独立版，如 Hyper-V Server 2008，以命令行界面实现操作控制，是一个免费的版本；二是内嵌版，如 Windows Server 2008，Hyper-V 作为一个可选开启的角色。Hyper-V 要求 CPU 必须具备硬件辅助虚拟化，而 MMU 硬件辅助虚拟化则是一个增强选项。

XEN 最初是剑桥大学 Xensource 的一个开源研究项目，2003 年 9 月发布了首个版本 XEN 1.0。XEN 支持两种类型的虚拟机，一类是半虚拟化（Para Virtualization，PV），另一类是全虚拟化（Hardware Virtual Machine，HVM）。半虚拟化需要特定内核的操作系统，如基于 Linux paravirt_ops（Linux 半虚拟化接口）框架的 Linux 内核，而 Windows 操作系统由于其封闭性不能被 XEN 的半虚拟化所支持，XEN 的半虚拟化有个特别之处就是不要求 CPU 具备硬件辅助虚拟化，这非常适用于 2007 年之前的旧服务器虚拟化改造。全虚拟化支持原生的操作系统，特别是针对 Windows 这类操作系统，XEN 的全虚拟化要求 CPU 具备硬件辅助虚拟化，为了提升 I/O 性能，全虚拟化特别针对磁盘和网卡采用半虚拟化设备来代替仿真设备，这些设备驱动称为 PV on HVM，为了使 PV on HVM 具有最佳性能，CPU 应具备 MMU 硬件辅助虚拟化。

KVM（Kernel-based Virtual Machine，基于内核虚拟机），最初是由 Qumranet 公司开发的一个开源项目，2007 年 1 月首次被整合到 Linux 2.6.20 核心中。与 XEN 类似，KVM 支持广泛的 CPU 架构，除了 X86/X86_64 CPU 架构，还将支持大型机（S/390）、小型机（PowerPC、IA64）及 ARM 等。KVM 充分利用了 CPU 的硬件辅助虚拟化能力，并重用了 Linux 内核的诸多功能，使得 KVM 本身非常瘦小，KVM 模块的加载将 Linux 内核转变成 Hypervisor，KVM 在 Linux 内核的用户（User）模式和内核（Kernel）模式基础上增加了客户（Guest）模式。Linux 本身运行于内核模式，主机进程运行于用户模式，虚拟机则运行于客户模式下，使得转变后的 Linux 内核可以将主机进程和虚拟机进行统一的管理和调度。

12.1.2 虚拟化技术与多任务及超线程技术

虚拟化技术与多任务及超线程技术是完全不同的。

多任务是指在一个操作系统中多个应用程序在同一时间内运行，每个应用程序被称作一个任务。操作系统通过特定的任务调度策略允许两个或更多任务进程并发共享一个处理器，在同一时间，处理器只能响应其中的一个任务，因为任务调度机制可以保证不同任务之间的快速切换，所以造成多个任务同时运行的假象。Linux 与 Windows 都是支持多任务的操作系统。

在虚拟化技术中，可以同时运行多个操作系统，而且每一个操作系统中都有多个程序运行，每一个操作系统都运行在一个虚拟主机上；每一个虚拟主机都有一套模拟的独立硬件设备，包含 CPU、内存、主板、显卡、网卡等硬件资源。

超线程技术利用特殊的硬件指令，将多线程处理器内部的两个逻辑内核模拟成两个物理芯片，从而使单个处理器就能使用线程级的并行计算的处理器技术。超线程技术可以使操作系统或者应用程序的多个进程，同时运行在一个超线程处理器上，极大提高处理器的处理能力。虽然超线程技术能够同时执行两个线程，但当两个线程同时需要某个资源时，其中的一个线程必须被暂时挂起，直到这些资源空闲以后才能继续。

12.1.3 虚拟机与安装多操作系统

在实际运用中，虚拟机技术带来的好处有以下几点：

（1）可以安装不同类型的操作系统平台，可以在 Windows 上虚拟化 Linux，也可以在 Linux 上虚拟化 Windows，从而方便学习和熟悉多种类型的操作系统。

（2）可以帮助学习网络的相关知识，如内部构建一个服务器网络、配置服务器、根据需求模拟局域网各种网络环境。

（3）隔离风险。例如，对病毒的研究，在虚拟机上则不用担心病毒对操作系统造成破坏的风险。

（4）可以在虚拟机上维护一些低版本的系统开发软件，这样可以延长软件的使用寿命，降低升级的成本。

（5）可以在 Windows 平台上通过虚拟机对 Linux 平台下的程序进行交叉编译、调试。

（6）虚拟机中的每一个系统本身就是一个文件，可以通过复制，快速地部署多个虚拟机系统。

与在一台计算机上安装多个操作系统相比，虚拟机的优势如表 12-1 所示。

表 12-1　虚拟机的优势

比　　较	虚　拟　机	多操作系统
运行状态	一次可以运行多个系统	一次只能运行一个系统
系统间切换	可以在不关机的情况下，直接切换	需要关闭一个，再重启进入另一个
硬盘数据安全	任何操作都不影响宿主计算机的数据	多操作系统共用磁盘，对数据的操作会相互影响
组建网络	多系统之间可以实现网络互联，组成局域网	不能

12.1.4 主流的虚拟机软件

目前，基于 Windows 平台的主流虚拟机软件有 VMware Workstation、Virtual PC、Hyper-V、VirtualBox。基于 Linux 平台的主流虚拟机软件有 XEN、KVM。

VMware Workstation 是一款功能强大的桌面虚拟计算机软件，提供用户可在单一的桌面上，同时运行不同的操作系统进行开发、测试、部署新的应用程序的最佳解决方案。VMware Workstation 可以在一台计算机上模拟完整的网络环境。对于企业的 IT 开发人员和系统管理员而言，VMware 在虚拟网络、实时快照、拖曳共享文件夹、支持 PXE 等方面的特点使它成为必不可少的工具。

VMware Workstation 支持的操作系统基本涵盖了所有的主流操作系统。

1. Windows 操作系统

（1）Windows XP、Windows Vista、Windows 7、Windows 8.x、Windows 10、Windows 11。

（2）Windows Server 2000、Windows Server 2003、Windows Server 2008（R2）、Windows

Server 2012、Windows Server 2016、Windows Server 2019。

2．Linux 操作系统

Linux 操作系统有 Ubuntu、Red Hat、SUSE、Oracle Linux、Debian、Fedora、OpenSUSE、Cent OS。

3．苹果 MacOS

苹果 MacOS 有 MacOS 10.12 及以上、OS X（10.8～10.11）、MacOS X Server（10.5～10.6）。

4．移动端操作系统

移动端操作系统有 Android。

Virtual PC 与 Hyper-V 是微软的两款虚拟机软件。这两款虚拟软件之间的区别在于：

（1）Virtual PC 只能虚拟出 32 位的系统，即使有运行在 64 位系统的 Virtual PC，但也只能在里面虚拟 32 位的系统，微软不再推出能虚拟出 64 位系统的 Virtual PC 版本。

（2）Virtual PC 的硬件是虚拟的，Hyper-V 由 Hypervisor 层直接运行于物理服务器硬件之上。所有的虚拟分区都通过 Hypervisor 硬件通信，其中的 Hypervisor 是一个很小、效率很高的代码集，负责协调这些调用。

（3）Hyper-V 作为一个组件被集成到了 Windows Server 2008 中，Windows Server 2008 必须为 64 位系统，而且 CPU 必须支持虚拟化指令，这个功能需要打开 BiOS 中的"Intel Virtualization Technology"功能。

（4）Hyper-V 支持在虚拟机中安装 64 位的操作系统。

VirtualBox 是一款开源虚拟机软件，由 Sun Microsystems 公司出品，软件使用 Qt 编写，在 Sun 被 Oracle 收购后，正式更名成 Oracle VM VirtualBox。

VirtualBox 号称是最强的免费虚拟机软件，不但具有丰富的功能，而且性能优异。它简单易用，可虚拟的系统包括 Windows（从 Windows 3.1 到 Windows 10、Windows Server 2012，所有的 Windows 系统都支持）、MacOS X、Linux、OpenBSD、Solaris、IBM OS2 甚至 Android 等操作系统。

12.2　虚拟机的安装

本节将以 VMware Workstation 为例，着重介绍如何安装、配置虚拟机软件，以及如何在 Windows 平台下通过 VMware Workstation 安装 Ubuntu 操作系统与苹果 MacOS 系统。

12.2.1　安装 VMware Workstation

从 VMware Workstation 11 开始，VMware Workstation 就只支持 64 位系统，不再支持 32 位系统，如果使用的操作系统为 32 位的，建议安装使用 VMware Workstation 10。

本节所介绍的安装环境：Windows 10 专业版（64 位）+VMware Workstation full-16.1.0。

（1）用鼠标右键单击"VMware Workstation 16"安装包，在弹出的菜单中选择"以管理员身份运行"选项，出现安装界面，如图 12-1 所示。

（2）单击"下一步"按钮，接受许可条款，如图 12-2 所示。

（3）单击"下一步"按钮，根据需求选择自定义安装位置，并勾选"将 VMware Workstation 控制台工具添加到系统 PATH"项，如图 12-3 所示。

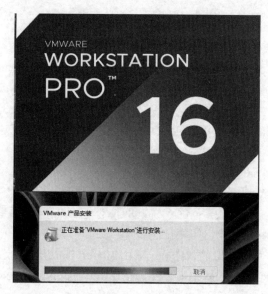

图 12-1　VMware Workstation 16 安装首界面

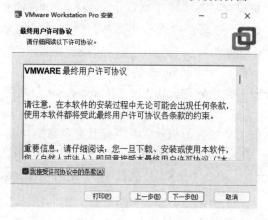

图 12-2　接受许可条款

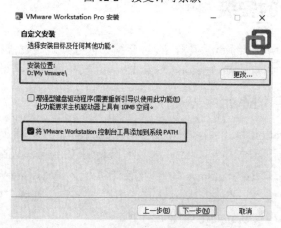

图 12-3　自定义安装位置

（4）使用安装程序默认设置，直到完成安装。双击桌面上生成的"VMware Workstation Pro"
图标，第一次运行时，系统弹出激活界面，如图 12-4 所示。如果没有许可证密钥，也可以选
择试用 30 天。

图 12-4　VMware16 激活界面

12.2.2　创建虚拟机并安装 Ubuntu

Ubuntu 是一个以桌面应用为主的 Linux 操作系统，它是开放源代码的自由软件，因此用户可以登录 Ubuntu 的官方网址免费下载系统安装包。本节将介绍如何在 Windows 操作系统中通过 VMware 虚拟机安装 Linux 操作系统。

安装环境：Windows 10 专业版（64 位），VMware workstation 16、Ubuntu Desktop-20.04LTS。

（1）到 Ubuntu 的官网（https://www.ubuntu.com/download/alternative-downloads）下载系统的 ISO 镜像文件，如图 12-5 所示。

图 12-5　Ubuntu 官方下载

（2）运行"VMware Workstation Pro"，创建新的虚拟机，如图 12-6 所示。

图 12-6　VMware 主界面

（3）在新建虚拟机向导界面，选择配置虚拟机的类型为"自定义（高级）"，如图 12-7 所示。

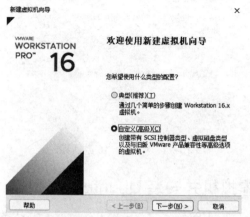

图 12-7　选择配置虚拟机类型

（4）虚拟机硬件兼容性使用默认的"Workstation 16.x"，单击"下一步"按钮，选中"安装程序光盘映像文件（iso）"，选择在第 1 步中下载的 Ubuntu 系统安装文件，如图 12-8 所示。

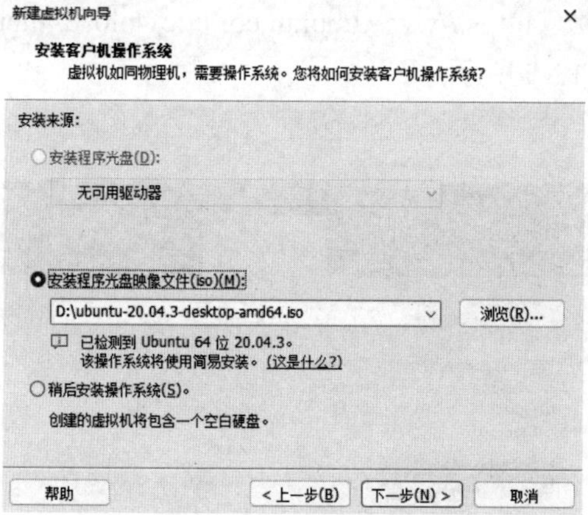

图 12-8　设置安装程序光盘映像文件

（5）在 VMware Workstation 16 这个版本中安装操作系统，通常会采用简易安装模式，在这种模式下，系统会在安装前预置 Linux 主机名、用户名与密码，如图 12-9 所示。

图 12-9　设置简易安装信息

（6）单击"下一步"按钮，设置虚拟机的名称及虚拟机存放的位置，如图 12-10 所示。

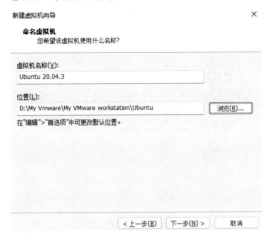

图 12-10　设置虚拟机名称以及存放位置

（7）单击"下一步"按钮，配置虚拟机处理器的数量，使用默认参数。单击"下一步"按钮，配置虚拟机使用内存的容量，默认分配 2GB，如果主机的内存资源足够，这里可以设置为 4GB 或更大，如图 12-11 所示。

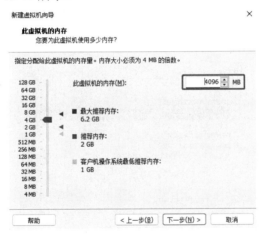

图 12-11　设置内存容量

（8）单击"下一步"按钮，设置网络类型。VMware Workstation 16 提供 4 种网络连接模式，分别是"使用桥接网络""使用网络地址转换""使用仅主机模式网络""不使用网络连接"。这里选择"使用网络地址转换"选项，如图 12-12 所示。

"桥接网络"是指本地物理网卡和虚拟网卡通过 VMnet0 虚拟交换机进行桥接，物理网卡和虚拟网卡在拓扑图上处于同等地位。虚拟机将具有直接访问外部网络的权限，在这种模式下，虚拟机 IP 地址需要与主机在同一个网段，网关与 DNS 也需要与主机网卡一致。外部网络中的其他计算机能够与虚拟机直接通信。

"NAT"模式指为虚拟机配置 NAT 连接，虚拟机和主机将共享同一个网络标识，此标识在外部网络不可见。在这种模式下，外部网络的其他计算机无法访问虚拟机，而虚拟机可以访问外部网络中的所有计算机。

"仅主机模式网络"使用对主机操作系统可见的虚拟网络适配器，在虚拟机和主机系统之间提供网络连接，构建独立的虚拟网络。在这种模式下，虚拟机只能与主机系统及仅主机模式网络中的其他虚拟机进行通信。

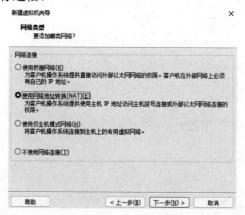

图 12-12　选择网络类型

"不使用网络连接"指不为虚拟机配置网络连接。

（9）单击"下一步"按钮，"I/O 控制类型"与"虚拟磁盘类型"使用默认选项，"创建新虚拟磁盘"时，需要根据所安装操作系统的需求设置磁盘容量，如果主机磁盘容量足够，这里可以分配更多的空间以供虚拟机使用。Ubuntu 20.04 操作系统对于磁盘空间的需求不少于25GB，因此这里至少要设置为大于 25GB，如图 12-13 所示。

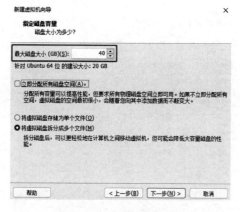

图 12-13　设置磁盘容量

（10）单击"下一步"按钮，设置磁盘文件的保存路径，通过复制磁盘文件，可以实现在不同主机之间移动虚拟机，如图 12-14 所示。

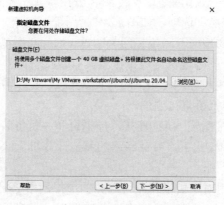

图 12-14　设置磁盘文件的存放路径

（11）虚拟机创建完成后，系统会自动启动虚拟机并开始安装 Ubuntu 系统。此时系统显示错误提示，如图 12-15 所示。

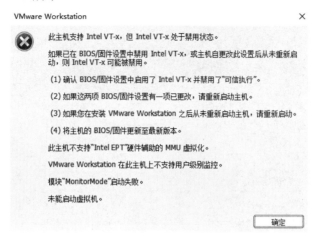

图 12-15　错误提示

错误提示"此主机支持 Intel VT-x，但 Intel VT-x 处于禁用状态"。Intel VT-x 技术用于增强处理器的 VT 虚拟化技术，它可以让一个 CPU 工作起来像多个 CPU 在并行运行，从而使得一台物理主机内可以同时运行多个操作系统，能够降低多个虚拟机操作系统之间的资源争夺和限制，从硬件上极大地改善虚拟机的安全性和性能，提高基于软件的虚拟化解决方案的灵活性与稳定性。出现上述错误，说明 CPU 能够支持 Intel VT-x，但该引擎没有被打开，因此需要在 BIOS 中打开"Intel(R) Virtualization Technology"功能，如图 12-16 所示。

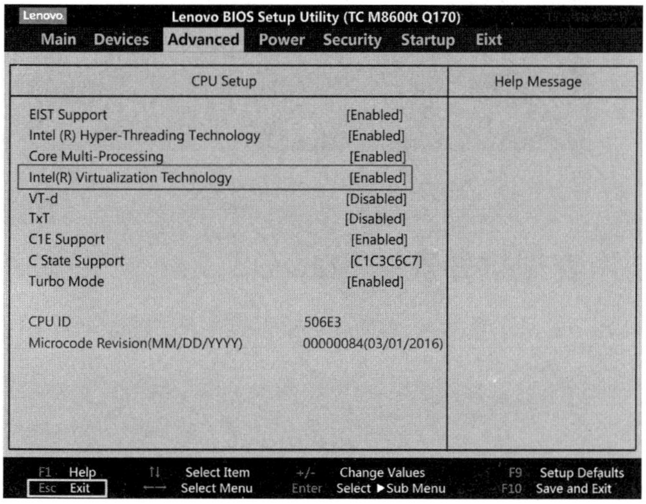

图 12-16　在 BIOS 里设置 CPU 虚拟化

（12）再次打开虚拟机，顺利进入 Ubuntu 的安装界面，如图 12-17 所示。

（13）安装完成，虚拟机自动重启并安装 VMware Tools，如图 12-18 所示。VMware Tools 是 VMware 虚拟机中自带的一种增强工具，它用于增强虚拟显卡与虚拟磁盘的性能，并同步虚拟机与主机时钟。VMware Tools 安装完成后，可实现主机与虚拟机之间的文件共享，同时支持自由拖曳功能，鼠标可在虚拟机与主机之间自由切换，虚拟机桌面全屏化等。

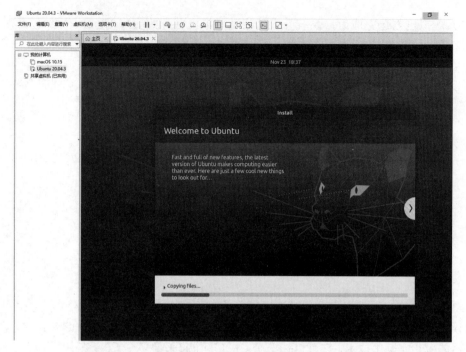

图 12-17　Ubuntu 安装界面

图 12-18　安装 VMware Tools

12.2.3　创建虚拟机并安装 Mac OS

默认情况下，VMware 无法直接新建 Mac OS 系统的虚拟机，如图 12-19 所示。

图 12-19　操作系统中没有 Mac OS 选项

此时需要依赖 Unlocker for VMware 工具来解锁，才能够实现在 VMware 上安装运行 Mac OS 系统。针对 VMware 16，推荐使用自动解锁器，下载地址为"https://github.com/paolo-projects/auto-unlocker/releases"，如图 12-20 所示。

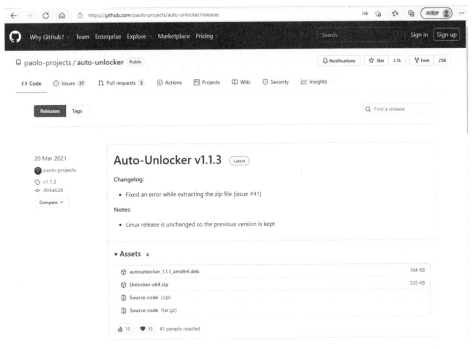

图 12-20　自动解锁器下载页面

下载完成后，解压 VMware 16 Unlocker-x64.zip 压缩文件，右键单击解压出来的 Unlocker.exe 文件，在弹出的快捷菜单中选择"以管理员身份运行"选项。Unlocker 程序将自动关闭 VMware 服务及进程，开始解锁并下载相关工具文件，如图 12-21 所示。Unlocker 将下载 darwin.iso 与 darwinPre15.iso 这两个文件并将其复制到 VMware 的安装目录。

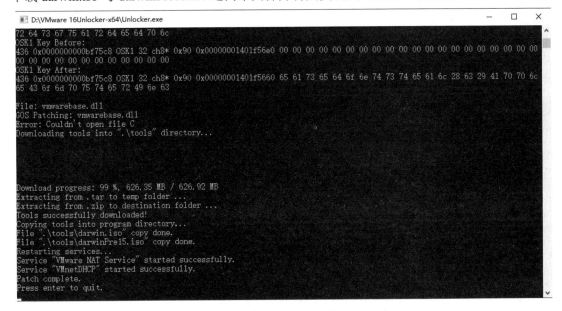

图 12-21　下载工具文件并解锁

下面介绍如何在 Windows 操作系统中通过 VMware 虚拟机安装 Mac OS 操作系统。

安装环境：Windows 10 专业版（64 位），VMware Workstation 16、Mac OS Catalina 10.15。

（1）Mac OS X 从 10.8 开始已经只能在 App Store 上进行安装升级，所以并没有官方下载地址。国内比较著名的苹果系统下载网站是 PC6 苹果网，下载地址为："http://www.pc6.com/mac/gj_715_1.html"，如图 12-22 所示。

图 12-22　PC6 苹果网页面

苹果系统的镜像分为两种，分别是 DMG 格式和 CDR 格式。Dmg 格式一般是官方发布的原版镜像，相当于 Windows 中常用的 ISO 文件。CDR 格式是由安装好 Mac OS 系统的机器再次打包压缩生成的，也称为黑苹果懒人版。本例中使用 CDR 格式，镜像文件名为"Catalina10.15.1.cdr"。

（2）运行"VMware Workstation Pro"，创建虚拟机，选择配置虚拟机的类型为"自定义"，虚拟机硬件兼容性使用默认的"Workstation 16.x"，安装客户机操作系统选择"稍后安装操作系统"，此时 VMware 将不再使用"简易安装"方式安装操作系统，如图 12-23 所示。

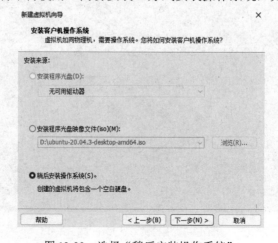

图 12-23　选择"稍后安装操作系统"

（3）VMware 解锁后，在选择客户机操作系统界面出现"Apple Mac OS X"选项，版本选择"macOS10.15"，如图 12-24 所示。

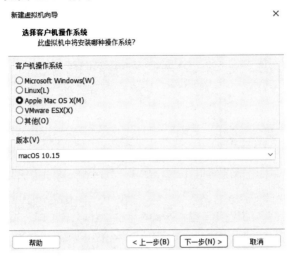

图 12-24　选择 MAC OS 及版本

（4）单击"下一步"按钮，设置虚拟机名称与虚拟机存放位置，"虚拟机处理器数量"使用默认设置。Mac OS Catalina 至少需要 4GB 内存，因此虚拟机内存至少配置 4GB。网络类型选择"使用网络地址转换（NAT）"，"I/O 控制器类型"与"磁盘类型"使用默认设置。"磁盘容量"设置 50GB。最后单击"完成"按钮创建虚拟机，如图 12-25 所示。

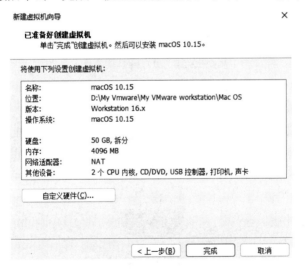

图 12-25　配置并创建虚拟机

（5）选择新建的虚拟机"macOS 10.15"，单击"编辑虚拟机设置"，在弹出的"虚拟机设置"界面中单击"CD/DVD（SATA）"，选择"使用 ISO 映像文件"，单击"浏览"按钮，选择存放 Mac 镜像文件的目录（D:\Mac OS\Catalina10.15.1.cdr），如图 12-26 所示。

（6）开启虚拟机后，开始安装系统。选择"语言"后，在"macOS 实用工具"窗口中双击"磁盘工具"，右键单击"VMware Virtual SATA Hard Drive Media"，在弹出的菜单中选择"抹掉"选项，在弹出的对话框中设置"名称"为"MacOS"，单击"抹掉"按钮，系统将对 VMware 虚拟磁盘进行初始化，该磁盘将用于安装 Mac OS 系统，如图 12-27 所示。

图 12-26　配置虚拟机"CD/DVD"使用 Mac 系统镜像文件

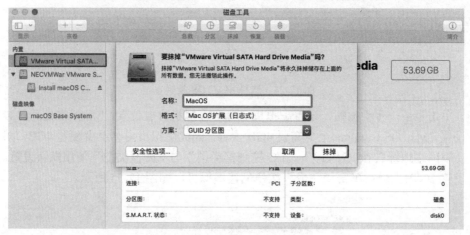

图 12-27　虚拟磁盘初始化

（7）在"macOS 实用工具"窗口中选择"安装 macOS"开始系统安装。同意软件协议条款后，选择对应磁盘进行安装，如图 12-28 所示。

图 12-28　选择对应磁盘进行安装

（8）系统安装完成后，还需要设置"地区""语言与输入法""互联网连接""数据与隐私""创建电脑用户"等。完成后，将进入系统桌面，如图 12-29 所示。

图 12-29　Mac OS 系统桌面

（9）安装 VMware Tool 需要将工具包放入虚拟机的虚拟光驱中，因此需要先将 Mac OS Catalina 的系统安装镜像从虚拟光驱中"弹出"。右键单击系统桌面上的"Install macOS Catalina"图标，在弹出的快捷菜单中选择"推出'Install macOS Catalina'"选项，如图 12-30 所示。

图 12-30　从虚拟光驱中弹出系统安装镜像

（10）选择新建的虚拟机"macOS 10.15"，单击右键，在弹出的菜单中选择"设置"选项，如图 12-31 所示。

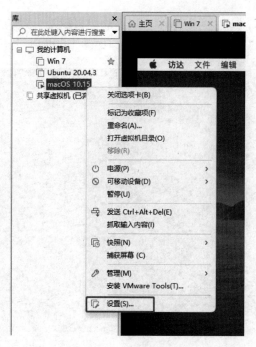

图 12-31　设置虚拟机

（11）选择"CD/DVD（SATA）"，更改"使用 ISO 映像文件"的路径到 VMware 安装目录下的 darwinPre15.iso，本例中的路径是"D:\My Vmware\darwinPre15.iso"，如图 12-32 所示。

（12）选择新建的虚拟机"macOS 10.15"，单击右键，在弹出的快捷菜单中选择"安装 VMware Tools"选项，系统桌面上出现 VMware Tools 安装窗口，如图 12-33 所示。

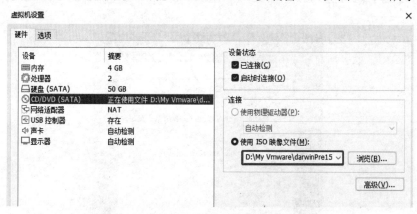

图 12-32　更改 ISO 镜像文件

图 12-33　VMware Tools 安装窗口

（13）在 VMware Tools 安装过程中，系统提示"系统扩展已被阻止"，单击"打开安全性偏好设置"按钮，在打开的"安全性与隐私"窗口中单击左下角的锁形图标，解锁偏好设置。单击"允许"按钮，解除对"来自开发者'VMware，Inc.'"的系统软件载入限制，如图 12-34 所示。

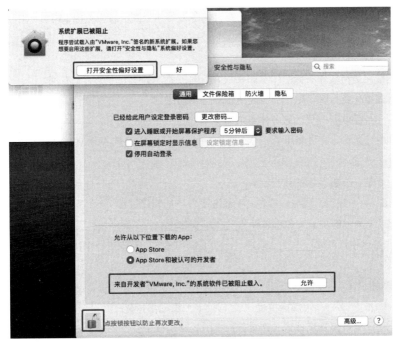

图 12-34　系统安全性偏好设置

（14）VMware Tools 安装完成，重新启动虚拟机后，系统可以正常使用。

实验 12

1．实验项目

安装 VMware，创建虚拟机，在虚拟机中安装 Ubuntu 或 Mac OS。

2．实验目的

（1）熟练掌握 VMware 的设置方法。

（2）熟练掌握在虚拟机中安装操作系统的方法。

3．实验准备及要求

VMware Workstation pro 16、VMware Unlocker、Ubuntu 镜像文件、Mac OS 镜像文件。

4．实验步骤

（1）安装 VMware，进行合理的配置。

（2）新建并配置虚拟机，在虚拟机中安装 Ubuntu。

（3）使用 VMware Unlocker 解锁 VMware，使其支持 Mac OS 系统。

（4）新建并配置虚拟机，在虚拟机中安装 Mac OS。

5．实验报告

（1）详细记录安装 VMware 及激活的流程。

（2）详细记录 VMware 创建并配置虚拟机的流程。

（3）详细记录安装 Ubuntu 过程中出现的问题及解决的方法。

（4）详细记录 VMware 解锁流程。

习题 12

1. 填空题

（1）_____是一种资源管理技术，将计算机的各种实体资源，如服务器、网络、内存及存储等，以一种抽象的方式组合到一起，并提供给用户使用。

（2）虚拟化资源包括_____和_____。

（3）存储虚拟化是将实体存储空间（如硬盘）分隔成不同的_____存储空间。

（4）数据库虚拟化是一种消除未充分使用的服务器而采用_____的方法。

（5）_____是微软新一代的服务器虚拟化技术。

（6）虚拟机是对真实计算机环境的_____和_____，它是一种严密隔离的软件容器，内含操作系统和应用。

（7）_____是虚拟机技术的核心。

（8）在 Windows 平台下，通过虚拟机对 Linux 平台下的程序进行_____、调试。

（9）基于 Linux 平台的主流虚拟机软件有_____和_____。

（10）虚拟化技术中，可以_____运行_____操作系统，而且每一个操作系统中都有多个程序运行。

2. 选择题

（1）下列选项中，（   ）不属于虚拟化技术。

A．硬件虚拟化　　　　　B．虚拟机　　　　　C．桌面虚拟化　　　　　D．超线程技术

（2）虚拟化是一种资源管理技术，是将计算机的各种实体资源，如服务器、网络、内存及（   ）等，以一种抽象的方式组合到一起，并提供给用户使用，它打破硬件资源间的不可切割的障碍，使用户能以更好的方式来应用这些资源。

A．CPU　　　　　　　　B．声卡　　　　　　C．显卡　　　　　　　D．存储

（3）（   ）是指在一个操作系统中多个程序同时一起运行。

A．多任务　　　　　　　B．模拟器　　　　　C．虚拟化　　　　　　D．虚拟机

（4）（   ）是对真实计算机环境的抽象和模拟，它是一种严密隔离的软件容器，内含操作系统和应用。

A．操作系统　　　　　　B．模拟器　　　　　C．虚拟机　　　　　　D．超线程技术

（5）虚拟机与安装多操作系统进行比较，（   ）不属于其优势。

A．系统间切换　　　　　B．硬盘数据安全　　C．网络组建　　　　　D．速度更快

（6）下列（   ）不属于虚拟机技术给用户带来的好处。

A．安装不同类型的 OS 平台　　　　　　　　B．维护低版本的系统开发软件

C．不能快速部署　　　　　　　　　　　　　D．组建网络

（7）在配置 VMware 网络类型时，（   ）中主机物理网卡与虚拟网卡处于同一个网段。

A．桥接网络模式　　　　B．仅主机模式　　　C．网络地址转换模式　D．VPN 模式

（8）下列选项中，不属于基于 Windows 平台的主流虚拟机软件的是（   ）。

A．VMware Workstation　B．Virtual PC　　　C．Hyper-V　　　　　D．XEN

（9）下列选项中，（   ）不属于 VMware Tools 的功能。

A．主机与虚拟机之间的文件共享　　　　　　B．虚拟机全屏化

C．支持自由拖曳　　　　　　　　　　　　　D．网络共享

（10）VMware Workstation 16 默认不支持（   ）。

A．Windows　　　　　　B．Linux　　　　　　C．Mac OS　　　　　　D．Solaris 10

3．判断题

（1）通过虚拟化技术"虚拟"出来的资源不受现有资源的架设方式、地域或物理组态所限制。（　　）

（2）虚拟化技术与多任务及超线程技术是完全相同的。（　　）

（3）超线程技术利用特殊的硬件指令，将多线程处理器内部的两个物理芯片模拟成一个逻辑内核，从而使单个处理器就能使用线程级的并行计算的处理器技术。（　　）

（4）在虚拟机中，可以同时运行多个操作系统。（　　）

（5）苹果系统的CDR镜像是由官方发布的原版镜像，相当于Windows中常用的ISO文件。（　　）

4．简答题

（1）简述虚拟化技术与超线程技术的区别。

（2）简述虚拟化技术的分类。

（3）Virtual PC与Hyper-V是微软的两款虚拟机软件，它们有何区别？

（4）虚拟机与多操作系统比较，虚拟机的优势在哪里？

（5）简述VMware Tools的功能。

计算机与其他许多家用电器一样，会出现受潮、接触不良、元器件老化等现象。当计算机不能正常使用或在使用过程中频繁出现错误时，则说明计算机出现了故障。

13.1 计算机故障的分类

一般来说，计算机故障可以分为两个大类，即硬件故障和软件故障。

13.1.1 计算机硬件故障

计算机硬件故障包括板卡、外设等出现电气或机械等物理故障，也包括受硬件安装、设置或外界因素影响造成系统无法工作的故障。这类故障必须打开机箱进行硬件更换或重新插拔之后才能解决。计算机硬件故障主要包括以下几个方面。

（1）电源故障。主板和其他硬件设备没有供电，或者只有部分供电。

（2）元器件与芯片故障。元器件与芯片失效、松动、接触不良、脱落，或者因为温度过热而不能正常工作。如内存插槽积灰造成计算机无法完成自检，显示卡风扇故障导致开机没有显示等情况。

（3）跳线与开关故障。系统与各硬件及印制板上的跳线连接脱落、错误连接、开关设置错误等构成不正常的系统配置。

（4）连接与接插件故障。计算机外部与内部各硬件间的连接电缆或者接插头、插座松动（脱落），或者进行了错误的连接。

（5）硬件工作故障。计算机主要硬件设备，如显示器、键盘、磁盘驱动器、光驱等产生故障，造成系统工作不正常。

13.1.2 计算机软件故障

计算机软件故障主要是由软件程序所引起的，主要包括以下几个方面。

（1）应用软件与操作系统不兼容。有些软件在运行时会与操作系统发生冲突，导致相互不兼容。一旦应用软件与操作系统不兼容，不仅会自动中止程序的运行，甚至会导致系统崩溃、系统重要文件被更改或者丢失等。例如，在 Windows 系统中安装了没有经过微软授权的驱动程序，轻则造成系统不稳定，重则会使系统无法运行。

（2）应用软件之间相互冲突。两种或多种软件和程序的运行环境、存取区域等发生冲突，则会造成系统工作混乱、系统运行缓慢、软件不能正常使用、文件丢失等故障。例如，如果系统中存在多个杀毒软件，很容易造成系统运行不稳定。

（3）误操作引起。误操作分为命令误操作和软件程序运行所造成的误操作，执行了不该使用的命令，选择了不该使用的操作，运行了某些具有破坏性的、不正确或不兼容的诊断程序、磁盘操作程序、性能测试程序等。如不小心对数据盘进行格式化操作从而造成重要文件的丢失。

（4）病毒引起。大多数病毒在激发时会直接破坏计算机的重要信息数据，所利用的手段有格式化磁盘、改写文件分配表和目录区、删除重要文件或者用无意义的垃圾数据改写文件、破坏 CMOS 设置等。另外，病毒还会占用大量的系统资源，如磁盘空间、内存空间等，从而造成系统运行缓慢。计算机操作系统的许多功能都是通过中断调用技术来实现的，病毒通过抢占中断来干扰系统的正常运行。2020 年 4 月勒索病毒"WannaRen"开始传播，它是一种新型计算机病毒，主要以邮件、程序木马、网页挂马的形式进行传播。该病毒性质恶劣、危害极大，一旦被感染，将给用户带来无法估量的损失。这种病毒利用各种加密算法对文件进行加密，被感染者一般无法解密，必须拿到解密的私钥才有可能破解。

（5）不正确的系统配置引起。系统配置主要指基本的 BIOS 设置、引导过程配置两种。如果这些配置参数的设置不正确或没有设置，计算机也可能产生故障，如进入不了操作系统、无法从本地硬盘启动等。

计算机在实际使用中遇到的软件故障最多，在处理这类故障时，不需要拆开机箱，只要通过键盘、鼠标等输入设备就能将故障排除，使计算机正常工作。软件故障一般可以恢复，但在某些情况下，软件故障也可以转换为硬件故障。硬件的工作性能不稳定，如硬盘、内存等出现不稳定故障，即使在进行单独测试时性能正常，但在正常使用时会无规律地出现蓝屏、死机、数据丢失等情况。这种类型的软故障经常重复出现，最后表现为硬故障，那么就只能通过更换硬件才能最终排除。

13.2　计算机故障分析与排除

对于在计算机使用过程中出现的各种各样的故障不必一筹莫展，更不需要一碰到问题就向别人求助，自己可以通过摸索和查询相关资料，分析故障现象，找出故障原因并加以解决。这样不仅可以增强使用计算机的兴趣，更能积累使用经验，提高排除计算机常见故障的能力。

13.2.1　计算机故障分析与排除的基本原则

1. 计算机故障的分析与孤立的基本方法

计算机故障的分析与孤立是排除故障的关键，其基本方法可以归纳为由系统到设备、由设备到部件、由部件到元件、由元件到故障点的层层缩小故障范围的检查顺序。

（1）由系统到设备。当计算机系统出现故障时，首先要综合分析，判断是由系统的软件故障引起的，还是由硬件设备故障引起的。如果排除是由系统本身的软件故障引起的，就应该通过初步检查将查找故障的重点放到计算机硬件设备上。

（2）由设备到部件。在初步确定有故障的设备上，对产生故障的具体部件进行检查判断，将故障孤立定位到故障设备的某个具体部件。这一步检查对于复杂的设备，常常需要花费很长时间。为使分析判断比较准确，要求维修人员对设备的内部结构、原理及主要部件功能要有较深入的了解。如判断计算机故障是由硬件引起的，则需要对与故障相关的主机机箱内的有关部件做重点检查。若电源电压不正常，就需要检查机箱电源输出是否正常。若计算机不能正常引导，则检查的内容更多、范围更广，如 CPU、内存、主板、显卡等硬件工作不正常，也可能来自 BIOS 参数设置不当。

（3）由部件到元件。当查出故障部件后，作为板级维修，据此可进行更换部件的操作。但有时为了避免浪费，或一时难以找到备件等原因，不能对部件做整体更换时，需要进一步查找到部件中有故障的元件，以便修理更换。这些元件可能是电源中的整流管、开关管、滤波电容或稳压器件；也可能是显示器中的高压电路、输出电路的元件等。由部件到元件是指从故障部件（如板、卡、条等）中查找出故障元件的过程。进行该步检查常常需要采用多种诊断和检测方法，使用一些必需的检测仪器，同时需要具备一定的电子方面专业知识和专业技能。

（4）由元件到故障点。对重点怀疑的元件，从其引脚功能或形态的特征（如机械、机电类元件）上找到故障位置。检查过程常常因为元件价廉易得或查找费时费事，从而得不偿失而放弃，但是若能对故障做进一步的具体检查和分析，对提高维修技能必将很有帮助。

以上对故障进行隔离、检查的方法在实际运用中非常灵活，完全取决于维修者对故障分析判断的经验和工作习惯，从何处开始检查，采用何种手段和方法检查，完全因人而异，因故障而异，并无严格规定。

2．计算机故障排除时应该遵循的原则

（1）先静后动的原则。先静后动包含两层意思，第一层是指思维方法。遇到故障不要惊慌，先静下心来，对故障现象进行认真分析，确定诊断方法和维修方法，在此基础上再动手检查并排除故障。另一层是指诊断方法，先在静态下检查，避免在情况不明时贸然加电，从而导致故障扩大。如对某种设备的电路，先检查静止工作状态（静态工作点和静态电阻）是否正常，然后再检查信号接入后的动态工作情况。

（2）先软后硬的原则。在进行故障排除时，尽量先检查软件系统，排除软件故障，然后再对计算机硬件进行诊断。

（3）先电源后负载的原则。电源工作正常是计算机正常工作的前提条件，一般情况下，为了尽快弄清楚故障是来自电源还是负载，可以先切断一些负载，检查电源在正常负载下的问题，待电源正常后再逐一接入负载，进行检查判断。

（4）先简单后复杂的原则。经初步判断故障情况较为复杂时，可先解决从外部易发现的故障，或经简单测试即可确定的一般性故障，再集中精力，解决难度较大，涉及面较宽，比较特殊的故障。

13.2.2 故障分析、排除的常用方法

1．计算机硬件故障的分析、排除方法

计算机硬件故障的分析、排除，主要包括以下几种方法。

（1）观察法。通过观察计算机硬件参数的变化情况及各种不正常的故障现象，以判断故障发生的原因及部位。可用手摸、眼看、鼻闻、耳听等方法作辅助检查。手摸是指触摸组件和元件的发热情况，温度一般不超过 $40\sim50℃$，如果组件烫手，可能该组件内部短路、电流过大所致，应更换配件试试。眼看是指通过观察设备的运行情况，查看是否出现断线、插头松脱等情况。鼻闻是指闻设备有无异味、焦味，如果发现情况，立即对该设备进行断电检查。耳听是指听设备有无异常声音，一经发现情况立即检查。

（2）替换法。若怀疑计算机中的某一硬件设备有问题，可采用同一型号的正常设备替换，看故障现象是否消失，从而达到排除故障的目的。

（3）比较法。将设备具有的正确特征（电压或波形）与有故障的设备特征进行比较。如某个组件的电压波形与正确的不符，通过功能图逐级测量，根据信号用逆求源的方法逐点检测分析，最终确定故障部位。

（4）敲击法。机器运行时好时坏，可能是虚焊或接触不良造成的，对这种情况可用敲击

法进行检查。如有的元件没有焊好，有时能接触上，有时却不行，从而造成机器的时好时坏，通过敲击震动使之彻底接触不上，再进行检查就容易发现故障了。

（5）软件诊断法。现在有很多对计算机硬件进行测试的软件，有测试系统整体性能的SiSoftware Sandra Lite、对 CPU 的检测软件 CPU-Z、内存检测工具 MemTest5、硬盘性能诊断测试工具 HD Tune。在排除硬件故障的过程中，利用这些测试工具，可以大大提高效率与准确性，收到事半功倍的效果。

2. 计算机软件故障的分析、排除方法

计算机软件故障的分析、排除，主要包括以下几种方法。

（1）安全模式法。安全模式法主要用来诊断由于注册表损坏或一些软件驱动程序不兼容导致的操作系统无法启动的故障。安全模式法的诊断步骤为，首先使用安全模式（开机后按【F8】键）启动计算机，如果存在不兼容的软件，则在系统启动后将其卸载，然后正常退出即可。最典型的例子是在安全模式下查杀病毒。

（2）逐步添加/去除软件法。这种方法是指让计算机只运行最基本的软件环境。对于操作系统而言，就是不安装任何应用软件。根据故障分析判断的需要，依次安装相应的应用软件。这种方法可以容易判断故障是属于操作系统本身的问题、软件兼容性问题，还是软件、硬件之间的冲突问题。

（3）应用程序诊断法。针对操作系统、应用软件运行不稳定等故障，可以使用专门的应用测试软件来对计算机的软件、硬件进行测试，如 3D.Benchmark.OK、WinBench99 等。根据这些软件的反复测试而生成的报告文件，可以轻松地找到由于操作系统、应用软件运行不稳定而引起的故障。

13.3　计算机常见故障的分析与案例

13.3.1　计算机常见故障的分析及流程

计算机故障千变万化、错综复杂，而寻找问题却只能循序渐进，这要求从外到内、从简单到复杂地进行分析和处理遇到的故障。遇到故障的时候，保持清晰的思路是很重要的，如果脑子里一团乱麻，就无法冷静地判断故障点及故障发生的原因。因此，具有一个清晰的故障分析流程，并能够根据实际情况灵活应用，将极大地提高排除故障的效率。下面简要阐述常见计算机故障及分析的流程。

1. 开机无内存检测声并且无显示

经常会碰到这样的问题，一般来说，CPU、内存、主板只要其中的一个存在故障，都会导致这样的问题产生。

（1）CPU 方面。CPU 没有供电，可先用万用表测试 CPU 周围的场管及整流二极管，然后检查 CPU 是否损坏。CPU 插座有缺针或者松动也会表现为开机时机器点不亮或不定期死机。需要打开 CPU 插座面的上盖，仔细观察是否有变形的插针或触点。BIOS 里设置的 CPU频率不对，也会造成这种现象，如 CPU 超频。

（2）主板方面。主板扩展槽或扩展卡有问题，导致插上显示卡、声卡等扩展卡后，主板没有响应，因此造成开机无显示，如暴力拆装 PCI-E 显卡，导致插槽裂开，从而出现此类故障。

另外，主板芯片散热不好也会导致该类故障的出现。主板 CMOS 芯片中储存着重要的硬

件配置信息，也是主板中比较脆弱的部分，极易遭到破坏，如被 CIH 病毒破坏过的主板，会导致开机没有显示的故障发生。

（3）内存方面。主板无法识别内存、内存损坏或者内存不匹配。某些老的主板对内存比较挑剔，一旦插上主板无法识别的内存，计算机就无法启动。另外，如果插上不同品牌、类型的内存并且它们之间不兼容，也会导致此类故障。在插拔内存时，应注意垂直用力，不要左右晃动，在插拔内存前，一定要先拔去主机电源，防止使用 STR（Suspend to RAM，挂起到内存）功能时内存带电，从而造成内存条被烧毁。

此故障的排除流程如图 13-1 所示。

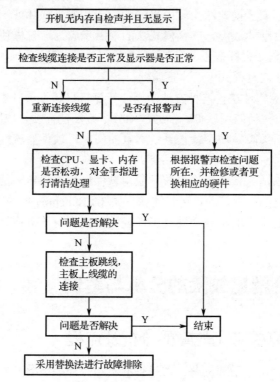

图 13-1　开机无内存检测声并且无显示的故障排除流程

2. 开机后有显示，内存能通过自检，但无法正常进入系统

这种现象说明找不到系统引导文件，如果硬盘没有问题，就是操作系统的引导程序损坏了。首先检查系统自检时显示的信息，查看是否找到硬盘，如果提示硬盘错误，则可能硬盘有坏道，此时可以使用效率源等硬盘检测工具对硬盘进行检测、修复。如果没有找到硬盘，就应该检查硬盘的连线与跳线，并且重新对 BIOS 进行设置，如果还是找不到，就说明硬盘已被损坏，此时只能更换硬盘。另外，可以通过使用启动盘来尝试，如果可以通过启动盘进入硬盘分区，就说明操作系统存在问题，此时如果只是系统中的某几个关键文件丢失，可以通过插入安装盘，使用故障恢复控制台对系统进行恢复，否则重新安装操作系统即可。如果不能进入硬盘分区，就说明硬盘或者分区表损坏，使用硬盘分区工具进行恢复，如不能恢复分区表，或不能分区，就说明硬盘坏了，此时需要更换硬盘。

此故障的排除流程如图 13-2 所示。

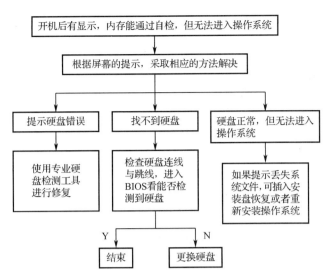

图 13-2　无法正常进入系统的故障排除流程

3．硬盘故障

随着硬盘转速的不断提高及各种需要频繁读/写硬盘的应用程序（如 BT、电骡等）越来越普及，硬盘已经成为计算机中最容易出现故障的组件。另外，硬盘作为计算机中主要的存储设备，其中存放着大量的数据，一旦硬盘出现故障将造成相当严重的后果。硬盘的故障分为软件故障与硬件故障两大类。软件故障一般是由于对硬盘的误操作、受病毒破坏等原因造成的，硬盘的盘面与盘体均没有任何的问题，因此只需要使用一些工具和软件即可修复。如果硬盘发生了硬件故障，处理起来就相对比较麻烦。硬盘的物理坏道即为硬件故障，表明硬盘磁道产生了物理损伤，并且无法用软件或者高级格式化来修复，只能通过更改或隐藏硬盘扇区来解决。硬盘盘体上的电路板也是容易发生故障的部分。这些故障一般是由于静电电击造成的，因此在接触硬盘的时候，一定不要用手直接接触硬盘盘体上的电路板。如果电路板损坏，就需要由专业维修人员进行维修，切不可自己动手拆开电路板。硬盘故障的排除流程如图 13-3 所示。

4．死机故障

死机是在使用计算机时经常会碰到的情况。计算机死机时一般表现为出现系统"蓝屏"，画面定格无反应，鼠标、键盘无法输入，软件运行非正常中断等。造成死机的因素有很多方面，一般可分为硬件与软件两个方面。

（1）由硬件原因引起的死机。

①散热不良。电源、主板、CPU 在工作中会散发出大量的热量，因此保持通风状况的良好，这非常重要。电源、主板、CPU 过热，会严重地影响系统的稳定性。如果不注意散热，就可能导致硬件产品烧坏或者烧毁。硬件过热需要先从机箱开始着手检查，然后再从 CPU 等设备开始，逐一排除分析。

②灰尘。机器内如果灰尘过多也会引起死机故障。如果光驱激光头沾染过多的灰尘，会导致读/写错误，严重的会引起计算机死机。如果风扇上灰尘过多，也会导致机器散热性能的急剧下降，从而导致系统不稳定，甚至造成计算机死机。出现以上情况时，可以定期使用专用的吹灰机对风扇或者机箱进行整机清洁。

③软件、硬件不兼容。某些硬件设备在安装了没有经过授权的驱动程序后，会导致机器自动重启，甚至不定期地死机。

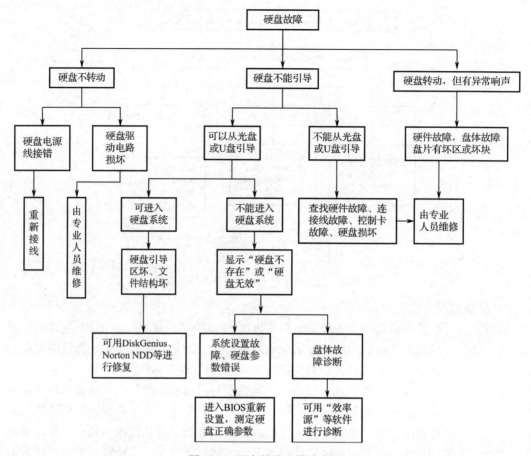

图 13-3　硬盘的故障排除流程

④硬件不匹配。如果主板主频和 CPU 主频不匹配，或者是老主板在超频时将外频定得过高，将导致机器不能稳定运行，从而导致频繁死机。

⑤内存条故障。内存条导致的死机主要是由于内存条松动、虚焊，或内存芯片本身质量低下所致，应根据具体情况对内存条出现的问题进行排除，一般需要排除内存条接触故障、内存条相互不兼容故障等。如果内存条质量存在问题，就必须更换内存条才能解决问题。

⑥CPU 超频。超频提高了 CPU 的工作效率，也可能使其性能变得不稳定。由于 CPU 在内存中存取数据的速度本身就快于内存与硬盘交换数据的速度，超频使这种矛盾更加突出，加剧了在内存或虚拟内存中找不到所需数据的情况，从而导致异常错误，造成死机。

⑦硬件资源冲突。由于声卡或显示卡的设置冲突，引起异常错误。硬件设备的中断、DMA或端口出现冲突时，可能导致驱动程序异常，造成死机。解决的办法是选择"安全模式"启动，然后在系统的"设备管理"中对资源进行相应的调整。对于驱动程序中产生异常错误的情况，可以通过修改注册表，找到并删除与驱动程序前缀字符串相关的所有键值。

⑧硬盘故障。硬盘老化或者由于使用不当造成的坏道、坏扇区等经常会导致死机。对于逻辑坏道，可以使用软件进行修复，对于物理坏道，只能将其单独划为一个分区，然后进行屏蔽，避免情况的进一步恶化。

⑨劣质硬件。质量低劣的板卡、内存或者冒牌主板和打磨过的 CPU、内存组装起来的机器在运行时会很不稳定，并且会经常死机。用户可以使用专业的硬件测试工具对自己机器中的硬件进行测试，通过长时间的烤机，避免这种情况的发生。

⑩硬件环境。硬件环境涉及的参数很广泛，包括计算机内部温度、硬件工作温度、外部温度和机房的温度与湿度。虽然不一定要达到标准，但是也应符合基本的规定，不能让计算机的硬件温度骤然下降或上升，这样会影响电子元件的寿命及使用。所以对于硬件环境，要在平时多注意一些，不能太热、太潮，才能更安全地使用计算机，避免硬件故障导致的机器死机。

（2）由软件原因引起的死机。

①BIOS 设置不当。如果对 BIOS 设置参数中的硬盘参数设置、模式设置、内存参数设置不当，将导致计算机死机或者无法启动。如硬盘使用 GPT 模式分区，将"Boot Mode"选项设置为"Legacy BIOS"，则会导致系统无法启动。

②系统引导文件或主引导记录被破坏。Windows 10 引导记录中包括启动配置数据（Bcd）和主引导记录（Mbr）两个部分，当 Windows 10 无法正常启动时，都是由这两个部分被破坏或无法正常访问所造成的。

③动态连接库文件（dll）丢失。在 Windows 操作系统中，扩展名为 dll 的动态链接库文件非常重要，这些文件从性质上讲属于共享类文件，也就是说，一个 DLL 文件可能有多个软件在运行时调用它，在删除应用软件的时候，该软件的卸载程序会将所有的安装文件逐一删除，在删除的过程中，如果某个 DLL 文件正好被其他的应用软件所使用时，会造成系统死机；如果该 dll 文件属于系统的核心链接文件，会造成系统崩溃。一般来说，用户可以使用工具软件（如 360 安全卫士）对无用的 DLL 文件进行删除，从而避免这种情况的发生。

④硬盘剩余空间太少或磁盘碎片太多。在使用计算机的过程中，用户经常会有将大量文件存放到系统盘的坏习惯，从而产生系统盘剩余空间太少的问题。由于一些应用程序运行时需要大量的内存、虚拟内存，当硬盘没有足够的空间来满足虚拟内存需求时，将会造成系统运行缓慢甚至死机。因此，用户需要养成定期整理硬盘、清除垃圾文件的习惯，并且利用系统自带的磁盘碎片整理工具对硬盘进行整理。

⑤计算机病毒感染。计算机病毒会自动抢占系统资源，大多数的病毒在动态下都是常驻内存的，这样必然会抢占一部分系统资源。病毒所占用的基本内存长度大致与病毒本身长度相当。通过强占内存，导致内存减少，使得一部分软件不能运行。除了占用内存，病毒还抢占、中断、干扰系统运行，严重时导致机器死机。另外，在对病毒进行查杀后，其残留文件在系统调用时，由于无法找到程序，可能造成一个死循环，从而造成机器死机。如果用户在使用过程中，发现系统运行效率急剧下降，系统反应缓慢，频繁死机，此时应该使用杀毒软件对系统进行杀毒，还要清除系统中的临时文件、历史文件，防止病毒文件残留，做到对病毒的彻底查杀。

⑥非法卸载软件。一般在删除应用软件的时候，最好不要使用直接删除该软件安装所在目录的方法，因为这样会在系统注册表、服务项、启动项及 Windows 系统目录中产生大量的垃圾文件，久而久之，系统也会因不稳定而引起死机。在删除不需要的应用软件时，最好使用自带的卸载软件，如果没有，也可以使用专业的卸载工具，从而做到对应用软件的彻底删除。

⑦自动启动程序、系统服务太多。如果在系统启动过程中，随系统一起自动启动的应用程序和系统服务太多，将会使系统资源消耗殆尽，同时使个别程序所需的数据在内存或虚拟内存中无法找到，从而出现异常错误，导致系统死机。一般来说，系统启动时只要保留基本的系统服务、杀毒软件即可，其他的应用软件可以在需要时再运行。

⑧滥用测试版软件。一般来说，应该尽量避免或者少用应用软件的测试版本，因为测试软件没有通过严格的测试过程，通常会带有 Bug，使用后可能出现数据丢失的程序错误，如

内存缓冲区溢出、内存地址读取失败等，严重的将造成系统死机，或者系统无法启动。另外，一些测试版软件被黑客修改后，加入了病毒文件，从而给系统造成了严重的安全隐患。

⑨非正常关闭计算机。一般在关机的时候，不要直接关掉电源。系统在关机时首先会结束登录用户打开的所有程序、保存用户的设置和系统设置，停止系统服务和操作系统的大部分进程，然后复位硬件，如复位硬盘的磁头、停止硬件驱动程序，最后断开主板和硬件设备的电源。因此如果直接断开电源，轻则造成用户的系统文件损坏、丢失，引起系统重复启动或运行中死机；严重的将会造成硬盘损坏。

死机故障的排除流程如图 13-4 所示。

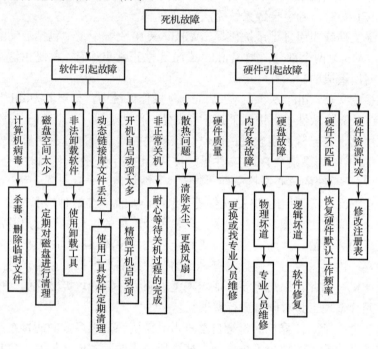

图 13-4　死机故障排除分析

5. 蓝屏故障

蓝屏死机（Blue Screen of Death）指的是微软 Windows 操作系统在无法从一个系统错误中恢复过来时显示的屏幕图像。当 Windows NT 的系统内核无法修复错误时将出现蓝屏，此时用户所能做的只有重新启动操作系统，但这将丢失所有未存储的数据，并且有可能破坏文件系统的稳定性。蓝屏死机一般只在 Windows 遇到很严重的错误时才出现。另外，硬件问题（如硬件过热、超频使用、硬件的电子器件损坏及 BIOS 设置错误或其他代码有错误等）也可能导致蓝屏死机。

在默认情况下，蓝屏的显示是蓝底白字，显示的信息标明了出现问题的类型和当前的内存值及寄存器值，经验丰富的人员可以从中了解故障的严重程度并找到问题的所在。

产生蓝屏的原因有很多，软件、硬件的问题都有可能产生蓝屏，从代码反馈的含义中可以了解出现问题的主要原因，如 BIOS 参数设置错误、系统找不到指定的文件或路径、找不到指定的扇区或磁道、系统无法打开文件、系统装载了错误格式的程序、系统无法将数据写入指定的磁盘、系统开启的共享文件数量太多、内存拒绝存取、内存控制模块地址错误或无效、内存控制模块读取错误、虚拟内存或主内存空间不足而无法处理相应指令、无法中止系统关机、网络繁忙或发生意外的错误、指定的程序不是 Windows 程序等。

蓝屏发生时会产生硬盘文件读/写、内存数据读/写方面的错误，因此用户可以从以下几个方面来处理蓝屏问题。

（1）内存超频引起。内存使用非正常的总线频率、内存延迟时间设定错误、内存混插等都容易引起计算机蓝屏现象，这类错误的发生没有规律可循。解决的方法就是让内存工作在额定的频率范围内，并且在使用内存时最好选用同一品牌、同一型号。

（2）硬件散热引起。当机器中的硬件过热时也会引起蓝屏。这一类故障往往会有一定的规律。例如，一般会在机器运行一段时间后才出现，表现为蓝屏死机或是突然重新启动。解决的方法就是除尘、清洁风扇，更换散热装置。

（3）硬件兼容引起。兼容机也就是现在流行的 DIY 组装的机器，其优点是性价比高，但缺点是在进行组装的时候，由于用户没有完善的检测手段和相应的检测知识，无法进行一系列的兼容性测试，如将不同规格内存条混插引起故障。由于各内存条在主要参数上的不同而产生蓝屏。

（4）I/O 冲突引起。一般由 I/O 冲突引起的蓝屏现象比较少，如果出现，可以从系统中删除带"!"或"?"的设备名，然后重新启动即可。

（5）内存不足引起。有的应用程序需要系统提供足够多的内存空间，当主内存或虚拟内存空间不足时就会产生蓝屏。解决的方法是关闭其他暂时不用的应用程序，删除虚拟内存所在分区内无关的文件以增加虚拟内存的可用容量。

（6）卸载程序引起。在卸载某程序后，系统出现蓝屏，这类蓝屏一般是由于程序卸载不完善所造成的。解决方法是首先记录出错的文件名，然后到注册表中指定的分支，将其中的与文件名相同的键值删除即可，如图 13-5 所示。

图 13-5　删除注册表中指定分支下的相应键值

（7）DirectX 问题引起。DirectX 是由微软公司创建的多媒体编程接口。它是一个通用的编译器，可以让适用于 DirectX 的游戏或多媒体程序在各种型号的硬件上运行或播放，还可以让以 Windows 为平台的游戏或多媒体程序获得更高的执行效率。它具有强大的灵活性和多态性。DirectX 版本过高、过低，游戏与其不兼容或是不支持、辅助文件丢失、显示卡对其不支持等，都可能造成此故障。解决的方法是升级或重装 DirectX，尝试更新显示卡的 BIOS 和驱动程序或升级显示卡。

（8）病毒或黑客攻击。当系统中毒后，病毒会占用大量的系统资源，从而导致系统崩溃、蓝屏，而黑客一般都利用系统漏洞开发相应的程序对系统进行攻击。如针对内存缓冲区溢出漏洞的攻击就经常会造成系统蓝屏。解决的方法是安装杀毒软件，定时更新病毒库。针对网络攻击，可以安装个人防火墙程序、及时更新系统补丁。360 杀毒软件与 360 安全卫士结合使用是一个不错的选择。

（9）硬盘、光驱读/写错误。程序调用的文件丢失、破坏或者发生错误，光驱无法读取文件与数据时都会发生蓝屏现象，遇到这些问题时，首先要查毒，然后进行磁盘扫描和整理。如光驱出现读取问题，则与激光头老化或光盘质量有关。

蓝屏故障的排除流程如图 13-6 所示。

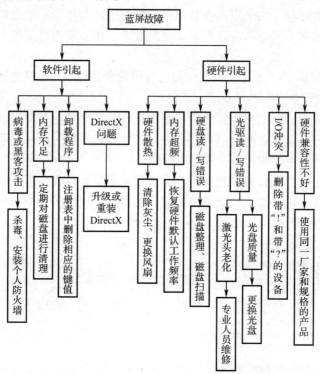

图 13-6　蓝屏故障排除分析

6．Windows 常见蓝屏故障

Windows 蓝屏故障，一般可以通过错误代码来分析造成蓝屏的原因。

蓝屏代码 1：MACHINE-CHECK-EXCEPTION

错误分析：CPU 过于超频。

解决方案：启动自动修复程序，修复系统错误后，将 CPU 频率降回出厂频率。不要再超频运行，最好不要用容量太大的软件或者是那些测试 CPU 超频之类的软件。

蓝屏代码 2：0x0000000A:IRQL_NOT_LESS_OR_EQUAL

错误分析：主要是由有问题的驱动程序、有缺陷或不兼容的硬件与软件造成的。表明在内核模式中存在以太高的进程内部请求级别（IRQL）访问其没有权限访问的内存地址。

解决方案：如果故障现象出现前的最后一次操作是计算机操作系统更新了补丁或安装了新的软件，就用安全模式返回到上一次配置，删除更新的补丁或新安装的软件。如果出现此故障现象是因为更新硬件驱动，就需从硬件支持的官网上下载驱动程序来正常更新。

蓝屏代码 3：0x0000001A:MEMORY_MANAGEMENT

错误分析：内存管理错误往往是由硬件引起的，如新安装的硬件、内存本身有问题等。

解决方案：如果在安装 Windows 时出现，就可能是计算机达不到安装 Windows 的最小内存和磁盘要求。

蓝屏代码 4：0x0000001E:KMODE_EXCEPTION_NOT_HANDLED

错误分析：Windows 内核检查到一个非法或者未知的进程指令，一般是由问题的内存或是与前面 0x0000000A 相似的原因造成的。

解决方案：

（1）若硬件兼容有问题，则查看所有硬件之间是否存在冲突。

（2）有问题的设备驱动、系统服务或内存冲突和中断冲突：如果在蓝屏信息中出现了驱动程序的名字，请试着在安装模式或者故障恢复控制台中禁用或删除驱动程序，并禁用所有刚安装的驱动和软件。如果错误出现在系统启动过程中，请进入安全模式，将蓝屏信息中所标明的文件重命名或者删除。

（3）如果错误信息中明确指出 Win32K.sys，就很有可能是由第三方远程控制软件造成的，需要从故障恢复控制台中将该软件的服务关闭。

（4）在安装 Windows 后第一次重启时出现，则最大嫌疑可能是系统分区的磁盘空间不足或 BIOS 兼容有问题。

（5）如果是在关闭某个软件时出现的，就很有可能是软件本身的问题，请升级或卸载它。

蓝屏代码 5：0x00000023:FAT_FILE_SYSTEM 或 0x00000024:NTFS_FILE_SYSTEM

错误分析：0x00000023 通常发生在读写 FAT16 或者 FAT32 文件系统的系统分区时，而 0x00000024 则是由于 NTFS.sys 文件出现错误（这个驱动文件的作用是允许系统读写使用 NTFS 文件系统的磁盘）。这两个蓝屏错误很有可能是磁盘本身存在物理损坏或是中断要求封包（IRP）损坏而导致的。其他原因还包括硬盘磁盘碎片过多；文件读写操作过于频繁，并且数据量非常大或者是由一些磁盘镜像软件或杀毒软件引起的。

解决方案：

第一步：打开命令行提示符，运行 "chkdsk /r"（注：不是 CHKDISK）命令检查并修复硬盘错误，如果报告存在坏道（Bad Track），请使用硬盘厂商提供的检查工具进行检查和修复。

第二步：禁用所有即时扫描文件的软件，如杀毒软件、防火墙或备份工具。

第三步：Windows 10 系统下，右击 C:\windows\system32\drivers\fastfat.sys 文件并选择 "属性"，查看其版本是否与当前系统所使用的 Windows 版本相符。

第四步：安装最新的主板驱动程序，特别是 IDE 驱动。如果计算机的官网上提供了光驱、可移动存储器的驱动程序，最好将它们升级至最新版。

蓝屏代码 6：0x00000027:RDR_FILE_SYSTEM

错误分析：此错误产生的原因很难判断，一般 Windows 内存管理出了问题很可能会导致此代码的出现。

解决方案：如果是内存管理的原因，通常增加内存可解决问题。

蓝屏代码 7：0x0000002EATA_BUS_ERROR

错误分析：系统内存奇偶校验产生错误，通常是因为存在有缺陷的内存（包括物理内存、二级缓存或者显卡显存），设备驱动程序访问不存在的内存地址等原因引起的。另外，硬盘被病毒或者其他问题所损伤，也会出现此代码。

解决方案：

（1）检查病毒。

（2）使用"chkdsk /r"命令检查所有磁盘分区。

（3）用 Memtest86 等内存测试软件检查内存。

（4）检查硬件是否安装正确，比如，是否安装牢固、金手指是否有污渍。

蓝屏代码 8：0x00000035:NO_MORE_IRP_STACK_LOCATIONS

错误分析：驱动程序存在问题，或是内存存在质量问题。

解决方案：更新驱动程序或更换内存以尝试解决。

蓝屏代码 9：0x0000003F:NO_MORE_SYSTEM_PTES

错误分析：一个与系统内存管理相关的错误。比如，由于执行了大量的输入/输出操作，造成内存管理出现问题；有缺陷的驱动程序不正确地使用内存资源；某个应用程序（如备份软件）被分配了大量的内核内存等。

解决方案：卸载所有最新安装的软件（特别是那些增强磁盘性能的应用程序和杀毒软件）和驱动程序。

蓝屏代码 10：0x00000044:MULTIPLE_IRP_COMPLIETE_REQUESTS

错误分析：通常是由硬件驱动程序引起的。

解决方案：卸载最近安装的驱动程序。此故障一般很少出现，主要检查 Falstaff.sys 文件。

蓝屏代码 11：0x00000050:PAGE_FAULT_IN_NONPAGED+AREA

错误分析：有问题的内存（包括物理内存、二级缓存、显存）、不兼容的软件（主要是远程控制和杀毒软件）、损坏的 NTFS 卷及有问题的硬件（如 PCI 插卡本身已损坏）等都会引发这个错误。

解决方案：用替换法，逐个硬件进行排查，找出问题实际所在。

蓝屏代码 12：0x00000051:REGISTRY_ERROR

错误分析：此代码说明注册表或系统配置管理器出现错误，由于硬盘本身有物理损坏或文件系统存在问题，从而造成在读取注册文件时出现输入/输出错误。

解决方案：使用"chkdsk /r"命令检查并修复磁盘错误。

蓝屏代码 13：0x00000058:FTDISK_INTERNAL_ERROR

错误分析：在容错集中的主驱动发生错误。

解决方案：首先重启计算机查看是否能解决问题，如果不行，就尝试"最后一次正确配置"进行解决。

蓝屏代码 14：0x0000005E:CRITICAL_SERVICE_FAILED

错误分析：此错误是由某个非常重要的系统服务启动识别造成的。

解决方案：如果是在安装了某个新硬件后出现的，可以先移除该硬件，并查询是否存在兼容性问题，然后启动计算机，如果蓝屏依旧出现，就使用"最后一次正确配置"来启动 Windows，如果还是失败，建议进行修复安装或是重装。

蓝屏代码 15：0x0000006F:SESSION3_INITIALIZATION-FAILED

错误分析：此错误通常出现在 Windows 启动时，一般是由有问题的驱动程序或损坏的系统文件引起的。

解决方案：建议使用 Windows 安装光盘对系统进行修复安装。

蓝屏代码 16：0x00000077:KERNEL_STACK_INPAGE_ERROR

错误分析：说明需要使用的内核数据没有在虚拟内存或物理内存中找到。这个错误通常预示着磁盘有问题，相应数据损坏或受到病毒侵蚀。

解决方案：使用杀毒软件扫描系统，或使用"chkdsk /r"命令检查并修复磁盘错误，如果还不行就使用磁盘厂商提供的工具检查修复。

蓝屏代码 17：0x0000007A:KERNEL_DATA_INPAGE_ERROR

错误分析：此错误是虚拟内存中的内核数据无法读入内存造成的。原因可能是虚拟内存页面文件中存在坏簇、病毒、磁盘控制器出错、内存有问题。

解决方案：首先把杀毒软件的病毒库升级到最新再去查杀病毒，如果错误信息中还有0xC000009C 或 0xC000016A 代码，那么表示它是由坏簇造成的，并且系统的磁盘检测工具无法自动修复，这时要进入"故障恢复控制台"，用"chkdsk /r"命令进行手动修复。

蓝屏代码 18：0x0000007B:INACESSIBLE_BOOT_DEVICE

错误分析：Windows 在启动过程中无法访问系统分区或启动卷。一般发生在更换主板后第一次启动时，主要是因为新主板和旧主板的 IDE 控制器使用了不同芯片组造成的，有时可能是病毒或硬盘损伤所引起的。

解决方案：一般只要用安装光盘启动计算机，然后执行修复安装即可解决问题。对于病毒可挂载到其他计算机上进行查杀。如果是硬盘本身存在问题，请将其安装到其他计算机中，然后使用"chkdsk /r"命令来检查并修复磁盘错误。

蓝屏代码 19：0x0000007E:SYSTEM_THREAD_EXCEPTION_NOT_HANDLED

错误分析：系统进程产生错误，但 Windows 错误处理器无法捕获。其产生原因很多，包括硬件兼容性、有问题的驱动程序或系统服务或者是某些软件，每次的蓝屏代码可能都不一样。

解决方案：出现这样的原因基本上就是硬件造成的，尤其是内存，可以尝试更换内存。

7. 重启故障

运行中的计算机突然重新启动，一般是硬件系统出现严重稳定性问题的表现。软件的兼容性问题可能产生重启现象，但更多的突然重启则与 CPU 的稳定性、电源供应系统和主板质量有关。产生这类故障现象时，首先要检查 CPU 的情况，再测量电源输出电压是否稳定，然后对硬件的连接进行检查，最后采用替换法进行检查。造成突然重启的因素有很多，一般来说分为硬件与软件两方面。

（1）软件原因引起的重启故障。

①病毒破坏。最典型的例子就是能够对计算机造成严重破坏的"冲击波"病毒，发作的时候会进行 60s 倒计时，然后重启系统。另外，如果计算机遭到恶意入侵，并放置了木马程序，这样对方就可以通过木马对计算机进行远程控制，使计算机突然重启。如果发生这样的情况，只能使用杀毒软件对病毒、木马进行查杀，然后安装操作系统相应的补丁。如果实在清除不了，就只能重新安装操作系统。

②系统文件损坏。当系统文件损坏时，如在 Windows XP 下的 Kernel32.dll 文件被破坏或者被改名的情况下，系统在启动时会因无法完成初始化而强迫重新启动。对于这种故障可以使用"故障恢复控制台"对损坏或丢失的系统文件进行恢复。

③计划任务设置不当。如果在系统的"计划任务栏"里设置了定时关机，那么计算机将在指定时间自动关机。对于这种故障，直接删除相关的计划任务即可。

（2）硬件原因引起的重启故障。

①市电电压不稳。一般家用计算机的开关电源工作电压范围为 170～240V，当市电电压低于 170V 时，计算机就会自动重启或关机。一般市电电压的波动是感觉不到的，所以为了避

免市电电压不稳造成的机器假重启，可以使用 UPS 电源或 130～260V 的宽幅开关电源来保证计算机能稳定工作。

②计算机电源的功率不足。这种情况经常发生在为主机升级时，如更换了高档的显示卡、新增加了大容量硬盘、增加了刻录机等。当机器全速运行时，如运行大型的 3D 游戏、进行高速刻录、双硬盘对拷数据等都可能会因为瞬时电源功率不足引起电源保护而停止输出，从而造成机器重启。

③劣质电源。由于劣质电源 EMI 滤波电路不过硬，有的甚至全部省去，就容易受到市电中的杂波干扰，导致电流输出不够纯净，从而无法确保计算机硬件的稳定运行。另外，劣质电源使用老旧元件，导致输出功率不足，从而导致计算机无法正常启动。

④CPU 问题。CPU 内部部分功能电路被损坏或二级缓存被损坏时，虽然计算机可以启动，并且能够正常进入桌面，但是当运行一些特殊功能时，就会重启或死机，如播放视频文件、玩 3D 游戏等。一般可以通过在 BIOS 中屏蔽掉 CPU 的二级缓存来解决，如果问题依然存在，就只能使用好的 CPU 进行替换排除。

⑤内存问题。内存条上的某个内存芯片没有完全损坏时，很有可能在开机时通过自检，但是在运行时就会因为内存发热量过大导致功能失效而造成机器重启。一般可以使用替换排除法，对故障部位进行快速定位。

⑥机箱上的 RESET 按钮质量有问题。当 RESET 开关弹性减弱或机箱上的按钮按下去不易弹起时，就会出现因为偶尔的触碰机箱或在正常使用状态下主机突然重启。当 RESET 按钮不能按动自如时，一定要仔细检查，最好更换新的按钮。

⑦散热问题。CPU 风扇长时间使用后散热器积尘太多、CPU 散热器与 CPU 之间有异物等情况导致 CPU 散热不良，从而温度过高导致 CPU 硬件被损坏，造成机器重启。另外，当 CPU 风扇的测速电路损坏或测速线间歇性断路时，因为主板检测不到风扇的转速就会误以为风扇停转而自动关机或重启。

重启故障的排除流程如图 13-7 所示。

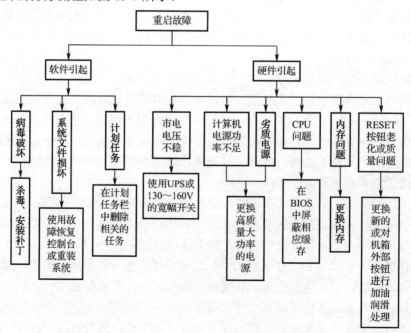

图 13-7　重启故障排除分析

13.3.2 计算机故障案例分析

案例一

1．故障现象

一台在两年前组装的兼容机，最近经常无法启动，偶尔能够启动并进入系统，却频繁死机。

2．故障分析与排除

根据故障现象，初步判断为硬盘出现问题或是由病毒造成的。将故障机的硬盘拆下来，放置到另一台正常的机器上作为从盘，然后进入操作系统，将病毒库更新到最新，最后对整个硬盘进行查杀，整个过程没有发现任何病毒，因此故障并不是由病毒引起的。接下来使用硬盘修复工具对故障机的硬盘进行全盘扫描与检查，并没有发现坏道，在整个过程中硬盘也没有发出异响，说明故障机的硬盘本身没有任何问题。

检查数据线或电源线是否存在问题，更换一条全新的数据线重新接到计算机上，并更换一个电源插口，重新开机。如果故障依然存在，就可能是电源输出功率不足，更换了全新的长城 300W 电源，但故障依然存在。

排除电源出现问题的可能，下一个需要排查的目标就是内存。将故障机的内存替换到好的机器上，使用一切正常，因此内存也没有问题。最后只能仔细观察主板，其中硬盘接在 SATA1 接口上，光驱接在 SATA2 接口上，试着将硬盘接到 SATA2 接口上，开机后机器正常启动并进入系统，没有出现死机的现象，这样就找到了故障点，问题就出在 SATA1 接口上，拆下主板，仔细观察发现 SATA1 接口背面有好几处都布满了灰尘，其中的 SATA1 接口的焊接点几乎被灰尘覆盖，将灰尘清理后，固定好主板，装好各硬件，重新启动计算机，能够顺利进入系统，不再出现死机现象。

3．故障总结

灰尘是计算机的隐形杀手，堆积的灰尘不仅会妨碍散热、损坏元件，还会在天气潮湿时造成电路短路的现象，从而造成系统的不稳定。

案例二

1．故障现象

一台安装有 Windows 10 系统的计算机在遭遇突然掉电，或是系统蓝屏等情况后，操作系统不能正常使用。

2．故障分析与排除

根据故障现象，这类问题一般都是因为 Windows 无法正常引导所产生的。可尝试启动到仅加载最少驱动的安全模式以解决问题。但若是连安全模式都无法引导，则需检查 Windows 10 的引导记录是否已被破坏。排除步骤如下：

第一步，如果系统能进入到图 13-8 所示界面，就单击图中的"高级选项"→"疑难解答"→"高级选项"→"命令提示符"。如果系统无法自动进入"命令提示符"，就需使用 Windows 7 或更新版本的 Windows 安装 ISO、系统启动 U 盘或 Windows PE 引导进入"命令提示符"。

第二步，执行"bcdedit /enum"命令，如果看到如图 13-9 所示提示，就说明引导记录已经被损坏。

第三步，执行"chkdsk /r"命令找到坏扇区并恢复可读取的信息。磁盘检查完成后，可以尝试重启计算机查看问题是否得到解决。

图 13-8 Windows 10 自动修复界面

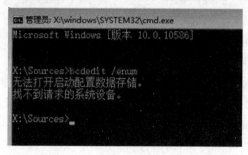

图 13-9 执行"bcdedit /enum"命令

第四步,如果问题依旧,请重启机器进入到"命令提示符"使用"SFC /SCANNOW"命令尝试重建并恢复已损坏的 Windows 10 系统文件。

第五步,最后依次执行如下命令修复 Windows 10 的主引导记录并重建 BCD 配置文件:

BOOTREC /SCANOS

BOOTREC /FIXMBR

BOOTREC /FIXBOOT

BOOTREC /REBUILDBCD

3.故障总结

出现类似故障现象,需要知道为什么会出现此类问题,也有可能出现系统无限重启的可能,但不管是什么原因,需要具体问题具体分析。比如,Windows 10 后台系统更新了一些不靠谱的补丁,则需手动卸载系统近期安装的补丁,因为更新会引起一些意想不到的系统错误。

13.4 计算机故障的规避

从计算机故障的分类可以发现,要做到如何规避计算机故障,主要体现在计算机的硬件和软件两方面。

13.4.1 计算机硬件故障的规避

计算机硬件的故障,归纳为以下三大类。

1．计算机的使用环境

灰尘、温度、湿度、电压等造成主机中的配件容易污染、氧化、短路等，出现的故障现象多为开机鸣叫，或者干脆开不了机，所以计算机的使用环境需要加以重视。

2．计算机硬件之间的兼容

在购买计算机之前，首先使用者需要知道用计算机来做什么。比如，是进行文字处理、图像处理、设计制图、数据分析，还是只用于娱乐等，不同的需求需要不同硬件配置，不管是组装机还是品牌机，都需要考虑这个问题。其次考虑资金问题，根据不同的需求，选择不同需求的配置，除了品牌机一般不考虑兼容性问题，组装机在根据需求选择配件时，需着重考虑选择配件之间的兼容性问题，尤其是主板与 CPU、主板与内存之间的兼容。此类问题可以参考各大厂商对产品的介绍。

3．人为因素

计算机用户对计算机基础知识的缺乏是造成计算机硬件设备故障发生的主要原因之一。比如组装计算机时，选购了一块性能和质量较好的主板，但为了节约资金，在选购内存时贪图便宜，选择了质量不好的产品，最终可能导致计算机刚开始的时候工作正常，使用一段时间后，频繁死机或干脆开不了机。另外，使用者在插拔硬件、安装跳线开关时没有严格按照规范操作，这些都会增加计算机硬件设备发生故障的概率。

13.4.2 计算机软件故障的规避

除了本章节前面提到的软件程序问题，还有一大原因是人为因素，也就是说，计算机用户在使用计算机的过程中存在着许多使用方法不合理的现象，主要体现在以下三个方面。

1．随意下载软件

网络上的资源相当丰富，有些网站提供的下载软件包中附加了其他东西，比如，病毒、垃圾软件、恶意代码等，常见的不可靠下载文件的文件名中经常附带@符号。

2．随意安装软件

很多计算机用户在安装软件时，不仔细查看安装界面，直接用鼠标一直单击"下一步"按钮，直至安装完成。尤其是在安装一些浏览器、视频播放器及游戏时，安装完成后，操作系统桌面上突然出现了许多本不需要的软件的快捷方式。实际上在软件安装过程中，这些多余的软件安装选项默认是勾选的。

3．其他不好的使用习惯

计算机用户随意存放或删除文件、不及时更新杀毒软件的病毒库或安装多个杀毒软件、插接来历不明的外接存储器（如 U 盘）或直接双击外接存储器盘符、随意单击网站的链接地址等。

总结：随着计算机技术的不断发展，计算机与人们的日常生活、工作、学习等紧密相连，计算机基本得到了普及，但是计算机使用过程中频繁出现的故障，不仅严重影响了计算机的使用效率，也影响了人们的正常生活。参照前面章节中的知识，熟练掌握计算机正确的使用方法及了解并熟悉上述计算机软件、硬件方面的问题，学会如何选购组装计算机，养成良好的使用习惯，能很好地规避计算机故障的发生。

实验 13

1．实验项目

计算机故障的分析与排除。

2．实验目的

（1）了解计算机故障的分类。

（2）熟悉计算机故障分析与排除的基本原则。

（3）锻炼对计算机故障进行分析和排除的能力。

3．实验准备及要求

（1）十字螺丝刀一个，软件工具盘一张（包括 CPU-Z、Memtest、效率源、Diskgen 等），300W 电源一个，2GB 内存一条，80GB 硬盘一个。

（2）仔细观察故障现象，运用计算机故障分析与排除的基本原则，对故障进行详细分析。

（3）精确找到故障点，对故障进行排除。

（4）详细记录故障分析过程与故障排除过程。

4．实验步骤

（1）两人为一组，互相设置故障。

（2）根据故障现象，运用计算机故障分析与排除的基本原则，对故障进行初步判断。

（3）依据自己的判断对故障进行排除。

（4）整理记录，完成实验报告。

5．实验报告

（1）详细写出计算机故障现象。

（2）使用手中的工具对故障进行排除。

要求：

①写出故障分析的思路。

②根据分析的思路，提出故障排除的方法。

③详细记录故障排除的过程。

习题 13

1．填空题

（1）计算机故障分为_____和_____。

（2）计算机软件故障主要是由_____引起的。

（3）计算机硬件故障包括_____和_____等出现电气或机械等物理故障。

（4）病毒会占用大量的_____，如_____、_____等。

（5）软件故障一般可以进行_____，但在某些情况下，软件故障也可以转换为_____。

（6）_____是指系统与各部件上及印制板上的跳线连接脱落、错误连接、开关设置错误等构成不正常的系统配置。

（7）勒索病毒是一种新型计算机病毒，主要_____、_____、_____的形式进行传播。

（8）不小心对数据盘进行格式化操作所引起的数据丢失，属于由_____引起的软件故障。

（9）现在有很多计算机硬件的测试软件，SISoftware Sandra 是_____测试工具，CPU-Z 是_____测试工具，Memtest 是_____测试工具、HD Tune 是_____测试工具。

（10）_____主要用来诊断由于注册表损坏或一些软件不兼容导致的操作系统无法启动的故障。

2．选择题

（1）计算机故障分为硬件故障和（　　）。

A．操作系统故障　　　　B．软件故障　　　　　C．主板故障　　　　　D．硬盘故障

（2）下面（　　）不属于计算机硬件故障。

A．硬盘发出异响　　　　　　B．主板显示芯片过热　　　C．CPU 针脚断裂　　　　D．计算机中毒

（3）下面（　　）不属于计算机软件故障。

A．系统盘被格式化　　　　　　　　　　　B．硬盘出现坏道

C．Windows 系统崩溃　　　　　　　　　　D．安装声卡驱动后，系统不能正常运行

（4）计算机故障分析与排除的基本原则是（　　）。

A．先硬后软，先复杂后简单　　　　　　　B．先软后硬，先复杂后简单

C．先硬后软，先简单后复杂　　　　　　　D．先软后硬，先简单后复杂

（5）在对计算机故障进行分析和排除的过程中，其基本检查顺序中的第二步是（　　）。

A．由系统到设备　　　B．由设备到部件　　　C．由部件到元件　　　D．由元件到故障点

（6）（　　）不会引起计算机软件故障。

A．计算机病毒　　　　B．误操作　　　　　C．软件冲突　　　　　D．进入安全模式

（7）（　　）不属于计算机硬件故障的分析与排除方法。

A．观察法　　　　　　B．比较法　　　　　C．软件诊断法　　　　D．安全模式法

（8）计算机出现软件故障时可以使用（　　），对其进行分析与排除。

A．更换硬盘　　　　　B．更换电源　　　　C．安全模式法　　　　D．安装系统"补丁"

（9）在使用逐步添加/去除软件法排除计算机软件故障时，应使用（　　）的软件运行环境。

A．最复杂　　　　　　B．最基本　　　　　C．最安全　　　　　　D．最稳定

（10）下面选项中（　　）是内存检测工具。

A．SISoftware Sandra　　B．CPU-Z　　　　　C．3DMark　　　　　D．Memtest

3．判断题

（1）计算机故障只有软件故障。（　　）

（2）如果计算机主板发生硬件故障可以使用软件将其修复。（　　）

（3）病毒程序不会引起计算机硬件故障。（　　）

（4）交换机内循环会引起计算机故障。（　　）

（5）在对计算机故障进行分析与排除的时候，应该采用先软后硬、先简单后复杂的原则。（　　）

4．简答题

（1）计算机的硬件故障主要包括哪几个方面？

（2）计算机的软件故障主要包括哪几个方面？

（3）引起计算机软件故障的原因是什么？

（4）对计算机硬件故障进行分析与排除的基本原则是什么？

（5）如何规避计算机故障？

第 14 章

Windows 系统安全与数据安全

操作系统是管理和控制计算机硬件与软件资源的计算机程序，是运行在计算机上最基本的软件平台，操作系统的安全是计算机能够正常使用的最基本保障。数据是用户在计算机使用过程中的关键信息，无论是对于个人还是企业，数据安全都是最核心问题。计算机中存储的关键数据一旦丢失或受损，将会带来灾难性的后果。本章以 Windows 10 为例，介绍 Windows 系统安全与数据安全。

14.1 Windows 系统安全

Windows 10 提供一系列的措施保障系统安全，这些措施包括受信任启动、加密和数据保护、云存储、网络安全、病毒和威胁防护、应用程序安全性等。

14.1.1 受信任启动（UEFI 启动）

Rootkit 是一种危险的恶意软件，它以内核模式运行，并且与操作系统使用相同的权限。由于它在操作系统之前启动，所以可以完全隐藏自己。Rootkit 一般都与木马、后门等恶意程序结合使用，绕过本地登录、记录密码和按键、传输私有文件及捕获加密数据等。因此从 Window 10 开始，微软大力推广安全性能更高的 UEFI 启动。UEFI Secure Boot（安全启动）机制，能够防止病毒或恶意软件在计算机启动时被加载，有效保障计算机启动过程安全。

Windows 10 使用 EFI 系统分区保存 Windows 10 的引导文件，默认情况下，系统没有为其分配盘符，因此无法访问该分区，从而避免病毒或者误操作导致系统引导文件损坏。Windows 10 受信任启动加载程序将先验证 Windows 10 内核的数字签名，然后再加载它。Windows 10 内核将验证 Windows 启动过程中的每一个组件，包括启动驱动程序、启动文件、ELAM（反恶意软件）。如果文件已经被修改，启动加载程序会检测到问题并拒绝加载损坏的组件，通常 Windows 可以自动修复损坏的组件，从而还原 Windows 并正常启动。

14.1.2 用户账户控制（UAC）

UAC（User Account Control，用户账户控制）是 Windows 10 核心安全功能之一，可以有效减少操作系统受到恶意软件攻击的概率并提高系统安全性。使用 UAC 时，应用程序总是在非管理员账户的安全环境中运行的。UAC 会阻止未经授权应用程序的自动安装，防止对系统设置的任意更改，其通过应用程序的数字签名显示该应用程序的名称和发行者信息，确保它是用户所要运行的程序。

默认情况下，大部分应用程序只有普通权限，不能对操作系统进行修改，但是需要拥有操作系统权限才能运行的应用程序，则需要通过 UAC 临时获得操作系统权限才能运行。用户也可以通过在应用程序图标上单击鼠标右键选择"以管理员身份运行"选项，手动获取操作系统权限。

UAC 会根据应用程序的类型显示相应的提示框，一般有以下 4 种提示框。

1．Windows 10 自带应用程序

这种提示框只在运行 Windows 自带的应用程序时才会出现，UAC 验证该程序的发布者是否为"Microsoft Windows"，一般情况下可以安全地运行此应用程序，如图 14-1 所示。如果不确定，可以单击提示框中的"显示发布者的证书信息"链接，查看应用程序的位置及证书信息。

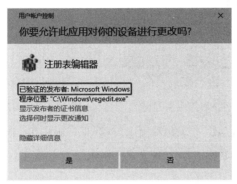

图 14-1　运行 Windows 自带的注册表编辑工具 Regedit

2．第三方应用程序（有数字签名）

这种提示框在运行具有有效数字签名的应用程序时出现，通过数字签名可验证该应用程序发布者的身份，如图 14-2 所示。

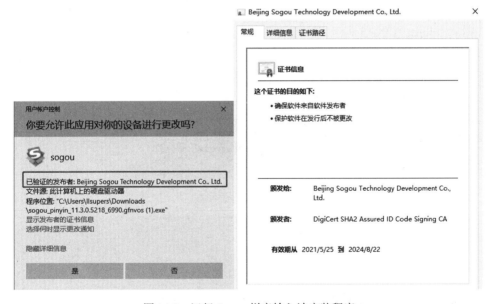

图 14-2　运行 Sogou 拼音输入法安装程序

3．第三方应用程序（无数字签名）

这种提示框在运行没有数字签名的应用程序时出现，此类应用程序虽然不具有数字签名，但并不代表它不安全，许多正规应用程序都没有数字签名。运行此类应用程序之前需要确认应用程序的来源是否可靠，如图 14-3 所示。

4．有害应用程序

这种提示框在运行对计算机有害的应用程序时出现，操作系统不允许此类应用程序在计

算机上运行。运行软件激活程序时，通常会被阻止，如图 14-4 所示。

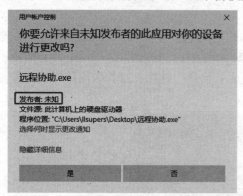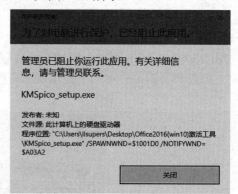

图 14-3 运行没有数字签名的应用程序　　　　图 14-4 危险应用程序 UAC 提示框

Windows 10 默认开启 UAC，提供 4 种运行级别。单击"控制面板"，选择"用户账户"，单击"更改用户账户控制设置"，系统弹出"用户账户控制设置"对话框，如图 14-5 所示。

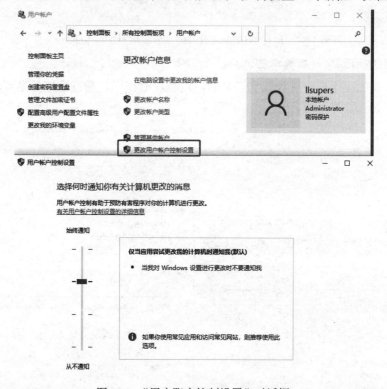

图 14-5 "用户账户控制设置"对话框

1. 出现以下情况时始终通知我（最高级别）

（1）应用试图安装软件或更改我的计算机。

（2）我更改了 Windows 设置。

在这种情况下，用户安装或者卸载应用程序、更改 Windows 设置时，都会触发 UAC，并显示提示框，此时用户桌面将变暗处于安全桌面状态，用户必须确认或拒绝 UAC 提示框中的请求，才能继续在计算机上执行操作。

2. 仅当应用尝试更改我的计算机时通知我（默认级别）

此级别是 UAC 配置的默认级别，在该级别下，只有当应用程序试图改变计算机设置时才会触发 UAC，而用户对 Windows 设置进行更改时则不会触发 UAC。

3．仅当应用尝试更改计算机时通知我（不降低桌面亮度）

由于不降低桌面亮度，该级别将不启用安全桌面，用户启动应用程序而需要对操作系统的设置进行修改时，应用程序可以直接运行。如果用户没有运行任何应用程序却触发 UAC 显示提示框，则有可能是恶意程序在试图修改操作系统设置，此时应阻止。此级别适合有一定操作系统使用经验的用户。

4．从不通知（最低级别）

在该级别下，管理员账户的所有操作都将直接运行而不会有任何提示框。普通用户登录后，任何需要管理员权限的操作都会被自动拒绝。

14.1.3 Windows 病毒和威胁防护

Windows Defender 是 Windows 自带的一款病毒防护软件。单击"开始"菜单，选择"设置"图标，进入 Windows 设置页面，选择"更新和安全"，单击打开"Windows 安全中心"页面，单击"病毒和威胁防护"进入设置页面，如图 14-6 所示。

图 14-6　病毒和威胁防护设置页面

Windows Defender 提供 4 种病毒文件扫描方式，默认为快速扫描。单击图 14-6 所示的"扫描选项"，选择相应的扫描方式，如图 14-7 所示。

（1）快速扫描：只扫描系统关键文件夹和启动项，扫描速度最快。

（2）完全扫描：扫描计算机内所有文件，扫描速度最慢。

（3）自定义扫描：用户自定义扫描文件或文件夹，扫描文件速度取决于自定义扫描文件的数量。

（4）Microsoft Defender 脱机版扫描：某些恶意软件或病毒无法在系统正常运行的情况下删除，使用此扫描模式会重启计算机并进入 Windows RE（恢复环境）中进行病毒扫描。

单击图 14-6 所示的"管理设置"进入"病毒和威胁防护"设置页面，如图 14-8 所示。

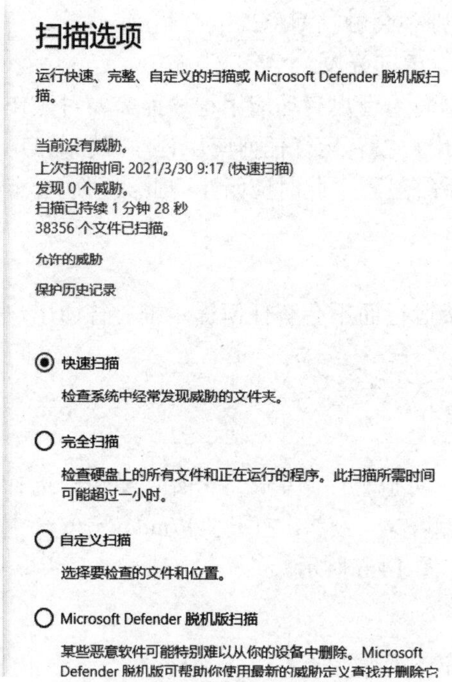

扫描选项

运行快速、完整、自定义的扫描或 Microsoft Defender 脱机版扫描。

当前没有威胁。
上次扫描时间: 2021/3/30 9:17 (快速扫描)
发现 0 个威胁。
扫描已持续 1 分钟 28 秒
38356 个文件已扫描。

允许的威胁

保护历史记录

◉ 快速扫描
  检查系统中经常发现威胁的文件夹。

○ 完全扫描
  检查硬盘上的所有文件和正在运行的程序。此扫描所需时间可能超过一小时。

○ 自定义扫描
  选择要检查的文件和位置。

○ Microsoft Defender 脱机版扫描
  某些恶意软件可能特别难以从你的设备中删除。Microsoft Defender 脱机版可帮助你使用最新的威胁定义查找并删除它

图 14-7 "扫描选项"页面

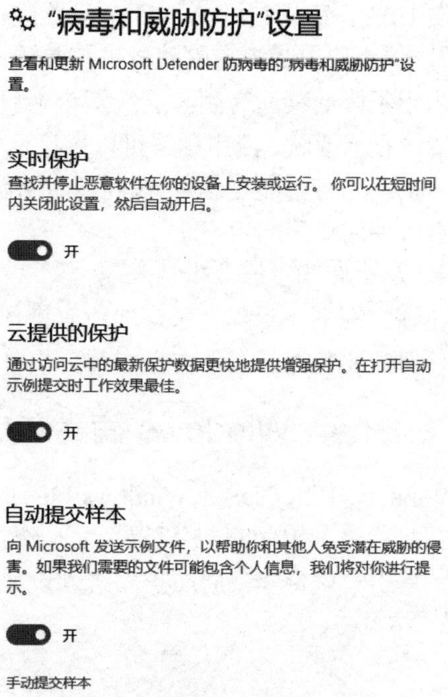

⚙ "病毒和威胁防护"设置

查看和更新 Microsoft Defender 防病毒的"病毒和威胁防护"设置。

实时保护

查找并停止恶意软件在你的设备上安装或运行。你可以在短时间内关闭此设置，然后自动开启。

🔘 开

云提供的保护

通过访问云中的最新保护数据更快地提供增强保护。在打开自动示例提交时工作效果最佳。

🔘 开

自动提交样本

向 Microsoft 发送示例文件，以帮助你和其他人免受潜在威胁的侵害。如果我们需要的文件可能包含个人信息，我们将对你进行提示。

🔘 开

手动提交样本

图 14-8 "病毒和威胁防护"设置页面

默认情况下会自动开启"实时保护"与"云提供的保护"。基于"云提供的保护"功能可通过访问云中的最新 Windows Defender 防病毒保护数据库来提供增强的和更好的保护。

"自动提交样本"的主要功能是向微软发送检测到的恶意软件信息以便进行分析。

"篡改防护"有助于防止恶意程序更改重要的 Windows Defender 防病毒设置（实时保护和云提供的保护）。当"篡改防护"处于打开状态时，系统管理员仍可以更改 Windows Defender 防病毒设置，但是其他应用程序无法更改这些设置。

"文件夹限制访问"防止恶意程序对计算机中的文件、文件夹及内存区域进行修改。

"排除项"设置中包含"文件""文件夹""文件类型""进程"四种排除选项。如果用户能够确认计算机中指定的文件、文件夹、文件类型及进程是安全的，则可以将其加入到排除项中，Windows Defender 扫描时将跳过这些排除项，如图 14-9 所示。

排除项

添加或删除要从 Microsoft Defender 防病毒扫描中排除的项目。

图 14-9 "排除项"设置页面

Microsoft 安全中心会发送包含重要安全信息的通知，当 Windows Defender 检测到病毒或恶意软件时，当防火墙阻止未知应用连接时，会在桌面右下角弹出提示窗口，并伴有声音提示，如图 14-10 所示。

Windows 10 从 Version 1803 开始，在 Windows Defender 反病毒软件中集成了"勒索软件保护"功能，如图 14-11 所示。

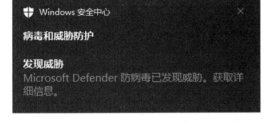

图 14-10　安全信息通知窗口 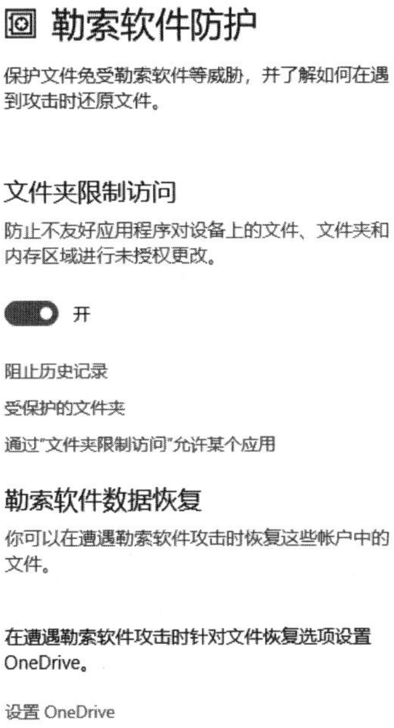　　　　图 14-11　"勒索软件防护"功能设置页面

（1）通过设置"受保护的文件夹"，可以防止勒索软件或恶意程序对指定文件、文件夹的访问，保护用户重要文件免受威胁。

（2）通过设置文件夹限制访问，可以允许用户确认安全的应用来访问文件夹及文件。

（3）通过设置 OneDrive，使得当 OneDrive 中的文件遭受勒索软件攻击时，微软会通过电子邮件或者桌面通知提醒用户，并且可以迅速恢复文件至勒索软件攻击之前的状态。

14.1.4　Windows 防火墙

Windows 10 内置防火墙，一般称为 Windows Defender 防火墙。通过 Windows 10 网络配置文件，Windows 防火墙可以灵活地保护不同网络环境下的通信安全。单击"开始"菜单，选择"设置"图标，进入 Windows 设置页面，单击"网络和 Internet"，进入"网络状态"页面，单击以太网接口"Ethernet"下面的"属性"按钮，进入网络配置文件选择页面，如图 14-12 所示。

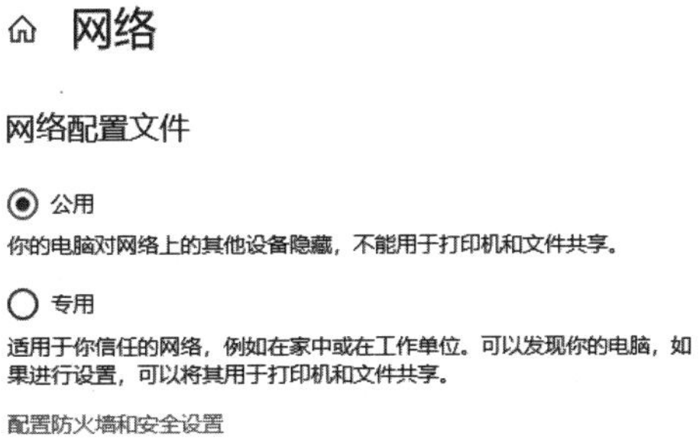

（1）公用：指当前的网络环境可能存在风险，例如，咖啡厅或机场等公共场所。使用"公用"网络配置文件，本地计算机在网络中被隐藏，并且不能用于打印机和文件共享。

图 14-12　网络配置文件选择页面

（2）专用：指用户信任当前的网络环境，如工作单位或家中。使用"专用"网络配置文件，本地计算机在网络中可以被其他计算机发现，并且支持打印机和文件共享。

单击"开始"菜单，选择"设置"图标，进入 Windows 设置页面，选择"更新和安全"，单击打开"Windows 安全中心"页面，单击"防火墙和网络保护"进入设置页面，如图 14-13 所示。

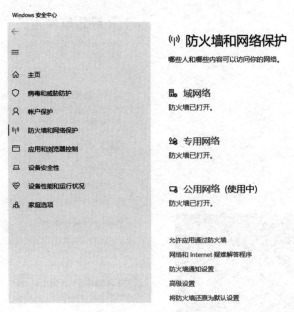

图 14-13　"防火墙和网络保护"设置页面

（3）"域网络"属于一种特殊的网络位置类型，仅当在网络中检测到域控制器时才应用，例如，企业工作区的网络。在此类型下，防火墙规则最严格。

单击"公用网络"，手动打开或关闭在此网络类型下的 Windows Defender 防火墙，如图 14-14 所示。

图 14-14　打开或关闭防火墙

Windows 防火墙可以设置特定应用程序或功能通过防火墙进行网络通信。单击图 14-13 中的"允许应用通过防火墙",在弹出的"允许的应用"对话框中,单击"更改设置",在打开的对话框中能够更改应用程序或功能的网络位置类型,如图 14-15 所示。

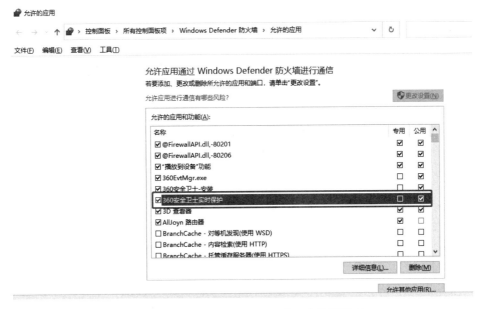

图 14-15　更改应用程序或功能的网络位置类型

根据网络位置类型(专用、公用)设置应用程序或功能的通信许可规则,对于经常更换网络环境的用户来说非常便捷实用。

Windows 防火墙还可以根据出站与入站规则指定更加灵活的通信许可规则。单击图 14-13 中的"高级设置",弹出"高级安全 Windows Defender 防火墙"对话框,如图 14-16 所示。

图 14-16　"高级安全 Windows Defender 防火墙"对话框

1．出站规则

限制本地计算机访问外部网络。本地计算机中发出的对外连接请求，如果对象是被禁止的，那么该请求会被防火墙拦截，表现方式就是"断网"。

2．入站规则

限制远程主机访问本地计算机的服务。在本地计算机接收的请求中，如果被请求的程序或端口是被限制的，那么该请求会被防火墙拦截。

本节以创建 IE（Internet Explorer）出站规则为例，实现如何通过 Windows 防火墙阻止使用 IE 浏览网页。

（1）右键单击图 14-16 中左侧菜单栏中的"出站规则"，在弹出的菜单中选择"新建规则"选项，在弹出的"新建出站规则向导"对话框中，选择"自定义"项，如图 14-17 所示。

图 14-17　"新建出站规则向导"对话框

（2）单击"下一步"按钮，选择"此程序路径"，单击"浏览"按钮，将路径指向 IE 所在目录"C:\ProgramFiles (x86)\Internet Explorer\iexplore.exe"，如图 14-18 所示。

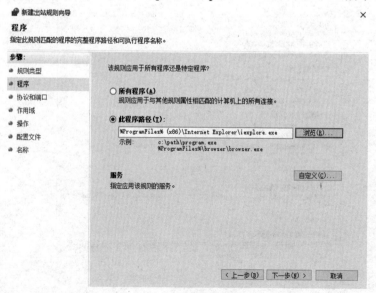

图 14-18　选择程序路径

（3）单击"下一步"按钮，在打开的对话框中"协议类型"选择"TCP"，"本地端口"选择"所有端口"，"远程端口"选择"特定端口"，输入"80，443"，如图 14-19 所示。

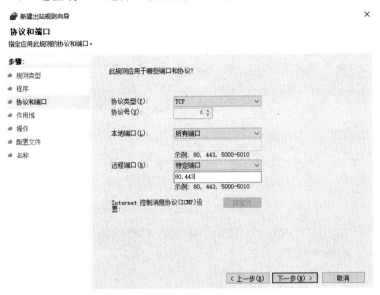

图 14-19　设置端口与协议

（4）单击"下一步"按钮，在打开的对话框中"此规则应用于哪些本地 IP 地址?"选择"任何 IP 地址"，"此规则应用于哪些远程 IP 地址?"选择"任何 IP 地址"，如图 14-20 所示。

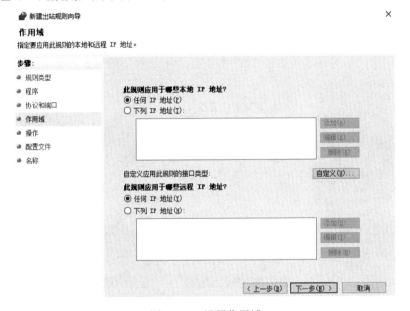

图 14-20　设置作用域

（5）单击"下一步"按钮，在打开的对话框中选择"阻止连接"，如图 14-21 所示。

（6）单击"下一步"按钮，在打开的对话框中勾选"域""专用"与"公用"，这样用户在任何网络环境中都执行该出站规则，如图 14-22 所示。

（7）单击"下一步"按钮，在打开的对话框中编辑出站规则的名称为"阻止 IE 浏览网页"，如图 14-23 所示。

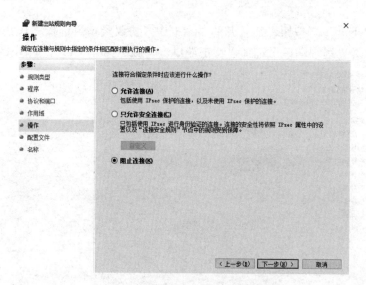

图 14-21　设置条件匹配时要执行的操作

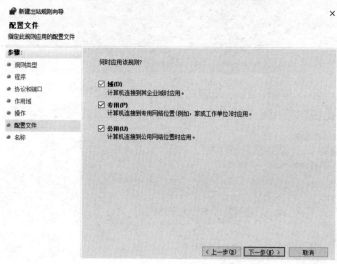

图 14-22　指定规则应用的网络配置文件

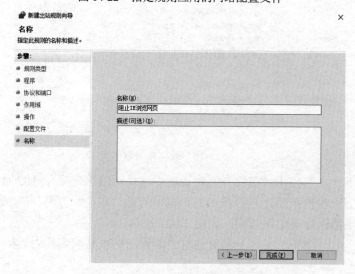

图 14-23　指定规则名称

（8）分别使用 IE 浏览器与 Google 浏览器访问百度官网"https://www.baidu.com"。IE 不能访问，而 Google 浏览器可以正常访问，出站规则已生效，如图 14-24 所示。

图 14-24　使用 IE 与 Google 浏览器访问百度

重新安装 Windows 10 之后，设置 Windows 防火墙的出站规则与入站规则都是一件非常烦琐的事情，因此可以通过"导入策略"与"导出策略"，实现防火墙配置的"快速迁移"与"快速保存"，如图 14-16 右侧"操作"栏所示。

14.1.5　应用和浏览器控制

Windows 安全中心的"应用和浏览器控制"模块中，主要包含关于 Windows Defender SmartScreen 的信息和设置。SmartScreen 筛选器是 IE 及 Edge 中的一种帮助检测仿冒网站的工具，它能够帮助用户阻止安装恶意软件。在 Windows 10 版本 1709 及更高版本中，还提供了 Exploit Protection 的配置选项。Exploit Protection 适用于 Microsoft Defender 高级威胁防护，它自动将大量攻击缓解技术应用于操作系统进程和应用。

单击"开始"菜单，选择"设置"图标，进入"Windows 设置"页面，选择"更新和安全"，单击打开"Windows 安全中心"页面，单击"应用和浏览器控制"进入设置页面，如图 14-25 所示。

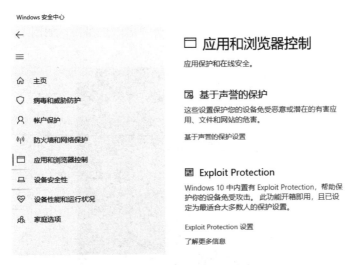

图 14-25　"应用和浏览器控制"设置页面

在"基于声誉的保护"设置页面中用户可以按需选择是否启用或关闭 SmartScreen 功能。SmartScreen 功能适用的对象主要有应用和文件、Microsoft Edge 浏览器及 Microsoft 应用商店。默认情况下，SmartScreen 功能被开启，如图 14-26 所示。

图 14-26　"基于声誉的保护"设置页面

使用 Microsoft Edge 浏览器下载文件时，SmartScreen 筛选器会将此文件与微软恶意软件列表进行对比检测，不安全的文件将会被阻止下载，如图 14-27 所示。

图 14-27　不安全的文件被阻止

当运行的应用程序 SmartScreen 无法识别时，会弹出阻止窗口，如图 14-28 所示。如果用户确认该应用程序安全，可以选择"仍要运行"，否则选择"不运行"。

图 14-28　SmartScreen 阻止窗口

14.2　Windows 数据安全

数据安全有下列两层含义。

（1）数据本身的安全，主要指采用现代密码算法对数据进行保护，如数据保密、数据完整性、双向强身份认证等。数据安全是一种主动的保护措施，数据本身的安全必须基于可靠的加密算法与安全体系。

（2）数据防护的安全，主要指采用现代信息存储手段对数据进行主动防护，例如，通过磁盘阵列、数据备份、异地容灾等手段保证数据的安全。

Windows 10 BitLocker 使用 TPM（受信任的平台模块）帮助保护 Windows 操作系统和用户数据，并确保计算机即使在丢失或被盗的情况下用户数据也不会被泄露。

14.2.1　BitLocker 驱动器加密

BitLocker 驱动器加密是一项数据保护功能，它与 Windows 集成，用于解决来自丢失、被盗或销毁不当的计算机的数据被盗或泄露的威胁。

BitLocker 使用 HSTI（Hardware Security Testability Interface，硬件安全测试接口）、UEFI 安全启动和 TPM 等技术为操作系统、固定数据和可移动数据驱动器提供加密服务。

BitLocker 在与 TPM 版本 1.2 或更高版本一起使用时，可提供最多保护，不仅可以帮助保护用户数据，还可以确保计算机不会在系统离线时遭到篡改。

Windows 10 支持在没有 TPM 的计算机上加密操作系统分区上存储的所有数据。BitLocker 可以让用户选择锁定正常的启动过程，但前提是该用户提供了个人标识号（PIN）或插入了包含启动密钥的可移动设备，例如 U 盘。这些额外的安全措施提供了多重身份验证，并确保计算机在提供正确 PIN 或启动密钥之前将不会启动或从休眠状态中恢复。

在非 Windows 分区上使用 BitLocker，加密的数据分区或移动硬盘、U 盘，必须使用 exFAT、FAT16、FAT32 或 NTFS 文件系统，可用空间必须大于 64MB。

BitLocker 不支持对虚拟硬盘（VHD）加密，不支持在由 Hyper-V 创建的虚拟机中使用。

使用 BitLocker 加密后，操作系统只会增加 10% 左右的性能损耗，因此不必担心操作系统性能问题。

14.2.2　使用 BitLocker 加密 Windows 系统分区

使用 BitLocker 加密 Windows 系统分区时，计算机必须具备 TPM，为了更好地兼容没有 TPM 的计算机，Windows 10 也支持在没有 TPM 的计算机上加密 Windows 系统分区。通过修改系统组策略，可以在没有兼容 TPM 的计算机上允许启用 BitLocker。

右键单击"开始"菜单，选择"运行"，在"运行"对话框中输入"gpedit.msc"，打开"本地组策略编辑器"，在左侧列表中依次打开"计算机配置"→"管理模板"→"Windows 组件"→"BitLocker 驱动器加密"→"操作系统驱动器"，在右侧栏中双击"启动时需要附加身份验证"项，选择"已启用"，并勾选"没有兼容的 TPM 时允许 BitLocker（在 U 盘上需要密码或启动密钥）"。单击"确定"按钮，重启计算机使得该策略生效，如图 14-29 所示。

启用 BitLocker 加密 Windows 10 系统分区的操作步骤如下。

（1）双击桌面上"此电脑"图标，打开资源管理器。在资源管理器中右键单击安装 Windows 系统的分区（一般为"本地磁盘（C：）"），在弹出的菜单中选择"启用 BitLocker"选项，如

图 14-30 所示。

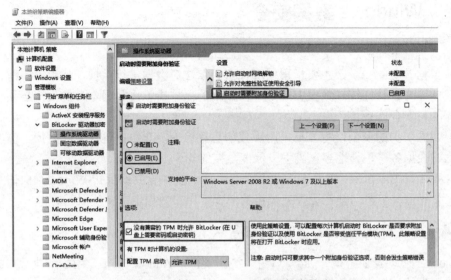

图 14-29　编辑 BitLocker 驱动器加密策略

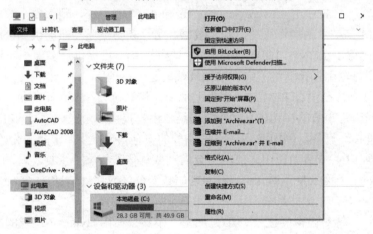

图 14-30　选择 Windows 分区启用 BitLocker

（2）向导程序会检测当前计算机是否符合加密要求，如果检测通过，向导程序会提示用户启用 BitLocker 时需要执行的步骤，如图 14-31 所示。

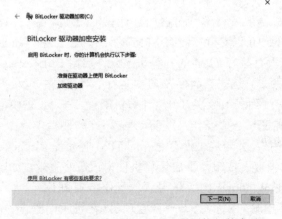

图 14-31　提示启用 BitLocker 需要执行的步骤

（3）单击"下一页"按钮，向导程序提示用户需要创建新的恢复驱动器才能加密 Windows 分区，并且在操作之前注意备份重要文件和数据，如图 14-32 所示。

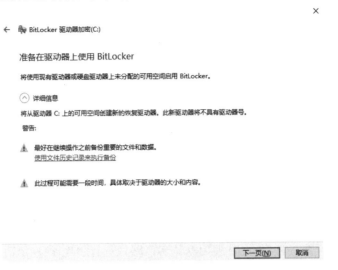

图 14-32　加密 Windows 分区注意事项

（4）BitLocker 加密准备完成之后，会提示用户选择启动时解锁驱动器的方式，如果计算机不具备 TPM，那么只有插入 U 盘和输入密码两种解锁方式。如果计算机具备 TPM，这里则会有三种解锁方式，分别是输入密码、插入 U 盘、自动解锁。U 盘解锁使用 U 盘作为解锁工具，启动时需要事先插入 U 盘。自动解锁是操作系统自动完成解锁过程，用户不需要做任何操作。本例中的计算机不具备 TPM，如图 14-33 所示。

图 14-33　选择启动时解锁驱动器的方式

（5）选择"输入密码"后，按照格式要求输入密码，单击"下一页"按钮。为了避免解锁密钥丢失而造成加密分区无法解锁，加密程序要求用户备份恢复密钥，并提供 4 种备份方式，分别是"保存到 Microsoft 账户""保存到 U 盘""保存到文件""打印恢复密钥"，如图 14-34 所示。如果选择"保存到文件"，该文件不能保存到被加密的分区中。

强烈建议用户妥善保管恢复密钥，如果忘记解锁密码且没有恢复密钥，将无法启动 Windows 10，只能重新安装操作系统。

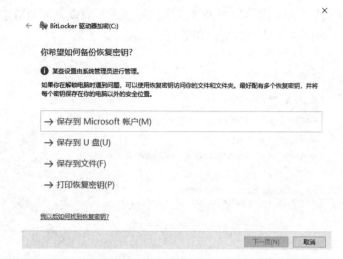

图 14-34 选择备份恢复密钥的方式

这里选择"保存到文件",文件使用默认名,路径选择"D:\恢复密钥"。

(6)单击"下一页"按钮,根据计算机使用情况,分别选择"要加密的驱动器空间大小"与"使用的加密模式"。

(7)勾选"运行 BitLocker 系统检查",系统检查将确保 BitLocker 在加密驱动器之前能够正确读取恢复密钥和加密密钥。单击"继续"按钮,系统将在重启后开始加密,如图 14-35所示。

(8)计算机重新启动后,操作系统要求用户输入解锁密码,如图 14-36 所示。

图 14-35 BitLocker 驱动器加密通知   图 14-36 输入密码后启动操作系统

(9)进入操作系统后,开始加密 Windows 系统分区,如图 14-37 所示。

图 14-37 开始加密 Windows 系统分区

（10）加密完成后，打开文件资源管理器，Windows 系统分区的图标变为解开的锁，代表该分区受 BitLocker 加密保护并已解锁，如图 14-38 所示。

（11）右键单击 Windows 系统分区，在弹出的菜单中选择"管理 BitLocker"选项，打开"BitLocker 驱动器加密"页面，选择"关闭 BitLocker"将解密该驱动器并恢复到加密之前的状态，如图 14-39 所示。

图 14-38　Windows 系统分区解锁图标　　　　图 14-39　关闭 BitLock

14.2.3　使用 BitLocker To Go 加密移动存储设备

加密计算机本地硬盘分区可以使用 BitLocker，而加密可移动存储设备可以使用 BitLocker To Go。利用 BitLocker To Go 加密移动存储设备，可以防止因为丢失或被盗而造成的数据泄露。

未经 BitLocker To Go 解锁的移动设备，依然可以被格式化。但是，格式化后分区中的文件会被删除。

使用 BitLocker To Go 加密移动存储设备与使用 BitLocker 加密 Windows 系统分区的操作步骤一样，只是在选择使用的加密模式时，需要选择"兼容模式（最适合用于可从此设备移动的驱动器）"，如图 14-40 所示。

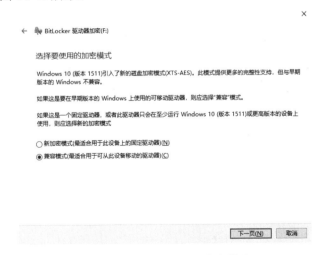

图 14-40　加密模式选择兼容模式

加密完成之后，打开文件资源管理器，U 盘图标变成了一把解开的灰锁，如图 14-41 所示。

图 14-41　解锁的 U 盘

当 U 盘使用完毕后，可以随时为 U 盘上锁。在 Windows 10 系统底部任务栏的搜索栏中输入"cmd"，选择"以管理员身份运行"命令提示符，如图 14-42 所示。

图 14-42　以管理员身份运行命令提示符

在命令提示符工具窗口中，执行"manage-bde –lock f:"命令，如图 14-43 所示。

图 14-43　执行锁定命令

上锁后的 U 盘图标变为一把锁定的黄锁，如图 14-44 所示。

双击 U 盘，系统弹出解锁对话框，输入密码后，U 盘被解锁，如图 14-45 所示。

图 14-44　上锁的 U 盘　　　　　　　　　图 14-45　解锁对话框

14.2.4　OneDrive 云存储

Microsoft OneDrive 是微软提供的云存储服务，早期版本叫作 SkyDrive，从 Windows 10

开始，OneDrive 被直接整合到操作系统中。OneDrive 采取的是云存储产品通用的有限免费商业模式，在功能上类似于百度网盘之类的产品，用户只需使用 Microsoft 账户登录 OneDrive，即可开通云存储服务，并获得 5GB 的免费存储空间。

OneDrive 提供的功能包括：

（1）不仅支持 Windows 平台，而且也支持 MacOS、iOS，Android 等平台，并提供相应的客户端应用程序。

（2）能够自动将设备中的图片、视频上传到云端保存。

（3）在线 Office 功能，微软将 Office 与 OneDrive 结合，用户可以在线创建、编辑和共享文档，而且可以和本地的文档编辑进行任意的切换，本地编辑在线保存或在线编辑本地保存。在线编辑的文件实时保存，可以避免本地编辑时宕机造成的文件内容丢失，提高了文件的安全性。

（4）通过访问链接将指定的文件、照片或文件夹分享给其他用户。非共享内容其他用户无法访问。

使用 Microsoft 账户登录 Windows 10，即可在本地计算机使用 OneDrive 服务。单击 Windows 10 底部任务栏右侧"云朵"形状图标，系统弹出 OneDrive 状态对话框，如图 14-46 所示。

单击"打开文件夹"，可以打开本地 OneDrive 文件夹。通过文件资源管理器导航栏中的"OneDrive - Personal"也可以打开本地 OneDrive 文件夹，如图 14-47 所示。

本地 OneDrive 文件夹中的数据将自动与 OneDrive 云存储同步，对本地 OneDrive 文件夹中的文件或文件夹进行移动、复制、删除、重命名等操作之后，OneDrive 会自动同步这些变动，并在状态栏中显示进度。例如，将"camtasia9 安装"文件复制到本地 OneDrive 文件夹中，OneDrive 会自动将其上传并同步，如图 14-48 所示。

图 14-46　OneDrive 状态对话框

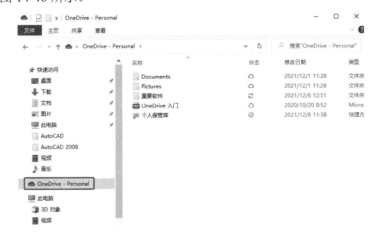

图 14-47　通过文件资源管理器打开 OneDrive 文件夹

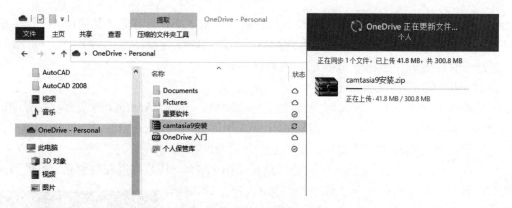

图 14-48　OneDrive 自动同步

单击图 14-46 中的"帮助&设置",在弹出的菜单中选择"设置",打开 OneDrive 设置界面,如图 14-49 所示,其中可以设置 OneDrive 启动方式、文件同步方式、通知、同步文件夹及文件上传、下载速度等。

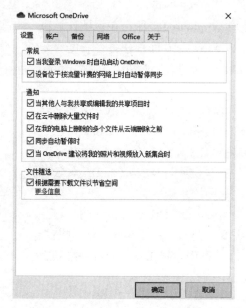

图 14-49　OneDrive 设置界面

实验 14

1. 实验项目

设置 Windows 安全中心,使用 BitLocker 加密 Windows 系统分区与 U 盘。

2. 实验目的

(1) 熟练掌握 Windows 安全中心的设置方法。

(2) 熟练掌握 BitLocker 加密分区与可移动存储设备。

3. 实验准备及要求

(1) 安装 Windows 10 操作系统的计算机。

(2) U 盘一个。

4. 实验步骤

(1) 配置 Windows 防病毒和威胁防护。

（2）配置 Windows 防火墙，并设置出站规则。

（3）使用 BitLocker 加密 Windows 系统分区。

（4）使用 BitLocker To Go 加密 U 盘。

5. 实验报告

（1）详细记录如何设置出站规则，使得防火墙阻止谷歌浏览器 Chrome 浏览网页。

（2）详细记录使用 BitLocker 加密 Windows 系统分区的过程。

习题 14

1. 填空题

（1）_____是管理和控制计算机硬件与_____的计算机程序，是运行在计算机上的最基本的软件平台，操作系统的安全是计算机正常使用的最基本保障。

（2）无论是对于个人还是企业，_____都是最核心问题。

（3）_____是一种危险的恶意软件，它以_____运行，并且与操作系统使用相同的权限。

（4）从 Window 10 开始，微软大力推广安全性能更高的_____启动。

（5）BitLocker 不支持对_____加密，不支持在由 Hyper-V 创建的虚拟机中使用。

（6）Windows 10 内核将验证 Windows 启动过程中的每一个其他组件，其中包括_____、_____、ELAM。

（7）_____是 Windows 10 核心安全功能之一，可以有效减少操作系统受到恶意软件攻击的概率并提高系统安全性。

（8）数据本身的安全，主要指采用_____对数据进行保护。

（9）数据防护的安全，主要指采用_____对数据进行主动防护。

（10）Windows 10 支持在没有_____的计算机上加密操作系统分区上存储的所有数据。

2. 选择题

（1）数据是用户在计算机使用过程中的关键信息，无论是对于个人还是企业，（　　）都是最核心问题。

A．数据安全 　　　　　　B．数据完整 　　　　　　C．数据存储 　　　　　　D．数据加密

（2）（　　）一般都与木马、后门等恶意程序结合使用，绕过本地登录、记录密码和按键、传输私有文件及捕获加密数据等。

A．DDOS（拒绝服务攻击） 　　　　　　　　B．蠕虫病毒

C．Rootkit 　　　　　　　　　　　　　　D．远程桌面

（3）Windows 10 使用（　　）保存 Windows 10 的引导文件。

A．保留分区 　　　　　　B．EFI 分区 　　　　　　C．操作系统分区 　　　　　　D．活动分区

（4）UAC 会根据应用程序的类型显示相应的提示框，下列选项中（　　）会导致 UAC 弹出红色对话框。

A．Windows 10 自带应用程序 　　　　　　C．有害应用程序

B．第三方应用程序（有数字签名） 　　　　D．第三方应用程序（无数字签名）

（5）下列选项中，（　　）不属于 UAC 提供的运行级别。

A．出现以下情况时始终通知我 　　　　　　B．仅当应用尝试更改我的计算机时通知我

C．仅当应用尝试更改计算机时通知我 　　　D．所有都通知

（6）下列选项中，（　　）不属于 Windows Defender 提供 4 种病毒文件扫描方式。

A．快速扫描 　　　　　　B．自定义扫描 　　　　　　C 完全扫描 　　　　　　D．云扫描

（7）设置网络配置文件为（　　），指当前的网络环境可能存在风险。

A．专用 　　　　　　B．公用 　　　　　　C．咖啡厅 　　　　　　D．工作单位

（8）（　　　）属于一种特殊的网络位置类型，仅当在网络中检测到域控制器时才应用。

A．域网络　　　　　　　B．公用　　　　　　　C．私用　　　　　　　D．专用

（9）防火墙中配置（　　　）限制本地计算机访问网络。

A．入站规则　　　　　　B．端口　　　　　　　C．出站规则　　　　　　D．防病毒规则

（10）下面选项中，（　　　）不属于数据本身安全的防护手段。

A．数据加密　　　　　　B．数据完整性　　　　C．身份认证　　　　　　D．数据备份

3．判断题

（1）计算机中存储的关键数据一旦丢失或受损，将会带来灾难性的后果。（　　　）

（2）Windows 10 使用 EFI 系统分区保存 Windows 10 的引导文件，默认情况下，系统为其分配盘符，并且可以访问该分区。（　　　）

（3）Windows 10 中的大部分应用程序，在默认情况下都有管理员权限。（　　　）

（4）Windows 10 能够支持在没有 TPM 的计算机上使用 BitLocker 加密 Windows 系统分区。（　　　）

（5）OneDrive 只能支持 Windows 平台。（　　　）

4．简答题

（1）简述 Windows 10 提供哪些措施保障系统安全。

（2）Windows Defender 提供了哪几种病毒扫描方式？它们的区别是什么？

（3）Windows 防火墙的入站规则与出站规则是什么？

（4）数据安全的内容包含哪些？

（5）Windows BitLocker 有哪些特点？

第 15 章

无线网络的搭建

随着网络信息化技术的高速发展，人们的日常生活已经越来越离不开网络。

计算机网络根据传输介质的不同进行分类，一般可以分为有线网、无线网、光纤网。

有线网指采用同轴电缆和双绞线来连接的计算机网络。双绞线是目前最常见的传输介质，它价格便宜，安装方便，传输速率高，但易受干扰，传输距离比同轴电缆要短。

无线网指使用电磁波作为载体来传输数据的计算机网络，其联网方式灵活方便，是针对移动终端的一种主流的联网方式。

光纤网指采用光导纤维作为传输介质的计算机网络，光导纤维传输距离长、传输率高、抗干扰性强，不会受到电子监听设备的监听，适合高性能安全性网络。随着国家大力推进高速光纤网络建设，一、二线城市基本上已经实现"光纤到户"，三、四线城市也在加快推进地区光网覆盖。

计算机网络依据网络覆盖的地理范围进行分类，一般可以分为局域网、广域网和城域网。

局域网指连接近距离计算机的网络，覆盖范围从几米到数千米，如家庭网络、办公室网络、同一建筑物内的网络及校园网络等。

城域网指介于局域网和广域网之间的一种高速网络，覆盖范围为几十千米。城域网是在一个城市内部组建的计算机信息网络，提供全市的信息服务。

广域网指覆盖的地理范围从几十千米到几千千米，覆盖一个国家、地区或横跨几个洲，形成国际性的远程网络，如我国的公用数字数据网（China DDN）、电话交换网（PSDN）等。

本章主要讲述无线局域网的发展史、协议标准、使用的硬件设备、家庭无线网络搭建方法及特殊环境下的无线网络搭建方法。

15.1 无线局域网

WLAN（Wireless Local Area Network，无线局域网）指应用无线通信技术与网络技术，将计算机设备互联起来，构成可以互相通信、实现资源共享的网络体系。无线局域网不再使用通信电缆将计算机与网络连接起来，而是利用射频技术，使用电磁波，通过无线的方式连接，从而使网络的搭建和终端的接入更加灵活。

15.1.1 无线局域网的发展史

1997 年 6 月，IEEE 委员会正式颁布实施第一个 WLAN 标准 IEEE802.11，它为 WLAN 提供了统一标准，但当时的传输速率只有 1～2Mb/s。IEEE802.11 无线工作组制定的规范分为以下两部分。

1．802.11 物理层相关标准

物理层主要定义无线协议的工作频段、调制编码方式及最高速度的支持。802.11 物理层定义了工作在 2.4GHz 的 ISM 频段上的两种无线调频方式和一种红外传输的方式，总数据传

输速率设计为 2Mb/s。两个设备之间的通信可以自由直接（Ad hoc）的方式进行，也可以在基站（Base Station，BS）或者访问点（Access Point，AP）的协调下进行。

2. 802.11 MAC 层相关标准

MAC（Media Access Control，介质访问控制）层主要提供网络相关的功能或者是一些具体协议的体现，如利用 QOS 对网络限速、Mesh 技术、无线安全标准等。

1999 年，IEEE 委员会又基于 802.11 制定了两个补充版本，分别是 802.11a 与 802.11b。

802.11a 物理层定义了工作在 5GHz 的 ISM 频段上的 OFDM（正交频分复用技术）方式，数据传输速率可达 54Mb/s。

802.11b 物理层定义了工作在 2.4GHz 的 ISM 频段上的 HR-DSSS（高速直接序列扩频技术）方式，数据传输速率可达 11Mb/s。

2003 年 IEEE 802.11g 被正式发布，其物理层定义了工作在 2.4GHz 的 ISM 频段上的 OFDM 方式，数据传输速率可达 54Mb/s。802.11g 与 802.11b 工作在同一个频段上，因此 802.11g 能够兼容 802.11b。

2009 年 IEEE 802.11n 被正式发布，其物理层定义了工作在 2.4GHz 或 5GHz 的 ISM 频段上的 OFDM 方式，数据传输速率理论最高可达 600Mb/s。由于 802.11n 为双频工作模式，包含 2.4GHz 与 5GHz 两个工作频段，因此 802.11n 能够与 802.11 a/b/g 兼容。

2013 年 IEEE 802.11ac 被正式发布，其物理层定义了工作在 5GHz 的 ISM 频段上的 OFDM 方式。2013 年发布的第一代产品称为 Wave1，单链路数据传输速率可达 433Mb/s，2016 年发布的第二代高带宽产品称为 Wave2，单链路数据传输速率可达 867Mb/s。

2019 年 IEEE 802.11ax 被正式发布，其物理层定义了工作在 2.4GHz 或 5GHz 的 ISM 频段上的 OFDMA（正交频分多址技术）方式，数据传输速率最高可达 9.6Gb/s。

15.1.2　Wi-Fi

Wi-Fi 是由 WECA（Wireless Ethernet Compatibility Alliance，无线以太网相容联盟）的组织所发布的业界术语，中文译为"无线相容认证"。2002 年 10 月，WECA 正式改名为 Wi-Fi Alliance（Wi-Fi 联盟）。Wi-Fi 是一个无线网路通信技术的品牌，由 Wi-Fi 联盟所持有，其目的是改善基于 IEEE 802.11 标准的无线网络产品之间的互通性。

Wi-Fi 是基于 IEEE 802.11 标准创建的无线局域网技术，由于它们之间密切相关，现阶段 IEEE 802.11 标准已被统称为 Wi-Fi。802.11n 对应 Wi-Fi 4，802.11ac 对应 Wi-Fi 5，802.11ax 对应 Wi-Fi 6。

Wi-Fi 是由接入点 AP 和无线网卡组成的无线网络。AP 一般称为网络桥接器或接入点，它是传统的有线局域网络与无线局域网络之间的桥梁，任何安装无线网卡的终端都可通过 AP 访问有线局域网络及广域网络的资源。

Wi-Fi 技术的优势有以下几个方面。

1. 无线电波覆盖范围广

在无障碍和干扰的情况下，覆盖范围是室内 100 米，室外 300 米。

2. 数据传输速度快，可靠性高

在信号有干扰或者比较弱的情况下，带宽可以自动调整，有效保障网络的可靠性和稳定性。

3. 无须布线、费用低廉

不受布线条件的限制，适合移动办公用户需求，具备广阔的市场前景。现阶段，Wi-Fi 的使用场景已经完全融入到人们的日常工作、生活中。Wi-Fi 使用的频段在全世界范围之内都属于免费频段，因此搭建网络的费用低廉。

4．健康安全

IEEE 802.11 所设定的发射功率不超过 100 毫瓦，实际发射功率大概 60～70 毫瓦，具有较高的安全性。

Wi-Fi 是现阶段无线局域网接入的主流标准，主要使用 2.4GHz、5GHz 频段，用于家庭或者热点覆盖，更适合在室内使用。

WiMax 基于 IEEE 802.16 标准，其具备更宽的频段选择、更快的接入速度及更远的传输距离，主要使用 2.3GHz、2.5GHz、3.5GHz 频段，用于蜂窝覆盖，更适合无线城域网。

Wi-Fi 与 WiMax 全面兼容，它们之间存在着互补竞争的关系，而不是互相替代的关系。

15.1.3　Wi-Fi 6

Wi-Fi 6（802.11ax）是第六代无线网络技术，是目前发布的最新标准，它主要使用了 OFDMA、MU-MIMO 等技术。MU-MIMO（多用户多入多出）技术允许路由器同时与多个设备通信，并且为每个设备都提供高速连接，它能改善网络资源利用率，显著提高网络总吞吐量和总容量。OFDMA（正交频分多址）能够支持多个终端同时并行传输，无须再排队、等待，从而有效提高效率，并且降低延时。

1．Wi-Fi 6 与 Wi-Fi 5 的主要区别

（1）数据传输速率更快。Wi-Fi 5（802.11ac）的最大传输速率为 3.5Gb/s，而 Wi-Fi 6 的最大传输速率为 9.6Gb/s，理论速度提升近 3 倍。

（2）频段范围更宽。Wi-Fi 5 只能工作在 5GHz 频段，而 Wi-Fi 6 工作在 2.4GHz 与 5GHz 两个频段，完全覆盖低速与高速设备。

（3）数据容量更高。在调制模式方面，Wi-Fi 6 支持 1024-QAM，高于 Wi-Fi 5 的 256-QAM，因此数据容量更高，传输速度更快。

（4）传输延时更低。Wi-Fi 5 支持 MU-MIMO 技术，但仅支持下行方向，而 Wi-Fi 6 则同时支持上行方向与下行方向，可以提高无线网络带宽利用率，大幅改善网络拥堵情况。Wi-Fi 6 通过 Long DFDM Symbol 发送机制，将每个信号载波发送时间从 Wi-Fi 5 的 3.2μs 提升到 12.8μs，降低丢包率和重传率，使传输更加稳定。

（5）安全性更高。通过 Wi-Fi 联盟认证的 Wi-Fi 6 设备，必须采用 WPA 3（Wi-Fi Protected Access 3，Wi-Fi 访问保护）安全协议，相比 WPA/WPA2，安全性更高。

（6）更节能。Wi-Fi 6 支持 TWT（Target Wake Time，目标唤醒时间）技术，允许终端与无线路由器之间主动协商通信时间，减少无线网络天线使用及信号搜索时间，从而提供更加优化的设备节能机制。

2．Wi-Fi 6 的应用场景

（1）承载 4K/8K/VR 等高清视频应用。Wi-Fi 6 技术支持 5G 频段，5G 频段相对干扰少并且支持 160MHz 频宽，最大传输速率可达 9.6Gb/s，因此更适合传输视频业务，同时通过 BSS 着色机制、MU-MIMO 技术、动态 CCA 等技术降低干扰及网络丢包率，可以带来更好的视频体验。

（2）承载网络游戏等低时延业务。Wi-Fi 6 的 OFDMA 技术将无线信道划分为多个子信道，可以为游戏提供专属信道，从而降低时延，满足游戏类业务特别是云 VR 游戏业务对低时延传输质量的要求。

（3）智慧家庭、智能互联。智慧家庭、智能互联是智能家居、智能安防等业务场景的重要因素，当前家庭互联技术存在不同的局限性，Wi-Fi 6 将高密度、大数量接入、低功耗优化集成到一起，同时又能与各种移动终端兼容，提供良好的互操作性。

（4）行业应用。Wi-Fi 6 作为新一代高速率、多用户、高效率的 Wi-Fi 技术，在行业领域中有广泛的应用前景，如矿场、产业园区、写字楼、商场、医院、机场等。

3．Wi-Fi 6 硬件要求

需要具有 Wi-Fi 6 通信协议的芯片支持，才能使用 Wi-Fi 6 网络。因此不论是路由器端，还是用户终端（手机、平板等）都需要支持 Wi-Fi 6。

15.2　家庭无线网络搭建

家庭无线网络是融合 Wi-Fi 技术、移动终端、多媒体信息于一体的家庭信息化网络平台，是在家庭范围内实现通信设备、存储设备、娱乐设备、家用电器、保安（监控）装置等设备互联和管理，以及数据和多媒体信息共享。

家庭无线网络需要实现以下目标：

（1）无线信号全覆盖，没有死角。

（2）网络 SSID（服务集标识）相同，终端设备移动时能自动切换到信号较好的无线路由器。

（3）防止未授权的用户蹭网。

（4）对所有连接到网络中的授权用户进行智能接入控制，例如，可以限制或自动分配每个设备的带宽，允许上网的时间及应用程序等。

考虑大面积和复杂户型的 Wi-Fi 组网，常用以下几种方案：单一胖 AP、多个胖 AP、AC（Access Point Controller，无线接入点控制器）+ AP 结构。

胖 AP 一般指无线路由器，瘦 AP 一般指无线网关或网桥。

胖 AP 功能强大，能实现接入、认证、路由、VPN、NAT 及防火墙功能。瘦 AP 多用于要求较高的环境，需要与认证服务器或者支持认证的交换机配合使用。瘦 AP 本身不能进行配置，需要专用的 AC 下发配置后才能使用，适合大规模无线部署，增大无线网络覆盖范围。

15.2.1　单一无线路由器（胖 AP）

使用单一无线路由器是搭建家庭无线网络最常见的一种方法，其不仅为家庭终端设备提供网络互联，而且还为家庭网络提供宽带接入服务，从而实现了相对独立的家庭网络与 Internet 之间的互联。网络拓扑结构如图 15-1 所示。

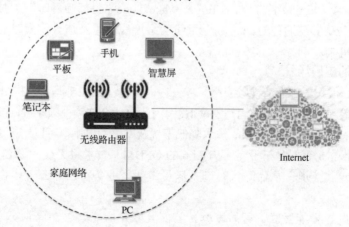

图 15-1　单一无线路由器家庭网络拓扑

无线路由器能够实现物理层、数据链路层及网络层（IP层）的控制和转发功能，完成无线信号的发射、检测、加密、用户身份认证及用户IP分配等，如图15-2所示。

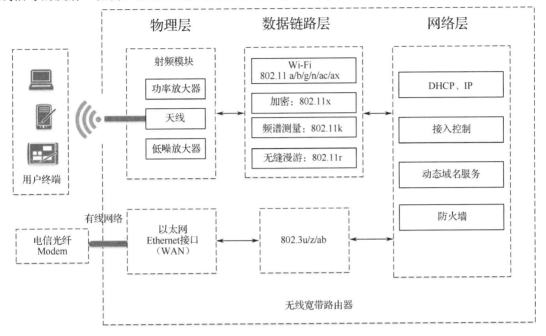

图15-2　无线宽带路由器工作原理

在使用单一无线路由器搭建家庭网络的场景中，选择路由器需要考虑以下几个因素。

1．支持的无线传输协议标准

目前主流无线路由器产品都能支持802.11a/b/g/n/ac/ax，但需要注意，如果使用Wi-Fi 6，则需要终端设备也支持该协议。

2．选择信号频率

2.4GHz信号频率低，在空气或障碍物中传播时衰减较小，传播距离更远，但其频宽较窄，而且蓝牙、家电、ZigBee（物联网设备）大多使用这个频段，因此无线环境拥挤，干扰较大。

5GHz信号频率较高，在空气或障碍物中传播时衰减较大，覆盖距离比2.4GHz信号小，但其频宽较宽，无线环境相对干净，因此干扰少，网速稳定，并支持更高的无线传输速率。

3．调整信号发射功率

无线路由器信号强弱受环境的影响较大，当无线信号穿过墙体、玻璃或其他物体时会造成信号的极大衰减。因此无线路由器信号能够覆盖的有效范围也是重要的性能指标。无线信号覆盖的范围与无线路由器使用的发射功率有直接的关系，发射功率越大，无线信号的覆盖范围就越广，传输的距离就越远，但同时产生的辐射也就越大；发射功率越小，信号传输的距离就越短，相对的辐射也就越小。

4．天线的数量

在发射功率一定的情况下，增加天线的数量，在一定程度上能够增加无线信号的传输距离，但是效果有限。例如，一根天线的无线路由器信号可以覆盖$100m^2$左右的房间，而2至3根天线的无线路由器，其无线信号只能覆盖$120m^2$左右，提升幅度一般。

虽然单一无线路由器部署最方便，但是由于其唯一性，导致在户型复杂的家庭，角落里的信号无法完全覆盖。因此在选择无线路由器时只能尽量选择大功率、多天线的产品，最大限度满足家庭成员需求。

15.2.2 多个无线路由器

多个无线路由器通过中继功能或桥接功能，能够扩展单一路由器的信号覆盖范围。

1. 中继模式

在中继模式下，副路由器通过无线连接主路由器，从而增强无线信号。将副路由器部署到原无线网络信号盲区附近，能够扩大网络信号的覆盖范围。副路由器与主路由器属于同一个无线网络，因此副路由器无线信号的网络 SSID、密码及加密方式都与主路由器相同。副路由器上连接的终端设备由主路由器分配 IP。多路由器中继模式如图 15-3 所示。

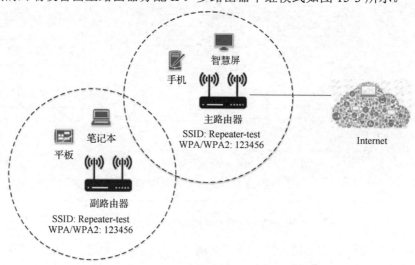

图 15-3　多路由器中继模式

2. WDS 桥接模式

桥接模式的主要作用也是放大无线路由器信号，扩大无线网络覆盖范围。在桥接模式下，副路由器与主路由器属于不同的无线网络，因此副路由器无线信号的网络 SSID、密码及加密方式都与主路由器不同，连接到副路由器上的终端设备，在主路由器中不可见。多路由器桥接模式如图 15-4 所示。

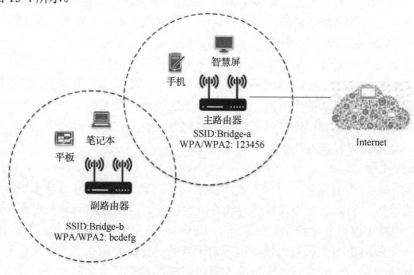

图 15-4　多路由器桥接模式

中继模式和桥接模式的优点是能够快速扩展信号覆盖范围，由于没有考虑到用户终端移动性的特点，因此并不能实现信号切换时的无感漫游。例如，从客厅移动到卧室的过程中，玩游戏会出现断线、看视频会出现卡顿等。在 IEEE 802.11 系列标准中，用户接入的网络并不是逻辑上的 SSID，而是提供该 SSID 网络的无线路由器。用户在客厅连接的是主路由器，进入卧室时，由于主路由器信号衰减，用户会自动连接副路由器，此时将触发完整的无线网络连接及密码验证过程，因此造成了网络信号切换时的短暂延迟。

3. 无线 Mesh 组网

无线 Mesh 网络即"无线网状网络"，是一种与传统无线网络完全不同的新型无线网络技术。通过无线 Mesh 分布式技术，不同接入点可以以星状、树状、总线方式混合组成网状网络。Mesh 星状网络如图 15-5 所示。

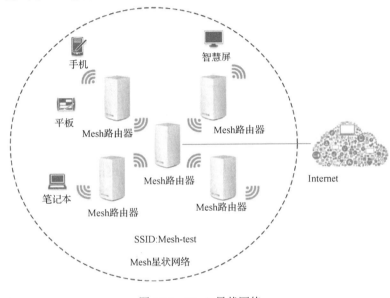

图 15-5　Mesh 星状网络

在传统无线网络中，每个终端都需要与 AP 相连才能访问网络，这种网络称为单跳网络。而在无线 Mesh 网络中，任何无线设备节点都可以同时作为 AP 和路由器，网络中的每个节点都可以发送和接收信号，每个节点都可以与一个或者多个对等节点直接通信。因此如果当前节点由于网络流量大而导致拥塞时，数据可以自动重新路由到一个通信流量较小的邻近节点上进行传输，这种网络结构称为多跳网络。

Mesh 路由器支持 802.11k、802.11v、802.11r 等漫游协议，因此整个无线 Mesh 网络，具有相同的 SSID，无线终端设备可以自动寻找信号最好的节点传输数据，当用户在不同节点之间移动时，其无线信号连接可以实现无缝切换。

Mesh 网络有两种回程组网方式，分别是无线回程 Mesh 网络与有线回程 Mesh 网络。

1. 无线回程 Mesh 网络

最简单的 Mesh 组网方式，不需要提前布线，其网络质量与稳定性取决于节点之间的数据传输带宽、节点间的距离（穿墙数目），如图 15-5 所示。

（1）双频 Mesh 组网。Wi-Fi 4 推出之后，路由器进入双频时代，单个路由器拥有 2.4GHz 和 5GHz 两个无线频段。双频 Mesh 组网中每个节点（Mesh 路由器）的回传和接入分别使用这两个不同的频段，例如，移动终端接入服务使用 2.4GHz 频段，骨干 Mesh 回传网络使用 5GHz 频段，从而解决了接入与回传的信道干扰问题，提高网络性能。

Mesh 组网后，用户只能使用一个频段用于数据传输。

（2）三频 Mesh 组网。Wi-Fi 5 推出之后，路由器进入三频时代，单个路由器拥有 2.4GHz、5GHz 高频段与 5GHz 低频段共三个频段。三频 Mesh 组网中每个节点的回传使用专用的频段，用户可以使用剩下的两个频段用于数据传输。有的厂商会使用固定的频段用于回传，有的厂商则使用动态无线回程技术，不固定频段。

2. 有线回程 Mesh 网络

有线回程 Mesh 网络需要提前布线，Mesh 路由器之间通过网线连接在一起，子 Mesh 路由器的 WAN 口与主 Mesh 路由的 LAN 口相连，如图 15-6 所示。有线回程不占用无线信道，因此网络延迟低、网络利用率更高、网络数据传输速率更高。

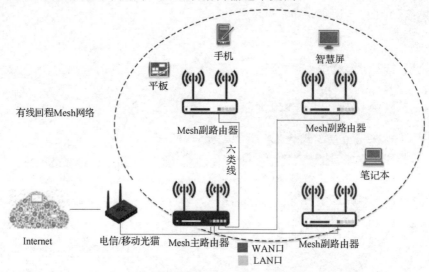

图 15-6　有线回程 Mesh 网络

15.2.3　AC+ AP 组网

AC+AP 组网一直是企业无线网络的覆盖方案，随着家用市场产品的增多，现阶段家庭网络的搭建也开始使用 AC+AP 的组网方式，如图 15-7 所示。

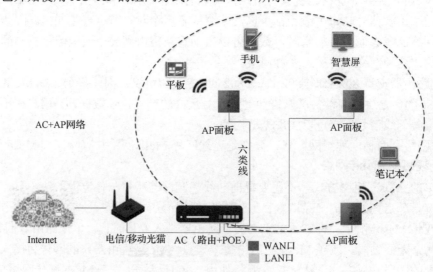

图 15-7　AC+AP 组网

AC+AP 组网模式下需要以下设备及环境。

1．AC

AC（无线接入点控制器）是无线网络中的接入控制设备，其具有负责处理来自不同 AP 的数据包并接入 Internet、AP 设备配置与管理、无线用户认证与管理、网络访问限制及网络安全控制等功能，是整个无线网络的核心设备。

AC 的种类分为硬 AC 与软 AC。

硬 AC 指集成到硬件产品中的一体化 AC 控制器，其稳定性高、功耗低、价格较贵。

软 AC 指 AC 控制器应用程序，需要安装在系统平台（Windows、Linux）中，一般免费，但存在系统兼容性问题。

2．AP

AP（无线访问点）是移动终端访问无线网络的接入点，其负责发出无线信号，转发无线数据。AP 的天线一般都是内置天线。

AP 按照安装位置的不同，可分为面板 AP 和吸顶/壁挂 AP。面板 AP 大小是 86 面板，安装在墙上的暗盒中，其性能稍弱，信号覆盖范围较小，因此尽量不要安装在电视、冰箱等后面，以免被遮挡。吸顶/壁挂 AP 通常体积较大，性能更强，由于是吸顶式安装或壁挂式安装的，AP 周围少有遮挡，因此其信号覆盖范围更大。

3．POE 交换机

POE（Power Over Ethernet，有源以太网），不改变现有以太网布线基础架构，通过网线，在为一些基于 IP 的终端（IP 电话机、AP、网络摄像头）传输数据的同时，还能为这些设备提供直流供电。POE 的供电标准需要与 AP 支持的标准一致，供电功率需要大于 AP 的功率。有的品牌充分考虑家庭用户、小微企业组网需求，会将 AC 和 POE 集成在一起，不仅可以节省费用，还能简化安装及配置过程。

4．网络布线

需要进行提前布线，网线建议使用 6 类线，至少需要超 5 类线。

15.2.4　网络搭建方案选择

（1）小于 100m² 且房屋结构简单，建议采用单一高性能无线路由器组网。如果存在信号盲区，可以使用普通路由器作为中继，增加信号覆盖范围。大于 100m² 的大平层户型，建议采用 Mesh 组网，其具有单 SSID 无缝漫游、网络智能修复、频道自动优化、网络信号全覆盖等特性，能够快速搭建稳定、高效、无死角的家庭网络环境。

（2）建筑布局复杂的复式楼户型，建议采用 AC+AP 组网。

（3）无线宽带路由器、Mesh 路由器、AC、AP 厂商品牌主要有 TP-Link、小米、华为、华硕、网件（NETGEAR）、领势（Linksys）、华三（H3C）、锐捷等。AC+AP 组网推荐使用各厂商自己的 AC+AP 套装产品。TP-Link、小米属于中低端品牌，性价比高。锐捷、华硕、华三、领势（Linksys）属于中高端品牌，产品可靠，网络稳定性高。华为、网件（NETGEAR）属于高端品牌，产品品质优秀，性能强，但价格稍贵。

（4）尽量选择支持 Wi-Fi 6 的路由器、Mesh 路由（三频）、AP 面板。

15.3　特殊环境下的无线网络搭建

日常生活中经常需要为以下几种场景搭建一个快捷的、临时的无线网络：

（1）在没有 Wi-Fi 的情况下，PC 台式机可以通过有线网络上网，手机（不使用 4G/5G 移动网络）、平板如何通过实现上网？

（2）在没有 Wi-Fi 的情况下，手机通过 4G/5G 移动网络上网，笔记本电脑如何实现上网？

（3）在没有 Wi-Fi，也没有移动网络的情况下，手机之间如何传输文件？

15.3.1 计算机网络共享

如果没有 Wi-Fi 网络，在不使用 4G/5G 网络流量的情况下，可以通过共享计算机的有线网络连接，让手机、平板等移动终端上网。

1. 台式 PC 借助随身 Wi-Fi

随身 Wi-Fi 一般做成 U 盘大小并支持免驱动安装，实现即插即用。例如，360 随身 Wi-Fi，如图 15-7 所示。

一般随身 Wi-Fi 有两种工作模式：Wi-Fi 模式与无线网卡模式。Wi-Fi 模式可以快速通过共享台式 PC 连接的有线网络创建 Wi-Fi 无线网络环境。无线网卡模式可以帮助台式 PC 接入到已有的 Wi-Fi 无线网络中。

图 15-7　360 随身 Wi-Fi

2. 利用操作系统自带的"移动热点"功能

下面以 Windows 10 专业版 Version 20H2 为例，设置移动热点。

（1）单击"开始"菜单，选择"设置"图标，进入 Windows 设置页面，选择"网络和 Internet"，单击左侧菜单栏中的"移动热点"，打开"移动热点"设置页面，如图 15-8 所示。

图 15-8　"移动热点"设置页面

（2）打开"与其他设备共享我的 Internet 连接"功能，选择"WLAN"方式共享 Internet 连接。单击"编辑"按钮，设置"网络名称"与"网络密码"，如图 15-9 所示。

（3）使用手机连接热点，连接成功后，系统显示相关设备信息，如图 15-10 所示。

图 15-9　设置热点的网络参数　　　　　　　图 15-10　热点设备连接信息

15.3.2　手机网络共享

如果家中的 Wi-Fi 网络突然失效，而临时又有重要的工作需要通过网络来完成，在这种情况下可以通过手机的便携式热点功能共享手机的 4G/5G 网络，从而建立临时网络连接，实现笔记本电脑上网，如图 15-11 所示。

下面以 Android 系统为例，设置便携式热点。

（1）单击手机上的"设置"图标。

（2）在打开的"设置"页面，选择"便携式热点"选项，如图 15-12 所示。

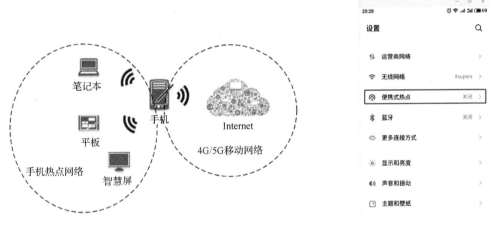

图 15-11　便携式热点网络共享　　　图 15-12　在"设置"页面选择"便携式热点"选项

（3）打开"移动网络共享"功能，并设置"移动热点"。在"设置移动热点"页面能够设置"网络名称""安全性"（加密算法）"AP 频段""密码"。该示例中设置网络名称为"MEIZU MX6""WPA2 PSK"加密算法、AP 频段为"2.4GHz"，如图 15-13 所示。

（4）设置完成后，在笔记本电脑的"无线网络连接"中可以搜索到名为"MEIZU MX6"的热点。选择该热点，输入密码后，可连接到该热点网络，从而实现共享手机的 4G/5G 移动网络上网，如图 15-14 所示。

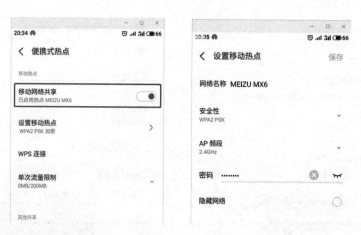

图 15-13　打开"移动网络共享"功能并设置移动热点

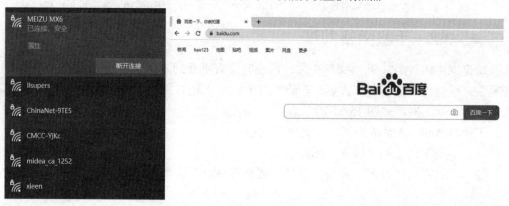

图 15-14　连接手机热点网络

15.3.3　利用"蓝牙"组建网络

蓝牙是一种支持设备短距离通信的无线电技术。智能手机、平板、笔记本电脑都内置蓝牙设备，因此在没有 Wi-Fi 信号也没有移动网络信号的情况下，可以利用蓝牙设备来进行文件的传输（以 Android 系统为例）。

（1）在"设置"页面，打开手机的"蓝牙"功能，搜索到附近的设备后，进行"配对"，"配对"成功后，在"已配对设备"中可以看到配对成功的设备名称。选择需要发送的文件，通过蓝牙进行传输，如图 15-15 所示。

图 15-15　蓝牙配对并传输文件

（2）在接收文件的手机上，单击"接收"按钮，即可完成文件的传输，如图 15-16 所示。

图 15-16　接收文件

实验 15

1．实验项目

共享 PC 有线网络与手机移动网络、通过"蓝牙"传输文件。

2．实验目的

（1）熟练掌握共享 PC 有线网络。

（2）熟练掌握共享手机移动网络。

（3）熟练掌握通过"蓝牙"传输文件。

3．实验准备及要求

（1）一台 PC，安装 Windows 10 操作系统。

（2）一个无线网卡。

4．实验步骤

（1）配置 Windows 10 网络功能，实现有线网络共享。

（2）打开并配置手机便携式热点。

（3）PC 安装无线网卡，并连接手机便携式热点网络。

（4）两台手机打开蓝牙功能，实现文件传输。

5．实验报告

（1）详细记录如何配置 Windows 10 网络功能，实现有线网络共享。

（2）详细记录如何配置手机便携式热点。

习题 15

1．填空题

（1）计算机网络根据传输介质的不同进行分类，一般可以分为有线网、无线网、_____。

（2）_____指使用电磁波作为载体来传输数据，其联网方式灵活方便，是针对移动终端的一种主流的联网方式。

（3）计算机网络依据网络覆盖的地理范围进行分类，一般可以分为局域网、城域网和_____。

（4）无线局域网不再使用通信电缆将计算机与网络连接起来，而是利用_____，使用_____，通过_____方式连接，从而使网络的搭建和终端的接入更加灵活。

（5）2019 年_____被正式发布，其物理层定义了工作在 2.4GHz 或 5GHz 的 ISM 频段上的 OFDMA 方式，数据传输速率最高可达 9.6Gb/s。

（6）Wi-Fi 是由 WECA 的组织所发布的业界术语，中文译为_____。

（7）Wi-Fi 是一个无线网路通信技术的品牌，由 Wi-Fi 联盟所持有，其目的是改善基于_____标准的无线网络产品之间的互通性。

（8）802.11n 对应_____，802.11ac 对应_____，802.11ax 对应_____。

（9）Wi-Fi 6 是第六代无线网络技术，是目前发布的最新标准，它主要使用了_____与_____技术。

（10）Wi-Fi 5 支持 MU-MIMO 技术，但仅支持_____方向，而 Wi-Fi 6 则同时支持_____方向与_____方向。

2．选择题

（1）（　　）指采用同轴电缆和双绞线来连接的计算机网络。

A．无线网　　　　　　　B．有线网　　　　　　　C．光纤网　　　　　　D．家庭网络

（2）（　　）物理层定义了工作在 5GHz 的 ISM 频段上的 OFDM 方式，数据传输速率可达 54Mb/s。

A．802.11b　　　　　　B．802.11a　　　　　　C．802.11ac　　　　　D．802.11ax

（3）Wi-Fi 是基于（　　）标准创建的无线局域网技术。

A．WLAN　　　　　　　B．802.12　　　　　　C．802.11　　　　　　D．802.3

（4）Wi-Fi 5 只能工作在（　　）频段，而 Wi-Fi 6 工作在 2.4GHz 与 5GHz 两个频段。

A．2.4GHz　　　　　　B．3GHz　　　　　　　C．5GHz　　　　　　　D．4GHz

（5）无线路由器能够实现物理层、数据链路层及（　　）的控制和转发功能。

A．网络层　　　　　　　B．传输层　　　　　　　C．会话层　　　　　　D．应用层

（6）（　　）指介于局域网和广域网之间的一种高速网络，覆盖范围为几十千米。

A．有线网　　　　　　　B．总线型网络　　　　　C．广域网　　　　　　D．无线局域网

（7）（　　）基于 IEEE 802.16 标准，其具备更宽的频段选择，更高的接入速度及更远的传输距离。

A．Wi-Fi 6　　　　　　B．Wi-Fi 5　　　　　　C．Wi-Fi 3　　　　　　D．WiMax

（8）（　　）能够支持多个终端同时并行传输，无须再排队、等待，从而有效提高效率，并且降低延时。

A．OFDMA　　　　　　B．802.11k　　　　　　C．802.11r　　　　　　D．802.11v

（9）在调制模式方面，Wi-Fi 6 支持（　　），高于 Wi-Fi 5 的 256-QAM，因此数据容量更高，传输速度更快。

A．1024-QAM　　　　　B．512-QAM　　　　　C．256-QAM　　　　　D．2048-QAM

（10）（　　）不改变现有以太网布线基础架构，通过网线，在为一些基于 IP 的终端传输数据的同时，还能为这些设备提供直流供电。

A．POE　　　　　　　　B．AP　　　　　　　　C．无线路由器　　　　D．AC

3．判断题

（1）Wi-Fi 是由接入点 AP 和无线网卡组成的无线网络。（　　）

（2）多个无线路由器之间通过中继功能或桥接功能，不能扩展单一路由器的信号覆盖范围。（　　）

（3）无线路由器发射功率越大，无线信号的覆盖范围就越小，传输的距离就越近。（　　）

（4）硬 AC 指集成到硬件产品中的一体化 AC 控制器，其稳定性高、功耗低、价格较贵。（　　）

（5）Mesh 路由器之间通过网线连接在一起，子 Mesh 路由器的 WAN 口与主 Mesh 路由的 WAN 口相连。

（　　）

4．简答题

（1）简述 Wi-Fi 的技术优势。

（2）简述 Wi-Fi 5 与 Wi-Fi 6 的主要区别。

（3）家庭无线网络需要实现哪些目标？

（4）AC+AP 组网时需要哪些硬件设备？它们的作用分别是什么？

（5）Mesh 网络的回程方式有哪些？它们的区别是什么？

第 16 章

万物智联

物联网是上一代网络信息技术的重要组成部分，意指物物相连，万物互联。随着 5G 网络在中国的正式商用，传统物联网的性能与边界被极大地扩展，在机器学习、深度学习的促进下，计算机视觉、语音识别技术发展迅速。伴随着云计算、区块链、边缘计算、大数据等技术的兴起，一个崭新的万物智联新时代已然开启。万物智联是在 AI 背景下实现多设备、多场景的互联互通。

16.1 IoT 物联网

IoT（Internet of Things，物联网）指将所有物体通过信息传感器与互联网连接起来，进行数据信息交换，以实现智能化识别、定位、监控和管理。

物联网具有以下几大特点：

（1）物联网中部署了海量的各种类型的传感器，通过射频识别（RFID）、红外感应、激光扫描、全球定位等技术，实时或按一定频率周期采集数据信息，并不断进行更新。

（2）物联网技术的重要基础与核心是互联网，通过移动网络、有线网络与无线网络的融合，实时准确地传递数据信息。在传输过程中，为了保证数据的及时性与正确性，物联网必须能够适应各种异构网络和协议。

（3）利用云计算、模糊识别等智能计算技术，对接收到的海量数据和信息进行实时分析处理，实现智能化的决策和控制。

（4）物联网体系结构较复杂、没有统一标准，因此安全问题突出。

16.1.1 物联网的发展史

1995 年，比尔·盖茨在《未来之路》一书中首次提及物联网概念，但受限于当时无线网络、硬件及传感设备技术的发展，物联网概念并未引起广泛的关注。

1998 年，美国麻省理工学院（MIT）创造性地提出了当时被称作 EPC 系统的"物联网"的构想。

1999 年，美国 MIT Auto-ID 中心 Ashton 教授首先提出建立在物品编码、RFID 技术和互联网基础上的"物联网"概念。

1999 年，物联网在中国被称为传感网。中科院早在 1999 年就启动了传感网的研究，并已取得一些科研成果，建立一些适用的传感网。同年，在美国召开的移动计算和网络国际会议提出，"传感网是下一个世纪人类面临的又一个发展机遇"。

2005 年 11 月 17 日，在突尼斯举行的信息社会世界峰会（WSIS）上，国际电信联盟（ITU）发布了《ITU 互联网报告 2005：物联网》，正式提出"物联网"概念。报告指出，无所不在的"物联网"通信时代即将来临，世界上所有的物体从轮胎到牙刷、从房屋到纸巾都可以通过互联网主动进行交换。射频识别技术（RFID）、传感器技术、纳米技术、智能嵌入技术将得到更加广泛的应用和关注。

2009 年 1 月 28 日，奥巴马就任美国总统后，与美国工商业领袖举行了一次"圆桌会议"，作为仅有的两名代表之一，IBM 首席执行官彭明盛首次提出"智慧地球"这一概念，建议新政府投资新一代的智慧型基础设施。IBM 大中华区首席执行官钱大群在 2009IBM 论坛上公布了名为"智慧的地球"的最新策略。IBM 认为，IT 产业下一阶段的任务是把新一代 IT 技术充分运用在各行各业之中，具体地说，就是把感应器嵌入和装备到电网、铁路、桥梁、隧道、公路、建筑、供水系统、大坝、油气管道等各种物体中，并且被普遍连接，形成物联网。

2009 年 8 月，时任国务院总理的温家宝在无锡视察时提出"感知中国"，无锡市率先建立了"感知中国"研究中心，中国科学院、运营商、多所大学在无锡建立了物联网研究院。物联网被正式列为国家五大新兴战略性产业之一，写入了十一届全国人大三次会议政府工作报告，物联网在中国受到了全社会极大的关注。

2013 年，谷歌公司发布的智能眼镜是物联网和可穿戴技术的革命性进步。

2014 年，工业物联网标准联盟成立。

2017～2021 年，物联网高速发展，随着区块链、边缘计算、人工智能等技术的不断融入，物联网开始从万物互联阶段向万物智联阶段转变。

16.1.2　物联网关键技术

物联网关键技术主要包括无线传感器网络、ZigBee、M2M 技术、RFID（射频识别）技术、NFC 技术、低功耗蓝牙技术、NB-IoT、eMTC。

1. 无线传感器网络

WSN（Wireless Sensor Networks，无线传感器网络）是一种分布式传感网络。WSN 中的传感器节点通过无线方式通信，因此网络设置灵活，设备位置可以随时更改，还可以与互联网进行有线或无线方式的连接。WSN 实现了数据的采集、处理和传输。

WSN 的基本构成分为 4 个部分：网关节点、无线传感器节点、传输网络和远程监控中心。

无线传感器节点的基本构成分为五大模块：数据采集模块、通信模块、数据处理模块、系统控制模块、供电模块。

相对于传统网络，WSN 具有以下特点：

（1）网络搭建方式灵活。WSN 不使用中心交换网络结构，它不受外界条件的限制，可实现任意组网。

（2）动态网络拓扑结构。WSN 中的传感器节点可以随时增加或减少。

（3）多跳自适应网络。WSN 中所有节点都与相邻节点进行数据传输，当网络中两个相距较远节点进行数据传输时，可通过中间的节点进行数据转发，因此每个节点都能发送和接收数据。

（4）网络链路高冗余。WSN 中使用的节点数目庞大，为了保证网络系统的可靠性和纠错能力，需要 WSN 具有较高的链路和数据冗余。

（5）安全性不高。WSN 采用无线方式传输数据，因此网络中的节点在传输数据的过程中容易被外界入侵，从而导致数据信息泄露及网络被破坏。

2. ZigBee 技术

ZigBee 技术是一种应用于短距离和低速率下的无线通信技术，主要用于距离短、功耗低且传输速率不高的各种电子设备之间进行数据传输及周期性数据、间歇性数据传输的应用。ZigBee 技术具有以下特点：

（1）低功耗。ZigBee 的数据传输速率低，发射功率只有 1mW 并且采用了休眠模式，因此 ZigBee 设备功耗低，非常省电。

（2）低成本。ZigBee 免协议专利费，模块价格大约 2 美元，因此 ZigBee 的研发及使用成本较低。

（3）低速率。ZigBee 分别提供 20Kbps（868MHz）、40Kbps（915MHz）和 250Kbps（2.4GHz）的数据吞吐率，能够满足低速率传输数据的应用需求。

（4）低时延。ZigBee 的响应速度较快，一般从休眠状态转入工作状态只需 15ms，节点接入网络只需 30ms。

（5）短距离。ZigBee 网络中相邻节点之间的传输距离一般小于 100m。

（6）高容量。ZigBee 可采用星状、网状拓扑结构，由一个主节点管理若干子节点，最多一个主节点可管理 254 个子节点。一个 ZigBee 网络理论最大可以容纳 65536（2^{16}）个节点。

（7）安全可靠。ZigBee 安全属性包括安全设定、访问控制清单 ACL（Access Control List）、高级加密（AES 128）及数据包完整性功能检查（循环冗余校验 CRC）。数据传输采取碰撞避免策略，同时为通信业务预留专用带宽，避开发送数据的竞争和冲突，每个发送的数据包都必须等待接收方的确认信息。如果传输过程中出现问题可以进行重传。

3．M2M 技术

M2M（Machine to Machine）技术就是机器对机器通信技术的简称，指在传统机器上通过安装传感器、控制器来赋予机器智能的属性，从而实现机器之间的通信交流。M2M 技术是物联网的重要组成部分。

在 M2M 技术中，远距离连接主要通过 GSM、GPRS、CDMA 无线移动通信网络，近距离连接则主要通过 Wi-Fi、蓝牙、ZigBee、RFID 和 UWB（Ultra-Wideband，超带宽）等。

M2M 技术是无线通信技术和信息技术的整合，它可用于双向通信，如远距离收集信息、设置参数和发送指令等，因此 M2M 技术的主要应用场景如智能电网、安全监测、自动售货机、货物跟踪等。

4．RFID 技术

RFID（Radio Frequency Identification，射频识别）通过无线射频方式进行非接触双向数据通信，其利用电磁波实现电子标签的读写与通信。

根据电子标签供电方式的不同，可将 RFID 分为无源 RFID、有源 RFID 与半有源 RFID。

（1）无源 RFID。无源 RFID 出现时间较早，应用场景丰富。在无源 RFID 中，电子标签接收射频识别阅读器发射的电磁波信号，通过电磁感应线圈获取能量，从而对其自身短暂供电，完成信息交换。由于省去供电系统，无源 RFID 产品的结构简单，体积小，成本低，故障率低，使用寿命较长。

无源 RFID 的有效识别距离较短，一般用于近距离的接触式识别。其典型应用包括公交卡、二代身份证、食堂餐卡等。

（2）有源 RFID。有源 RFID 通过外接电源供电，主动向射频识别阅读器发送信号，其体积相对较大，有效识别距离较长，传输速度较高。有源 RFID 主要工作在 900MHz、2.45GHz、5.8GHz 等较高频段，具有同时识别多个标签的能力。

有源 RFID 典型应用有高速公路电子不停车收费系统（ETC）。

（3）半有源 RFID。半有源 RFID 又叫作低频激活触发技术。半有源 RFID 产品通常处于休眠状态，其仅对标签中保存数据的部分进行供电，因此耗电量较小，可维持较长时间。当标签进入射频识别阅读器识别范围后，阅读器先以 125kHz 低频信号在小范围内精确激活标签使之进入工作状态，再通过 2.4GHz 频率进行数据传输。

半有源 RFID 应用场景有工厂生产线、车辆识别等。

5. NFC 技术

NFC（Near Field Communication，近距离无线通信）是在 RFID 技术的基础上，结合无线互联技术研发而成的，它能够支持在单一芯片上结合感应式读卡器、感应式卡片和点对点的功能，实现在短距离内与兼容设备进行识别和数据交换。

NFC 工作模式分为主动模式和被动模式。NFC 发起设备称为主设备，NFC 目标设备称为从设备。

（1）NFC 主动模式。在 NFC 主动模式中，主设备和从设备在向对方发送数据时，都必须依赖供电设备来提供产生射频场的能量。这种通信模式是对等网络通信的标准模式，可以得到更高的连接速率。

（2）被动模式。在 NFC 被动模式中，主设备需要供电设备，从设备则不需要。从设备将主设备产生的射频场转换为电能，为自己供电。从设备接收主设备发送的数据。利用负载调制技术，从设备能够以相同的速度将数据传回主设备。在被动模式下，主设备能够检测从设备并建立连接。

NFC 主要应用模式分为点对点（Peer-to-Peer）通信模式、读卡器（Reader）模式、卡模拟（Card Emulation）模式。

（1）点对点模式。两个 NFC 设备之间可以快速、方便地实现连接并交换数据。例如，具有 NFC 功能的数字相机、手机之间通过 NFC 技术进行无线互联。

（2）读卡器模式。NFC 设备作为非接触读卡器，例如，开启 NFC 功能的手机可以读写支持 NFC 数据格式标准的标签。

（3）卡模拟模式。将具有 NFC 功能的设备模拟成一张标签或非接触卡，例如，在非接触移动支付场景中，具有 NFC 功能的智能手表可以作为门禁卡、银行卡、公交卡等被读取。

6. 低功耗蓝牙技术

BLE（Bluetooth Low Energy）低功耗蓝牙技术主要用于汽车电子、医疗保健、安防、运动健身、家庭娱乐等新兴应用领域。在最新的标准中，将蓝牙分为经典蓝牙和低功耗蓝牙两个部分，不再使用数字版本号作为蓝牙版本的区分（蓝牙 1.0、蓝牙 2.0、蓝牙 3.0……）。

低功耗蓝牙是专门针对基于物联网设备构建的功能和应用程序设计的蓝牙版本，它是在经典蓝牙的基础上进行开发的，它的最大特点是在保持通信范围的同时显著降低功耗和成本，并且支持快速搜索设备与快速连接。目前，低功耗蓝牙技术已被广泛使用，仅需纽扣电池即可实现设备长时间运行。

经典蓝牙与低功耗蓝牙技术规格参数对比，如表 16-1 所示。

表 16-1　经典蓝牙与低功耗蓝牙技术规格参数对比

技 术 规 格	经 典 蓝 牙	低功耗蓝牙
无线电频率	2.4GHz	2.4GHz
网络拓扑结构	点对点	点对点、广播、Mesh 组网
传输距离	10～100m	300m
数据传输速率	Basic Rate：1Mbps EDR（4DQPSK）：2Mbps EDR（8DPSK）：3Mbps High Speed：24Mbps	BLE 4.2：1Mbps BLE 5：2Mbps BLE 5 Long Range（S=2）：500Kbps BLE 5 Long Range（S=8）：125Kbps

技 术 规 格	经 典 蓝 牙	低 功 耗 蓝 牙
安全性	56/128 位 AES-CCM	128 位 AES，带 CBC-MAC 计数模式
稳定性	自适应快速跳频扩展、FEC、快速 ACK	自适应快速跳频扩展、24 位 CRC、32 位信息完整性检查
延时	100ms	<6ms
语音功能	有	无
功耗	1W	0.01～0.5W
电流消耗峰值	<30mA	<15mA
代表蓝牙标准	BT V1.0/2.0/3.0/4.0/5.0	BT V4.0/5.0

7. NB-IoT

NB-IoT（Narrow Band Internet of Things，窄带物联网），主要用于低功耗设备在广域网的蜂窝数据。

NB-IoT 具备以下 4 个特点：

（1）覆盖范围广。在同样的频段下，NB-IoT 比现有的网络增益 20dB，相当于提升覆盖区域 100 倍的能力。

（2）大容量。NB-IoT 中的一个小区能够支持 10 万个连接。

（3）低功耗。NB-IoT 终端设备可以在省电模式下工作，从而降低功耗、延长电池寿命，一般情况下，电池寿命可以达到 10 年以上。

（4）低成本。NB-IoT 设备端芯片需要实现的功能较为简单，一般只具备控制功能和数据传输功能，因此芯片结构简单、成本较低，同时 NB-IoT 占用带宽仅仅为 180kHz，所以数据存储单元极小，从而降低芯片的存储成本。现阶段，NB-IoT 通用芯片价格被控制在 1 美元以下，而基于一些特殊需要专门设计的 NB-IoT 芯片也被控制在 5 美元以下。

NB-IoT 广泛应用于智能抄表、资产跟踪、智能停车、智慧农业、智能电网监测等行业。

8. eMTC

eMTC（EnhanceMachine Type Communication，增强机器类型通信），是基于 LTE（Long Term Evolution，长期演进，它是 3G 与 4G 技术之间的一个过渡标准，即 3.9G 的全球标准）演变的物联网技术。为了更加适合物与物之间的通信，以及更低的成本，eMTC 对 LTE 协议进行了裁剪和优化。eMTC 基于蜂窝网络进行部署，终端设备支持 1.4MHz 的射频和基带带宽，能够直接接入现有的 LTE 网络。

eMTC 具备以下 4 个特点：

（1）覆盖范围广。在同样的频段下，eMTC 比现有的网络增益 15dB，极大地提升了 LTE 网络的覆盖能力。

（2）支持海量连接的能力。eMTC 一个小区能够支持近 5 万个连接。

（3）低功耗。eMTC 终端模块的待机时间可长达 10 年。

（4）低成本。eMTC 芯片成本在 1～2 美元左右。

在低速物联网领域，NB-IoT 作为一个新制式，在成本、覆盖、功耗、连接数方面有优势，而 eMTC 在设计上则考虑与 LTE 兼容，对低时延、语音、移动性的物联网领域业务更占优势，如穿戴类设备。eMTC 速率达到了 1Mbps 左右，时延在 100ms 级别，并支持语音功能。

16.2　万物智联 AI+IoT

AIoT（AI+IoT）将 AI（人工智能）技术与 IoT 技术融合到一起，通过物联网收集海量的数据存储于云端、边缘端，再利用云计算、大数据分析、边缘计算等 AI 技术，实现万物数据化、智能化，最终实现万物智联。

AI 是 IoT 的"大脑"，IoT 则让 AI 具备行动能力的"身体"。IoT 中数以亿计的传感器和摄像头就类似于人类的眼睛、耳朵、鼻子和皮肤，它们可以感知、采集周围环境的数据，然后通过网络将这些数据发送给 AI 进行分析和处理。AI 利用这些海量的数据进行深度学习，不断提升自己，从而具备正确辨识能力、发现异常能力及预测未来能力。

AIoT 系统架构可分为 4 个部分：感知识别、网络传输、信息处理及综合应用，如图 16-1 所示。

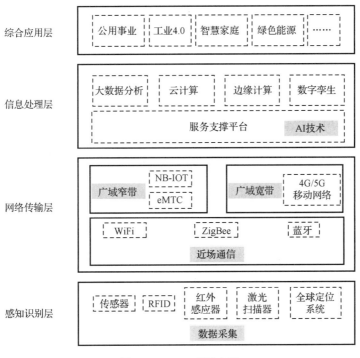

图 16-1　AIoT 系统架构

1. 感知识别层

感知识别层位于 AIoT 系统架构中的底端，它是所有上层结构的基础。利用 RFID、红外感应器、全球定位系统、激光扫描器等信息传感设备及嵌入式系统技术，将物品与物品、物品与互联网相连接，并通过识别、定位、追踪、监控等方式获取海量信息。

2. 网络传输层

网络是物联网最重要的基础设施之一，网络传输层负责向上层（信息处理层）传输海量的感知信息，同时也向下层（感知识别层）传输命令。网络传输层利用广域窄带网、广域宽带网、近距离通信网络可以在各种场景下实现网络互联。

3. 信息处理层

感知识别层收集的海量信息，经过网络传输层汇聚到信息处理层，通过大数据分析、云计算、边缘计算、数字孪生等人工智能技术，实现对数据的安全存储、分类、汇总及自主分析，并根据综合应用层的服务类别提供相应的服务支撑平台。

4．综合应用层

综合应用层就是每个行业、每个企业根据自身需要，设计物联网终端设备，并为用户提供特定场景下的相关应用。

AIoT 实际上就是基于感知识别层收集信息，利用网络传输层传输信息，在信息处理层利用 AI 技术安全存储并自主分析信息，最后根据特定需求完成指定命令并将信息反馈给用户或终端设备的智能化物联网。

16.3　跨平台操作系统

平台指各种硬件及可运行在其上的操作系统或应用程序的组合。软件可以根据特定平台的特性来编写，平台包括硬件、操作系统或者运行它的虚拟机。

平台分为硬件平台和软件平台。

硬件平台如 ARM 、X86、X86-64、RISC-V 等指令集架构，软件平台如 Windows、Linux、Android、iOS、MacOS、鸿蒙、Fuchsia 等操作系统。

跨平台操作系统就是能够在不同平台（软件平台或硬件平台）上运行的操作系统。

16.3.1　Windows

2021 年 6 月 24 日发布的最新 Windows 11 操作系统，虽然在官网上宣称只兼容 9 英寸显示屏及之上设备，也就是只支持平板与台式机，但国外已经有开发者在 5.7 英寸显示屏的 Lumia 950 XL 手机中成功运行 Windows 11，这说明 Windows 11 已经具备跨多种硬件平台（平板、台式机、手机）的能力。

Windows 11 通过子系统实现跨平台的软件平台。

1．Windows+Linux

Windows 下的 Linux 子系统 WSL（Windows Subsystem for Linux），可以让开发者在 Windows 下通过 Bash Shell 运行原生 Linux 开发环境与工具，而不是使用虚拟机的方式，如图 16-2 所示。

图 16-2　Windows 11 中提供的 WSL 功能

通过 Microsoft Store（微软商店），可以搜索 Ubuntu，下载并安装，如图 16-3 所示。

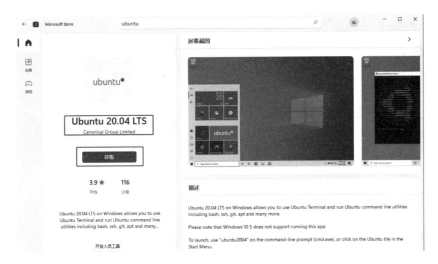

图 16-3　微软商店中下载并安装 Ubuntu

安装完成后，在"开始"菜单中选择 Ubuntu 应用，即可打开 Ubuntu 系统，如图 16-4 所示。

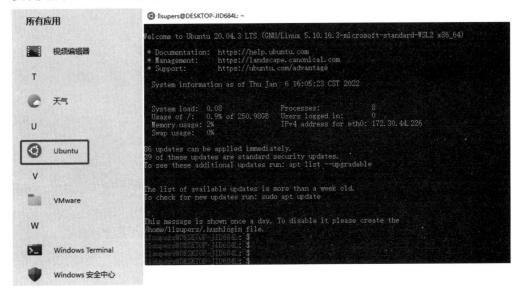

图 16-4　单击 Ubuntu 应用打开 Ubuntu 系统

2．Windows+Android

Windows 下的 Linux 子系统 WSA（Windows Subsystem for Android），可以让开发者在 Windows 下原生支持运行 Android App，而不是使用虚拟机的方式。Windows 依靠 Intel Bridge 技术，能够让移动应用在基于 X86 的设备上以原生态运行，并且与在手机上运行一样流畅。

通过在微软商店中搜索"Amazon Appstore"或者通过链接"https://www.microsoft.com/en-us/p/windows-subsystem-for-android-with-amazon-appstore/9p3395vx91nr?activetab=pivot：overviewtab"来完成安卓子系统的下载与安装，如图 16-5 所示。

需要注意的是，Windows 11 必须是 Dev 或者 Beta 版的，才能允许安装 Android 子系统。

安装完成后，在"开始"菜单中选择"适用于 Android 的 Windows 子系统"，如图 16-6 所示。

进入设置页面，设置"子系统资源"为"连续"，并打开"开发人员模式"，如图 16-7 所示。

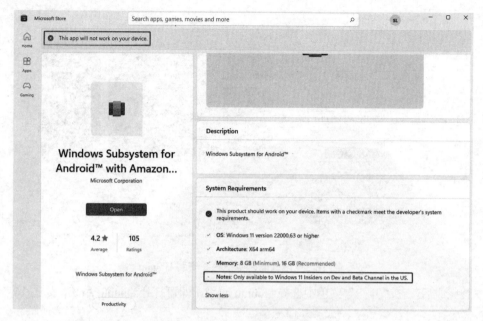

图 16-5　安卓子系统下载

图 16-6　开始菜单中选择"适用于 Android 的 Windows 子系统"

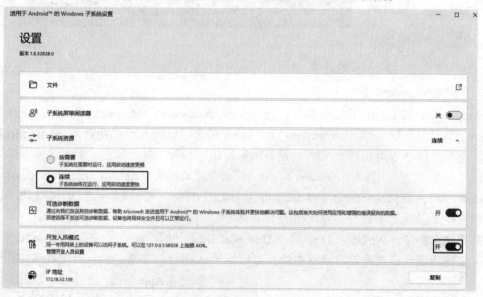

图 16-7　设置适用于 Android 的 Windows 子系统

单击图 16-7 中"文件"区域右侧按钮，启动安卓子系统文件管理应用，如图 16-8 所示。

图 16-8　安卓子系统文件管理应用

在 Windows 安卓子系统中安装 App 应用，需要通过 Adb（Android 调试桥）连接子系统，再进行 apk 安装。Adb 是 Android SDK 中的工具，它能够直接操作和管理 Android 模拟器或真实的 Android 设备。Adb 下载链接为"http://adbdownload.com/"。Adb 工具包下载解压后，需要将所有文件复制到系统盘下的 Windows 文件夹中（例如：C:\Windows）。以管理员方式运行 Windows PowerShell，输入命令"adb connect XXXX"连接 Android 子系统，这里的"XXXX"是 IP 地址，如图 16-9 所示。

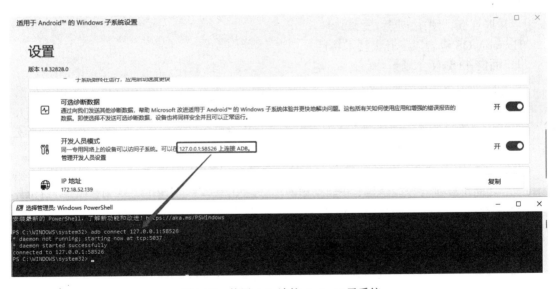

图 16-9　使用 Adb 连接 Android 子系统

连接成功后，输入命令"adb install d:\WSAinstall\weixin.apk"，安装微信 App 应用。微信安装 apk 文件，事前已经从官网下载并保存到本地磁盘 D 盘的 WSAinstall 文件夹中。安装完成后，在开始菜单中，选择"微信"程序图标，打开微信 App 应用，如图 16-10 所示。

图 16-10　在 Windows 系统中打开原生微信 App 应用

16.3.2　华为鸿蒙

2019 年 8 月 9 日，华为公司在东莞举行的华为开发者大会上正式发布 HarmonyOS（鸿蒙）操作系统。HarmonyOS 意为和谐，不同于现有的 Android、iOS、Windows、Linux，它是一款基于微内核、全新开发的面向全场景的分布式开源操作系统，它将人、设备、应用场景无缝地联系在一起。通过 HarmonyOS，消费者在全场景生活中使用的各种智能终端能够实现极速发现、极速连接、硬件协同、资源共享。

HarmonyOS 包含以下几大技术特性。

1．面向 1+8+N 全场景

"1"是处于中心位置的手机，"8"是手机外围的 8 类设备，其中包括 PC、平板、耳机、音箱、眼镜、手表、车载设备、TV（智慧大屏）。"N"是所有能够搭载鸿蒙操作系统的 IoT 设备，这些设备涵盖了各种类型丰富的应用场景，其中包括影音娱乐、智慧家居、移动办公、运动健康、智慧出行等，如图 16-11 所示。

华为 HiLink 是自主开发的智能家居开放互联平台，用于解决各智能终端之间互联互动问题，平台功能主要包含智能连接、智能联动两部分。2021 年 5 月 18 日，华为宣布华为 HiLink 将与 HarmonyOS 统一为 HarmonyOS Connect，因此即便不使用 HarmonyOS 系统，仍然可以使用 HarmonyOS Connect 方式与 HarmonyOS 系统互联。

2．分布式架构首次用于终端 OS，实现跨终端无缝协同体验

分布式架构包含分布式软总线、分布式任务调度、分布式数据管理、硬件能力虚拟化。

在传统计算机硬总线架构中，计算机内部的部件之间以总线结构相连接，计算机总线可以划分为数据总线、地址总线和控制总线，分别用于传输数据、指定存储单元和控制外部器件。

分布式软总线架构是多种终端设备融合为一体的基础，它能够为设备之间的互联提供通信能力、能够快速发现并连接设备、高效地在设备之间分发任务和传输数据。分布式软总线可以划分为任务总线、数据总线和总线中枢，分别用于将应用程序在多个设备上快速分发、设备间数据的高性能分发和同步、协调控制设备间的自动发现并组网及维护设备间的拓扑关系。

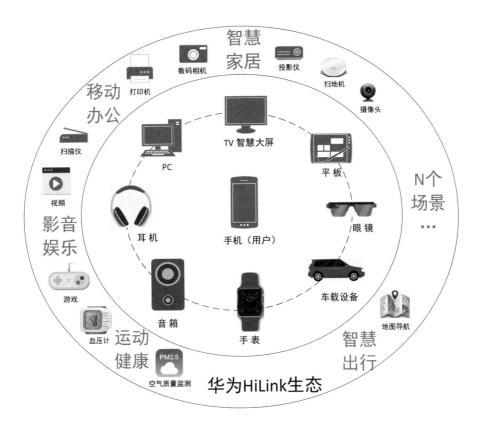

图 16-11　华为 "1+8+N" HiLink 生态

  HarmonyOS 的分布式软总线可以实现异构融合网络与动态时延校准。异构融合网络的典型应用场景为使用蓝牙通信的设备和使用 WiFi 通信的设备之间互联互通，一次配对之后可以实现自动发现与自动连接。动态时延校准的典型应用场景为用户通过手机将一部影片的视频分享给 TV 智慧屏，将音频分享给智能音箱，此时音视频依然同步。

  分布式数据管理让跨设备数据处理如同本地一样方便快捷。HarmonyOS 的分布式文件系统远程读写性能是 Samba 的 4 倍，分布式数据库的 OPS（每秒操作数）性能是 ContentProvider（Android 组件）的 1.3 倍，分布式检索性能是 iOS Core Spotlight（为应用编制索引的 API）的 1.2 倍。

3. 确定时延引擎和高性能 IPC 技术实现系统流畅

  HarmonyOS 通过使用确定时延引擎和高性能 IPC 两大技术解决现有系统性能不足的问题。确定时延引擎可在任务执行前分配系统中任务执行优先级及时限进行调度处理，优先级高的任务资源将优先保障调度，应用响应时延降低 25.7%。HarmonyOS 微内核结构小巧的特性使 IPC（进程间通信）性能大大提高，进程通信效率较现有系统提升 5 倍。

4. 基于微内核架构重塑终端设备可信安全

  HarmonyOS 将微内核技术应用于 TEE（可信执行环境），通过形式化方法，重塑可信安全。形式化方法是利用数学方法，从源头验证系统正确，无漏洞的有效手段。传统验证方法如功能验证、模拟攻击等只能在选择的有限场景进行验证，而形式化方法可通过数据模型验证所有软件运行路径。HarmonyOS 首次将形式化方法用于终端 TEE，显著提升安全等级。同时由于 HarmonyOS 微内核的代码量只有 Linux 宏内核的千分之一，其受攻击概率也大幅降低。

5. 通过统一 IDE 支撑一次开发，多端部署，实现跨终端生态共享

  HarmonyOS 凭借多终端开发 IDE，多语言统一编译，分布式架构 Kit 提供屏幕布局控件

及交互的自动适配，支持控件拖曳，面向预览的可视化编程，从而使开发者可以基于同一工程高效构建多端自动运行 App，实现真正的一次开发，多端部署，在跨设备之间实现共享生态。

华为方舟编译器是首个取代 Android 虚拟机模式的静态编译器，可供开发者在开发环境中一次性将高级语言编译为机器码。此外，方舟编译器未来将支持多语言统一编译，可大幅提高开发效率。

HarmonyOS 2.0 打造全场景跨设备集成开发工具 Huawei DevEco 2.0。在编程时开发者可以实时预览 UI，实现编程"所见即所得"。通过 API 智能补全，实现高效编码。DevEco Studio 提供高性能模拟仿真和实时调测功能，解决多设备测试难题。

2022 年 Q1（第一季度），华为开始进行 HarmonyOS 3.0 内测，其带来的增强异构融合组网技术将进一步加强 HarmonyOS 的分布式能力，支持更多设备接入超级终端。在 2.0 版本中，多屏协同功能只能连接两台设备，手机和手机、手机和平板、手机和 PC 及 PC 和平板，而在最新的 3.0 版本中将可以实现手机、平板、PC 三者之间完全打通，实现三屏协同。另外 HarmonyOS 3.0 将提供更为强大的分布式协同计算能力，例如，可以让手机在游戏时调用 PC 显卡，从而大幅提升游戏画质和流畅度。

16.3.3　Fuchsia

Fuchsia 是由 Google 公司开发的继 Android 和 Chrome OS 之后的第三个操作系统，其最早于 2016 年首次亮相于 Google 代码库与 GitHub。Fuchsia 项目完全开源，地址是"https://fuchsia.googlesource.com/"。

Android（Google 移动终端操作系统）与 Chrome OS（Google 台式机与笔记本电脑操作系统）基于 Linux 内核，而 Fuchsia 基于 Zircon 内核（原名 Magenta），该内核开始时使用 C++ 代码，为了实现其安全目标，现阶段正朝着 Rust（一种系统编程语言，专注于安全，尤其是并发安全，支持函数式和命令式以及泛型等编程范式的多范式语言）发展，同时 Google 还向 Fuchsia 添加了对 Swift（一种支持多编程范式和编译式的开源编程语言，Apple 公司于 2014 年在苹果开发者大会上发布，用于开发 iOS、OS X 和 watchOS 应用程序）的支持。

Fuchsia 的核心独立于硬件规格，其模块化框架带来的优势有以下 5 点：

（1）代码精简，由多个"功能包"构建。

（2）仅仅通过安装更新的组件实现添加新功能。

（3）模块化不仅可以解决系统更新时可能出现 Bug 的问题，而且还可以加快应用程序的更新速度。

（4）整个操作系统完全模块化，从而变得可伸缩，可定制。

（5）制造商能够根据终端设备的类型选择 Fuchsia 的相应功能。

Fuchsia 具备 AI 原生能力、云原生能力，并构建了边缘和云端无缝化的 AI 能力，其面向个人移动设备、IoT 及无人驾驶汽车等不同运算能力和需求的场景，Google 希望其最终成为一款适用于手机、平板、笔记本电脑、通信设备、智能家居、机器人，Google 无人驾驶汽车的超级操作系统。

2021 年 5 月 25 日，Google 正式向 Nest Hub 设备推出 Fuchsia OS。

实验 16

1. 实验项目

在 Windows 11 中安装 Linux 子系统与 Android 子系统。

2．实验目的

（1）熟练掌握安装 Linux 子系统。

（2）熟练掌握安装 Android 子系统。

3．实验准备及要求

（1）一台 PC，安装 Windows 11 操作系统。

（2）能够连接 Internet 网络。

4．实验步骤

（1）安装 Linux 子系统。

（2）安装 Android 子系统。

（3）如果 Windows 11 版本不符合安装 Android 子系统的要求，则根据需求下载相应版本，并重新安装 Windows 11。

5．实验报告

（1）详细记录如何在 Windows 11 下安装 Linux 子系统。

（2）详细记录如何在 Windows 11 下安装 Android 子系统。

习题 16

1．填空题

（1）＿＿＿＿＿＿是在 AI 背景下实现多设备、多场景的互联互通。。

（2）IoT 指将所有物体通过＿＿＿＿＿＿与＿＿＿＿＿＿连接起来，进行数据信息交换，以实现智能化识别、定位、监控和管理。

（3）物联网技术的重要基础与核心是＿＿＿＿＿＿。

（4）在传输过程中，为了保证数据的及时性与正确性，物联网必须能够适应各种＿＿＿＿＿＿和＿＿＿＿＿＿。

（5）WSN 是一种＿＿＿＿＿＿网络。

（6）eMTC 基于＿＿＿＿＿＿进行部署，终端设备支持＿＿＿＿＿＿的射频和基带带宽，能够直接接入现有的网络。

（7）AIoT 将＿＿＿＿＿＿技术与＿＿＿＿＿＿技术融合到一起，通过物联网收集海量的数据存储于云端、边缘端，再利用云计算、大数据分析、边缘计算等 AI 技术，实现万物数据化、智能化，最终实现万物智联。

（8）平台指各种＿＿＿＿＿＿以及可运行在其上的＿＿＿＿＿＿或＿＿＿＿＿＿的组合。

（9）Windows 11 通过＿＿＿＿＿＿实现跨平台软件平台。

（10）Fuchsia 是由 Google 公司开发的继＿＿＿＿＿＿和＿＿＿＿＿＿之后的第三个操作系统。

2．选择题

（1）IoT 指将所有物体通过信息传感器与互联网连接起来，进行数据信息交换，以实现（　　）、定位、监控和管理。

A．信息传输　　　　B．数据安全　　　　C．智能化识别　　　　D．万物互联

（2）（　　）不属于物联网关键技术。

A．ZigBee　　　　B．M2M　　　　C．NFC　　　　D．OSPF

（3）相对于传统网络，（　　）不属于 WSN 具有的特点。

A．网络搭建方式灵活　　　　　　　　B．动态网络拓扑结构

C．多跳自适应网络　　　　　　　　　D．安全性高

（4）WSN 的基本构成分为 4 个部分：网关节点、无线传感器节点、传输网络和（　　）。

A．远程控制中心　　B．远程监控中心　　C．安全控制中心　　D．本地监控中心

（5）无线传感器节点的基本构成分为五大模块：数据采集模块、通信模块、数据处理模块、系统控制模块、（　　）。

A．安全模块 　　　　B．监控模块 　　　　C．数据存储模块 　　　　D．供电模块

（6）有源 RFID 主要工作在 900MHz、2.45GHz、（　　）等较高频段，具有同时识别多个标签的能力。

A．5.5GHz 　　　　B．5.6GHz 　　　　C．5.7GHz 　　　　D．5.8GHz

（7）（　　）不属于 NFC 的主要应用模式。

A．点对点 　　　　B．读卡器 　　　　C．卡模拟 　　　　D．点对多点

（8）NB-IoT 不具备（　　）特点。

A．覆盖范围广 　　　　B．大容量 　　　　C．低功耗 　　　　D．高成本

（9）AIoT 系统架构可分为 4 个部分：感知识别、网络传输、（　　）及综合应用。

A．信息安全 　　　　B．信息汇总 　　　　C．信息处理 　　　　D．信息存储

（10）分布式架构包含分布式软总线、（　　）、分布式数据管理、硬件能力虚拟化。

A．分布式数据传输 　　B．分布式安全控制 　　C．分布式任务调度 　　D．分布式监控

3．判断题

（1）ZigBee 技术是一种应用于短距离和低速率下的无线通信技术。（　　）

（2）根据电子标签供电方式的不同，可将 RFID 分为无源 RFID 与有源 RFID。（　　）

（3）NFC 工作模式分为主动模式和被动模式。（　　）

（4）平台只包括硬件与操作系统。（　　）

（5）HarmonyOS 的分布式软总线可以实现异构融合网络与动态时延校准。（　　）

4．简答题

（1）简述 IOT 的定义及其特点。

（2）相对于传统网络，WSN 具有哪些特点？

（3）简述 NFC 的工作模式及其特点。

（4）简述 AIoT 系统架构。

（5）HarmonyOS 包含哪些技术特性？

参 考 文 献

[1] 文光斌等. 计算机信息系统维护与维修[M]. 北京：清华大学出版社，2004.

[2] 李志学. 计算机组装与维护案例教程[M]. 北京：清华大学出版社，2016.

[3] www.vmware.com.

[4] detail.zol.com.cn.

[5] diannao.jd.com.

[6] product.pconline.com.cn/itbk/.